A Series of Food Science & Technology Textbooks
食品科技系列

江苏省高校重点教材

普通高等教育"十三五"规划教材

U0359769

食品机械与设备

李 勇 张佰清 主编

王卫东 李素云 张 勐 副主编

化学工业出版社
·北京·

本教材以食品加工的操作单元为主线，系统介绍了现代食品工业国内外机械设备的工作原理、构造、性能特点、控制技术、选型及操作要点等方面的内容，并附有大量图片（部分彩图可手机扫码阅读），以帮助学生学习理解。本教材编写针对专业特点，重视实际应用，注重培养学生的基础设计能力。本书既可作为食品科学与工程等专业方向本科教材，也可作为该领域工程技术人员的参考资料。

图书在版编目（CIP）数据

食品机械与设备/李勇，张佰清主编. —北京：化学工业出版社，2019.10（2024.2重印）
普通高等教育"十三五"规划教材
ISBN 978-7-122-34826-5

Ⅰ.①食…　Ⅱ.①李…②张…　Ⅲ.①食品加工机械-高等学校-教材②食品加工设备-高等学校-教材　Ⅳ.①TS203

中国版本图书馆 CIP 数据核字（2019）第 140935 号

责任编辑：刘丽菲　　　　　　　　　　　　装帧设计：关　飞
责任校对：宋　夏

出版发行：化学工业出版社（北京市东城区青年湖南街 13 号　邮政编码 100011）
印　　装：北京捷迅佳彩印刷有限公司
787mm×1092mm　1/16　印张 23¼　字数 615 千字　2024 年 2 月北京第 1 版第 5 次印刷

购书咨询：010-64518888　　　　　　　　售后服务：010-64518899
网　　址：http://www.cip.com.cn
凡购买本书，如有缺损质量问题，本社销售中心负责调换。

定　　价：**69.00 元**　　　　　　　　　　　版权所有　违者必究

前　言

现代食品工业的使命是提供安全、高质量的食品，在一定范围内尽量缩小标准化产品的加工差异，并且能够用生产线大批生产。为此在食品产业使用机械设备是必不可少的，且可以降低生产成本、提高卫生水平、节能减排和减少劳动力，因此食品生产企业离不开机械装置生产企业。

食品机械与设备是食品科学与工程专业的骨干专业课程之一。本教材系统介绍了现代食品工业国内外机械设备的工作原理、构造、性能特点、控制技术、选型及操作要点等方面的知识和技能，对于培养食品机械实践运用能力的工程技术人才具有重要的作用。

本教材主要面向食品专业学生，按食品加工的操作单元对食品机械设备的结构、原理、使用、配套与选型进行了系统的论述。其主要内容覆盖了物料的输送、清洗、分离、粉碎、浓缩、成型、杀菌、冷冻、包装等操作单元，并配有大量图表，以帮助理解。最后对典型食品生产线的设备配置、生产流程等进行了简要阐述，使学生对食品机械设备在生产中的应用有一个整体认识。

为便于学生自学，在各章之后设有小结、思考题和自测题，以供参考。部分图片旁有二维码，可扫码看彩图。在本课程的学习过程中必须注意与工程力学、机械基础、食品工程原理、食品工艺学等方面知识的结合。了解和掌握食品机械的基本知识是掌握好食品加工技术的基础，同时通过工艺与机械相结合，使学生具有一定的机械设备选型和常用设备使用与维护的能力，这些知识为改进和设计新型的食品机械提供了理论基础。在学习过程中注意掌握三条路线：一是动力路线，即动力传动的路线；二是物料流动的路线，即加工物料怎样进入机械又怎样流出的变化过程；三是辅助介质的流动路线，如水、蒸汽、压缩空气、动力电等控制路线。

本教材由多所院校联合编写，具体分工如下：李勇（徐州工程学院）和张佰清（沈阳农业大学）合编第1章，张光杰（安阳工学院）、李勇合编第2章，陈厚荣（西南大学）和王帅（徐州工程学院）合编第3章，张剑（河南农业大学）和王卫东（徐州工程学院）合编第4章，李斌（河南科技学院）和王卫东合编第5章，齐祥明（中国海洋大学）和李勇合编第6章，李勇、宋慧、王帅和谢倩（上海海洋大学）合编第7章，李勇和高振鹏（西北农林科技大学）合编第8章，段续（河南科技大学）和王帅合编第9章，张佰清、刘天植（沈阳农业大学）、马凤鸣（沈阳农业大学）和王帅合编第10章和第11章，李素云（郑州轻工业学院）、王晨（江苏职业技术学院）和李勇合编第12章和第13章，李勇、王帅、王晨和苏世彦（上海广泽食品科技股份有限公司）合编第14章，张劢［鲁汶大学（比利时）］、李士佩（南京航空航天大学）和王晨合编第15章，庄振栋（华东理工大学）和王晨合编第16章，李勇、刘天植、段续、陈厚荣、高振鹏、张剑、孙培清（上海鲁和机械有限公司）、刘华英（塔里木大学）和王帅合编第17章，全书最后由李勇统稿。

本书获江苏省高校品牌专业建设工程资助项目的资助，特此感谢。

限于编者水平，书中不妥之处在所难免，敬请专家和读者批评指正。

编　者

2019 年 5 月

目 录

第1章

绪 论

1.1 我国食品加工与包装机械工业发展现状

我国的食品机械工业起步很晚，中华人民共和国成立前几乎是空白，中华人民共和国成立后以生产罐头、乳制品、糖及糖果等为代表的机械设备才得以快速发展。改革开放后我国食品机械行业得到了长足发展，取得了举世瞩目的成就，通过引进技术和设备缩短了与世界先进水平的差距。

20世纪80年代前，我国食品机械的品种不足500种，主要用于粮油、饮料、酿造、糖果、乳品等加工，产品的空白点多，设备不成套，装备食品工业的能力较差。进入20世纪80年代，新产品大量涌现，经过"九五"期间的发展，我国食品机械产品达到2000多种，已能不同程度地装备食品工业的23个行业。1997年，食品机械工业总产值达225亿元，1998年为250亿元，据不完全统计，生产制造厂家有4000多家，形成了一定规模。中国食品和包装机械工业协会报道，经过"十二五"期间的发展，2014年我国食品和包装机械行业完成工业总产值3400亿元；2015年稍微减少，达2920亿元，其中食品机械总产值1372亿元，包装机械总产值为1548亿元，食品和包装机械装备产品近4000种，行业规模以上企业1031家，装备食品工业的能力大大提高，当年出口34.6亿美元，进口贸易额39.4亿美元。我国历年食品机械工业总产值（亿元）如图1-1所示。

食品机械行业中已形成一批不仅能够满足国内市场需要，而且能出口的优良产品，如方便面生产线、灌装生产线、胶体磨、饺子机等。

虽然我国食品机械工业有了长足的发展，但与国外先进技术水平之间还有较大差距。就产品质量而言，发达国家的食品机械产品无论内在质量还是外观质量都远超我国的食品机械产品，销售额也较大。我国机械产品往往存在制造成本高，各零部件使用寿命不一致、整机可靠性差的缺点；在外观设计上，不注重人体工学应用，使工人操作不便。发达国家重视高新技术的推广应用，如超微粉碎技术、超临界萃取技术、超高压灭菌技术、微波技术等。先进的生产装备是提高生产效率、降低能耗、保持食品营养成分和风味的重要保障。发达国家食品机械企业科研开发费用占企业销售额的8%~10%，科研人员比例也高，我国食品机械的科研投入平均不到销售额的1%，科研与开发能力仍较薄弱，且科研院所和大专院校的科研课题大部分不能很好地转化为生产力，也是影响我国食品工业发展的原因之一。

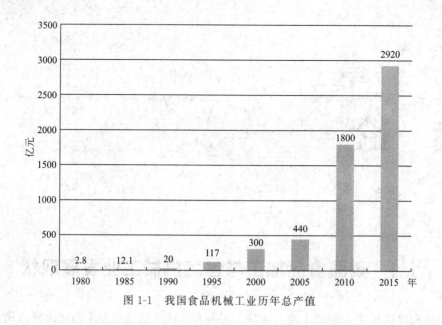

图 1-1　我国食品机械工业历年总产值

1.2　全球食品机械工业的发展现状与展望

全球食品加工机械贸易额从 2002 年的 200 亿美元增加到 2011 年的 300 亿美元，德国机械设备制造联合会（VDMA）估计，在 300 亿美元的贸易额中约三分之一来自饮料及液体食品产业；2011 年欧洲食品加工机械进口量约占全球的 43%，亚太为第二大进口地区；德国和意大利是主要出口国，各占总贸易额的 23%，其次是美国、荷兰、瑞士和中国；全球食品加工机械主要厂商有 Bucher Industrials AG、GEA Group、SPX、APV、Tetra-Laval Atlas、Pacific，Engineering 等，从实际情况来看，国外拥有百年历史品牌的食品机械产品一直控制着国内的高端装备市场，这些企业不断提升服务水平，以核心技术和专业服务占领了国际食品机械市场更多的份额，德国食品加工机械制造业销售额见图 1-2。

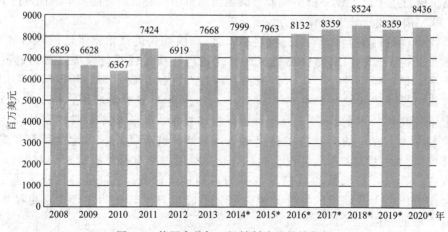

图 1-2　德国食品加工机械制造业的销售额

1.3　我国食品机械工业的发展趋势

食品机械是为食品工业提供技术装备的重要产业，在保障食品安全方面有着举足轻重的地位。树立食品机械自主创新科学发展理念，加强食品机械行业整体协调和统一管理，加大科技投入，抓好食品机械标准化工作，将有利于我国食品机械工业的发展。

随着食品工业的发展，其对食品机械的各种样式、功能性和生产率等要求越来越高，要求食品机械的机械化和自动化程度更高，运行的可靠度更高，生产率及效率更高。如需要研制机电一体化的新型食品机械，研制利用电磁场作用原理的食品分选设备，研制食品超高压加工设备，研制高效超细粉碎设备，研制高效节能的热处理与干燥设备，研制短时高电压脉冲杀菌设备，研制冷杀菌设备以及超声波均质机等。

目前，食品机械工业的基础理论研究亟待加强。食品机械加工的对象繁杂、形态各异，既有固体、液体、气体，还有它们的混合体。对食品基本性质研究的不足也会制约食品机械性能的提高。

食品机械行业还应积极运用现代化的机械设计方法。现代机械设计方法在当今得到快速发展，如优化设计、可靠性设计、有限元分析计算等方法已相当成熟和完善。在食品机械设计中广泛运用这些先进的现代机械设计方法与理论必将会提高食品机械的设计质量，缩短新产品的研制周期，提高设备的使用寿命以及降低设备成本。我国幅员辽阔，各地民间都有一些颇具地方特色的名、特、优小食品，长期以来这些食品均采用人工作坊生产方式，极大地制约了其生产能力并难以保证产品质量以及食品卫生。为了使这些名优传统食品实现工业化生产，必须开发研制相应的食品机械。这样，不仅可以使我国的传统食品实现大规模生产，还可以在此领域的国际机械市场上占据领先地位。

中国食品和包装机械工业"十三五"发展规划提出重点加强开发的专用技术与装备。

① 粮食加工装备　重点开发粮食加工在线检测、自动拣选、杂余清理等大型成套技术和装备，营养强化米、糙米、留胚米等大型制米成套技术装备，营养早餐、杂粮主食、半干面条、挂面、方便食品、面制主食化、米制主食化等传统主食工业化成套技术装备，薯类速冻制品、全粉制品、干制品、快餐食品等主粮化及废弃物处理、综合利用自动化成套技术装备。提升薯类全粉、淀粉、大豆食品和大豆蛋白制品加工成套装备的自动化水平。

② 油脂加工装备　重点开发绿色制油的大型智能化膨化、调质器、双螺杆榨油装备以及低温节能脱溶和节能脱臭成套装备，油茶籽油、核桃油、橄榄油等木本油料加工关键装备，粮食加工副产物为原料的玉米油、米糠油等加工关键装备，油脂蛋白联产成套装备，油脚综合利用及深度加工成套技术与装备等。

③ 果蔬保鲜与加工装备　重点开发果蔬商品化处理、预冷及冷链配送、物理保鲜储藏、保鲜膜包装、节能干燥、在线检测、加工废弃物综合利用和净菜加工、新型罐头加工、食用菌加工、果汁大罐无菌灌装储运、果汁加工香气回收、坚果精制分选及加工等成套技术与装备。

④ 禽畜屠宰与肉类加工装备　重点研发牛羊屠宰、家禽自动掏膛去内脏、畜禽宰后自动化分割、精准化分级、连续化包装、中式肉卤制品加工、大型数控真空斩拌、制冷滚揉、全自动定量灌装、香肠剪切、连续式液态烟熏、热风烘烤、肉串加工、全自动肉饼（块）成型、连续定量切边、拉伸真空包装、骨肉分离和全自动切割分份等肉类加工设备，集成开发工业化生产的传统肉制品和西式肉制品自动化生产线。

⑤ 乳制品加工技术与装备　重点开发大型机械化挤奶系统及牛奶预处理、牛奶无菌储运、长货架期酸奶包装、高速无菌包装、大型低温自动化制粉与配粉、大型甜炼乳生产等关键装备以及乳制品品质无损检测等安全生产成套技术与装备。

⑥ 水产品保鲜加工技术与装备　重点开发水产品清洗装备，鱼、虾、贝的自动剥制和分级技术与装备，水产品废弃物综合利用技术与装备，优质珍贵水产品保活保鲜技术与装备，水产品等生鲜食品长效保鲜包装技术装备，海藻加工技术与装备和海洋药物及天然化合物提取装备等。

⑦ 大型全自动制糖生产装备　重点开发大型（1500mm×3000mm）甘蔗压榨装备、12000t甘蔗渗出器、220m³连续煮糖装备、100m³甜菜清洗装备、1800mm转鼓切丝机、200m³预灰槽和300m³立式助晶机等装备。

⑧ 软饮料生产装备　开发全热膜工艺无菌水、无臭氧化矿泉水、物理无菌水制备设备，军民两用车载太阳能移动式饮用水生产装备，大型吹灌旋一体化无菌冷灌装技术与装备和超洁净灌装生产线（72000瓶/h以上旋转式PET瓶饮料吹灌旋一体化装备、36000瓶/h饮料无菌吹灌旋一体机、12L以上大瓶水吹灌旋一体机等），豆类、杏仁、核桃等蛋白饮料加工的去皮、分离过滤、茶汤连续萃取技术与装备，全自动数控高速自立袋灌装封口设备，饮料品质在线检测与自动剔除装备，高速智能组合贴标印码防伪一体机（72000瓶/h以上），新型激光裁切及预涂胶贴标机，智能高速回转式贴标机，高速玻璃瓶、塑料瓶、易拉罐含气饮料灌装封盖设备，单腔2400瓶/h以上高速旋转式PET瓶吹瓶机等。

⑨ 酒及含酒精饮料生产装备　重点开发高效、低排放啤酒加工的新型麦芽粉碎、大型节能糖化、大型全自动麦汁压滤、智能发酵技术与装备，大型易拉罐（90000罐/h）啤酒灌装生产线，玻璃瓶60000瓶/h啤酒灌装生产线，PET桶装（12L、20L）啤酒灌装生产线；重点开发从制曲、发酵、出入窖到灌装年产1000t白酒基酒的自动化标准生产线和年产10万吨白酒的智能化工厂成套装备。

⑩ 中式料理产业化关键装备　研发具有易清洁的低损去杂清洗、快捷更换的自动组合切制、自调节清洗消毒、自动变频低损脱水的中央厨房调理中心成套设备；研制中式配菜和调理参数自动调控的腌制、炒制、炸制、蒸煮和烘烤等智能烹饪设备；研发自控洁净杀菌、包装设备和餐厨剩余物资源化处理设备；通过技术集成开发中式料理生产线，进一步提升中式料理以及食醋、酱油和香料加工的现代化水平。

⑪ 物流化包装装备及智能化立体仓储系统　重点研发食品生产高速后道分拣、装箱、码垛、卸垛包装智能机器人，400包/min以上高速便携式小型化六连包包装一体机，120包/min以上多功能高速膜包装机，60箱/min以上高速纸板裹包式装箱机，6层/min以上立柱式高速码垛机，食品包装智能立体仓储库及物流输送系统，30箱/min易碎瓶特种纸箱包装机（适合罐头、调味品、易损农产品等），膜包与码垛、装箱与码垛的集成化智能一体机等。通过技术集成优先在饮料、罐头、成品油等食品加工领域建立自动化包装生产线和智能化立体仓储系统。

第2章 ⇒⇒⇒⇒

物料输送机械与设备

在食品生产过程中，需要输送的有粮食、蔬菜、水果、肉类、牛奶、水产及半成品等原料和辅料、包装材料、设备配件等，还有加工后的成品和下脚料等要输送出去。据不完全统计，从原料到成品的实际加工时间只占生产周期的15%～20%，其余时间物料均处于停滞或输送状态，物料的输送费用占经营费用的20%～40%。所以，随着生产工业化程度的提高，为了提高劳动生产率、减轻劳动强度，均须采用各种输送机械来完成物料的输送任务。输送物料可归纳为固体、液体和气体三大类，从输送的方向上有垂直或倾斜输送，从连续性上有连续式和间歇式输送机械两大类，从运送方式上有被送物料的平移向前运动、呈翻滚前进的运动及无规则的运动等形式。不同状态的物料，要采用不同的运送方式和输送机械。

2.1 固体物料输送机械与设备

常用的固体物料输送机械有带式输送机、斗式提升机、螺旋输送机、气流输送系统和刮板式输送机等，可完成小麦等谷物类、麦芽、黄豆等豆类、豆粕、面粉类、面片、面条、饺子、五香粉、味精、砂糖、糖果类、果蔬类、糕点类等多种颗粒及粉体或块状及箱体的输送。

2.1.1　带式输送机

带式输送机适用于输送块状、粒状及各种包装件物料，还可用于原料选择检查台、原料清洗、预处理操作台及成品包装仓库用输送设备等。带式输送机一般用于水平输送，如用于倾斜输送时，倾斜角应小于20°。带式输送机的工作速度范围广（0.02～4.00m/s）、生产效率高、输送能力大，对被输送的产品损伤小、工作平稳、构造简单、使用维护方便，能够在运载段的任何位置进行装料或卸料。但是在输送轻质粉状物料时易造成粉尘飞扬。

带式输送机按传送带支承装置分为平型托辊（图2-1）、槽型托辊及气垫带式等形式。按输送带的材料分为橡胶带式、帆布带式、钢带式和网带式输送机等。胶带输送机在粮油工业上使用最广泛。按胶带表面形状，又可将其分为普通胶带输送机和花纹胶带输送机。按输送机机架结构形式，又可分为固定式和移动式两类。如图2-2所示为一任意角度输送的柔索输送机，可以水平、垂直或倾斜输送。

图 2-1　平型带式输送机

码 2-1

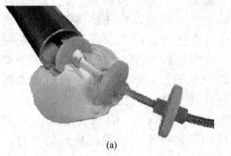

(a)　　　　　　　　　　　　　(b)

图 2-2　任意角度粉体输送机

2.1.1.1　带式输送机的工作原理

带式输送机是食品工厂中采用最广泛的一种连续输送机械。它用一根闭合环形输送带作牵引及承载构件，将其绕过并张紧于前、后两滚筒上，依靠输送带与驱动滚筒间的摩擦力使输送带产生连续或间歇运动，依靠输送带与物料间的摩擦力使物料随输送带一起运行，从而完成物料的输送任务。

2.1.1.2　带式输送机的主要构件

带式输送机主要构件有输送带、驱动滚筒、张紧装置、托辊、机身、装料和卸料装置、辅助装置等，如图 2-3 所示。

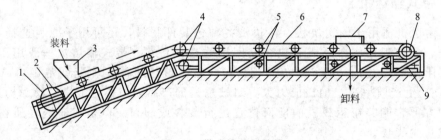

图 2-3　带式输送机结构

1—张紧滚筒；2—张紧装置；3—装料斗；4—改向滚筒；5—托辊；6—输送带；

7—卸料装置；8—驱动滚筒；9—传动装置

① 输送带　人们早在 1795 年就发明了帆布带，1858 年开始使用增强骨架，1868 年出现了两层骨架的橡胶输送带，1892 年解决了橡胶输送带成槽性的难题，后来又发明了合成纤维，将棉与尼龙或聚酯纱合捻作经线，提高了输送带的成槽性和强度。20 世纪 20 年代后

期又出现了芳纶带，使超长距离几十千米一台成为可能。

在输送机工作过程中，输送带既是承载构件又是牵引构件（钢丝绳牵引带式输送机除外）。因此，对输送带的要求是：强度高、挠性好、重量轻、耐磨性好、延伸率小、吸水性弱和对分层现象的抵抗力强等。常用的输送带有橡胶带、纤维编制带、钢带、网状钢丝带和塑料带等。

橡胶带由芯体和覆盖层构成，芯体主要由各种织物（棉织物、化纤织物以及混纺材料等）或钢丝绳构成。它们是输送带的骨架层，几乎承受输送带工作时的全部负荷，因此，带芯材料必须具有一定的强度和刚度。覆盖胶用以保护中间的带芯不受机械损伤以及周围介质的有害影响。上覆盖胶层一般较厚，这是输送带的承载面，直接与物料接触并承受物料的冲击和磨损。下覆盖胶是输送带与支承托辊接触的一面，主要承受压力。为了减少输送带沿托辊运行时的压陷阻力，下覆盖胶的厚度一般较薄。侧边覆盖胶的作用是当输送带发生跑偏使侧面和机架相碰时，保护其不受机械损伤。国内生产的橡胶带宽度主要规格有 300mm、400mm、500mm、650mm、800mm、1000mm、1200mm 和 1600mm。

橡胶带的连接方式主要有皮线缝合法、胶液冷粘缝合法、加热硫化法和金属搭接法等。加热硫化法接合处无缝，表面平整，强度可达原来的 90％。金属搭接法又称卡子接头，这种形式接合方便，但强度降低很多，只有原来的 35％～40％。胶液冷粘缝合法是一种新式连接方法，操作简便易行，如胶黏剂配方合理，粘接时操作得当，其接头强度亦可接近带子的自身强度。在采用硫化接头或冷粘时，一般应将带子按层数刻成阶梯形，然后进行接头操作，以保证接头处的强力层能够较好地连接，确保接缝处的强度。

常用的纤维编织带是帆布带。帆布带在焙烤食品生产中，主要用于成型前的面片和坯料输送，如面片叠层、夹酥辊压、饼干成型过程中均用帆布作为输送带。帆布带抗拉强度大，柔性好，能经受多次反复折叠而不疲劳。目前配套国产饼干机的帆布带宽度有 500mm、600mm、800mm、1000mm 和 1200mm 等。帆布的接缝通常采用棉线和人造纤维线缝合，少数情况下用皮带扣连接。

钢带一般厚 0.6～1.4mm、宽 650mm 以内，机械强度大，不易伸长，耐高温，不易损伤（烘烤设备中），而且刚度大，需采用直径较大的滚筒，对冲击负荷敏感。因此，要求所有的支承及导向装置安装准确，造价高，适用于灼热的物料对胶带有害作用的情况。

网状钢丝带强度高、耐高温、具有网孔，孔的大小可以选择，故适用于油炸、焙烤或水冲洗的场合。如油炸食品设备中的物料输送及水果洗涤设备中的水平输送等。

塑料带具有耐磨、耐油、耐腐蚀、耐潮湿、耐水和适应温度范围大等优点，在干物料输送和冷食输送中广泛使用。

② 驱动装置　驱动装置一般安装在输送机的卸料端，由电动机、减速器、驱动滚筒组成。电动机的动力通过 V 带经减速器带动驱动滚筒。驱动滚筒直径较大，以使滚筒与输送带有足够的接触面积，保证良好的驱动性能。也可利用张紧装置来增加输送带与驱动滚筒的预紧力和接触面积，提高承载力。

驱动滚筒通常是用钢板焊接而成的，如图 2-4 所示。为了增加滚筒和输送带之间的摩擦力，可在滚筒表面包上木材、皮革或橡胶，并可采用不同的输送带围绕形式以增大带在滚筒上的包角 α。滚筒的宽度应比带宽大 100～200mm。驱动滚筒一般做成腰鼓形，即中间部分直径比两端直径稍大，以便自动校正输送带的跑偏。

目前，为了简化传动系统的总体结构，使整机更加简单、紧凑，越来越多地使用电动滚筒。这是将驱动装置中的电动机、变速装置均设置在滚筒的内部，安装与操作都比较简单，滚筒的速度调节原理与调速电动机的原理类似。

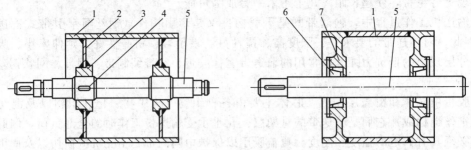

图 2-4 驱动滚筒结构

1—筒体；2—腹板；3—轮毂；4—键；5—轴；6—胀圈；7—铸钢组合腹板

③ 张紧装置 输送带张紧的目的是使输送带紧边平坦，提高其承载能力，保持物料运行的平稳。张紧装置一方面要便于在安装时张紧输送带，另一方面要求能够补偿因输送带伸长而产生的松弛现象，使输送带与驱动滚筒之间保持足够的摩擦力，避免打滑，维持输送机正常运行。

对于输送距离较短的输送机，张紧装置可直接安装在输送带从动滚筒的支承轴上，而对于较长的输送机则需设置专用的张紧辊。输送带不能张紧时，其紧边不平坦，承载能力下降，且物料运行不平稳。常用的张紧装置有螺旋式、重锤式和压力弹簧式等。

螺旋式张紧装置利用拉力螺杆或压力螺杆定期移动尾部滚筒，张紧输送带。其主要优点为外形尺寸小、结构紧凑。缺点是必须经常调整，以使两边张力相等。重锤式张紧装置是在自由悬挂的重锤作用下产生拉紧作用，其突出优点是能够保证张紧力恒定，缺点是外形尺寸较大。压力弹簧式张紧装置是在张紧辊两端的轴承座上连接一弹簧和调节螺钉，其优点是外形尺寸小，有缓冲作用，但结构较复杂。

④ 机架和托辊 带式输送机的机架多用槽钢、角钢和钢板焊接而成。可移式输送机的机架装在滚轮上以便移动。

托辊在输送机中对输送带及其上物料起承托作用，使输送带运行平稳，其结构类似小直径的滚筒，托辊可用铸铁制造，但较常见的是用两端加上凸缘的无缝钢管制造。托辊轴承有滚珠轴承和含油轴承两种。端部有密封装置及添加润滑剂的沟槽等。板式带不用托辊，因它靠板下的导板承托滑行。托辊分上托辊（承载段托辊）和下托辊（空载段托辊）。上托辊有平直单辊式、平直多节单辊式、单辊槽式、双辊"V"式、三辊槽式及三辊"V"式等形式。通常平型托辊用于输送成件物品，槽型托辊用于输送散状物料。下托辊一般采用平型托辊。

托辊的间距和直径与带的种类、带宽及运送物料的重量等有关。物料重时，间距应适当小些，当物料为大于20kg的成件物品时，间距应小于物品在运输方向长度的一半，以保证物品同时有两个以上的托辊支承，通常取 0.4～0.5m。物料较轻的，间距可取 1～2m。对于较长的胶带输送机，为了防止胶带跑偏，每隔若干组托辊，需装一个调整托辊，这种托辊在横向能摆动，两边有挡板，防止胶带脱出。定型的托辊直径采用 $\phi89mm$、$\phi108mm$、$\phi159mm$ 几种。

气垫式输送机是以一层很薄的气膜代替了托辊，从而大大改善了皮带的运行条件并降低了运行摩擦阻力。气垫带式输送机为全封闭式结构，粉尘小、噪声低、绿色环保，符合现代工业发展的需要。

⑤ 装料和卸料装置 装料装置亦称喂料器，它的作用是均匀定量地给输送机供物料，使物料在输送带上均匀分布，通常使用料斗进行装载。卸料装置位于末端滚筒处，它的功用

是从输送带上卸下所输送的物料。物料可以由斜刮板或卸料器从输送带的端部卸下，也可以移到输送带上的任何位置，从输送带的任一侧面卸料。

2.1.1.3 带式输送机的主要计算

① 带长

$$L_d = 2L + \frac{\pi}{2}(d_1 + d_2) \tag{2-1}$$

式中，L_d 为带长，m；L 为前后滚筒中心距离，即输送机长度，m；d_1、d_2 为前后滚筒直径，m。

② 带速　带式输送机的速度范围广，一般取 0.02～4.00m/s，最高可达 6m/s。实际使用中，成件物品或粉体输送一般取 0.5～1.5m/s，谷物颗粒一般取 1.5～3.5m/s，输送过程中进行某种操作时，一般取 0.05～0.1m/s。

③ 输送能力　输送散状物料的输送能力计算公式

$$Q = 3600B^2 \rho v Yck \tag{2-2}$$

式中，Q 为输送散状物料的输送能力或生产能力，t/h；B 为输送带的带宽，m；ρ 为物料密度，t/m³；v 为输送带速度，m/s；Y 为断面系数，见表 2-1；c 为倾角系数，见表 2-2；k 为装载系数，一般取 0.8～0.9。

表 2-1　断面系数

形式	平型		V 型		槽型 $\alpha = 35°$		槽型 $\alpha = 45°$	
动堆积角 $\theta/(°)$	20	30	20	30	20	30	20	30
断面系数 Y	0.046	0.07	0.112	0.132	0.127	0.146	0.136	0.152

注：物料的动堆积角一般取其静堆积角的 50%～70%。

表 2-2　倾角系数

倾角	0°～7°	8°～15°	16°～20°	21°～25°
倾角系数 c	1	0.95～0.90	0.90～0.80	0.80～0.75

④ 带式输送机功率

$$P = k_1 A(0.000545k_2 Lv + 0.000147QL) \pm 0.00274QHk_1 \tag{2-3}$$

式中，P 为电动机功率，kW；k_1 为启动附加系数，一般取 1.3～1.8；A 为与长度有关的系数，见表 2-3；k_2 为根据带宽和托辊轴承种类而定的系数，见表 2-4；L 为输送机长度，m；v 为输送带速度，m/s；Q 为输送能力，t/h；H 为提升高度，m，上升为正值，下降为负值。

表 2-3　系数 A 值

输送机长度/m	<15	15～30	30～45	>45
A	1.2	1.1	1.05	1

表 2-4　系数 k_2 值

带宽/mm	400	500	600	750	900	1100	1300
滚动轴承	21	26	29	38	50	62	74
滑动轴承	30	38	43	56	75	92	110

2.1.2 斗式提升机

2.1.2.1 斗式提升机的构造及工作原理

斗式提升机是一种在垂直或大倾角向上输送粉状、粒状或小块状物料的连续输送机械，占地面积小，运行平稳无噪声，效率较高，可将物料提升至较高的位置（30～50m），生产率范围较大（3～160m³/h）。垂直斗式提升机构造如图2-5所示，主要由壳体、料斗、传送带（或链条）、主动鼓轮、从动鼓轮、支架和张紧装置等组成。

斗式提升机工作时，传动机构将动力传递给牵引构件，使料斗运动。物料由机座进入运动的料斗，再由料斗沿机筒提升。在机头处，物料由料斗抛出，经卸料管卸至机外。

2.1.2.2 主要构件

① 壳体与支架　壳体的功用是密闭输送机。斗式提升机可以封闭在一个壳体中（图2-5），也可以安装在两个竖管中，回程竖管与上升竖管离开一段距离，采用皮带或链条载运料斗。对于倾斜式提升机，由于回空边垂度较大，不用封闭的外壳，常用带滚轮的牵引链在导轨上运动。为适应不同的升运高度，倾斜式提升机的支架可以做成自由伸缩的活动支架。

② 料斗　它是斗式升运机的承载部件，用于运载物料。一般用2～6mm的不锈钢板、薄钢板、铝板或塑料等焊接、铆接或冲压制成。根据被运送物料的性质和斗式提升机的构造特点，料斗有深斗、浅斗和尖角形斗三种形状，如图2-6所示。

深斗的斗口呈65°的倾角，深度较大。适用于输送干燥及流动性好的粒状和粉状物料。

浅斗的斗口呈45°的倾角，深度较小。适用于输送流动性较差的粒状及块状物料。

尖角形斗的侧壁延伸到底板外，使侧壁成为挡边。卸料时，物料可沿挡边和底板之间形成的槽卸出。适用于流动性差的物料，料斗密集排列。

③ 牵引部件　它的功用是固定料斗，并带动料斗升运物料。牵引部件常采用橡胶带或链条。胶带与带式输送机橡胶带相同。料斗用特种头部的螺钉和弹簧垫片固定在橡胶带上，橡胶带一般比料斗的宽度大35～40mm。

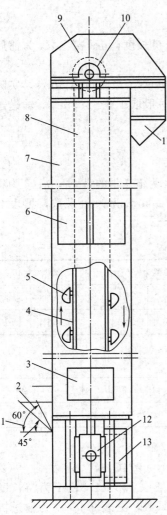

图2-5　垂直斗式提升机
1—低位装料管；2—高位装料管；3,6,13—检查孔；4,8—输送带（链）；5—料斗；7—壳体；9—鼓轮罩壳；10—驱动鼓轮；11—卸料口；12—张紧装置

常用的链条有钩形链、衬套链和套筒滚子链。其节距有150mm、200mm和250mm等。当料斗的宽度为160～250mm时，可用一根链条固定在料斗后壁上。深斗和浅斗可以用角钢和螺钉固定在链条上。

④ 驱动装置与张紧装置　驱动装置在提升机的上部，由电动机通过V带和减速器带动驱动鼓轮（或链轮）。为防止升运机在有载荷的情况下停止工作时，由于重力使提升机反向

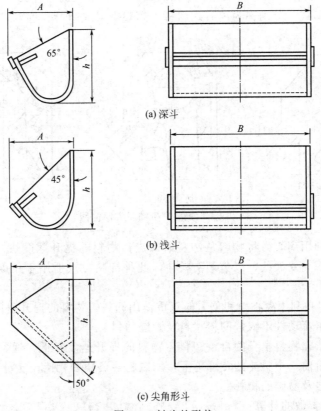

(a) 深斗

(b) 浅斗

(c) 尖角形斗

图 2-6　料斗的形状

运动，故在驱动装置中常设有电磁制动器。

张紧装置设在升运机下部的从动鼓轮（或链轮）轴上，常采用螺旋式张紧装置。

2.1.2.3　斗式提升机的装、卸料方式

① 斗式提升机的装料方式　斗式提升机装料方式分为挖取式和撒入式两类，见图 2-7。前者适用于粉末状、散粒状等磨损性较小的物料，输送速度较高，可达 2m/s，料斗间隔排列；后者适用于输送大块和磨损性较大的物料，输送速度较低（＜1m/s），料斗呈密接排列。

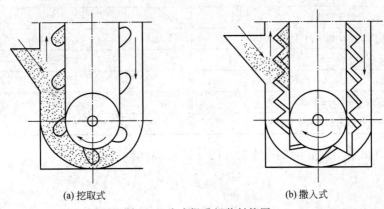

(a) 挖取式　　　　　　　　　　　　　　(b) 撒入式

图 2-7　斗式提升机装料简图

② 斗式提升机的卸料方式　斗式提升机的卸料可以采用离心抛出、重力下落和离心与重力同时作用三种形式。分别称为离心式卸料、离心重力式卸料和重力式卸料，见图 2-8。

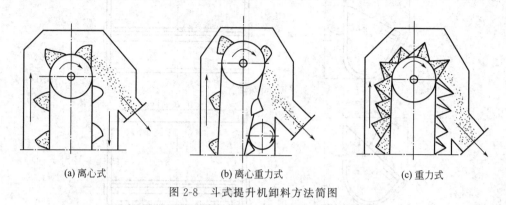

(a) 离心式　　　　　　(b) 离心重力式　　　　　　(c) 重力式

图 2-8　斗式提升机卸料方法简图

离心式卸料是利用离心力将物料从卸料口卸出，物料的提升速度快（1～2m/s）。离心卸料要求料斗间的距离要大些，以免砸伤料斗，此种卸料方式适用于粒度较小、流动性好、磨蚀性小的物料。

离心重力式卸料是利用离心力和重力的双重作用卸料，物料的提升速度为 0.6～0.8m/s。这种卸料方式适用于流动性不太好的粉状料及潮湿物料。

重力式卸料是依靠物料本身的自重卸料。物料的提升速度较低，通常为 0.4～0.6m/s，重力卸料时物料是沿前一个料斗的背部落下，所以料斗要紧密相接。这种卸料方式适宜提升块度较大、磨蚀性强及易碎的物料。

2.1.2.4　主要参数的计算

① 提升能力　斗式提升机的提升能力按式(2-4)计算。

$$Q = 3600 \frac{i_0}{a} v \rho \psi k \tag{2-4}$$

式中，Q 为提升能力，t/h；i_0 为料斗容积，m^3；v 为提升速度，m/s；ρ 为物料堆积密度，kg/m^3；ψ 为料斗充填系数，与物料的性质有关，见表 2-5；a 为料斗间距，m；k 为供料不均匀系数，一般取 $k = 0.65 \sim 0.85$。

表 2-5　料斗充填系数

物料情况	充填系数 ψ
粉末状物料	0.75～0.95
粒度在 20mm 以下的粒状物料	0.7～0.9
粒度在 20～50mm 的小块物料	0.6～0.8
粒度在 50～100mm 的中块物料	0.5～0.7
粒度大于 100mm 的大块物料	0.4～0.6
潮湿的粉末状和粒状物料	0.6～0.7

② 功率　斗式提升机传动轴功率按式(2-5)近似计算。

$$P_0 = \frac{QH}{367}(1.15 + k_1 k_2 v) \tag{2-5}$$

式中，P_0 为传动轴功率，kW；Q 为输送量，t/h；H 为提升高度，m；v 为提升速度，m/s；k_1、k_2 为系数，见表 2-6。

表 2-6　系数 k_1、k_2

生产能力 $Q/(t/h)$	斗式提升机形式					
	带式		单链式		双链式	
	料斗形式					
	深斗、浅斗	三角式	深斗、浅斗	三角式	深斗、浅斗	三角式
	系数 k_2					
<10	0.60		1.1			
10~25	0.50		0.8	1.10	1.2	
25~50	0.45	0.60	0.6	0.83	1.0	
50~100	0.40	0.55	0.5	0.70	0.8	1.10
>100	0.35	0.50			0.6	0.90
系数 k_1	1.60	1.10	1.3	0.80	1.3	0.80

2.1.3　螺旋输送机

螺旋输送机是一种不带挠性件的密封输送设备。主要用来输送粉状或粒状物料。螺旋输送机构造简单、横截面尺寸小、制造成本低、密封性好、操作安全方便，而且便于改变加料和卸料位置。其缺点是输送过程中物料易过粉碎，输送机零部件磨损较重，动力消耗大，输送长度较小（<40m），输送能力较低，倾斜输送时倾角小于20°。

2.1.3.1　结构及工作原理

螺旋输送机主要由料槽、输送螺旋轴及驱动装置组成。当机长较长时应加中间吊挂轴承，如图 2-9 所示。

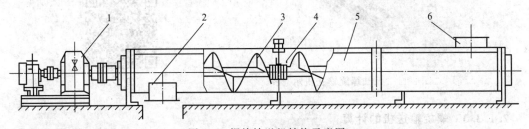

图 2-9　螺旋输送机结构示意图

1—驱动装置；2—出料口；3—螺旋轴；4—中间吊挂轴承；5—壳体；6—进料口

螺旋输送机是利用旋转的螺旋轴，将物料在固定的机槽内推移而起到输送作用的。物料由于重力和摩擦力作用，在运动中不随螺旋轴一起旋转，而是以滑动形式沿着料槽由加料端向卸料端移动。

2.1.3.2　主要构件

① 螺旋　螺旋可以采用右旋或左旋，可以制成单线、双线或三线，但以单线最为常用。螺旋叶片的形状可分为实体、带式、叶片式和成型式 4 种，见图 2-10。

输送干燥的小颗粒或粉状物料时，宜采用实体螺旋。输送块状或黏滞性物料时，宜采用带式螺旋。输送韧性和可压缩性物料时，宜采用叶片式或成型式螺旋，这两种螺旋在输送物料的同时，还可以对物料进行搅拌、揉捏、混合等工艺操作。

螺旋叶片因形状各异，故制造和安装方法不尽相同，其中大多数由 4~8mm 厚的薄钢冲压成型，然后焊接或铆接到轴上。带式螺旋需利用径向杆柱把螺旋带固定在轴上。有些成

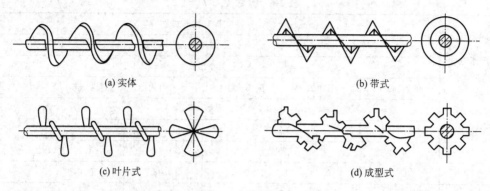

(a) 实体

(b) 带式

(c) 叶片式

(d) 成型式

图 2-10　螺旋形状

型螺旋是采用宽钢带经链形轧辊，轧成一个没有接头的整螺旋体，再安装到轴上。在一根螺旋轴上，有时可以将螺旋一半做成右旋，另一半做成左旋，这样可以把物料同时从中间输送到两边或从两端输送到中间，便于简化设计。

　　② 轴　螺旋轴可以是实心轴或空心轴，一般由长 2～4m 的轴段组装而成。比较常用的是钢管制成的空心轴，其便于连接，重量轻。

　　③ 无轴螺旋输送机结构　它不仅用螺旋输送物料，还依靠螺旋输送动力，如图 2-11 所示。

图 2-11　无轴螺旋输送机示意图

码 2-2

2.1.3.3　螺旋输送机的计算

　　① 输送能力

$$Q = 15\pi D^2 sn\psi\rho c \tag{2-6}$$

　　式中，Q 为输送能力，t/h；D 为螺旋直径，m；s 为螺距，m；n 为螺旋轴转速，r/min；ψ 为物料充填系数，见表 2-5；ρ 为物料堆积密度，t/h；c 为倾角修正系数，见表 2-8。

　　② 螺旋轴的转速　要使物料平稳地在料斗内被螺旋推移前进，必须保证物料受到的切向力小于物料重力与对槽壁摩擦力之和。而切向力又与螺旋轴转速有关，所以，螺旋轴的转速不能过高，其极限转速可用下式估算：

$$n = \frac{A}{\sqrt{D}} \tag{2-7}$$

　　式中，n 为螺旋极限转速，r/min；A 为物料综合指数，见表 2-7；D 为螺旋直径，m。

　　由上式计算出的转速，应圆整为下列值：20r/min、30r/min、35r/min、45r/min、60r/min、75r/min、90r/min、120r/min、150r/min、190r/min。

　　③ 螺旋直径　如已知输送量，则需要的螺旋直径可按式(2-8)求出：

$$D = \sqrt{\frac{Q}{15\pi s n \rho \psi c}} \qquad (2\text{-}8)$$

对于实体螺旋 $s = 0.8D$，又知 $n = \frac{A}{\sqrt{D}}$。将 s 与 n 的值代入式(2-8)并整理，得到实体螺旋的螺旋直径为

$$D = k^{2.5}\sqrt{\frac{Q}{\psi \rho c}} \qquad (2\text{-}9)$$

式中，k 为系数，其值见表 2-7。

按上面计算出的螺旋直径，应圆整为下列标准值：150mm、200mm、250mm、400mm、500mm、590mm、600mm、700mm、800mm。

螺旋直径 D 与物料粒度 a 的关系一般为：对已分选的物料 $D \geqslant 4a$，对一般物料 $D \geqslant 8a$。

表 2-7 充填系数

物料的性状	物料的摩擦性	典型例子	推荐的螺旋面形式	k	物料综合指数 A
粉状	无摩擦性半摩擦性	面粉苏打	实体	0.415	75
	摩擦性	水泥	实体	0.565	35
	无摩擦性半摩擦性	谷物、果渣颗粒状食盐	实体	0.490	50
	摩擦性	糖	实体	0.060	30
小块	无摩擦性半摩擦性	煤	实体	0.0537	40
	摩擦性	炉渣	实体或带式	0.0645	25
中、大块	无摩擦性半摩擦性	块煤块状石炭	实体或带式	0.060	30
	摩擦性	干黏土	实体或带式	0.079	15
固体状	黏性易结块	含水的糖淀粉质的团块	带式	0.071	20

表 2-8 倾角修正系数

倾角	0°	≤5°	≤10°	≤15°	≤20°
c	1.0	0.9	0.8	0.7	0.65

④ 功率 螺旋输送机的运行阻力包括物料对槽的摩擦阻力、物料对螺旋面的摩擦阻力、搅拌物料阻力、轴承阻力等，物料阻力很难精确计算，一般用阻力系数 ω_0 来近似表示。轴功率按下式计算：

$$P_0 = \frac{Q}{367}(L\omega_0 \pm H) \qquad (2\text{-}10)$$

式中，P_0 为螺旋输送机的轴功率，kW；Q 为输送能力，t/h；ω_0 为物料阻力系数，与

物料的性质有关,见表2-9;L 为输送机的水平投影长度,m;H 为输送机的垂直投影长度,m,向上输送时取正值,向下输送时取负值。

电动机功率

$$P = k_0 \frac{P_0}{\eta} \tag{2-11}$$

式中,P 为电动机功率,kW;k_0 为功率储备系数,取 $k_0 = 1.2 \sim 1.4$;η 为传动效率,可取 $\eta = 0.90 \sim 0.95$。

表 2-9　物料阻力系数

物料特性	物料的典型例子	ω_0
无摩擦性干物料	粮食、煤粉、面粉	1.2
无摩擦性湿物料	麦芽、糖块	1.5
半摩擦性物料	苏打、块煤、食盐	2.5
摩擦性物料	水泥、焦炭	3.2
强烈摩擦性、黏性物料	砂糖、炉灰、石灰	4.0

2.1.3.4　螺旋输送机的使用与维护

①安装时要特别注意各节料槽的同轴度和整个料槽的直线度。否则,会导致动力消耗增大,甚至损坏机件。②开机前应检查各传动部件,确保其运转灵活且有足够的润滑油,然后空载运转,如无异常方可添加物料。③加料应当均匀,否则会在中间轴承处造成物料的堵塞,使阻力急剧升高而导致完全梗塞。④定期检查螺旋的工作情况,发现部件磨损过大时应及时修复或更换。⑤要特别注意转动部件的密封,严防润滑油外溢污染食品和原料并带入转动部件而导致磨损加剧。⑥停机前应先停止进料,待物料排空后再停机。⑦停机后应及时清洁机器、加油,以备下次使用。

2.1.4　气流输送系统

运用风机(或其他气源)使管道内形成一定速度的气流,将散粒物料沿一定的管道从一处输送到另一处,称为气力或气流输送。

气力输送装置的优点:输送过程密封,因此物料损失很少,且能保证物料不致吸湿、污染或混入其他杂质,同时输送场所灰尘大大减少,从而改善劳动条件;结构简单,装卸、管理方便;可同时配合进行各种工艺过程,如混合、分选、烘干、冷却等,工艺过程的连续化程度高,便于实现自动化操作;输送生产率较高,尤其是利于实现散装物料运输机械化,可大大提高生产率,降低装卸成本。

气力输送也有不足之处:动力消耗较大;管道及其他与被输送物料接触的构件易磨损,尤其是在输送摩擦系数较大物料时;输送物料品种有一定的限制,不宜输送易成团结块和易碎的物料;由于必须采用风机,所以噪声较高。

2.1.4.1　气力输送原理

气力输送方法是借助气流的动能,使管道中的物料悬浮而被输送。可见物料的悬浮是气力输送中重要的一环。

设物料小颗粒在静止的空气中自由降落,如图2-12所示。作用在颗粒上的力有三个:颗粒重力 G、浮力 F 和空气阻力 f。在重力作用

图 2-12　颗粒沉降

下，颗粒降落的速度愈来愈快，并导致颗粒受到的空气阻力也愈来愈大。当颗粒的重力 G、浮力 F 和空气阻力 f 平衡，即 $G=F+f$ 时，颗粒作匀速降落，此时称颗粒为自由沉降，颗粒的运动速度称为沉降速度。根据相对运动原理，当空气以颗粒的沉降速度自下而上流过颗粒时，颗粒必将自由悬浮在气流中，这时的气流速度称为颗粒的悬浮速度，在数值上等于颗粒的沉降速度。如果气流速度进一步提高，大于颗粒的悬浮速度时，则在气流中悬浮的颗粒将被气流带走，产生气流输送，这时的气流速度称为气流输送速度。

从以上分析可知，在垂直管中，气流速度大于颗粒悬浮速度，是垂直管中颗粒气力输送的基本条件。

颗粒在水平管中的悬浮较为复杂，它受很多因素的影响。实验发现，当气流速度很大时，颗粒全部悬浮，均布于气流中。当气流速度降低时，一部分颗粒沉积于管的下部，在管截面上出现上部颗粒稀薄，下部颗粒密集的两相流动状态。这种状态是水平输送的极限状态。当气流速度进一步降低时，将有颗粒从气流中分离出来沉于管底。由此可见，必须有足够的气流速度才能保证气流输送的正常进行。但速度过大也没有必要，那样将造成很大的输送阻力和较大的磨损。

2.1.4.2　气力输送的类型

气力输送的形式较多，根据物料流动状态，气力输送装置可分为悬浮输送和推动输送两大类（目前多采用的是悬浮状态的输送形式）。悬浮输送有吸送式、压送式、混合式三种，如图 2-13 所示。

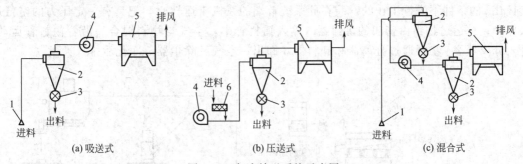

图 2-13　气力输送系统示意图

1—吸嘴；2—分离器；3—卸料器；4—风机；5—除尘器；6—供料器

① 吸送式气力输送系统　吸送式气力输送装置是借助压力低于 0.1MPa 的空气流来输送物料的，如图 2-13(a) 所示。当装在系统末端的风机 4 开动后，整个系统内便被抽至一定的真空度，在压力差的影响下，大气中的空气流从物料堆间透过；当气流穿透速率达到一定条件时，便把物料携带进入吸嘴 1，并将颗粒状物料沿输料管移动到分离器 2 中；在分离器中，物料和空气分离，物料由分离器底部的卸料器 3 排出，而空气流继续被送入空气除尘器 5，以消除其中的粉尘；最后，经过除尘净化的空气流被排入大气。

吸送式气力输送装置按系统的工作压力情况常分为以下两种：低真空吸送式，其工作压力在 -20kPa 以内；高真空吸送式，其工作压力在 $-20\sim-50$kPa 范围内，设备系统如图 2-14 所示。

吸送式装置的最大优点是供料简单方便，可从一个或多个物料堆同时吸取物料。但由于受到系统真空度的限制，其输送物料的距离和生产率有限；而且这种装置的密封性要求很高。此外，为了保证风机可靠工作及减少零件磨损，进入风机的空气必须预先进行除尘。

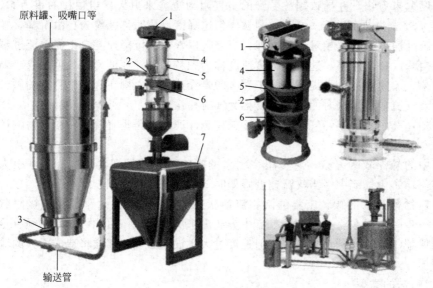

图 2-14 吸送式气力输送设备流程图
1—多效喷射泵；2—进风口；3—进料端；4—过滤器；5—旋风分离器组建；6—排出组件；7—终端储罐

码 2-3

② 压送式气力输送系统　如图 2-13(b) 和图 2-15 所示，压送式气力输送系统是在高于 0.1MPa 的条件下进行工作的。装在此系统首端的风机 4 运转时，把具有一定压力的空气压入导管；被运送物料由密闭的供料器 6 输入辅料管中，空气与物料混合后沿着输料管运动，进入分离器 2；物料通过分离器和卸料器 3 卸出；空气经除尘器 5 净化后排入大气。

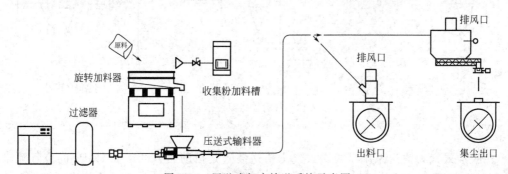

图 2-15　压送式气力输送系统示意图

此装置的特点恰与吸送输送式相反，由于它便于装设分岔管道，故可同时把物料输送至几处，且输送距离较长，生产率较高，还能方便地发现漏气点的位置；对空气的除尘要求也不高。但供料装置较复杂，也难以实现从几处同时供料。

③ 混合式气力输送系统　混合式气力输送系统由吸送式和压送式两部分组合而成，如图 2-13(c) 所示。在吸送部分，通过吸嘴 1 将物料由料堆吸入输料管，并送到图 2-13(c) 上方的第一级分离器 2 中；被分离出的物料又经过第一级卸料器被送入压送部分的输料管继续输送。

这种结构的输送装置综合了吸送式和压送式气力输送的优点，既可以从几处吸取物料，又可以把物料同时输送到几个接料点，且输送的距离可较长。其主要缺点是带粉尘的空气要通过风机，使工作条件变差，同时整个装置的结构也较复杂。

2.1.4.3　气力输送系统的主要工作部件

① 风机　风机是气力输送装置中的动力设备，它的功用是在输送管道内产生一定的真空度、压力与一定流速的气流。在气力输送装置中使用较多的是离心风机。

离心风机按风压（H）大小可分为低压风机（$H<9.8$kPa）、中压风机（$H=9.8\sim29.4$kPa）和高压风机（$H=29.4\sim148$kPa）。

如图 2-16 所示的设备是用于黏稠物料压送式输送的输送机。

图 2-16　黏稠物料压送式输送机　　　　　　码 2-4

② 供料装置　供料装置的功用是把物料送入输送管道内，并防止管道内的高压空气从喂料口逸出。常用的供料装置有喷嘴式、螺旋式和闭风机等几种形式，如图 2-17 所示。喷嘴式和螺旋式供料器适用于压力在 49kPa 以下的压送式气力输送供料。

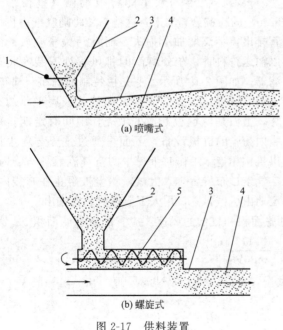

(a) 喷嘴式

(b) 螺旋式

图 2-17　供料装置

1—调节板；2—喂料斗；3—输送
管道；4—物料；5—螺旋

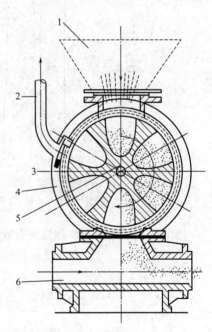

图 2-18　闭风机

1—喂料斗；2—高压空气逸出管；3—喂料轮；
4—壳体；5—喂料轮轴；6—输送管道

闭风机又称鼓形阀、旋转阀、星形阀、锁气排料阀等，主要用于高压压送式的供料以及离心分离器和喷雾干燥塔底部的卸料。它将管道内的高压或分离筒内的负压（吸送式卸料）与大气隔离而进行排料。闭风机主要由转子和壳体组成，如图 2-18 所示。当转子以 20～

60r/min 回转时，将闭风机上方的物料排入管道内。转子与外壳间隙为 0.1～0.2mm，因此可以上下隔绝，避免空气流通。当闭风机用来隔绝下面管道的高压空气时，在外侧有一高压空气逸出管，逸出凹槽内的高压空气，以免影响装料。

③ 输送管道　管道的功用是输送气流和物料。对管道的要求是内壁尽量光滑、耐磨，管道的断面最好制成圆形，这样压力损失少，便于制造，重量轻而且坚固。

气流输送管道是用厚度为 0.6～2.5mm 的钢板卷制焊接而成，高压工作的压出式输送管道则采用无缝钢管。当管道直径大于 400mm 时，必须在管道上每隔一定距离安装一个刚性套环，以防止管道断面发生变形。一般管道每段的长度不超过 5m，以便于安装制造，两段管道之间的连接方式可采用咬口接头（用于比较薄的钢板管）、法兰接头、对接焊接头（管口不要留有焊液滴块）。输送粒料和粉料时，管道内径一般为 75～250mm。

④ 卸料装置　卸料装置的功用是将被输送的物料从空气中分离出来。常用的卸料装置有离心分离器和布袋过滤器。

离心分离器又称旋风分离器或集料筒，一般用薄钢板制成。工作时，带有物料的气流沿切向进入，在分离器内作螺旋运动，到达圆锥部分后，旋转半径减小，其转速逐渐增加，使气流中的物料受到更大的离心力。由于离心力的作用，使物料与器壁碰撞、摩擦失去原来动能，物料便沿着圆锥的内壁面下落，从排料口排出。气流到达圆锥部下端附近就开始反转，在中心部逐渐上升，从排风管排出。

离心分离器一般不能将很细微（直径小于 5μm）的粉粒分离出来，这些粉粒将随空气由排风管排出，不仅增加了损失，而且污染了空气。所以输送粉料时，在分离筒的排风管处安装布袋过滤器，如图 2-19 所示。它是由特制的滤布（棉布、毛织品或涤纶）缝合成细长如筒状或扁平状的布袋，上面是薄钢板制成的铁壳，中间有定期抖落袋内粉尘的机械设备，下面可通过铁壳与粉尘排出机构相连。工作时带粉尘的空气流入各布袋内，空气透过布袋后排入大气，粉尘被阻止在布袋内，定期由机械抖落，用人工或排粉装置排出。

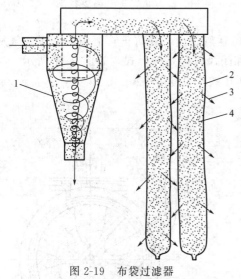

图 2-19　布袋过滤器
1—分离筒；2—布袋；3—排风；4—物料

为了减少压力损失，布袋应有较大的过滤面积和较低的风速。应有的总过滤面积 $F_{过}$ 为

$$F_{过} = \frac{Q}{3600V_{过}} \tag{2-12}$$

式中，$F_{过}$ 为总过滤面积，m^2；Q 为风量，m^3/h；$V_{过}$ 为过滤风速，m/s，一般 $V_{过} = 0.0166～0.028m/s$。

2.1.4.4　气力输送装置的计算

① 所需风量 Q 的计算

$$Q = \frac{G}{\mu\gamma} \tag{2-13}$$

式中，Q 为风量，m^3/h；G 为单位时间输送的物料，即输送装置的生产率，kg/h；μ 为浓度比，即空气与物料的重量比，一般输送粉料时 $\mu = 0.5～2$，输送谷粒时 $\mu = 2～5$；γ 为空气的容重，kg/m^3，γ 一般取 $1.2kg/m^3$。

② 气流输送速度的计算　气流必须达到一定速度才能输送物料。速度过低，会引起管道堵塞；速度过高，压力损失较大。输送气流的速度可由临界速度来计算。

$$V = \phi V_{临} \tag{2-14}$$

式中，V 为气流输送速度，m/s；ϕ 为系数，一般取 1.5；$V_{临}$ 为物料的临界速度，m/s，见表 2-10。

表 2-10　各种物料的临界速度

物料	大麦	小麦	玉米	谷子	水稻	大豆	面粉
$V_{临}/(m/s)$	8.4～10.8	8.9～11.5	12.5～14.09	9.8～11.8	10.1	17.3～20.2	8.1

2.1.4.5　气力输送装置使用维护

①气力输送设备安装完成后，应进行一次全面安装质量检查，注意管线的配置是否合理，各连接处是否严密，固定是否牢固可靠，运动零部件转动是否灵活等，发现问题及时纠正。②检查后可进行空车试运转，把风机进风管上的总风门关闭，然后开动电动机，并渐渐开大总风门，注意观察风机运转是否正常，管道连接处是否有跑风现象等。空运转应持续半小时左右。③空运转正常后即可投料试车。开机前先让分离器下面的闭风机转动起来，并关闭风机。根据输送的物料选择相应的输送速度，不能过大或过小。供料要均匀一致。④输送原料时，对空气可以不处理，输送成品时，必须用空气滤清器对空气进行过滤，以免污染食品。空气滤清器应定期保养。⑤对风机运动部件应定期进行润滑和检修。⑥保证布袋过滤器畅通，及时抖落布袋内的粉料。

2.1.5　其他输送机械与装置

2.1.5.1　振动输送机

振动输送机是一种利用振动技术对松散颗粒物料进行中、短距离输送的输送机械。

① 振动输送机的构造　如图 2-20 所示，振动输送机主要由输送槽、激振器、主振弹簧、导向杆、平衡底架、进料装置、卸料装置等部分组成。其中，输送槽 2 用于输送物料，底架主要平衡槽体的惯性力，减小传到基础的动载荷。激振器 6 是振动输送机的动力源，产生周期性变化的激振力，使输送槽与平衡底架持续振动。

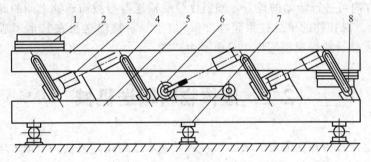

图 2-20　振动输送机结构示意图
1—进料装置；2—输送槽；3—主振弹簧；4—导向杆；5—平衡底架；
6—激振器；7—隔振弹簧；8—卸料装置

主振弹簧 3 支撑输送槽，通常倾斜安装，斜置倾角为 β（振动角）。它的作用是使振动输送机有适宜的近共振工作点，便于系统的动能和势能互相转化，有效地利用振动能量。导向杆 4 的作用是使槽体与底架沿垂直于导向杆中心线做相对振动，它通过橡胶铰链与槽体和底架连接。

进料装置 1 与卸料装置 8 用来控制物料流量,通常与槽体软连接。

② 振动输送机工作原理 振动输送机工作时,激振力作用于输送槽体,槽体在主振板弹簧的约束下做定向强迫振动。装在槽体上的物品,受到槽体振动的作用断续地被输送前进。

当槽体向前振动时,依靠物料与槽体间的摩擦力把运动能量传递给物料,使物料加速运动,此时物料的运动方向与槽体的振动运动方向相同。当槽体向后振动时,物料因受惯性作用,仍将继续向前运动,槽体则从物料下面往后运动,由于运动中阻力的作用,物料越过一段槽体又落回槽体上。当槽体再次向前振动时,物料又因受到加速而被输送向前,如此重复循环,实现物料的输送。

振动输送具有产量高、能耗低、工作可靠、结构简单、外形尺寸小、便于维修的优点,目前在食品、粮食、饲料等产品运输中广泛用于输送块状、粒状和粉状物料。当制成封闭的槽体输送物料时,可改善工作环境。一般不宜输送黏性大的或过于潮湿的物料。

2.1.5.2 流送槽

流送槽是利用水力输送物料的装置,可根据果蔬物料的加工需要,进行前后工序设备之间的物料输送或加工处理。特别是对于一些不适合机械运输和加工的果蔬原料及加工中间品,使用流送槽实现连续化生产是一个很有效的手段。如青刀豆的盐水浸泡工序,橘子瓣的酸碱法去囊衣工序,使用流送槽代替了过去的劳动操作,实现了连续化的机械加工操作。因此,流送槽除了能起输送和冷却作用外,还能起加工作用。番茄、苹果、蘑菇、菠萝和其他块茎类原料的输送多用流送槽。

2.1.5.3 刮板式输送机

刮板式输送机是借助牵引构件上刮板的推动力,使散粒物料沿着料槽移动的连续输送机。主要有两种结构类型:料槽内物料处于牵引构件下方的刮板输送机称为普通刮板输送机;料槽内物料将牵引构件和刮板完全埋没的刮板输送机称为埋刮板输送机。

2.1.5.4 悬挂输送机

悬挂输送机由封闭循环轨道、悬挂件、牵引链和驱动装置及张紧装置等构成。轨道可以灵活地进行立体布置,在平面方向,它最小可以半径 400mm 进行转弯,最大转弯角度可达 180°;在垂直方向可进行陡峭的提升,倾斜度仅受输送器与被输送物之间的间隙限制,通常以 45°角度提升。悬挂件的单悬挂重量在 20kg 以上。悬挂输送机在其他制造业中有着较广泛应用,它在食品行业最典型的应用是屠宰生产线。

2.2 液体物料输送机械

食品加工生产过程往往需要将液体物料从低处输送到高处或从一个地方输送到另一个地方。为达到此目的,必须对流体物料加入外功,以克服流体阻力及补充输送流体物料时所不足的能量。在食品加工中,对于流体物料的输送经常用泵及真空吸料装置等来完成。

食品工厂被输送的液体物料的性质千差万别,物料可从低黏度的溶液、油至高黏度的巧克力糖浆等,许多液体食品具有复杂的流变学特性。另外,果蔬汁液具有不同程度的腐蚀性,含脂物料易于氧化,营养丰富的液体食品容易滋长微生物等。对于食品,卫生问题非常重要,按食品卫生要求,输送液体的管道和输送泵接触汁液部分的结构采用耐腐蚀的不锈钢材料。

2.2.1 泵

食品工业有许多类型的泵，这里要介绍的是食品工业中应用较广泛的输送食品料液的泵。按工作原理和结构特征液料泵可分为以下基本类型。

① 流量泵 依靠高速旋转叶轮对被泵送液料的动力作用，把能量连续传递给料液而完成输送。常见流量泵有离心泵、轴流泵、旋涡泵。流量泵具有以下基本特点。

a. 静压低、动压高、流量大且稳定。

b. 静压及流量因负载而不同，流量调整一般通过出口开度进行，压力也相应变化，但不会造成压力剧增。

c. 叶片对液料有一定的剪切、搅动作用。

d. 适用于黏度较低的液料输送或供给。

e. 为稳定工作，使用时必须保持不低于某一转速。

f. 只有在泵腔完全充满后才能启动供料，因此其安装位置必须保证这一要求，而且吸料管应尽量短且弯头少，避免积存空气。

② 容积泵（又称正排量泵） 这种泵通过包容料液的封闭工作空间（泵腔）、周期性的容积变化或位置移动，把能量周期性地传递给料液，使料液的压力增加，直至强制排出。根据主要构件的运动形式，常见容积泵又分为：往复泵（如活塞泵、柱塞泵、隔膜泵）和转子泵（如齿轮泵、螺杆泵、滑片泵、挠性泵等）。容积泵具有以下基本特点。

a. 静压高，动压低，流量小，瞬时流量波动较大，可通过顺序安排泵的工作相位减少波动；平均流量稳定、准确，可用于液料的计量。

b. 稳定安全作业时，泵须配置调压阀（用于控制出料所需的最小压力）、安全阀（控制泵安全限制的最高压力）和溢流阀（在正常工作压力下，使多余的排量回流）等组件，使用时必须注意它们处于良好的工作状态。

c. 流量一般只能通过调节泵本身的排量（如调节转速或更换转子）来实现，不可通过出口开度进行调整，否则会造成压力骤增。

d. 搅动作用一般较小，但对于缝隙流阀结构，其剪切作用较强。

e. 适用于静压要求较高（黏度大或管道压力损失大）而流量要求较低且准确的液料输送或供给。

f. 具有较强的自吸能力，故安装位置要求不严格。

g. 需要注意的是，液料在工作过程中起到一定程度的润滑作用，因此不得在无料的情况下空转，以免干磨造成严重的磨损。

2.2.1.1 离心泵

离心泵属于流量泵，是食品加工中应用比较广泛的流体输送设备。离心泵构造比较简单，便于拆卸、清理、冲洗和消毒，机械效率较高。它适用于输送水、乳品、冰淇淋、糖蜜和油脂等，也可用来输送带有固体悬浮物的料液。

（1）离心泵的工作原理

最简单的离心泵工作原理示意图如图 2-21 所示。在

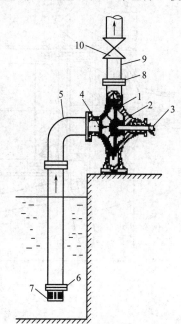

图 2-21 离心泵工作原理示意图
1—叶轮；2—泵壳；3—泵轴；4—吸入口；
5—吸入管；6—单向底阀；7—滤网；
8—排出口；9—排出管；10—调节阀

蜗壳形泵壳 2 内，有一固定在泵轴 3 上的工作叶轮 1。叶轮上有 6～12 片稍微向后弯曲的叶片，叶片之间形成了使液体通过的通道。泵壳中央有一个液体吸入口 4 与吸入管 5 连接。液体经底阀和吸入管进入泵内。泵壳上的液体排出口 8 与排出管 9 连接，泵轴用电动机或其他动力装置带动。启动前，先将泵壳内注满被输送的液体。启动后泵轴带动叶轮旋转，叶片之间的液体随叶轮一起旋转，在离心力的作用下，液体沿着叶片间的通道从叶轮中心进口处被甩到叶轮外围，以很高的速度流入泵壳，液体流到蜗形通道后，由于截面逐渐扩大，大部分动能转变为静压能。于是液体以较高的压力，从排出口进入排出管，输送到所需的场所。

当叶轮中心的液体被甩出后，泵壳的吸入口就形成了一定的真空，外面的大气压力迫使液体经底阀和吸入管进入泵内，填补了液体排出后的空间。这样，只要叶轮旋转不停，液体就源源不断地被吸入与排出。

离心泵若在启动前未充满液体，则泵壳内存在空气。由于空气密度很小，所产生的离心力也很小。此时，在吸入口处所形成的真空不足以将液体吸入泵内，虽启动离心泵，但不能输送液体，此现象称为"气缚"。为便于使泵内充满液体，在吸入管底部安装带吸滤网的底阀，底阀为止逆阀，滤网是为了防止固体物质进入泵内，损坏叶轮的叶片或妨碍泵的正常操作。

(2) 离心泵的主要构件

离心泵的主要部件有叶轮、泵壳和轴封装置。如图 2-22 所示为食品厂最常使用的离心式饮料泵，其泵壳内所有构件都是用不锈钢制作的，通常称之为卫生泵，在饮料厂常用于输送原浆、料液等。构造及工作原理与普通离心泵相同。考虑到食品卫生和经常清洗的要求，食品工厂常选用的离心式饮料泵为叶片少的封闭型叶轮，泵盖及叶轮拆装方便，其轴封多采用不透性石墨端密封结构。

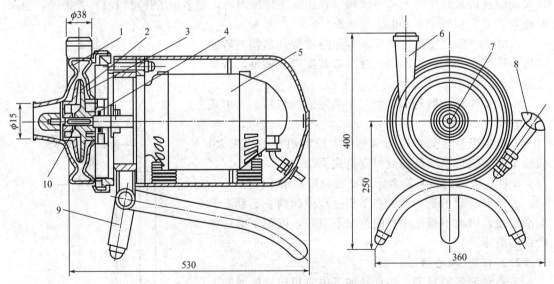

图 2-22 封闭形离心式饮料泵

1—前泵管；2—叶轮；3—后泵腔；4—密封装置；5—电动机；6—出料管；
7—进料管；8—泵体锁紧装置；9—支撑架；10—主轴

① 叶轮　从离心泵的工作原理可知，叶轮是离心泵的最重要部件。按结构可分为以下三种。

a.开式叶轮　如图 2-23(c) 所示，开式叶轮两侧都没有盖板，制造简单，清洗方便。但由于叶轮和壳体不能很好地密合，部分液体会流回吸液侧，因而效率较低。它适用于输送含杂质的悬浮液。

b.半闭式叶轮　半闭式叶轮如图 2-23(b) 所示，叶轮吸入口一侧没有前盖板，而另一侧有后盖板，它也适用于输送悬浮液。

c.闭式叶轮　闭式叶轮如图 2-23(a) 所示，叶片两侧都有盖板，这种叶轮效率较高，应用最广，但只适用于输送清洁液体。

(a) 闭式　　　　　　(b) 半闭式　　　　　　(c) 开式

图 2-23　离心泵的叶轮

闭式或半闭式叶轮的后盖板与泵壳之间的缝隙内，液体的压力较入口侧为高，这使叶轮受到向入口端推移的轴向推力。轴向推力能引起泵的振动，轴承发热，甚至损坏机件。为了减弱轴向推力，可在后盖板上钻几个小孔，称为平衡孔 [图 2-24(a)]，让一部分高压液体漏到低压区以降低叶轮两侧的压力差。这种方法虽然简单，但由于液体通过平衡孔短路同流，增加了内泄漏量，因而降低了泵的效率。

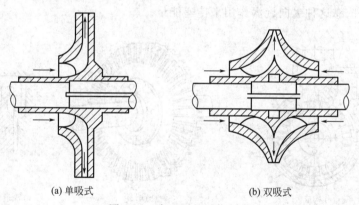

(a) 单吸式　　　　　　　　　　(b) 双吸式

图 2-24　离心泵的吸液方式

按吸液方式的不同，离心泵可分为单吸和双吸两种。单吸式构造简单，液体从叶轮一侧被吸入；双吸式比较复杂，液体从叶轮两侧吸入。显然，双吸式具有较大的吸液能力，而且基本上可以消除轴向推力。

② 泵壳　离心泵的外壳多做成蜗壳形，其内有一个截面逐渐扩大的蜗形通道。叶轮在泵壳内顺着蜗形通道逐渐扩大的方向旋转。由于通道逐渐扩大，以高速度从叶轮四周抛出的液体可逐渐降低流速，减少能量损失，从而使部分动能有效地转化为静压能。

③ 轴封装置　泵轴与泵壳之间的密封称为轴封。作用是防止高压液体从泵壳内沿轴的四周漏出，或者外界空气以相反方向漏入泵壳内。轴封装置有填料密封和机械密封两种形式，如图 6-18 和图 6-19 所示。

（3）离心泵功率的计算

离心泵的功率（轴功率）可用下式计算。

$$N=\frac{Q\gamma H}{102\eta}(\text{kW}) \tag{2-15}$$

式中，Q 为离心泵的流量，m^3/s；γ 为液体容重，kg/m^3；H 为泵的扬程，m；η 为泵的总效率，$\eta=60\%\sim80\%$。

（4）离心泵的安装、使用与维护

①在安装离心泵时，泵的安装高度（实际吸液扬程）必须低于泵的允许吸上真空高度。管道应尽量减少弯头，连接处要十分紧密，避免空气进入产生空气囊。管道应单独设立支架，不要把全部重量压在泵上。②在使用时，启动前应向泵壳内注满液体（如果输出罐液面等于或高于离心泵叶轮中心线，可直接启动工作，不需注入液体），才能启动工作。使用中如有不正常声音，应停机检查，排除故障后再工作。③维护工作，密封装置磨损后，应及时更换。离心泵每工作 1000h 左右，应更换新润滑脂。在抽送腐蚀性液体或食品物料后，应及时对泵进行清洗。

2.2.1.2 旋涡泵

旋涡泵属于流量泵，是一种特殊形式的离心泵。如图 2-25 所示，叶轮外缘开有径向沟槽而形成叶片，泵壳与叶轮为同心圆，吸入口与排出口远端相通，泵壳与叶轮间留有引液道，而近端隔断。叶轮旋转时，液体在离心力作用下被抛入叶轮外缘外较宽的环形流道内，由于叶轮抛出的液体速度高于流道内的液体速度，两部分液体将进行动量交换，流道内的液体能量增加，液体速度降低，在叶轮处获得的部分动能转化为势能，而后又回到叶片根部流入，再次从叶轮获得能量，依次循环向前流动直至从排出口排出，这种循环流动称为纵向旋涡。旋涡泵主要依靠这种纵向旋涡作用来传递能量。

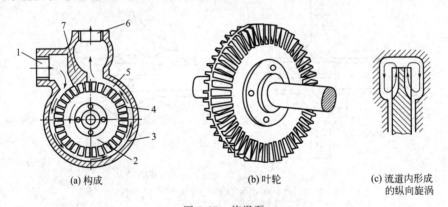

(a) 构成　　　　　　　　(b) 叶轮　　　　　　(c) 流道内形成
　　　　　　　　　　　　　　　　　　　　　　　的纵向旋涡

图 2-25　旋涡泵

1—吸入口；2—叶轮；3—泵壳；4—叶片；5—环形流道；6—排出口；7—间壁

旋涡泵的主要特点：扬程高，在其他参数相同的情况下，其扬程为离心泵的 2～4 倍；流量小；随着流量的增大，扬程下降较快，因此在启动时需要打开排出管道上的阀门，以降低启动负荷；由于液体多次高速流过叶片，机械效率较低，一般不超过 45%，且易造成叶片磨损，故仅适用于黏度较低、不含颗粒的料液。

2.2.1.3 螺杆泵

螺杆泵是一种新型的内啮合回转式容积泵，是利用一根或数根螺杆的相互啮合空间容积变化来输送液体的。螺杆泵具有效率高、自吸能力强、适用范围广等优点，对各种难以输送的介质都可用螺杆泵来输送。螺杆泵有单螺杆、双螺杆和多螺杆等几种。按螺杆的轴向安装位置可分为卧式和立式两种。

目前食品加工中多采用单螺杆卧式泵，主要用于高黏度黏稠液体及带有固体物料的浆体输送。例如，啤酒酿制中未稀释的醪液、奶粉、麦乳精、淀粉、番茄、酱油、发酵液、蜂蜜、巧克力混合料、牛奶、奶油、奶酪和肉浆等抽吸输送。

① 工作原理　单螺杆泵的工作原理是偏心单头螺旋的转子（螺杆）在双头螺旋的定子孔（螺腔）内绕定子轴线做行星回转时，转子-定子运动形成的密闭腔就连续、匀速、容积不变地将介质从吸入端输送到压出端。单螺杆泵流量与转速成正比，吸入室与压出室之间有效的密封，使泵具有良好的吸入性能。

② 单螺杆泵结构　泵的主要部件是转子（螺杆）和定子（螺腔）。转子是一根单头螺旋的钢转子；定子是一个通常由弹性材料制造、具有双头螺旋孔的定子。转子在定子内转动。泵内的转子是呈圆形断面的螺杆，定子通常是泵体内具有双头螺纹的橡皮衬套，螺杆的螺距为橡皮套内螺纹螺距的一半。螺杆在橡皮套内做行星运动，螺杆通过平行销联轴器（或偏心联轴器）与电动机相连来转动。单螺杆泵的结构如图 2-26 所示。

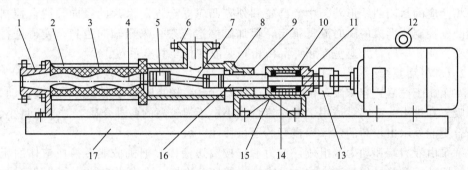

图 2-26　单螺杆泵结构

1—出料腔；2—拉杆；3—螺杆套；4—螺杆轴；5—万向节总成；6—吸入管；7—连接轴；8,9—填料压盖；
10—轴承座；11—轴承盖；12—电动机；13—联轴器；14—轴套；15—轴承；16—传动轴；17—底座

螺杆与橡皮套相配合形成一个个互不相通的封闭腔。当螺杆转动时，封闭腔沿轴向由吸入端向排出端方向运动，封闭腔在排出端消失，同时在吸入端形成新的封闭腔。螺杆作行星运动使封闭腔不断形成，向前运动以至消失，即将料液向前推进，从而产生抽吸料液的作用。为了保护橡皮套，泵不能空转，开泵前需灌满液体，否则橡皮套发热会使橡皮套变成浆糊状，使泵不能正常工作。

2.2.1.4　齿轮泵

齿轮泵是一种回转式容积泵，在食品工厂中主要用来输送黏稠料液，如糖浆、油类等。齿轮泵的种类比较多，按齿轮形状可分为正齿轮泵、斜齿轮泵、人字齿轮泵等；按齿轮的啮合方式分为外啮合和内啮合两种，外啮合齿轮泵在食品加工中应用较多。

2.2.1.5　转子泵

转子泵也称罗茨泵，属于容积泵，其泵送原理与齿轮泵相仿，依靠两啮合转动的转子完成吸料和泵出，但转子形状简单，一般为两叶或三叶，易于拆卸清洗，对于料液的搅动作用更小，因此对于黏稠料液的适应能力更强，尤其适用于含有颗粒的黏稠料液。对于含有较大颗粒的黏稠料液，转子还设计成蝴蝶形，在所有相互啮合处均可使料液易于排出，避免因夹持颗粒造成其受到挤压破损。由于转子的制造精度要求较高，转子泵的价格较高。

2.2.1.6　滑片泵

滑片泵属于回转式容积泵，它主要由泵体、转子、滑片和两侧盖板等组成，如图 2-27

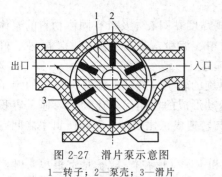

图 2-27　滑片泵示意图
1—转子；2—泵壳；3—滑片

所示。转子为圆柱形，具有径向槽，被偏心安装在泵壳内，转子表面与泵壳内表面构成月牙形空间。滑片置于槽中，既随转子转动，又能沿转子槽径向滑动。滑片靠离心力或槽底的弹簧力作用紧贴泵体内腔。转子在前半转时相邻两滑片所包围的空间逐渐增大，形成真空，吸入液体，而转子在后半转时空间逐渐减小将液体挤到排出管中。

这种泵用于输送肉糜时，为了使肉糜中的空气尽可能排除，以减少肉糜中的气泡和脂肪的氧化，从而保证肉糜的外观及色、香、味，一般在泵体中部有连接真空系统的接口，并在出口处安装有防止肉糜进入真空管道的滤网。由于泵体与真空系统相连，使肉糜在自重和真空吸力作用下进入泵内。

在新型灌肠机填充用滑片泵上，为实现稳定填充，除设置中心凸轮外，泵壳也采用与中心凸轮相适应的封闭曲线形状。中心凸轮和外壳凸轮联合控制滑片的径向位置，控制可靠，而且两凸轮控制所形成的瞬时流量稳定，但加工制造复杂。采用轴向进料，使得进料容易、拆卸清洗方便，同时，为避免灌肠产品致密，泵腔连接至真空系统。

2.2.1.7　活塞泵

活塞泵属于往复式容积泵，依靠活塞或柱塞（泵腔较小时）在泵缸内做往复运动，将液体定量吸入和排出。活塞泵适用于输送流量较小、压力较高的各种介质，对于流量小、压力大的场合更能显示出较高的效率和良好的运行特性。

活塞泵由液力端和动力端组成，液力端直接输送液体，把机械能转换成液体的压力能，动力端将原动机的能量传给液力端。动力端由曲柄、连杆、十字头、轴承和机架组成。液力端由液缸、活塞（或柱塞）、吸入阀、排出阀、填料函和缸盖组成，如图 2-28 所示。

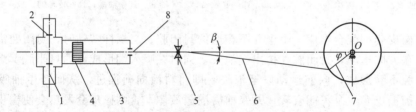

图 2-28　单作用活塞泵示意图
1—吸入阀；2—排出阀；3—液缸；4—活塞；5—十字头；6—连杆；7—曲柄；8—填料函

当曲柄 7 以角速度 ω 逆时针旋转时，活塞自左极限位置向右移动，液缸的容积逐渐扩大，压力降低，上方的排出阀 2 关闭，下方的流体在外界与液缸内压差的作用下，顶开吸入阀 1 进入液缸填充活塞移动所留出的空间，直至活塞移动到右极限位置为止，此过程为活塞泵的吸入过程。当曲柄转过 180° 以后，活塞开始自右向左移动，液体被挤压，接受了发动机通过活塞而传递的机械能，压力急剧增高。在该压力作用下，吸入阀 1 关闭，排出阀 2 打开，液缸内高压液体便排至排出管，形成活塞泵的压出过程。活塞不断往复运动，吸入和排出液体过程不断地交替循环进行，形成了活塞泵的连续工作。

单缸活塞泵的瞬时流量曲线为半叶正弦曲线，脉动较大，当采用多缸结构时，其瞬时流量为所有缸瞬时流量之总和，脉动减小。液缸越多，合成的瞬时流量越均匀。食品工业常用单缸单作用和三缸单作用泵。高压均质机采用的就是三缸单作用柱塞泵。

2.2.1.8　隔膜泵

隔膜泵属于往复式容积泵，分液压隔膜式计量泵和机械隔膜式计量泵。隔膜泵无动密封、无泄漏、维护简单，适用于中等黏度的液体，排液压力可达 35MPa，流量在 10∶1 范围内，计量精度为±1%，压力每升高 6.9MPa，流量下降 5%～10%，价格较高。

机械隔膜式计量泵的隔膜与滑动柱塞连接，柱塞的前后移动直接带动隔膜前后挠曲变形，适于输送高黏度液体、腐蚀性浆料。但隔膜承受应力较高，寿命低，出口压力在 2MPa 以下，流量适用范围较小。

2.2.2　真空吸料装置

图 2-29 为真空吸料装置示意图，用真空泵将密闭储罐中的空气抽出，在储罐与相连的储槽之间产生一定的压力差，使物料由储槽经管道流送到储罐中，实现了物料从储槽至储罐的输送。物料从储罐中可通过物料出料阀连续或间歇排出。连续排出物料是用特制的旋转式阀门来实现的，它要求阀门排出量与从管道吸进储罐的流量相等，储罐顶部安装有阀门，用来调节储罐的真空度和罐内液位高度，旋转式阀门一般用电动机减速后带动旋转；间歇排料是当储罐 3 完成一定的吸料量后，停止真空泵的工作，打开罐顶阀门，使之与大气相通，然后打开罐底阀门排料，排完料后再进行抽真空吸料。

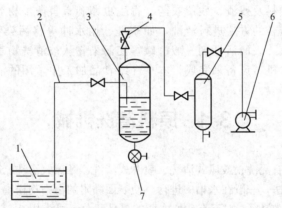

图 2-29　真空吸料装置示意图

1—储槽；2—管道；3—储罐；4—阀门；5—分离器；6—真空泵；7—出料阀

如果真空泵从储罐抽出的空气中带有液料，则在储罐与真空泵中安装分离器，进行气液分离，以防液料进入真空泵而腐蚀泵体。如抽出的气体中只含水分，而采用的真空泵是湿式真空泵（如水环式真空泵），则中间也可不安装气液分离器。

该系统的组成较简单，只由管道、罐体容器和真空泵所组成。如原有输送装置密闭，则直接利用这些设备，安装一台真空泵就可进行真空吸料输送。

第3章

清洗机械与设备

清洗食品能够清除污染和杂质，是保证产品质量的重要措施，对食品生产有着十分重要的意义。清洗可分为湿式和干式清洗。湿式清洗是用清水、清洗液等介质对原料所附着的污垢进行清除的操作过程，具有良好的清洗质量和效果；干式清洗利用空气流、磁选等方法去除泥尘和铁质等异物，清洗效果具有局限性，常作为湿式清洗的辅助手段。

食品生产中的清洗对象主要是食品原料、包装容器和食品加工机械与设备，清除的污垢有杂质、生产遗留的物料及残渣、残留农药、寄生虫卵和有害微生物等污染物。清洗过程一般用化学与物理原理结合的方式进行清洗，如刷洗、用水冲等将污染物与被清洗对象分开，或用冷水、热水、蒸汽、表面活性剂、酸、碱等使污染物从被清洗物表面溶解下来。食品加工中的清洗操作常通过机械设备来完成，本章介绍食品加工中常用的清洗机械与设备。

3.1 原料清洗机械

食品原料清洗方法有浸洗、鼓风式清洗、喷淋式清洗、摩擦式清洗、刷洗和混合式清洗。

浸洗是最基本的方法，一般在水槽中进行，使表面黏附的污染物松离而浮于水中，再通过换水而排出。为了加强浸洗效率，对于有残留农药的果品蔬菜，可先用 $0.5\%\sim1.5\%$ 的盐酸溶液或 0.1% 的高锰酸钾溶液或 600×10^{-6} 的漂白粉等，在常温下浸泡数分钟，然后用清水洗净。

鼓风式清洗是在清洗槽内安置管道，在管道上开有一定数量的小孔，然后通入高压空气形成高压气泡，在高压空气的剧烈搅拌下，使物料在水中不断翻滚，使黏附在物料表面的污染物加速脱离下来。因为剧烈的翻滚是在水中进行的，所以物料不会受到损伤，是最适合果品蔬菜原料清洗的方法。

喷淋式清洗一般在浸泡后进行。典型的喷淋方法是在长形的通道内装有输送带，物料散放在输送带上，通道内有压力喷头，当输送带上的物料通过时，喷头在物料的上方向物料喷淋（若采用网眼式输送带可以上下装喷头，从上、下对物料进行喷淋），使已经浸泡松脱的污染物与物料分离。喷洗的效率与水的压力、喷头与物料的距离、用水量有很大的关系，一般小水量高压效果比大水量低压效果好。

摩擦式清洗是在浸洗和喷淋过程中用搅拌机构（如桨叶式搅拌器等）与物料接触摩擦，同时，也使物料相互间接触摩擦，将黏附在物料表面的污染物松离脱落，然后被浸洗或喷淋的水带走，达到清洗的目的。

刷洗是利用毛刷对果蔬表面的泥沙污物进行清洗，适用于苹果、橙子、梨和芒果等多种水果及块根类物料的清洗。

在实际清洗作业中，可以根据原料和洗净程度需要采取单一的清洗方式或组合浸洗、鼓风式清洗、喷淋式清洗、摩擦式清洗、刷洗等多种清洗方式以加强清洗效果。

3.1.1 滚筒式清洗机

滚筒式清洗机是一种集浸泡、喷淋和摩擦等清洗方法于一体的一种清洗设备，常用于质地较硬、块状原料的清洗，如甘薯、马铃薯、萝卜、生姜、荸荠、菊芋等。

滚筒式清洗机的主体结构为滚筒，其转动可以使筒内的物料产生自身翻滚、相互摩擦及与筒壁间的摩擦作用，从而使物料表面的污物剥离，达到清洗的目的。滚筒一般为圆筒形，为加强清洗效果，也有做成截面六角形的。

3.1.1.1 浸泡式滚筒清洗机

浸泡式滚筒清洗机的外形如图 3-1 所示，结构如图 3-2 所示。物料从进料斗进入清洗机后落入水槽内，由抄板将物料不断捞起再抛入水中，最后落到出料口的斜槽上。在斜槽上方安装的喷水装置将经过浸洗的物料进一步喷洗后卸出。这是一种中轴驱动的滚筒式清洗机。转动的滚筒下半部分浸没在水槽 1 中。电动机 10 通过皮带传动涡轮减速器 9 及偏心机构 11，滚筒的主轴 6 由涡轮减速器 9 通过齿轮 8 驱动。水槽 1 内安装有振动盘 12，通过偏心机构 11 产生前后往复振动，使水槽内的水受到冲击搅动，加强清洗效果。滚筒内壁固定有螺旋线排列的抄板 5，物料从进料口 7 进入清洗机后落入水槽内，由抄板 5 将物料不断捞起再抛入水中，最后落到出料口 3 上。在斜槽上方安装的喷水装置，将经过浸洗的物料进一步喷洗后卸出。

图 3-1　浸泡式滚筒清洗机的外形

码 3-1

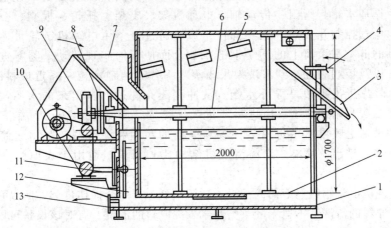

图 3-2　浸泡式滚筒清洗机的结构

1—水槽；2—滚筒；3—出料口；4—进水管及喷淋装置；5—抄板；6—主轴；7—进料口；
8—齿轮；9—涡轮减速器；10—电动机；11—偏心机构；12—振动盘；13—排水管接口

3.1.1.2 喷淋式滚筒清洗机

喷淋式滚筒清洗机的结构如图 3-3 所示。它主要由滚筒、喷淋水管、驱动装置、进出料口组成。传动轴 1 用轴承支撑在机架上，其上装有两个与传动轮对应的托轮 9，托轮 9 可绕其轴自由转动。清洗滚筒可由角钢、扁钢、条钢焊接而成，必要时可衬以不锈钢丝网或多孔薄钢板。清洗滚筒 3 两端焊上两个金属圆环（即摩擦滚轮），整个滚筒被传动轮 7 和托轮 9 经滚圈托起在机架上。工作时电动机经传动系统 6 使传动轴 1 和传动轮 7 逆时针旋转，由于摩擦力的作用传动轮 7 驱动摩擦滚圈 4 使整个滚筒顺时针旋转。由于滚筒存在一定的倾角，在其旋转的同时物料一边翻转一边向出口移动，受到高压水的冲刷而达到清洗效果。

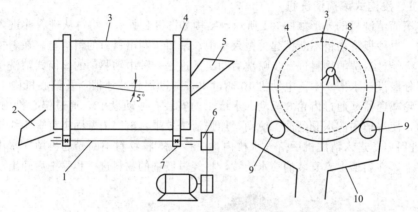

图 3-3　喷淋式滚筒清洗机

1—传动轴；2—出料槽；3—清洗滚筒；4—摩擦滚圈；5—进料斗；6—传动系统；
7—传动轮；8—喷淋水管；9—托轮；10—集水斗

喷淋式滚筒清洗机的生产能力取决于进料量、物料质量及滚筒旋转速度，一般物料从进口到出口需 1～1.5min。喷水压力越大，清洗效果越好，一般喷水压力为 0.15～0.25MPa，喷头间距 150～200mm，滚筒倾角 5°，滚筒转速 8r/min，滚筒直径 1000mm，滚筒长度约 3500mm。

图 3-4 为一种 ZXJ 型连续喷淋式滚筒清洗机的外观图。该设备由减速器、水泵、滚筒、清水箱、循环水箱、阀门、传动轴、电动机架、支架、托轮、板刷、喷淋水管、料斗、盖板、水电气控制开关等一些零部件组成。通过链条由电动机链轮带动长轴上的链轮再由过渡轴的链轮和滚筒上的不锈钢链条啮合而使滚筒实现转动。物料进入滚筒后通过喷淋管冲洗以及板刷刷洗达到清洗效果，滚筒下方有两个水箱，靠近进料的清水水箱，进水管接清水，靠近出料边是循环水箱，从冲孔滚筒洗过物料出来的水源，经过水箱中的过滤网过滤二次利用。即物料由进料斗进入滚筒内，随滚筒的转动而在滚筒内不断翻滚相互摩擦，再加上喷淋水的冲洗，使物料表面的污垢和泥沙脱落，由滚筒的筛网洞孔随喷淋水经排水斗排出。喷淋式滚筒清洗机结构比较简单，适用于表面污染物易被浸润冲除的物料清洗。

滚筒式清洗机由于物料在滚筒内翻滚、碰撞激烈，可能会损伤皮肉，所以它只适合质地较硬的块茎类原料的清洗，不适于叶菜类和浆果类原料的清洗。有时该设备可以作为硬质块状物料的清洗和去皮两用，但经这样去皮后的物料，其表面已不光滑，只能用在去皮后进行切片和制酱的罐头生产中，不适用于整只果蔬罐头的制造。

码 3-2

图 3-4 ZXJ 型连续喷淋式滚筒清洗机外形

1—机架；2—清水箱；3—循环水泵；4—循环水箱；5—进料口；
6—喷淋水管；7—控制装置；8—滚筒；9—出料口

3.1.2 鼓风式清洗机

鼓风式清洗机，也称气泡式、翻浪式和冲浪式清洗机。其清洗原理是利用鼓风机把空气送进洗槽中，使清洗原料的水产生剧烈翻动，物料在空气对水的剧烈搅拌下进行清洗。利用空气进行搅拌，既可加速污物从原料上洗去，又能使原料在强烈的翻动下不受到刚性冲击，不会破皮，即不破坏其完整性，因而最适合果蔬原料的清洗。

鼓风式清洗机的外形如图 3-5 所示，其结构如图 3-6 所示，主要由洗槽、喷水装置、鼓风机及清洗装置、输送装置、传动装置、机架等部分组成。

图 3-5 鼓风式清洗机外形

输送部分分为水平、倾斜和水平三个输送段，一段为位于水下部分的水平输送，用于原料的鼓风清洗；倾斜段用于原料的淋洗；另一水平段为将已清洗好的果蔬原料送至出料口的输送及对原料进行挑选。输送机的主动链轮由电动机经多级皮带带动，主动链轮和从动链轮之间链条运动方向通过压轮改变。输送装置的形式根据不同原料而有差别，两边都采用链条，链条之间可采用刮板、滚筒或金属网承载原料。

鼓风机产生的空气由管道送入吹泡管 12 中，吹泡管安装于输送机的工作轨道之下。清洗原料 10 在带上沿轨道移动，在移动过程中，在吹泡管吹出的空气搅动下上下翻滚，达到清洗的目的。

鼓风式清洗机的生产能力可用下式计算

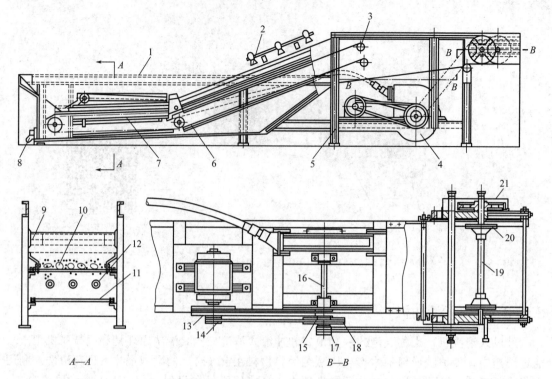

图 3-6　鼓风式清洗机的结构

1—洗槽；2—喷水装置；3—压轮；4—鼓风机；5—机架；6—链条；7,12—吹泡管；8—排水管；
9—斜槽；10—清洗原料；11—输送带；13～15,17,18—带轮；16—鼓风机驱动轴；
19—输送带驱动轴；20—星形轮；21—齿轮

$$G = 3600Bhv\rho\varphi \, (\mathrm{kg/h})$$

式中　B——链带宽度，m；

h——原料层高度，m；

v——链带速度，可取 $0.12\sim0.16\mathrm{m/s}$；

ρ——物料的堆积密度，$\mathrm{kg/m^3}$；

φ——链带上装料系数，取 $0.6\sim0.7$。

鼓风机所用风量按下式计算

$$V = 0.025F \, (\mathrm{m^3/s})$$

式中　F——水槽的水面面积，$\mathrm{m^2}$。

鼓风机所需压头等于空气在输送过程中的动压头、因阻力产生的压头及洗槽中水的静压头之和，即

$$p = (\gamma v^2/2g)(1 + \Sigma\zeta) + \gamma_1 h \, (\mathrm{Pa})$$

式中　γ——空气的重度，$\mathrm{N/m^3}$；

γ_1——水的重度，$\mathrm{N/m^3}$；

h——在吹泡管上方的液层高度，m；

v——空气速度，m/s，吸入管取 $10\sim15\mathrm{m/s}$，排出管取 $15\sim20\mathrm{m/s}$；

g——重力加速度，$\mathrm{m/s^2}$；

$\Sigma\zeta$——总阻力，包括沿程阻力和局部阻力，可按食工原理中的方法计算。

求出送风量和全压头后，通过查鼓风机的性能曲线可选择合适的风机型号。

鼓风机所需功率可按下式计算

$$N = Vp/\eta \,(\mathrm{W})$$

式中　V——空气流量，$\mathrm{m^3/s}$；

　　　p——鼓风机压头，Pa；

　　　η——鼓风机效率（取决于鼓风机尺寸，一般取 $0.35\sim0.67$）。

3.1.3　刷洗机

滚筒式和鼓风式清洗机是主要依靠流体力学原理达到清洗效果的设备，而对于某些果蔬的清洗需要增加机械力提高清洗效果。刷洗机利用毛刷作为主要清洗部件（图 3-7），依靠毛刷的刷洗以去除果蔬表面附着的泥沙等污物。为了加强清洗效果，可配以其他清洗方式，如喷淋、旋流等。下面介绍三种以刷洗为主的果蔬清洗设备。

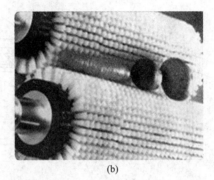

(a)　　　　　　　　　　　　　　(b)

图 3-7　刷洗机毛刷辊　　　　　　　　　　　　码 3-3

3.1.3.1　洗果机

XGJ-2 型洗果机是一种集浸泡、刷洗、喷淋于一体的清洗机械，适合于苹果、柑橘、梨、番茄等的清洗。主要由进料口、洗槽、喷水装置、刷辊、出料翻斗及出料口组成，其结构如图 3-8 所示。

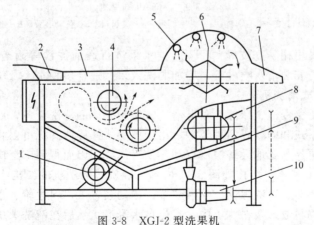

图 3-8　XGJ-2 型洗果机

1—电动机；2—进料口；3—清洗槽；4—刷辊传动装置；5—喷头；

6—出料翻斗；7—出料口；8—减速器；9—机架；10—水泵

原料从进料口 2 进入清洗槽内，由于装在清洗槽 3 上的两个刷辊 4 的旋转产生涡流，物料先在涡流中得到清洗。同时，由于两刷辊之间间歇较窄，故液流速度高，压力较低，被清洗的物料在压差的作用下通过两刷辊之间的间歇再次被毛刷清洗。而后，物料被出料翻斗6捞起，再次被喷淋装置5喷出的高压水淋洗，洗净的物料由出料口7排出。

该机生产能力可达2000kg/h，破碎率小于2%，洗净率达99%，结构紧凑、清洗质量好、造价低、使用方便，是一种理想的果品清洗设备。

3.1.3.2　刷果机

GT5A9型刷果机的结构如图3-9所示，主要由进出料斗、纵横毛刷辊、传动装置、机架等部分组成。毛刷辊表面的毛束分组长短相间，呈螺旋线排列，相邻毛刷辊的转向相反。毛刷辊组的轴线与水平方向有3°~5°的倾角，物料入口端高、出口端低，这样物料从高端落入辊面后，不但被毛刷带动翻滚，而且做轻微的上下跳动，同时顺着螺旋线和倾斜方向从高端滚向低端。在低端的上方，还有一组直径较大、横向布置的毛刷辊，它除了对物料进行擦洗，还可控制出料速度。

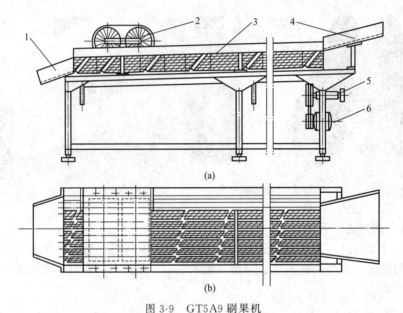

图3-9　GT5A9刷果机

1—出料口；2—横毛刷辊；3—纵毛刷辊；4—进料口；5—传动装置；6—电动机

该机主要用于对柑橘、荔枝等"O"形类水果进行表面泥沙等附着污物的清洗。按需要，可在毛刷辊上方安装清水喷淋管，增加刷洗效果，适合多种水果及块根类物料的清洗。

3.1.3.3　螺旋式清洗机

螺旋式清洗机是集浸泡、摩擦、喷淋清洗方法于一体的清洗设备，广泛用于块根类原料的清洗，可分为水平式和倾斜式两种类型。由于倾斜式螺旋清洗机可以将物料由地面提升到下一工序进料口，更易与其他设备组成自动化的生产线，因而得到广泛应用。倾斜式螺旋清洗机的外形如图3-10所示，结构如图3-11所示。螺旋式清洗机的结构类似于倾斜式螺旋输送机，它主要由喂料斗、清洗螺旋、喷淋装置、传动装置、出料拨轮、水泵等组成。其工作过程为：被清洗的物料放入喂料斗1内，首先被水浸泡，然后在清洗螺旋2的带动下向上输送，在输送过程中，由于物料间及物料与螺旋面间产生的强烈摩擦作用而得到清洗，同时在上升过程中又被喷淋装置3喷出的循环水进一步冲洗，洗净的物料被出料拨轮4从出料口排出。

图 3-10　倾斜式螺旋清洗机外形　　　　　　　　　码 3-4

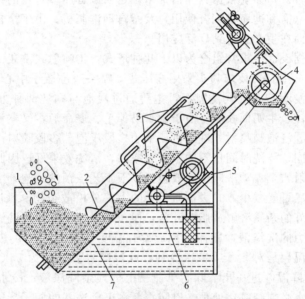

图 3-11　倾斜式螺旋清洗机结构

1—喂料斗；2—清洗螺旋；3—喷淋装置；4—出料拨轮；5—电动机；6—泵；7—滤网

该机共有两个电动机，一个用于带动循环水泵和出料拨轮，另一个通过变速器及带传动装置带动清洗螺旋。清洗过程中的水通过滤网 7 过滤后用泵 6 送入喷淋装置循环使用，因而节约了用水量。带动螺旋的电动机采用变频调速，可以控制物料的输送量大小，从而起到定量输送的功能。

3.2　包装容器清洗机械

目前，食品包装容器的清洗分为玻璃瓶、塑料瓶的清洗及制造罐头用的空罐及装料后的实罐的清洗。常用的清洗方法有浸泡、喷射、刷洗和超声波清洗。浸泡法是将瓶罐浸没于一定浓度、温度的洗涤剂或烧碱溶液中浸泡一定时间，利用其化学能和热能来软化、乳化或溶解黏附于瓶罐上的污物；喷射法是将洗涤剂或清水在 $0.2 \sim 0.5 \mathrm{MPa}$ 压力下，通过一定形状的喷嘴对容器内外进行喷射，利用洗涤剂的化学能和运动能去除污物；刷洗法是用旋转毛刷或毛辊将污物刷洗掉，由于是用机械方法直接接触污物，去污效果好；超声波清洗能够在极短时间内，使清洗液中产生大量空穴，促使容器上的油污迅速溶解（呈乳化状态）、淀粉、蛋白质等急剧膨胀分解，也能促进清洗剂的活化并使容器产生自振，促使污染物剥落。

显然，由于使用过的瓶子（特别是回收瓶）不可避免地带有食品残留物、商标和各种其他污染物，其清洗工艺与罐的清洗有较大不同，因而其采用的设备也不同。通常瓶的清洗用专用的洗瓶机，罐的清洗采用专用的洗罐机。下面分别介绍这两类设备。

3.2.1 洗瓶机

瓶的清洗一般采用浸泡、刷洗或喷射、清水喷淋或浸洗的方法。因为玻璃容器通常可二次回收利用，所以对新玻璃容器和二次回收利用的容器清洗方法不同，尤其在洗旧瓶时，要特别注意浸泡阶段的清洗液浓度和温度及浸泡时间，只有充分地浸泡才可使污垢浸润后松离瓶壁，这样洗瓶效果较好，需要根据具体情况来确定清洗程序。常见的机械设备有：直线式洗瓶机、刷式洗瓶机（需和冲瓶机配合使用）及全自动洗瓶机。由于全自动洗瓶机自动化程度及清洗效率高，因而在生产上得到广泛应用。

全自动洗瓶机根据设计要求常组合为以下几种形式：①喷射式洗瓶机：特别适合窄口瓶（瓶颈一般只有 15mm 左右）。要求喷头采用高压式，喷头对准瓶子中心，但除商标较困难，高压能量消耗大。②浸泡与刷洗式洗瓶机：主要通过浸泡与刷洗两种方法结合一起进行清洗，特别适用于橘子汁、牛奶回收瓶。由于刷子易掉毛、寿命短，又藏污纳垢，要求刷子对中要好，使用不多。③浸泡与喷射式洗瓶机：采用多段浸泡、多段喷射。每段浸泡洗液和喷射洗液浓度、温度不同，清洗时间也不同。其效率高，清洗效果好，因此使用广泛。

常见的浸泡与喷射式全自动洗瓶机一般包括以下工艺：预洗预泡，主要是使后面浸泡槽中洗涤液黏附的杂质尽可能减少，并去掉瓶子上的大部分松散杂物，预洗温度为 30～40℃；洗涤液浸泡，让瓶内外的杂质溶解、脂肪乳化，便于后段冲洗除掉；洗涤液喷射，将瓶子上已溶解的污物被带压力的洗涤液冲刷而除掉，喷射温度一般为 70℃；热水喷射，除去瓶子上的洗涤液并降低瓶温，是对瓶子第一次冷却，此段喷水温度约为 55℃；温水喷射，喷水温度为 35℃，第二次降温并进一步清除附于瓶子上的残余洗涤液；冷水喷射，将瓶子冷却到常温，喷射用的冷水必须经氯化处理，以防重新污染已洗好的瓶子。

全自动洗瓶机根据瓶子的进出方向分双端式洗瓶机和单端式洗瓶机。

3.2.1.1 双端式洗瓶机

双端式洗瓶机也称为直通式洗瓶机，瓶子从一端进入，经清洗后从机器的另一端出去，瓶子进出分别在机器的两侧，故称双端式洗瓶机。出瓶端可设在封闭车间内，进瓶可设在门外，脏洁分流，避免了交叉污染，能够满足对生产环境卫生要求严格的啤酒等的生产。洗瓶机可设置多个浸泡槽，瓶子浸泡时间充分，温度和液位均可自行设定和自动控制。图 3-12 为一种 YP 系列双端式洗瓶机的外形，图 3-13 为其结构示意图。

双端式洗瓶机主要由箱式壳体、进出瓶机构、输瓶机构、预泡槽、洗涤剂浸泡槽、洗涤剂喷射机构、加热器及具有热量回收作用的集水箱及其净化机构组成。由进瓶端进入机器的瓶子，先经过预冲洗、预浸泡、洗涤剂浸泡、洗涤剂喷射、热水预喷、温水喷射和冷水喷射等清洗作用，最后从出瓶端离开机器。预冲洗是为了将瓶子外附着的污物除去，以降低后面洗涤液消耗量。洗液喷洗区位于洗液浸泡槽上方，这样从瓶中沥下的洗液又回到洗液槽。后面的几个喷洗区域采用不同的水温，主要是为了防止瓶子因温度的变化过大造成破坏。喷洗是由高压喷头对瓶内进行多次喷射清洗实现的。可见，这种洗瓶机主要利用了刷洗、浸泡和喷射三种方式对瓶子进行清洗。由于需要浸泡，并在同一区域进行清洗，所以需要在同一截面上反复绕行，故设备的投资较高。

图 3-12　YP 系列双端式洗瓶机外形　　　　　　　　码 3-5

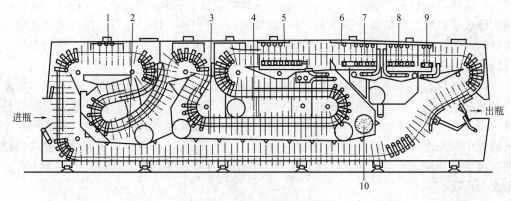

图 3-13　双端式洗瓶机结构

1—预冲洗；2—预泡槽；3—洗涤剂浸泡槽；4—洗涤剂喷射槽；5—洗涤剂喷射区；6—热水预喷区；
7—热水喷射区；8—温水喷射区；9—冷水喷射区；10—中心加热区

除了以上结合刷洗的方式以外，有的双端式洗瓶机采用浸泡结合的方式进行清洗，它主要经过热水、碱液的连续浸泡和喷射，或间隔地进行浸泡和喷射；还有的全部采用喷射方式对瓶子进行清洗。后者没有浸泡槽，单用喷射清洗，因此结构简单、成本低，但用水较多，动力消耗大。

3.2.1.2　单端式洗瓶机

单端式洗瓶机又称来回式洗瓶机，其进瓶和出瓶操作在机器的同一端，是一种连续式浸泡洗瓶机，通过对瓶子的浸泡和喷冲来达到洗瓶消毒的目的。适用于对新瓶或回收的啤酒瓶、汽水瓶及其他类似的玻璃瓶进行洗涤，但对于已作其他用途（如盛装油漆、油脂、农药、煤油等）的脏瓶，不能用本机洗涤。如图 3-14 所示为其结构示意图。

单端式洗瓶机主要由进瓶机构、输瓶机构、预泡槽、洗涤剂浸泡槽、洗涤剂喷射机构及喷射槽、冷热水及温水喷射装置、净水喷射装置及出瓶机构组成。其工作过程为：待清洗的瓶子由清洗机的下部进瓶机构进入，首先在预泡槽内浸泡，预泡槽内浸泡液的温度为 30～40℃，主要目的是对瓶子进行初步清洗和消毒，为后续清洗工作做准备。预泡后的瓶子进入第一洗涤剂浸泡槽，在此对瓶子进行充分浸泡（洗涤效果取决于在这里停留的时间和洗液的温度），使瓶内的杂质溶解，脂肪充分乳化。经充分浸泡的瓶子被输瓶机构带动，被改向滚筒改向，瓶口朝下，使瓶内和瓶外的洗液流出，流出的洗液对下面还未翻转的瓶子有再次进

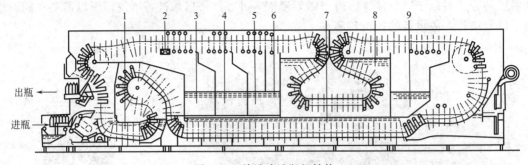

图 3-14　单端式洗瓶机结构

1—预泡槽；2—净水喷射区；3—冷水喷射区；4—温水喷射区；5—第二次热水喷射区；

6—第一次热水喷射区；7—第一次洗涤剂浸泡槽；8—第二次洗涤剂浸泡槽；

9—第一次洗涤剂喷射槽

行清洗的作用。翻转后的瓶子进入第一次洗涤剂喷射区，被压力高达 250kPa 的洗液喷洗，将污物除去。经喷洗后的瓶子进入第二次洗涤剂浸泡槽，再次进行浸泡，以彻底除去瓶子内外残留的污物，然后经过第一次热水喷射、第二次热水喷射、温水喷射、冷水喷射及净水喷射，洗干净的瓶子由出瓶机构出瓶。

　　单端式洗瓶机和双端式洗瓶机均为自动洗瓶机，但各有优缺点。双端式的瓶套自出瓶处回到进瓶处为空载，因而洗瓶空间的利用不及单端式的充分。但单端式在洗瓶过程中容易因脏瓶污染净瓶，影响洗瓶质量。单端式洗瓶机只需一人操作而双端式洗瓶机需两人操作。单端式的进出瓶在同端，包装线等连续化生产受到一定的限制，而双端式在连续生产线的设计上更为灵活。从洗瓶质量及连续化操作来看，双端式具有较多优势，因而其在实际生产上的应用更为广泛。

3.2.2　洗罐机

　　洗罐机是用来清洗盛装物料的空罐及装料后的实罐表面的机械，用于清洗的罐容器通常包括铝罐、盛装液体内容物的饮料罐或装固体食品的马口铁罐。罐体不同其清洗方式也不尽相同，如马口铁罐可以采用磁吸式原理设计洗罐机构，而铝罐不可以；液体食品用罐洗罐后只需沥干即可，而固体食品用罐则需要烘干，甚至杀菌；大罐和小罐的洗罐设计思路也有区别。

　　但是，空罐清洗和实罐清洗的目的明显不同，因此清洗空罐和实罐分别用空罐清洗机和实罐表面清洗机。由于金属罐空罐是一次使用，通常采用热水喷射清洗，同时配合蒸汽杀菌的联合作用来完成，常用的机械设备有旋转圆盘式和直线式清洗机。对经过装罐、排气、封口、杀菌等工序后的实罐，由于表面黏附很多油脂、汤汁及罐头的内容物，经高压杀菌后，会显金属暗黑色或黏性油腻的条纹和斑点。另外，由于杀菌中坏罐的存在，其内容物及汤汁渗出罐外会弄脏其他完好的罐头表面，因此在杀菌前后必须进行清洗，否则会使成品引起质量事故。一般采用碱液浸洗、清水过净、最后烘干的方法，常用的有实罐表面清洗机。

3.2.2.1　空罐清洗机

　　① 旋转圆盘式清洗机　旋转圆盘式清洗机的结构如图 3-15 所示。清洗圆盘由连杆 3 固定在天花板上，空罐从上部的进罐槽 1 进入反时针旋转的星形轮 10 中。热水通过星形轮 10 的中心轴借八个分配管把水送入喷嘴 9，喷出的热水对空罐内部进行冲洗。当星形轮 10 带

着空罐 11 转过 315°左右时，空罐即进入第二个星形轮 4 中，空罐在这里被喷嘴喷出的蒸汽进行消毒。当空罐被星形轮 4 带着转过 225°左右时，由第三个星形轮 5 排往下罐坑道 6 进入装罐工段。显然，星形轮 10 和星形轮 4 的直径和齿数都一样，而且转速也相同，才能保证两个星形轮的同步运转。这两个星形轮都分别装在空心轴上，由传动系统驱动。星形轮 10 的空心轴通过封漏装置与蒸汽管道相通。两个空心轴对着罐口都装有喷嘴与轴一起旋转，以进行热水冲洗和蒸汽消毒。空罐在清洗机中回转时应有一些倾斜，以便使罐内水流出。污水由排水管 7 排入下水道。空罐从进去到出来的时间为 10～12s。机壳 2 由铸铁铸成，前面的盖固定在环 12 上。这种空罐清洗机的特点是结构简单，生产能力大，占地面积小，易于调节和操作，用水和蒸汽较少而清洗效率高。但其缺点是多罐型生产时适应性较差。

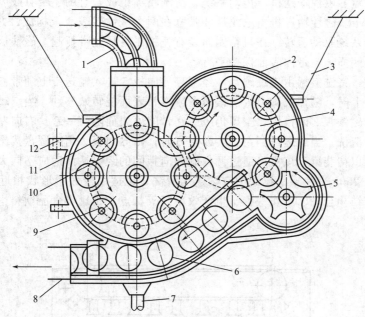

图 3-15　旋转圆盘式清洗机的结构

1—进瓶槽；2—机壳；3—连杆；4—星形轮 B；5—星形轮；6—出罐轨；7—排水管；
8—出罐口；9—喷嘴；10—星形轮 A；11—空罐；12—固定机盖的环

② XD-700 型易拉罐空罐清洗机　该机的结构示意图如图 3-16 所示，其主体结构为一

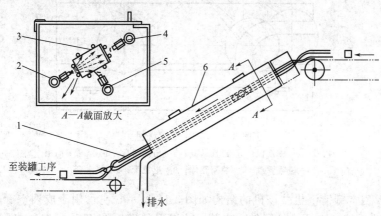

图 3-16　XD-700 型易拉罐空罐清洗机

1—滚道；2,4,5—喷水头；3—空易拉罐；6—机壳

倾斜安装的长方形箱体。它的输罐机构是箱体内由六根钢条围成的矩形通道，而矩形通道的边不与箱体的边平行，成一定倾角，便于罐体在下滚的过程中成一定的角度滚下，便于冲洗水的排出。罐体沿滚道滚下便受到罐内、罐身和罐底三个方向的喷水冲洗，洗净的罐体在下滚过程中，受到滚道钢条的作用而直立，因而可与洗罐机前后的带式输送机相连，从而实现生产的自动化。

该机的特点是生产效率高、结构简单而体积小，可用于不同的罐型，但由于进罐端需要一定的高度，因而该机需要一定的空间高度。

③ 三片罐清洗机　三片罐清洗机是饮料灌装线上与灌装机配套使用的空罐清洗设备，可以清洗能用磁力进行输送的空罐，其结构如图 3-17 所示。该机为箱式结构，主要由机架箱体、进出罐圆盘、磁性输送机、传动系统、清洗喷嘴组成，有的还带有鼓风系统，用于将清洗后的罐体吹干。磁性输送机由尼龙带 8 张紧在两个磁性转鼓 3 上构成，并安装在箱体 7 前上方，由传动系统驱动运转。在机箱侧面装有托板 1 将尼龙带托起。磁铁板 2 与尼龙带等宽，固定在箱体侧面，与带内表面保持平行。

该机工作时，待洗空罐由进罐圆盘 6 经空罐导向板 5 进入输送带上随带移动，空罐到达右边磁性转鼓 3 上时，随即被磁力吸引紧压在输送带表面绕转鼓移动，当空罐随着尼龙带转至下方时，由于磁铁板 2 的作用，空罐仍吸引在带的下表面随带一起从右向左移动，在此喷嘴对着罐口进行清洗。当罐运送到左边转鼓上方时，由导向板、出罐圆盘拨出送至装罐机前方的输瓶机上，以待装罐。该机可通过调空罐导向板间的距离从而适应不同大小的清洗罐型要求，主要用于 250g 三片罐易拉罐的空罐连续清洗，也适用于大小形状相近的其他型号的马口铁罐，具有结构合理、工作平稳、生产效率高等特点，是罐类食品饮料生产线上的理想设备。

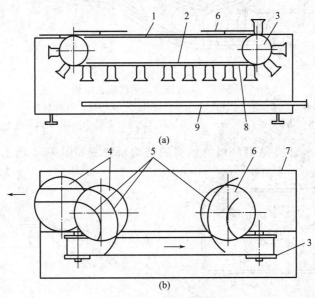

图 3-17　三片罐清洗机
1—托板；2—磁铁板；3—磁性转鼓；4—出罐圆盘；5—空罐导向板；
6—进罐圆盘；7—机架箱体；8—尼龙带；9—喷水管

④ GT7D3 型空罐清洗机　该机的结构如图 3-18 所示，它可用于成捆空罐的清洗，其主要由机架、传动系统、不锈钢丝网带、水箱、水泵及管路系统组成。工作过程为：空罐由人工捆好后放于网带之上，进入第一区热水冲洗，下部有加热器对水加温，水温度可根据需要

自行控制；然后进入第二区净化水冲洗，用于将热水清洗过、留在上部的脏水冲洗掉，后部有一段输送过程利于沥水，最后由左端出口送出。

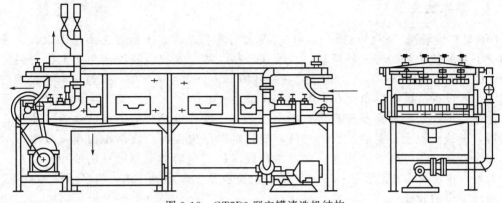

图 3-18　GT7D3 型空罐清洗机结构

全机长度约 3.5m，采用优质不锈钢制造，水箱温度由电磁阀自动温控，配备独立的冷水和热水泵，配用无级调速电动机，不锈钢网带丝径为 2mm，链节距为 31.75mm。该机输送空罐的是网带式输送装置，因而对罐型的适应性较强，但机身体积较大。

3.2.2.2　实罐清洗机

实罐清洗机又称洗油污机。空罐装罐过程中外表面难免受到内容物的污染，实罐在加工（排气、封口和杀菌）中内容物也会外溢或外泄，造成罐体外壁受到污染，因此在贴标或外包装前必须进行清洗。由于贴标和外包装均要求罐表面干燥，因而实罐清洗机通常与其他设备（擦干机、烘干机等）配套使用。下面介绍一种 GCM 系列实罐表面清洗机组。

该机组的组成如图 3-19 所示，由热水洗罐机、三刷擦罐机、擦干机和实罐烘干机组成。其工作过程为：实罐以滚动方式连续经过洗涤剂溶液浸洗、三刷擦洗、热水冲淋去污、布轮擦干和蒸汽烘干等过程处理，实罐表面污物得以除去。该机的主要特点为：可适应多罐型、自动化程度高、造价低等。

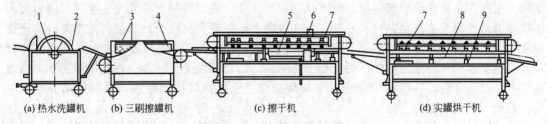

(a) 热水洗罐机　　(b) 三刷擦罐机　　(c) 擦干机　　(d) 实罐烘干机

图 3-19　GCM 系列实罐表面清洗机组

1—装罐圆盘；2—洗液槽；3—毛刷；4—刷擦输送带；5—布轮组；6—上油装置；
7—实罐输送装置；8—烘干轨道；9—烘干箱

3.3　CIP 系统

食品机械设备在生产前、生产后甚至在生产中均需进行清洗，以满足不同批次、品种产品的生产，避免产品的交叉污染和保证食品的安全卫生。对于小型设备的清洗可采用人工清洗，但对于大型化和自动化程度较高的设备，若用人工清洗不仅费时费力，且达不到必要的清洗效果。现代食品生产设备多采用CIP清洗技术。

3.3.1 基本概念

CIP是在位清洗（cleaning-in-place）的英文的缩写，即在不拆卸、不挪动设备、管线的情况下对设备、管线等进行清洗，目前在乳品、饮料、啤酒及制药生产上已得到广泛应用。CIP清洗具有以下特点：①清除物料残留，防止微生物污染，其整个清洗过程均在密闭的生产设备缸罐容器和管道中运行，从而大大减少了二次污染机会；②自动化程度高，能使生产计划合理化及提高生产能力；③与手洗作业相比较，经济运行成本低，结构紧凑，占地面积小，安装、维护方便，能防止操作失误，提高清洗效率，减小劳动强度，安全可靠；④可节省清洗剂、水及生产成本；⑤能增加机器部件的使用年限；⑥清洗效果好，更符合现在对食品加工工艺的卫生要求及生产环境要求，有利于按GMP要求实现清洗工序的验证。

3.3.2 CIP清洗效果的影响因素

CIP清洗过程是通过物理作用和化学作用两方面共同完成的。物理作用包括高速湍流、流体喷射和机械搅拌；而化学作用则是通过水、表面活性剂、碱、酸和卫生消毒剂进行的。影响CIP清洗效果的因素主要包括清洗液的流速（提供动能）、清洗液的温度（提供热能）、清洗液的种类和浓度（提供化学能）。

CIP清洗过程中，最佳流速取决于清洗液从层流变为湍流的临界速度。清洗液的流速大，清洗效果好，但流速过大，清洗液用量就多，成本增加。对于流速而言，雷诺数Re是一个重要指数，根据许多研究得知，临界速度时$Re=2320$，一般是层流$Re<2000$，湍流$Re>4000$。按此值考虑其最佳流速为$1\sim3m/s$。

热能对清洗的效果主要表现在以下几个方面。①对其他的作用力因素有促进作用。一般化学溶解剥离反应，温度每升高10%，反应速率就提高一倍，提高温度是加快化学反应最方便有效的办法。提高温度也有利于水及其他溶剂发挥溶解作用。②使污垢的物理状态发生变化。温度的变化常会引起污垢的物理状态发生变化，使之变得容易除去。如对于油脂类固体状态的油性污垢，在受热（60~70℃）变成液态油垢后更易除去。③使清洗对象的物理性质发生变化。例如清洗布袋、滤芯时，在较高温度浸泡时，纤维会吸水而膨胀，使附在纤维表面的污垢和深入纤维内部的污垢变得容易除去。④使污垢受热分解。在某些情况下，当加热到一定的温度后，有机污垢可能发生分解变成二氧化碳气体而除去，残留的水分加快蒸发，有利于清洁表面的干燥。

清洗剂根据在清洗中的作用机理可分为溶剂、表面活性剂、化学清洗剂、吸附剂、酶制剂等几类。水是最重要的溶剂，它具有价廉易得，溶解力、分散力强，无毒无味，不可燃等突出优点；表面活性剂的去污原理是复杂的，是表面活性剂多种性能如吸附、润湿、渗透、乳化、分解、起泡等特性综合作用的结果；化学清洗剂则是通过与污垢发生化学反应，使它从清洗物体表面剥离并溶解分解到水中。例如对不锈钢设备上的水垢，用5%的硝酸进行清洗，既对水垢有良好的溶解去除能力，又不会对不锈钢造成腐蚀。5%的氢氧化钠则对蛋白质类污垢的去除有一定效果。在多数情况下，清洗对象上的污垢是复杂的，只靠一种清洗剂使所有的污垢解离分散是困难的，一般采用的方法是先用最经济的方法将大部分污垢去除，然后用其他的方法对残存的污垢做专门处理，用分步进行的多种方法组成一个清洗工艺往往很有实效。

3.3.3　CIP 系统构成

典型的 CIP 系统如图 3-20 所示，图中的设备 1、2、3 为清洗对象，它们与管道、阀门、泵及清洗罐构成了一个完整的 CIP 系统。在该图中，设备 1 为正在清洗对象，设备 2 正在处于生产过程中，而设备 3 正在出料，将要进行清洗。

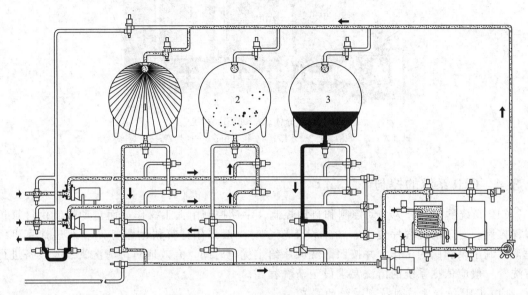

图 3-20　CIP 清洗示意图

一个完整的 CIP 系统通常包括清洗液罐、净水罐、加热器、输送泵、管路、管件、阀门、过滤器、清洗喷头、回液泵、待清洗的机械设备及控制系统。在上述部件中，有些是 CIP 系统必需的，如清洗罐、加热器、泵和管路等；有些是选配的，如喷头、过滤器、回液泵等。

（1）储液罐

CIP 系统中的储液罐用于酸、碱及清洗净水的储存，一般采用不锈钢制作，内部圆角过渡，焊接而成，分为分体式和连体式。分体式将盛装酸、碱的罐体分开，根据盛装液体种类不同可设置多个罐体，一般为 3 个罐，即酸、碱及水罐，如图 3-21 所示。也有的增加了浓酸、浓碱罐，有 4 或 5 个罐体。

（2）清洗管路及阀门

清洗管路按作用可分为进水管路、排液管路、加热循环清洗管路、CIP 液供应管路、CIP 液回收管路、自清洗管路等，管路中的控制阀门、在线检测仪、过滤器、清洗头等配置按设计要求配备。CIP 装置对管道的要求为：①对产品安全；②构造容易检查；③管道的螺纹牙不露于物料；④接触产品的内表面要研磨得完全光滑，特别是接缝不要有龟裂及凹陷；⑤对接缝加大也不漏液；⑥尽量少用密封垫板；⑦采用卫生级不锈钢管；⑧管路安装时水平管线向排水方向倾斜。CIP 系统还应考虑自身的清洗要求，除保证内部光洁度外，必须避免滞留区域，所有管线都向低点倾斜以保证每个阶段的 CIP 溶液完全排放，减少内部构件及接头，重视排下水，合理布置泵、阀及洁净仪表。目前国外 CIP 系统流行采用阀阵系统。

CIP 系统还包括过滤器、清洗喷头、加热器和清洗泵等主要辅助部件。

图 3-21　分体式三罐 CIP 系统

1—碱液罐；2—酸液罐；3—水罐；4—控制柜；5—换热器；6—过滤器

3.3.4　CIP 系统的控制

CIP 系统的控制分为手动控制和自动控制。手动控制由人工操作，而自动控制由计算机编程控制。对于清洗程序复杂、清洗设备较多时一般采用计算机编程控制。通过计算机编程，控制了泵和阀的工作，并按照清洗顺序给定优化时间，有效地对待清洗管线及设备进行清洗。一般应依据系统的清洗要求设定清洗程序。

（1）CIP 清洗系统对控制系统的要求

① 清洗流程控制主要以时间顺序控制为基础，并且各清洗段的时间、pH 和温度等值能够随时设定、调整和存储，便于验证检测。

② 酸碱罐内为危险性液体，液位的显示和控制应有较高的可靠性。

③ 各罐的出液阀和回液阀应不管在手动或自动条件下，都具有互锁功能；最好采用双座阀，防止人为操作失误时，引起不同液体混合现象。

④ 良好的人机操作界面，易于现场操作，并且能直观地显示工艺流程及各种控制参数。

⑤ 具有单罐和多罐供用户选择，并有移动式和固定式。

（2）CIP 工艺参数控制及控制原理

CIP 系统采用 PLC 控制，配合先进的智能数字仪表及检测设备、编制程序，控制 CIP 各气动阀门及 CIP 泵，达到自动控制 CIP 清洗过程；通过电导率仪监测酸、碱度，实现清洗液自动回收；通过控制加热器的蒸汽调节阀，自动控制热水、热碱罐的温度。

按照工艺流程要求，对 CIP 系统生产工艺过程中各泵、开关阀、调节阀等设备及温度、压力、液位、流量、电导率等工艺参数进行检测控制，记录完整的生产工艺数据，配合模拟控制屏，显示工艺流程中阀门、电动机的运行状况；可选择自动、手动两种控制方式。在手动方式下，通过模拟屏上的各个控制按钮控制；在自动方式下，由 PLC 实施全过程自动控制。

① 液位控制　清水罐、酸液罐及碱液罐设定有液位显示仪。CIP 清洗过程中，一旦液位低于最低液位，系统应能自动报警，并延时中止 CIP 过程。

② 温度控制　未进行 CIP 清洗前，由智能温控仪表控制热碱罐、热水罐的温度恒定在某一数值，仪表检测罐的温度与给定值比较，根据温度的高低相应控制加热器蒸汽调节阀门的开度，同时控制泵的循环，维持温度的恒定。在 CIP 清洗过程中，由 PLC 根据仪表检测结果判断，如果温度达到给定要求，热水、热碱不经过加热回路；如果温度低于给定值，则

自动控制阀门使热水、热碱通过加热器，提高温度，满足生产工艺的要求。具体温度控制可采用 PID 控制实现。

③ 时间控制　对 CIP 的工艺流程控制归结为对每个阀门开启与关闭时间的控制。由 PLC 硬件与预先编制好的程序可以控制 CIP 各气动阀门及 CIP 泵，从而实现清洗时间及流程的控制。

（3）软件及硬件设计

① 硬件　PLC 可编程控制器：控制核心部分由 PLC 控制器完成，目前可采用 SIEMENS 公司 S7-200/300/400 系列的 PLC 系统，完全模块化设计，具有体积小、可靠性高、编程简单、维护方便等特点。

传感器：检测装置、执行机构、智能调节器等可采用国内外先进厂家的主流产品。

通信：通过 2 个终端端口（TER 和 AUX）可同时连接两个设备，即编程终端和上位监视系统。在自动运行过程中，如果出现意外情况，如泵、阀门故障，管道故障等，可通过按下急停按钮来中止 CIP 过程。

② 软件　PLC 的控制流程可采用编程软件编写 PLC 的设计程序，实现工艺控制并实时监控用户程序的执行状态。

CIP 应用程序应根据实际情况对清洗剂种类的配置、清洗液的浓度、清洗温度、清洗时间做相应的调整与编写，制定与生产相符的 CIP 程序。CIP 中 PLC 控制系统的使用，可以大大提高 CIP 的工艺质量，提高劳动生产率，避免由于操作人员操作失误造成的质量事故及设备事故。

③ CIP 清洗流程　CIP 系统常见的清洗工艺流程有三步法和七步法。三步法包括预冲洗、清洁剂清洗和最终冲洗，预冲洗的目的在于清除设备表面粘连不牢的残余物，通常用清水或前一个 CIP 的冲洗回收水进行清洗。清洁剂清洗的主要任务是进行清洗，将污垢从设备表面除下，使其悬浮或溶解于清洁剂溶液中，最终冲洗是通过清水冲洗的方式清除清洁剂及污垢残余物。七步法包括预冲洗、一次清洗、冲洗、二次清洗、冲洗、消毒和最终冲洗。其中两段式清洗，即先碱后酸，或先酸后碱。在大多数情况下，清洗流程后为消毒流程，清洗流程数量增加，中间冲洗流程数量也相应增加。

CIP 系统针对不同的清洗对象，如啤酒、饮料、果汁、乳制品、药液、矿泉水、化妆品等，本质上有不同的清洗工艺。针对不同的设备也有不同的 CIP 清洗工艺，如配料罐及管道、巴氏杀菌机、无菌罐、UHT 和灌装机等设备的清洗工艺参数也有所区别。

典型的牛奶生产 CIP 清洗流程包括预冲洗（清水，3～5min，常温/温水）、酸洗（1%～2%，20min，常温）、中间冲洗（清水，5～10min，常温）、碱洗（1%～2%，10min，60～80℃）、中间冲洗（清水，5～10min，常温/温水）、杀菌（清水或氯水，10～20min，>90℃或常温）和最终冲洗（清水，3～5min，常温）。

典型的 UHT 清洗流程包括预冲洗（清水，10min，常温）、碱洗（2.0%～2.5%，30min，135℃）、冲洗（清水，10min，常温）、酸洗（1.0%～1.5%，20min，85℃）和最终冲洗（清水，10min，常温）。

第4章

分选分离机械与设备

在食品生产过程中,从原料到成品,涉及很多种类的分离操作。这些分离操作主要包括原料分级分选、过滤、离心、压榨、去皮脱壳等,大部分可通过各种分离设备来完成。但在分离原理、分离效率和机械化自动化程度上,这些分离设备之间存在较大差异。

4.1 分选机械设备

食品原料多为农副产品,除带有各种异杂物外,还存在多方面的差异。为了提高食品的商品价值、加工利用率、产品质量和生产效率,在加工或进入市场前,多数食品原料需要进行分级和选别。加工的半成品和成品会因多种原因而不合格,这些不合格的半成品或产品在进入下道工序或出厂以前应尽量从合格品中加以去除。

4.1.1 分选概念及其机械设备类型

① 分选概念 为了使作为食品加工主要原料的农产品的规格和品质指标达到标准,需要对物料进行分选。分选是指以分级和选别为目的的分离操作。选别是指剔除物料中的异物及杂质;分级是指对食品物料按其尺寸、形状、密度、颜色或品质等特性分成等级,分级后可以更加有效地保证成品的品质。

② 分选机械设备类型 固体物料的分选机械种类繁多,分类依据多种多样。最常见的分类依据是分选原理、分选目的和分选对象。分选机械按对象识别原理分为筛分、力学、光学、电磁学等大类,各大类又可按照识别参数分为若干类。

4.1.2 原料清理及其设备

(1) 振动筛

振动筛广泛应用于食品加工企业,多用于清理含有大杂、小杂及轻杂的颗粒状食品原料。图4-1所示的小麦清杂机是一种典型的振动筛清理机,主要装置有进料装置、筛体、吸风除尘装置、振动装置和机架等。被清理物料由进料斗进入,通过控料闸依次到达振动筛的三层筛面上。三层筛面倾斜安装在一个整体筛架上,由振动机构带动做往复振动。当物料到达第一层筛面,由于筛孔较大,物料及粗杂通过筛孔落到第二层筛面上,第一层筛面筛上物为大杂;物料到达第二层筛面并通过筛孔,把粗杂清理出来;物料到达第三层筛面,由于第三层筛孔小,细杂通过筛孔被分离出来。可见三层筛的筛孔依次减小,在前后两个吸风道的作用下,物料中轻杂与灰尘也能清理出来。该机的清理原理如图4-2所示。

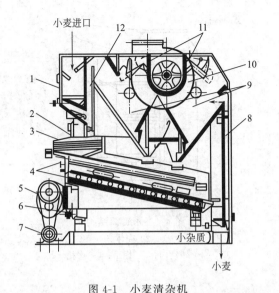

图 4-1 小麦清杂机

1—进料斗；2—吊杆；3—第一层筛面；4—第二、三层筛面；
5—自衡振动器；6—弹簧限振器；7—电动机；8—后吸风道；
9—沉降室；10—风机；11—风门；12—前吸风道

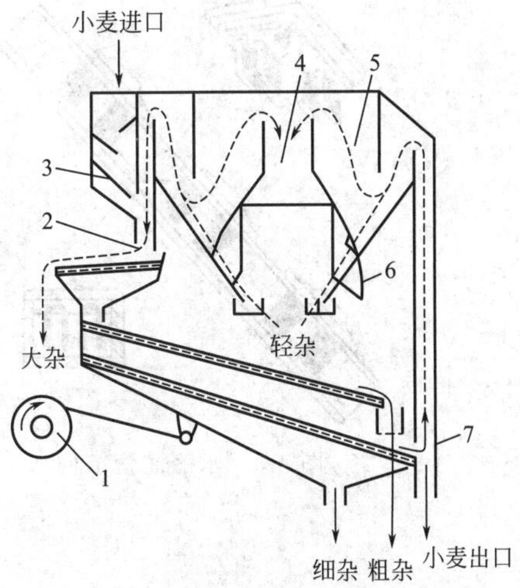

图 4-2 振动筛工作原理图

1—往复振动机构；2,7—吸风道；3—控料闸；
4—吸风口；5—沉降室；6—活门

(2) 磁选

食品原料在进入加工之前必须经过磁选，以除去原料中所含的磁性金属杂质。磁选是利用磁选机清除食品原料中磁性杂质的方法。食品厂常用的磁选设备有永磁溜管、永磁筒与永磁滚筒。

① 永磁溜管　如图 4-3 所示，永磁溜管主要是利用溜管盖板上磁铁的吸附作用来分离物料中铁磁性杂质的。在需要进行磁选的溜管上设置 2～3 个盖板，每个盖板上装有两组前后错开的磁铁。工作时，食品原料从溜管上端流下，磁性金属杂质被磁铁吸住，而没有磁性的食品原料则顺利通过。工作一段时间后需要对磁铁上的杂质进行清理，清理时可依次取下盖板，除去磁性杂质。永磁溜管具有结构简单、节省空间、磁选效果好、可连续工作等优点。为了提高分离效率，应使流过溜管的物料层薄而均匀，永磁溜管中物料的运行速度一般在 0.15～0.25m/s。

② 永磁筒　永磁筒磁选器的结构如图 4-4 所示，它主要由壳体、转动门、磁芯三部分组成。磁芯安装在转动门的底托上，能随转动门开关出入壳体。物料经上法兰口流入，经分流伞形帽均匀分散落下，当磁性金属杂质随物料流下时，迅速被磁芯吸住，与原料分离。

为了保证除杂效果，应定期打开转动门，对吸附在磁芯上的磁性金属杂质进行清理。

③ 永磁滚筒　永磁滚筒的结构如图 4-5 所示，主要由进料斗、旋转滚筒、磁芯和排料装置等组成。永磁滚筒的磁芯由多块磁钢组成，它们呈 170° 的半圆形安装在固定轴上。磁芯与滚筒的间距约为 2mm。滚筒由电动机通过蜗轮减速器带动而旋转。食品原料由进料斗进入后，经压力活门控制流量，并使其沿旋转滚筒的长度方向均匀分布，厚薄一致。食品原料沿滚筒旋转到下部位置时落入出料口排出，而磁性杂质由于磁芯的磁力作用仍被吸在滚筒上继续旋转，当转到后部无磁芯位置时，即自动落下，经杂质出口排出。

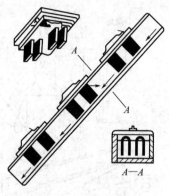

图 4-3　永磁溜管结构

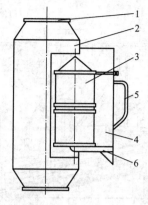

图 4-4　永磁筒结构
1—法兰盘；2—壳体；3—磁芯；
4—转动门；5—把手；6—底托

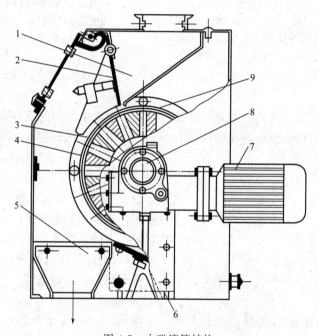

图 4-5　永磁滚筒结构

1—进料斗；2—压力活门；3—旋转滚筒；4—隔板；5—小麦出口；6—铁磁杂质出口；7—电动机；8—减速器；9—磁芯

　　永磁滚筒的特点是磁力强、均匀、持久，能自动吸铁、排铁，避免了已经被吸附的磁性杂质再被食品原料从磁极上冲走的可能，因此，磁选效果稳定、除杂效率高，通常可达到98%以上。为了达到较高的除杂效率，永磁滚筒的圆周速度不宜过高，一般为 0.6m/s。

　　（3）比重去石机

　　重力分选通常分为干法重力分选和湿法重力分选两种形式。比重去石属于干法重力分选，是应用振动和气流作用原理，按不同物料的密度差别进行分选的方法。比重去石往往在筛选之后进行，主要用于清除密度比粮粒大的并肩石（石子大小类似粮粒）等杂质。

　　① 基本结构　比重去石机由进料装置、去石工作面、吸风系统、振动机构等部分组成，如图 4-6 所示。振动机构常采用振动电动机或偏心传动机构两种。进料装置由进料

斗、缓冲槽、压力活门等组成。去石工作面通过撑杆支承在机架上，一般用薄钢板冲压成双面突起鱼鳞形筛孔，有时也用编织筛面。去石工作面向后逐渐变窄，前部称为分离区，后部称作聚石区与精选区，如图4-7所示。去石工作面与其上部的圆弧罩构成精选室，改变圆弧罩内弧形调节板的位置，改变反向气流方向把石子中粮粒吹回到工作区，以控制石子出口含粮粒数。鱼鳞形冲孔去石筛面的孔眼均指向石子运动方向（后上方），对气流进行导向和阻止石子下滑，并不起筛选作用。为了保证去石工作面有气流通过，必须在设备外设置吸风系统，吸风系统由风机与除尘器组成；如果是吹式去石机，设备自带风机，不需外加吸风系统。

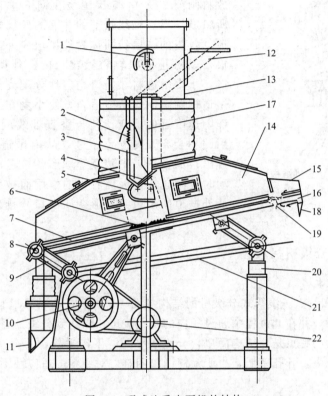

图 4-6　吸式比重去石机的结构

1—风量调节装置；2—弹簧；3—存料斗；4—压力门；5—缓冲槽；6—去石筛面；7—筛体；8—橡胶轴承；
9—撑杆；10—偏心传动机构；11—出料口；12—进料管；13—吸风管；14—吸风罩；15—精选室；
16—进风室；17—支架；18—出石口；19—调风板；20—垫板；21—连杆；22—电动机

　　② 工作原理　比重去石机工作时，物料不断地进入去石工作面的中部，由于物料各成分的密度及空气动力学特性不同，在适当的振动和气流作用下自动分级，密度较小的谷粒浮在上层，密度较大的石子沉到底层与筛面接触。由于自下而上穿过物料的气流作用，使物料之间孔隙度增大，降低了料层间的正压力和摩擦力，物料处于流化状态，促进了物料自动分级。因去石筛面前方略微向下倾斜，上层物料在重力、惯性力和连续进料的推力作用下向下运动，最终从下端的出料口排出；与此同时，石子等杂物逐渐从粮粒中分出进入下层。下层石子及未悬浮的重粮粒在振动及气流作用下沿

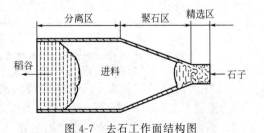

图 4-7　去石工作面结构图

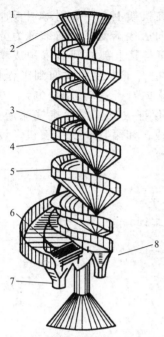

图 4-8　螺旋精选机结构

1—进料斗；2—放料闸门；3—内抛道；
4—外抛道；5—挡板；6—隔板；
7—圆形杂质出口；8—小麦出口

筛面向上运动，上层物料也越来越薄，压力减小，下层粮粒又不断进入上层，在达到筛面末端时，下层物料中粮粒已经很少了，在反吹气流的作用下，少量粮粒又被吹回，石子等重物则从上端的排石口排出。

（4）螺旋精选机

螺旋精选机，也称荞子抛车，结构如图 4-8 所示。螺旋精选机多用于从长颗粒中分离出球形颗粒，如从小麦中分离出荞子、野豌豆等。螺旋精选机由进料斗 1、放料闸门 2 及 4～5 层围绕在同一垂直轴上的斜螺旋面所组成。靠近轴线较窄的并列的几层螺旋面 3 称为内抛道，较宽的一层斜面称为外抛道。外抛道的外缘装有挡板，以防止球状颗粒滚出。内、外抛道下边均设有出口，小麦由进料斗出口均匀地分配到几层内抛道上，内抛道螺旋斜面倾角要适当，使小麦在沿螺旋面下滑的过程中速度近似不变，其与垂直轴线的距离也近似不变，因此不会离开内抛道，最终从内抛道出口（小麦出口）排出；而荞子、野豌豆等球形颗粒在沿螺旋斜面向下滚动时越滚越快，因离心力的作用而被抛至外抛道，最后从外抛道的出口（圆形杂质出口）排出，实现与小麦的分离。

4.1.3　筛分式分级机械设备

（1）滚筒分级机

① 工作原理和特点　滚筒式分级机的结构如图 4-9 所示，物料通过料斗流入到滚筒时，在其间滚动和移动，并在此过程中通过相应的筛孔流出，以达到分级的目的。

滚筒式分级机的特点是：结构简单，分级效率高，工作平稳，不存在动力不平衡现象。但机器的占地面积大，开孔率低，由于筛筒调整困难，对原料的适应性不强。

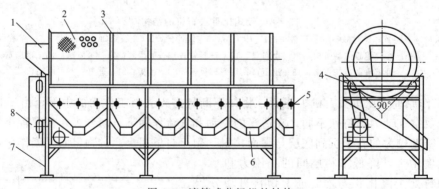

图 4-9　滚筒式分级机的结构

1—进料斗；2—滚筒；3—滚圈；4—摩擦轮；5—铰链；6—收集料斗；7—机架；8—传动系统

② 主要构成　滚筒式分级机的主要构成为：

a.滚筒　滚筒是一个带孔的圆筒，圆筒上按分级的需要而设计成几段（组）。各段孔径不同，而同一段的孔径一样。进口端的孔径最小，出口端最大。每段之下有一收集料斗。原料由进口端进入，随滚筒的转动而前进，沿各段相应的孔中落下到收集料斗中卸出。滚筒通常用厚度为 1.5～2.0mm 的不锈钢板冲孔后卷成圆筒状。考虑到制造工艺方面的要求，一般把滚筒先分几段制造，然后，焊角钢连接以增强筒体的刚度。

b. 支承装置　由滚圈 3、摩擦轮 4、机架 7 组成（图 4-9）。滚圈装在滚筒上，它将滚筒体的重量传递给摩擦轮。整个设备则由机架支承，机架用角钢或槽钢焊接而成。

c. 收集料斗　收集料斗设在滚筒下面，料斗的数目与分级的数目相同。

d. 传动装置　目前广泛采用的传动方式是摩擦轮传动。摩擦轮 4 装在一根长轴上，滚筒两边均有摩擦轮，并且互相对称，其夹角为 90°。长轴一端（主动轴）有传动系统，另一端装有摩擦轮，主要起支撑作用。主动轴从传动系统中得到动力后带动摩擦轮转动，摩擦轮 4 紧贴滚圈，滚圈固接在转筒上，因此，摩擦轮与滚圈间产生的摩擦力驱动滚筒转动。

e. 清筛装置　在操作时，原料应通过滚筒相应孔径的筛孔流出，才能达到分级的目的，但滚筒的孔经常会被原料堵塞而影响分级效果。因此，需设置清筛装置，以保证原料按相应的孔径流出。机械式清筛装置是在滚筒外壁装置木制滚轴，木制滚轴平行于滚筒的中心轴线，用弹簧使其压紧滚筒外壁。由于木滚轴的挤压，把堵塞在孔中的原料挤回滚筒中，也可以视原料的特性，采用水冲式或装置毛刷清筛。

滚筒式分级机还有一种变型结构，它将多个滚筒同轴相套（或平行排列），筛孔尺寸由内向外（或由前至后）逐渐增大。

如图 4-10 所示的分级机用于柑橘、樱桃等物料的分级。有若干个轴线与被分级物料行进方向垂直的多孔转筒，各转筒的开孔沿物料行进方向自小到大。物料在转筒作用下沿其外表先后经过各转筒，当物料小于孔眼时，便落入相应转筒内，再流入集料槽。如此可分离得到大小不同的物料。根据工厂规模和进入原料量不同，转筒的数目以 2～4 个组合为宜，分级数为转筒数加 1。

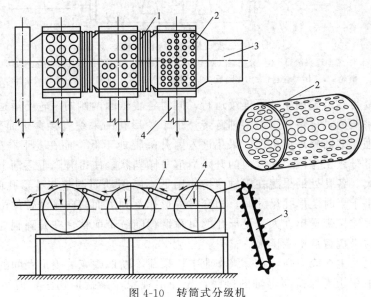

图 4-10　转筒式分级机

1—辊子运输带；2—转筒；3—刮板升送机；4—输出槽

（2）三辊式果蔬分级机

如图 4-11 所示，三辊式果蔬分级机主要由进料斗、理料滚筒、辊轴链带、出料输送带、升降滑道、驱动装置等组成。分级部分为一条由竹节形辊轴通过两侧链条连接构成的链带，辊轴分固定辊和升降辊两种连接形式，其中固定辊与链条铰接，位置固定，而升降辊浮动安装于链条连接板5的长孔内，升降辊与两侧相邻固定辊形成一系列分级菱形孔（图4-12）。链带两侧设有升降辊用升降滑道。

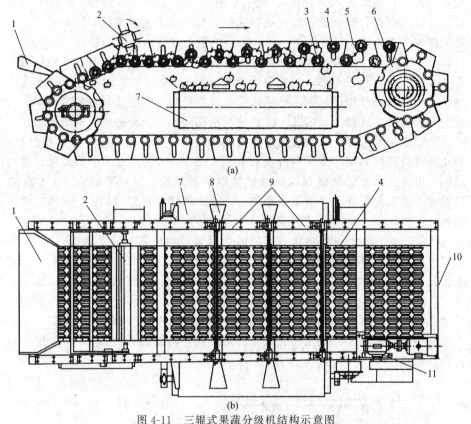

图 4-11　三辊式果蔬分级机结构示意图

1—进料斗；2—理料滚筒；3—分级辊（固定）；4—分级辊（升降）；5—链条连接板；6—驱动链轮；7—出料输送带；8—隔板；9—升降滑道；10—机架；11—蜗轮减速器

工作时，链带在链轮的驱动下连续运行，同时各辊轴因两侧的滚轮与滑道间的摩擦作用而连续自转。果蔬通过进料斗送上辊轴链带，小于菱形孔的果蔬直接穿过而落入集料斗内。较大的果蔬由理料滚筒整理成单层，果蔬进入因升降辊处于低位而在菱形孔处形成的凹坑，随后被连续移至分级工作段，此段内的升降滑道呈倾斜状，使得升降辊逐渐上升，所形成的菱形孔逐渐变大。各孔处的果蔬在辊轴摩擦作用下不断滚动而调整与菱形孔间的位置关系，当某方向尺寸小于当时菱形孔尺寸时，即穿过菱形孔落到下面横向输送带的由隔板分割的相应位置上，并被输送带送出。大于菱形孔的果蔬继续随链带前移，在升降辊处于高位时仍不能穿过菱形孔的果蔬将从末端排出。

这种分级机的生产能力强，在分级作业中，果蔬不断地改变着菱形孔间的位置关系，分级准确，同时果蔬始终保持与辊轴的接触，无冲击现象，果蔬损伤小，但结构复杂、造价高，适用于大型水果加工厂。

4.1.4　重量分选机械

重量式分级机可根据水果、家禽、蛋类等的重量不同进行分级。一般有称重式和弹簧式两种，前者用得较多。一种典型的设备是称重式果品分级机，如图4-13所示，该设备由接料槽、料盘、固定秤、移动秤、输送辊子链等组成。移动秤约 40～80 个,随辊子链在轨道上移动。

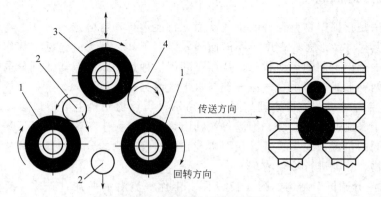

图 4-12 柑橘用转筒式分级机
1—固定分级辊;2—物料(小);3—升降辊;4—物料(大)

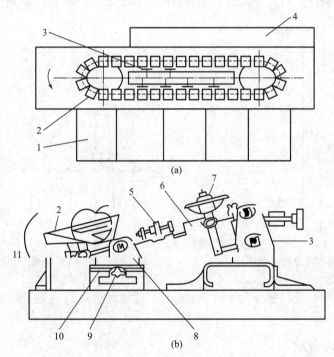

图 4-13 称重式果品分级机
1—出料斗;2—料盘;3—固定秤;4—喂料台;5—调整砝码;6—分离针;
7—砝码;8—移动秤;9—辊子链;10—移动秤轨道;11—小轨道

固定秤有若干台(按分级数定),它固定在机架上,在托盘上装有分级砝码。

移动秤在非称重位置上时,物料重量靠小轨道支持,使移动秤杠杆保持水平。当移动秤到达固定秤处进行称重即与小轨道脱离时,移动秤的杠杆与固定秤的分离针 6 相接触,物料和砝码在移动秤杠杆的两端,通过比较,若物料重量大于设定值,则分离针被抬起,料盘随杠杆转动而翻转,物料被排放到接料槽。如果物料重量小于测量设定值,则移动秤继续前移,经过分离针,进入控制滑道,移向下一个计量点。物料由重到轻按固定秤数量而分成若干等级，通过调整各段砝码重量，可调整分级规格。

4.1.5 气流分选机械

气流分选法是指根据物料颗粒的空气动力学特性进行物料分选的方法。物料在空气中受到的作用力因其尺寸、形态、密度等不同而异，以至于其在外力（包括空气作用力、重力及浮力）作用下表现出不同的运动状态，从而可利用这种运动状态差异达到分选的目的。常用的气流分选有两种形式，即垂直气流分选与水平气流分选。

① 垂直气流分选机　该机原理如图 4-14 所示。当谷物原料由喂料口喂入后，因轻杂物的悬浮速度小于气流速度而上升，饱满谷粒则因悬浮速度大于气流速度而下降，两种物料将在上下两个不同的位置被收集起来，从而实现谷物与轻杂物的分离。通过调整不同的气流速度可对多种谷物、豆类进行除杂清理。

② 水平气流分选机　结构如图 4-15 所示。工作气流沿水平方向流动，颗粒在气流和自身重力的共同作用下因着陆位置的不同而完成分选。当物料在水平气流作用下向前飞行时，密度大的物料获得气流方向加速度的能力小，落在近处；密度小的物料被吹到远处；细小的颗粒或尘粒则随气流进入后续分离器（如布袋除尘器、旋风分离器）被分离收集。

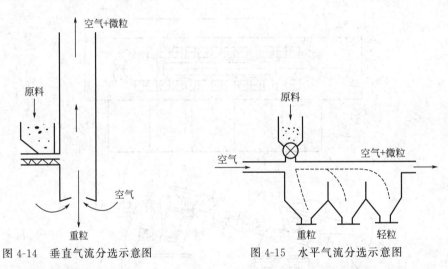

图 4-14　垂直气流分选示意图　　　　图 4-15　水平气流分选示意图

水平气流重力型分级机适合较粗（≥200μm）物料的分级，不适于具有凝聚性的微粉的分级。

4.1.6 光电分选机械

食品工业中应用光学原理对物料进行选别分级的机械系统有两类。一类是基于光电测距原理，另一类是根据比色原理进行分选。光电测距原理适用于（如水果、蔬菜等）个体较大且大小差异明显物料的分级。比色原理常用于（如花生、大米等）个体较小、粒度均匀，但外表颜色差异可测物料的选别。虽然在识别原理上这两类分选系统有很大差异，但系统构成有类似性，基本上由供料、检测传感、信号处理与控制电路以及剔除动作执行系统四部分构成。

（1）色选机

它是利用食品物料颜色差别进行分选的一种设备。色选机的分选操作也需要两方面的系统配合。一是对食品的颜色进行识别的系统；二是根据识别信号对具体物料进行分流的操作机构。图 4-16 所示的是一种色选机的工作原理，它主要是从大量散装产品中将颜色不正常或感染病虫害的个体以及外来杂质检测分离的设备，主要由供料系统、检测系统、信号处理与控制电路、剔除系统等部分组成。

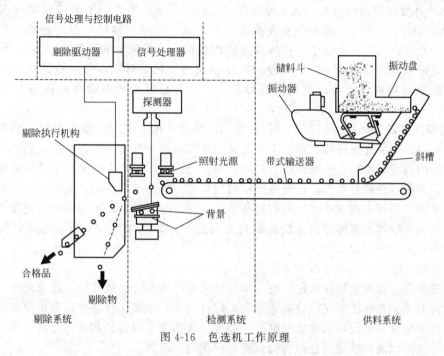

图 4-16　色选机工作原理

从图 4-16 可以看出，储料斗中的物料由振动喂料器送入通道成单行排列，依次落入光电检测室，从电子视镜与比色板之间通过。被选颗粒对光的反射及比色板的反射在电子视镜中相比较，颜色的差异使电子视镜内部的电压改变，并经放大。如果信号差别超过自动控制水平的预置值，即被存储延时，随即驱动气阀，高速喷射气流将物料吹送入旁路通道。而合格品流经光电检测室时，检测信号与标准信号差别微小，信号经处理判断为正常，气流喷嘴不动作，物料进入合格品通道。

（2）光电式果蔬分级机

光电式果蔬分级机是利用光电测距原理，对不同大小物料个体进行分级的设备。由于光线测量是非接触式的，减少了物料的机械损伤，有利于实现自动化。

① 光束遮断式果蔬分级机　原理如图 4-17（a）所示。有两对由发光器和接收器构成的光电单元，平等横装在输送带上方，两者相距 d（d 由分级尺寸决定）。随输送带经过分级区域的果实，若经过的果实尺寸大于 d，则会同时将两条光束遮挡，这时，光电元件可发信号给控制系统，使分级执行机构（如推板或喷嘴）工作，将果实从横向排出输送带，分级得

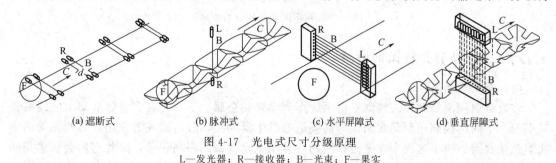

（a）遮断式　　　（b）脉冲式　　　（c）水平屏障式　　　（d）垂直屏障式

图 4-17　光电式尺寸分级原理
L—发光器；R—接收器；B—光束；F—果实

到尺寸大于 d 值的果实。

如果要将果实分成 n 级，则需要沿输送带前进方向设 n 组双光束检测单元。并且大尺寸的单元在前，小尺寸的单元在后。这种分级机适用于单方向尺寸分级。

② 脉冲计数式果蔬分级机　其原理如图 4-17(b) 所示。发光器 L 和接收器 R 分别置于果实输送托盘的上、下方，且对准托盘的中间开口处。托盘每移动一个 a 距离，发光器发出一个脉冲光束，果实在运行中遮挡脉冲光束次数为 n，则果实的直径 $D=na$。测得的 D 值通过微处理机与机器内的（一组预设的）D 值进行比较，然后由分级机的执行机构根据尺寸级别指令对物料进行分级处置。可以看出，这种分级机的准确性与输送系统的速度有关。

③ 屏障式果蔬分级机　如图 4-17(c) 所示，将多个由发光器和接收器构成的光耦呈水平状排成一列，形成光束屏障。随输送带前进的果实经过光束屏障时，根据被遮挡的光束数可求出果实的高度，再结合各光束被遮挡的时间，经积分可求出果实平行于输送带移动方向的侧向投影面积。此积分值与设定值进行比较后可得出果实级别判断，从而可以在相应位置将果实被排出，得到不同规格级别的水果蔬菜。这种分级机的精度也与输送带速度有关。

同样，也可以将光束屏障的光线成垂直方向排列，如图 4-17(d) 所示，可以得到相同的测取水果投影面积的效果。

（3）无损伤食品内在品质识别系统

工作原理是：被测食物在特定波长（如红外或紫外区）处的吸光度（或透光率）与存储于系统的标准级别食物的吸光度（或透光率）进行比较，根据比较结果，做出分级处理的判断。利用这种原理，可以根据果实的糖度、酸度、成熟度等内容品质进行分级。因为，这些内存指标往往可以通过特定波长的吸收或透过情况得到反映。

图 4-18 所示是利用电子成像技术进行分选的原理。摄像机摄取的被测果实图像的模拟信号，经过处理后成为数字图像信号。数字图像再经过处理可得到反映果实外观（如大小、形状、色泽、弯曲情况等）品质的若干参数。由计算机将这些参数与储存的标准参数进行比较，根据比较结果对分级执行机构发出相应的处置指令，得到分级处理。

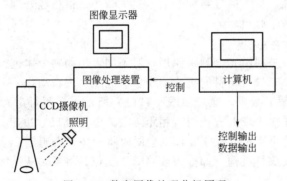

图 4-18　数字图像处理分级原理

4.1.7　金属及异杂物识别机械

（1）金属探测器

多数金属探测器利用三线圈平衡系统探测小颗粒金属。三个绕在非金属框架上的线圈相互平行。中间的线圈是驱动线圈，与高频电磁发生器相接，起电磁发射作用，其两侧的两个线圈是接收器。由于这两个线圈是相同的并且距驱动线圈的距离相等，因此它们会收到相同的信号，并产生相同的输出信号。如图 4-19 所示，当这两个线圈两端相接起来时，则输出信号为零。当有金属颗粒物通过探测器的线圈时，会使所处线圈的频率场产生扰动，从而产生若干微伏的电压。原来平衡的状态被打破，从线圈组合输出的电压不再为零，这就是金属探测器的工作原理。

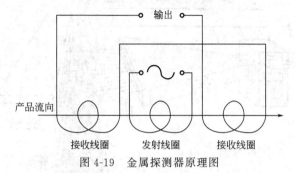

图 4-19　金属探测器原理图

金属探测器正常工作时，通常要求有一个无金属区环境，即装置周围一定空间范围以内不能有任何金属结构物（如滚轮和支承物）。相对于探测器，一般要求紧固结构件的距离约为探测器高度的 1.5 倍，而对于运动金属件（如剔除装置或滚筒）需要 2 倍于此高度的距离。

金属探测器对铁性和非铁性金属均可以探测到。探测的难易程度取决于物体的磁穿透性能和电导率。典型的金属探测器可以检测到直径大于 2mm 的球形非磁性金属和所有直径大于 1.5mm 的球形磁性金属颗粒。

探测金属的最终目的是为了将金属或受金属污染的产品从正常产品中除去，而这一操作在自动生产线上，通常是由剔除机械来完成的。剔除机械要能保证百分之百将污染物剔除。在此前提下，应当尽量减少因剔除金属或金属污染产品而引起的未受污染的产品损失。被剔除的受污染产品要收集在一个不再回到加工物流的位置。

（2）X 射线探测器

X 射线探测器在食品加工业中应用始于 20 世纪 70 年代后期，主要基于 X 射线"成像"比较原理。X 射线是一种短波长（$\lambda \leqslant 10^{-9}$m）的高能射线，它可以穿透生物组织和其他材料。在透过这些材料时，X 射线的能量会因为物质的吸收而发生衰减。透过被测物体能量发生不同程度衰减的 X 射线由检测器检测，检测到的 X 射线经过图像分析技术等处理后可以得到二维图像。这种检测得到的图像与标准物体的 X 射线图像进行比较，便可判断被测物体是否含有异常物体。

X 射线探测器可与简单的传输装置结合，由人工剔除不合格的产品。这种形式的检测机适用性比较灵活，可用于自动化程度要求不高的一般包装后产品的检测。

对于散装物料，则可将 X 射线探测单元与自动剔除等单元结合成在线 X 射线探测剔除设备。这种机器通常由以下部分构成：X 射线发生器（X 射线管）、输送带、X 射线检测器、图像处理计算机、显示器以及异物剔除机械装置等（图 4-20）。由输送带输送的食品通过 X 射线区域时，若有异物存在，则可由显示器图像观测到。在自动生产线上，除了显示以外，计算机对检测信号经过分析判断后，还发出指令，使执行机构产生相应的动作。图 4-20 所示为 X 射线去石机的工作原理图。

与金属检测器相比，X 射线检测系统可以检测更多种类的污染物。除了金属以外，X 射线检测系统还可检测食品中存在的玻璃、石块和骨骼等物质，同时还能够检测到铝箔包装食品内的不锈钢物质。值得一提的是，含有高水分或盐分的食品以及一些能降低金属检测器敏

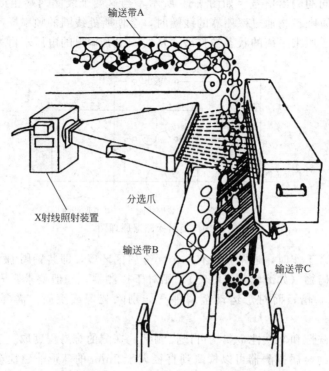

輸送帯A

X射线照射装置

分选爪

輸送帯B

輸送帯C

图 4-20　X 射线去石机工作原理图

感度的产品，也可以用 X 射线检测系统进行检测。

4.2　离心分离机械

离心分离机械可用于不同状态分散体系分离，在食品工业中有着广泛的应用。例如，原料乳净化、奶油分离、淀粉脱水、食用油净化、豆制品浆渣分离、葡萄糖脱水等操作，都由离心分离机械完成。离心分离机械种类较多，分别适用不同的物料体系和满足不同的分离需要。

4.2.1　离心机类型

① 离心分离的原理　离心机是利用转鼓高速转动时，对不同密度、不同粒度的物料产生的离心力不同来实现分离的。衡量离心机分离性能的主要指标是分离因数。

分离因数：物料所受的离心力与重力之比，即离心加速度与重力加速度之比。

$$K_c = R\omega^2/g$$

式中，K_c 为分离因数；R 为转鼓半径；ω 为转鼓回转角速度；g 为重力加速度。

离心机的分离因数由几百到几万，也就是说离心分离的推动力——离心力为重力的几百倍到几万倍。分离因数的大小，要根据不同的分离物料性质和不同的分离要求来选取。

② 离心机类型　常用的离心机有多种不同的分类方式。常见的分类因素有：分离因数、分离原理、操作方式、卸料方式和轴向等。表 4-1 是按分离因数对离心机进行的分类。

表 4-1 按分离因数划分的离心机类型

分离因数(K_c)范围	离心机类型	适用场合
<3000	常速离心机	当量直径 0.01～1.0mm 颗粒悬浮液分离、物料脱水
3000～50000	高速离心机	极细颗粒的稀薄悬浮液及乳浊液的分离
>50000	超速离心机	超微细粒悬浮系统和高分子胶体悬浮液分离

按照分离原理对离心机进行分类可分为过滤式、沉降式与分离式三种。

过滤式：是鼓壁上有孔，借离心力实现过滤分离的离心机。这类离心机分离因数不大，转速一般在 1000～1500r/min。

沉降式：转鼓壁不开孔，借离心力实现沉降分离的离心机。

分离式：转鼓壁亦无开孔，但其转速很大，一般在 4000r/min 以上，分离因数在 3000以上。

4.2.2 过滤式离心机

① 三足式离心机 它是世界上最早出现的离心机，属于间歇式的，具有结构简单、适应性强、操作方便、制造容易等特点。三足式离心机结构如图 4-21 所示，主要构件有转鼓体、主轴、外壳、电动机等。离心机零件几乎全部装在底盘 1 上，然后通过三根吊杆 4 悬吊在三个立柱 2 上。吊杆两端与底盘 1 和立柱 2 球面连接，吊杆 4 外套上装有缓冲弹簧 3，以保证球面始终接触，整个底盘能够自由平稳摆动，并可快速到达平衡位置。这种悬吊体系的固有频率远低于转鼓的转动频率，从而可减少振动。尤其是块状物，很难做到在转鼓内均匀分布，必然引起较大振动，这种结构较好地解决了减振问题。

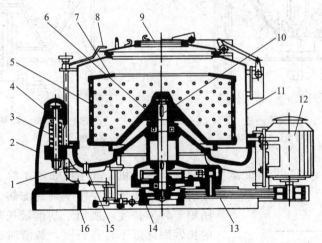

图 4-21 三足式离心机

1—底盘；2—立柱；3—缓冲弹簧；4—吊杆；5—转鼓体；6—转鼓底；7—拦液板；8—制动器把手；9—机盖；
10—主轴；11—外壳；12—电动机；13—传动皮带；14—滤液出口；15—制动轮；16—机座

转鼓主要由转鼓体、拦液板和转鼓底组成，其主轴通过一对滚动轴承支撑于底盘上。转鼓结构有过滤型和沉降型。当悬浮液进行离心过滤时，在开有小孔的转鼓壁上需衬以底网和筛网。

悬浮液离心过滤时，滤液经由筛网、鼓壁小孔甩到外壳，流入底盘，再从滤液出口 14排出机外。固相颗粒则被筛网截留在转鼓内，形成滤饼。这种操作周期可依生产情况随意安排，固体颗粒、晶粒不受损坏，也可进行充分洗涤，能得到较干的滤饼；但间歇操作，生产辅助时间长、生产能力低、劳动强度大，为此，进行了多种改进。如在卸料方面，出现了下卸料和机械刮刀卸料，以减轻劳动强度；在操作上，出现了液压电气程控全自动操作；在传动方面逐渐采用直流电动机或液压马达，可方便实现无级变速。此外，还有具备密闭、防爆等性能的三足式离心机出现。三足式离心机总的发展趋势是卸料机械化和操作自动化。三足式离心机应用范围很广泛，如单晶糖、味精、柠檬酸等生产中结晶与母液的分离，淀粉脱水，肉块去血水等。

② 离心卸料离心机　离心卸料离心机又称锥篮式离心机或惯性卸料离心机，有立式和卧式两种。立式锥篮式离心机如图 4-22 所示，特点是利用滤渣自身的离心力自动卸料，不需卸料装置，是自动连续式离心机中结构最简单的一种。过滤分离时薄层滤饼不断被甩出，有利于提高分离效果。离心卸料离心机结构简单、处理能力大，应用十分广泛。在食品工业中，主要用于蔗糖、食盐的分离，豆浆生产中的浆渣分离，水果榨汁时的自动排渣等。

③ 振动卸料过滤离心机　振动卸料过滤离心机具有锥篮式离心机的特点，并有所改进，如图 4-23 所示。其转鼓在旋转的同时由偏心机构或电磁装置产生轴向振动，轴向的振动可以使部分黏附在转鼓上不易脱落的物料松动，在离心力作用下被甩出，有利于提高离心机的过滤分离效率。

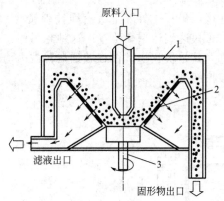

图 4-22　离心卸料离心机

1—固定槽；2—回转篮；3—驱动轴

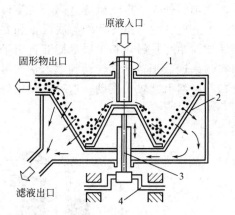

图 4-23　振动卸料过滤离心机

1—固定槽；2—回转篮；3—驱动轴；4—曲柄轴

④ 刮刀卸料离心机　一种间歇操作的自动离心机，其结构如图 4-24 所示，刮刀伸入转鼓内，在液压装置控制下刮卸滤饼。宽刮刀的长度应稍短于转鼓长度，适用于刮削较松软的滤渣；窄刮刀的长度则远短于转鼓长度，卸渣时刮刀除了向转鼓壁运动外，还沿轴向运动，适用于滤饼较密实的场合。

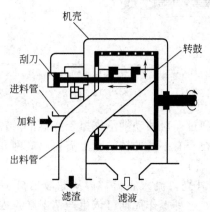

图 4-24　刮刀卸料离心机

该机可用于分离含粗、中、细颗粒的悬浮液，对物料的适应性强。但由于刮刀卸料后转鼓网上仍留有一薄层滤饼，对分离效果有影响，所以不适用于易使滤网堵塞而又不易清洗滤网的物料。

在食品工业中，卧式刮刀卸料离心机主要用于制盐工业中的盐浆脱水、无水硫酸钠的脱水、淀粉工业中淀粉及淀粉糖的脱水等。

⑤ 卧式螺旋卸料过滤离心机　卧式螺旋卸料过滤

离心机能在全速下实现进料、分离、洗涤、卸料等工序，是连续卸料的过滤式离心机，其结构如图 4-25 所示。

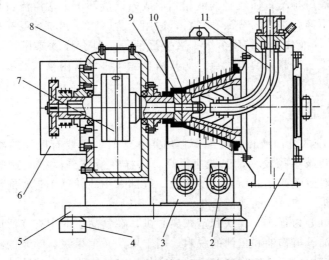

图 4-25　卧式螺旋卸料过滤离心机

1—出料斗；2—排液口；3—壳体；4—防振垫；5—机座（底座）；6—防护罩；
7—差速器；8—箱体；9—圆锥转鼓；10—螺旋推料器；11—进料管

圆锥转鼓 9 和螺旋推料器 10 分别与驱动的差速器轴端连接，两者以高速同一方向旋转，保持一个微小的转速差。悬浮液由进料管 11 输入螺旋推料器内腔，并通过内腔料口喷铺在转鼓内衬筛网板上，在离心力作用下，悬浮液中液相通过筛网孔隙、转鼓孔被收集在机壳内，从排液口排出机外，滤饼在筛网滞留。在差速器的作用下，滤饼由小直径处滑向大端，随转鼓直径增大，离心力递增，滤饼加快脱水，直到推出转鼓。

4.2.3　沉降式离心机

在食品工业中最常用的沉降式离心机是卧式螺旋卸料沉降离心机，简称卧螺离心机，它是利用离心沉降的方式来分离悬浮液、以螺旋卸除物料的离心机，其结构如图 4-26 所示。

该机在高速旋转的无孔转鼓 8 内有同心安装的输料螺旋 7，二者以一定的差速同向旋

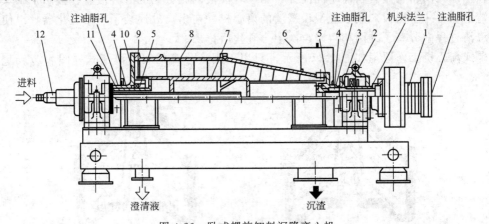

图 4-26　卧式螺旋卸料沉降离心机

1—差速器；2—主轴承；3—油封Ⅰ；4—左右铜轴瓦；5—油封Ⅱ；6—外壳；
7—螺旋；8—转鼓；9—油封Ⅲ；10—轴承；11—油封Ⅵ；12—进料管

转，该转速差由差速器 1 产生。悬浮液经中心的进料管 12 加入螺旋内筒，初步加速后进入转鼓，在离心力作用下，较重的固相沉积在转鼓壁上形成沉渣层，由螺旋推至转鼓锥段进一步脱水后经小端出渣口排出；而较轻的液相则形成内层液环由大端溢流口排出。

它在全速运转下连续进料、分离和卸料，适用于含固相（颗粒粒度 0.005～2mm）浓度 2%～40%悬浮液的固液分离、粒度分级、液体澄清等，具有连续操作、处理能力大、单位耗电量小、结构紧凑、维修方便等优点，尤其适合滤布再生有困难以及浓度、粒度变化范围较大的悬浮液的分离。

4.2.4 分离式离心机

在分离液-液系统的乳浊液和含极细颗粒的悬浮液时，需要有极大的离心力。分离式离心机的特点之一是转鼓半径较小，但转速很高。这样在使被分离料液获得所需离心力的同时，减小离心作用对鼓壁产生的压力。加速力一般都采用高转速小直径的转鼓。一般分离式离心机（简称分离机）均属于超速离心机。

分离式离心机可分为管式、碟式和室式离心机，在食品工业中有广泛应用。例如，管式离心机常用于动物油、植物油和鱼油的脱水，用于果汁、苹果浆、糖浆的澄清；碟式离心机在乳品工业上广泛应用于奶油的分离和牛乳的净化，在动物脂肪和植物油、鱼油精制上用于脱水和澄清，还常用于果汁的澄清。

（1）碟式离心机

碟式离心机主要由转鼓、变速机构、电动机、机壳、进出料管等构成。转鼓是碟片式离心机的主要工作部件，是使物料达到处理要求的主要场所，转鼓主要由转鼓体、分配器、碟片、转鼓盖、锁环等组成。转鼓直径较大，为 150～300mm，通常是由下部驱动。转鼓底部中央有轴座，驱动轴安装在上面，转速一般为 5500～10000r/min，在转鼓内部有一中心套管，其终端有碟片夹持器，其上装有一叠倒锥形碟片。

碟片呈倒锥形，锥顶角为 60°～100°，每片厚度 0.3～0.4mm。碟片数量由分离机的处理能力决定，从几十片到上百片不等。碟片间距与被处理物料的颗粒粒度和分离要求有关，范围在 0.3～1.0mm，用于牛乳分离的为 0.3～0.4mm，用于分离酵母的为 0.8～1.0mm。根据用途不同，碟片的锥面上可开若干小孔或不开孔。

碟式离心机的进料管，有设在下部的，也有设在上部的。功能上没有本质的区别。出料管都在上部。出料管口因功能不同而异，用于乳浊液两相分离的有轻液、重液两个出口，用于澄清的只有一个出口。用于乳浊液澄清的离心机，在出口处还装了一个乳化器，以使得在离心澄清过程中分离了的两相得以再次混合乳化后排出。

碟式离心机工作原理如图 4-27 所示，只用于固液分离的属于澄清式［图 4-27(a)］，用

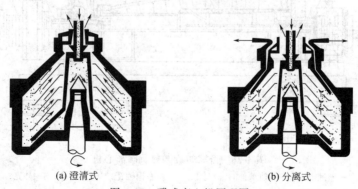

(a) 澄清式   (b) 分离式

图 4-27 碟式离心机原理图

于分离固料-重液-轻液的称为分离式［图 4-27（b）］。混合液自进料管进入随轴旋转的中心套管之后，在转鼓下部因离心力作用进入碟片空间，在碟片间隙内因离心力而被分离，重液向外周流动，轻液向中心流动。由此在间隙中产生两股方向相反的流动，轻液沿下碟片的外表面向着转轴方向流动，重液沿上碟片的内表面向周边方向流动。在流动中，分散相不断从一流层转入另一流层，两液层的浓度和厚度随流动均发生变化。在中心套管附近，轻液在分离碟片下从间隙穿出，而后沿中心套管与分离碟片之间所形成的通道流出。在碟片间流动的重液被抛向鼓壁，而后向上升起并进入分离碟片与锥形盖之间的空隙排出。

（2）管式离心机

如图 4-28 所示，这类离心机在固定的机壳内装有高速旋转的狭长管状无孔转鼓，转鼓直径要比其长度小好几倍。通常转鼓悬挂于离心机上端的橡皮挠性驱动轴上，其下部由底盖形成中空轴并置于机壳底部的导向轴衬内。转鼓的直径在 200mm 以下，一般为 70～160mm。这种转鼓允许大幅度地增加转速，即在不过分增加鼓壁应力的情况下，获得很大的离心力，转鼓的转速一般约为 15000r/min。

在管式离心机中，待处理物料经下部一固定的进料管进入底部空心轴而后进入鼓底，利用圆形折转挡板将其分配到鼓的四周，为使液体不脱离鼓壁，在鼓内设有十字形挡板。液体在鼓内由桨叶加速至转鼓速度，轻液与重液在鼓壁周围分层，并通过上方环状溢流口排出。

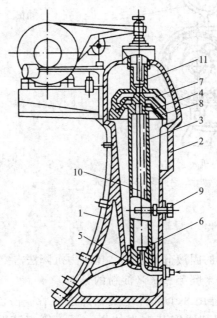

图 4-28 管式离心机示意图

1—机座；2—外壳；3—转鼓；4—上盖；5—底盘；6—进料分布盘；7—轻液收集器；
8—重液收集器；9—制动器；10—桨叶；11—锁紧螺母

如果将管式分离机的重液出口关闭，只留有轻液的中央溢流口，则可用于悬浮液的澄清，称为澄清式离心机。悬浮液进入后，固体沉积于鼓壁而不被连续排出，待固体积聚达到一定数量后，以间歇操作方式停车拆下转鼓清理。管式离心机的固体容量很少超过 2～4.5kg，为了操作经济，物料中的固体含量通常不大于 1%。

优点：①分离强度大，分离因数为普通离心机的 8～24 倍；②结构紧凑和密封性能好。
缺点：①容量小，产量低；②澄清操作时不能自动排除鼓壁的沉渣。

（3）室式离心机

室式离心机是一种处理稀薄悬浮液的澄清式高速离心机。它与碟式离心机的主要不同点在于转鼓，它的转鼓可认为是管式离心机的变形，即可看作是由若干个不同直径的管式离心机的转鼓套叠而成。

如图 4-29 所示，室式离心机是在转鼓内装入多个同心圆隔板，将转鼓分隔成多个同心环形小室，以增加沉降面积，延长物料在转鼓内的停留时间。因此该离心机的分离因数高，悬浮液在转鼓内的停留时间长，分离液澄清度高。

在食品工业上，室式分离机主要用于澄清操作上，如酒类、果汁的澄清等。

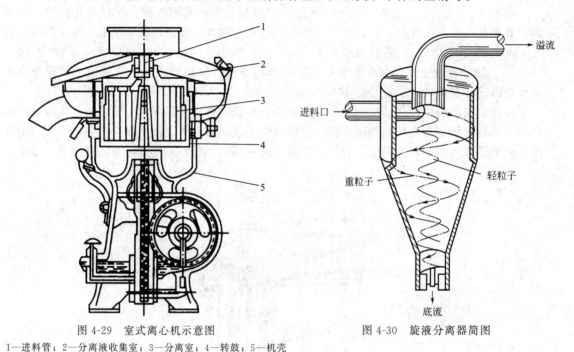

图 4-29　室式离心机示意图　　　　图 4-30　旋液分离器简图

1—进料管；2—分离液收集室；3—分离室；4—转鼓；5—机壳

4.2.5　旋流器

旋流器是一个结构简单的固液分离装置，比重力沉降法占空间小且效率高。在食品工业中有广泛的应用，如用于玉米胚芽和玉米淀粉的分离。

如图 4-30 所示，旋流器由 3 个部件组成，即进料管、溢流管和旋液分离器壳体。进料管沿旋液分离器壳体外缘切线安装在壳体上，溢流管安装在壳体中心，旋流器壳体上部是圆柱体，下部是圆锥体，尾部是底流口（排料口）。如同离心分离一样，旋液分离的推动力是离心力和粒子与载体液体之间的相对密度差。在离心力场和重力场中，还存在着颗粒相对于介质的相对运动，即离心沉降和重力沉降。在旋液分离器中，带有悬浮粒子的液体被迫以环形或螺旋轨迹流动，同时还有离心向壳体运动的趋势，由于重力沉降的作用，相对密度较大的颗粒被载体液体夹带做下降运动。理论上颗粒绝对运动的轨迹为平面上的螺旋线，到达器壁的颗粒，与器壁相碰撞失去动能向下降落，从而相对密度较大的颗粒沿壁下滑从下部排料口排出；相对密度较小的颗粒及载体液体在旋流器中由中部溢流管流出。如果要完全分离载体液体中的颗粒，应采取几组旋液分离器串联的形式或与其他分离装置组合完成。

4.3 过滤设备

4.3.1 过滤设备类型

（1）过滤分离的原理

过滤分离是利用一种能将悬浮液中固体微粒截留，而液体能自由通过的多孔介质，在一定的压力差的推动下，达到分离固、液二相的目的。

过滤过程可以在重力场、离心力场和表面压力的作用下进行。食品加工所处理的悬浮液浓度往往较高，一般为饼层过滤（积聚在过滤介质上的滤渣层为滤饼）。过滤时，流动阻力为过滤介质阻力和滤饼阻力。滤饼阻力取决于滤饼的性质及其厚度。过滤属于机械分离操作，它们需要的能量较蒸发和干燥少得多。图 4-31 所示为过滤操作示意图。赖以实现过滤操作的外力，可以是重力或惯性离心力，但应用最多的还是多孔物质上、下游两侧的压强差。

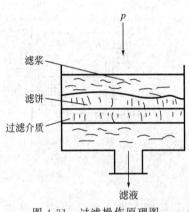

图 4-31 过滤操作原理图

（2）过滤分离的操作过程

过滤机是利用过滤原理对悬浮液进行固-液分离的机械，过滤操作过程一般包括过滤、洗涤、干燥、卸料 4 个阶段。①过滤。悬浮液在推动力作用下，克服过滤介质的阻力进行固液分离，固体颗粒被截留，逐渐形成滤饼，且不断增厚，因而过滤阻力也随着不断增加，致使过滤速度逐渐降低。当过滤速度降低到一定程度后，必须停止过滤转到下道工序，否则会造成时间与动力的浪费。②洗涤。停止过滤后，滤饼的毛细孔中包含有许多滤液，需用清水或其他液体洗涤，以得到纯净的固粒产品或得到尽量多的滤液。③干燥。用压缩空气排挤或真空抽吸将滤饼毛细孔中存留的洗涤液排走，得到含湿量较低的滤饼。④卸料。把滤饼从过滤介质上卸下，并将过滤介质洗净，以备重新进行过滤。

（3）过滤设备的分类

① 按过滤推动力可分为：重力过滤机、加压过滤机和真空过滤机。

② 按过滤介质的性质可分为：粒状介质过滤机、滤布介质过滤机、多孔陶瓷介质过滤机和半透膜介质过滤机等。

③ 按操作方法可分为：间歇式和连续式过滤机等。

4.3.2 加压式过滤机

（1）板框压滤机

板框压滤机是间歇式过滤机中应用最广泛的一种。其原理是利用滤板来支承过滤介质，滤浆在加压下强制进入滤板之间的空间内过滤，并形成滤饼，其结构如图 4-32 所示，它由许多块滤板和滤框交替排列而成，板和框都用支架固定在一对横梁上，可用压紧装置压紧或拉开。滤板和滤框数目由过滤的生产能力和悬浮液的情况而定，一般有 10~60 个，形状多为正方形，如图 4-33 所示，其边长在 1m 以下，框的厚度约为 20~75mm。

过滤机组装时，将滤框与滤板用过滤布隔开且交替排列，借手动、电动或油压机构

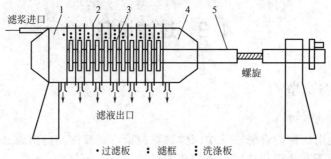

图 4-32　板框压滤机简图

1—固定端板；2—滤布；3—板框支座；4—可动端板；5—支承横梁

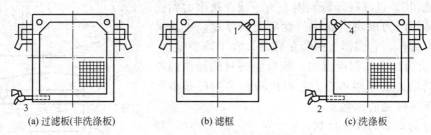

(a) 过滤板(非洗涤板)　　　(b) 滤框　　　(c) 洗涤板

图 4-33　滤板和滤框示意图

1—料液通道；2—滤液出口；3—滤液或洗涤水出口；4—洗涤水通道

将其压紧。板、框的角端均开有小孔，构成供滤浆或洗水流通的孔道。框的两侧覆以滤布，空框与滤布围成了容纳滤浆及滤饼的空间。滤板的作用是支承滤布并提供滤液流出的通道。板面制成各种凹凸纹路。滤板又分成洗涤板和非洗涤板。为了辨别，常在板、框外侧铸有小钮或其他标志。每台板框压滤机有一定的总框数，最多达 60 个，当所需框数不多时，可插入盲板，以切断滤浆流通的孔道，失去作用。板框压滤机内液体流动路径如图 4-34 所示。

滤浆由滤框上方通孔进入滤框空间，固粒被滤布截留，在框内形成滤饼，滤液则穿过滤饼和滤布流向两侧的滤板，然后沿滤板的沟槽向下流动，由滤板下方的通道直接排出。此种滤液流出方式为明流式。排出口处装有旋塞，可观察滤液流出的澄清情况。如果其中一块滤板上的滤布破裂，则流出的滤液必然混浊，可关闭旋塞，待操作结束时更换。暗流式则在板和框内设置集液通道，滤液汇集后集中流出。这种结构较简单，且可减少滤液与空气的接触。两种方式的滤浆通道设置方式相同。

当滤框内充满滤饼时，其过滤速率大大降低或压力超过允许范围，此时应停止进料，进行滤饼洗涤。可将洗涤水压入洗水通道，经洗涤板左上角的小孔（图 4-34）进入板面与滤布之间。此孔专供洗水输入，是洗涤板与过滤板的区分之处。它们在组装时必须按滤板、滤框、洗涤板、滤框、滤板……顺序交替排列。过滤操作时，洗涤板仍起过滤板的作用，但在洗涤时，其下端出口被关闭，洗涤水穿过滤布和滤框全部向过滤板流动，并从过滤板下部排出。洗涤完后，除去滤饼，进行清理，重新组装，进入下一循环操作。洗涤速率仅为过滤终了时过滤速率的 1/4，板框压滤机的操作压力一般为 0.3～1MPa，有时可达 1.5MPa。

（2）叶滤机

叶滤机也是一种间歇加压过滤设备，主要由耐压的密闭圆筒形罐体及安装在罐体内的多片

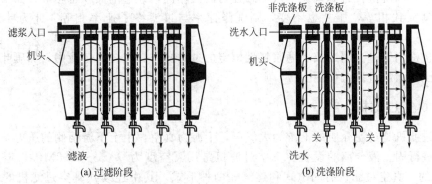

图 4-34　板框压滤机内液体流动路径

（a）过滤阶段　　　　　（b）洗涤阶段

滤叶组成。滤叶由金属筛网框架或带沟槽的滤板组成，在框架或板上覆盖滤布（见图 4-35）。滤叶的形状有矩形、圆形等，分固定的和转动的。

叶滤机有许多形式。罐体可以分为立式和卧式，滤叶在罐内的安装也可有水平和竖直两种取向。垂直滤叶两面均能形成滤饼，而水平滤叶只能在上表面形成滤饼。在同样条件下，水平滤叶的过滤面积为垂直滤叶的 1/2，但水平滤叶形成的滤饼不易脱落，操作性能比垂直滤叶好。

因此，人们喜欢按照滤叶在罐内的安装形式来对叶滤机进行分类，分为垂直型叶滤机（图 4-35）与水平型叶滤机（图 4-36）。

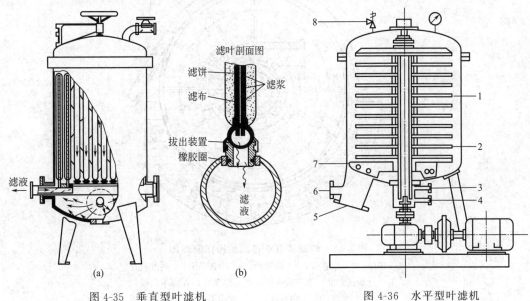

图 4-35　垂直型叶滤机

图 4-36　水平型叶滤机

1—滤叶；2—回收滤液用滤叶；3—回收残液出口；4—滤液出口；5—排渣口；6—原液入口；7—除渣刮板；8—安全阀

过滤时，将滤叶置于密闭槽中，滤浆处于滤叶外围，借滤叶外部的加压或内部的真空进行过滤，滤液在滤叶内汇集后排出，固体粒子则积于滤布上成为滤饼。滤饼可利用振动、转动以及喷射压力水清除，也可打开罐体，抽出滤叶组件，进行人工清除。

洗涤时，以洗液代替滤浆，洗液的路径与滤液相同，经过的面积也相等。如果洗液黏度与滤液黏度大致相等，压差也不变，则洗涤速率与过滤终了速率相等。此为叶滤机特点之一。

叶滤机适用于过滤周期长、滤浆特性恒定的过滤操作。在食品工业中，加压叶滤机大多作为硅藻土预涂层过滤机使用。

4.3.3 真空过滤机

真空过滤机是过滤介质的上游为大气压，下游为真空，由上下游两侧的压力差形成过滤推动力而进行固、液分离的设备。真空过滤机常用真空度为 $0.05 \sim 0.08 MPa$，但也有超过 $0.09 MPa$ 的。真空过滤机有间歇式和连续式两种形式，其中连续式真空过滤机的应用更广泛。连续式真空过滤机有转筒式和转盘式等。

（1）转筒式真空过滤机

转鼓是这种过滤机的主体，它是可转动的水平圆筒，其截面如图 4-37 所示，直径 $0.3 \sim 4.5 m$，长 $3 \sim 6 m$。圆筒外表面由多孔板或特殊的排水构件组成，上面覆滤布。圆筒内部被分隔成若干个扇形格室，每个格室有吸管与空心轴内的孔道相通，而空心轴内的孔道则沿轴向通往位于轴端并随轴旋转的转动盘。转动盘与固定盘紧密配合，构成一个特殊的旋转阀，称为分配头。固定盘分成若干个弧形空隙，分别与减压管、洗液储槽及压缩空气管路相通。

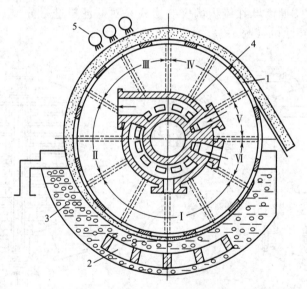

图 4-37 转筒式真空过滤机操作原理图

1—转鼓；2—搅拌器；3—滤浆槽；4—分配头；5—喷淋头；
Ⅰ—过滤区；Ⅱ—第一脱水区；Ⅲ—洗涤区；Ⅳ—第二脱
水区；Ⅴ—卸料区；Ⅵ—滤布再生区

当转鼓旋转时，借分配头的作用，扇形格内分别获得真空和加压，如此便可控制过滤、洗涤等操作循序进行。如图 4-37 所示，鼓表面分 6 个区，分别为过滤区、第一脱水区、洗涤区、第二脱水区、卸料区、滤布再生区。

转筒式真空过滤机的优点：可连续生产，机械化程度较高；可以根据料液性质、工艺要求，采用不同材料制造成各种类型，以满足不同的过滤要求（通常，对于悬浮液中颗粒粒度中等、黏度不太大的物料，转筒式真空过滤机均适用）；可通过调节转鼓转速来控制滤饼厚度和洗涤效果；滤布损耗要比其他类型过滤机少。

转筒式真空过滤机的不足之处：过滤推动力小，它仅是利用真空作为推动力。由于管路阻力损失，最大不超过 80kPa，一般为 267～667kPa。因此，不易抽干，滤饼的终湿度一般在 20％以上。设备加工制造复杂，主设备及辅助真空设备投资昂贵，消耗于抽真空的电能高，同时过滤面积愈大制造愈加困难。目前国内生产的最大过滤面积约为 $50m^2$，一般为 $5～40m^2$。

（2）转盘式真空过滤机

转盘式真空过滤机（图 4-38）由一组安装在水平转轴上并随轴旋转的滤盘（或转盘）所构成。结构和操作原理与转筒式真空过滤机相类似。盘的每个扇形格各有其出口管道通向中心轴，而当若干个盘连接在一起时，一个转盘的扇形格的出口与其他同相位角转盘相应的出口就形成连续通道。与转筒式真空过滤机相似，这些连续通道也与轴端旋转阀（分配头）相连，每一转盘即相当于一个转鼓，操作循环也受旋转阀的控制。每一转盘各有其滤饼卸料装置，但卸料较为困难。

优点：转盘式真空过滤机具有非常大的过滤面积，可大到 $85m^2$，其单位过滤面积占地少，滤布更换方便、消耗少、能耗较低。缺点：滤饼洗涤时，洗涤水与悬浮液易在滤槽中相混。

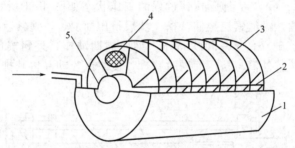

图 4-38　转盘式真空过滤机

1—料槽；2—刮刀；3—转盘；4—金属丝网；5—分配头

4.4　压榨机械

压榨是通过机械压缩力将液相从液固两相混合物中分离出来的一种单元操作，在压榨过程中液相流出而固相截留在压榨面之间。与过滤不同的是，压榨的压力是由于压榨面的移动而不是由于物料泵送到一个固定的空间而施加的。

在食品工业中，压榨主要用于从可可豆、花生、棕榈仁、大豆、菜籽中榨取油脂以及从甘蔗中榨取糖汁，从苹果、桃子等水果中榨取果汁等。

压榨设备按操作方式有间歇式和连续式两类。间歇式压榨机，适用于小规模生产或传统产品的生产过程，常用的主要是液压压榨机、机械螺杆压榨机、气压型压榨机等。

连续式压榨机的主要形式有螺旋式、辊式和带式，可适用于大规模的生产需求。

4.4.1　间歇式压榨机

间歇式压榨机有多种形式，大体上可以根据施压的方式分为机械螺杆型、液压型和气压型三类。

（1）手动式压榨机

手动式压榨机是至今最原始的压榨机。如图 4-39 所示，操作时，先用布袋将要压榨的物料包裹起来，放在压榨板和机座之间，扳动手柄经螺杆使压榨板下降而对物料施加很高的压力（1～20kN）。将物料中所含汁液压榨出来，流入下部汁液收集盘中，榨渣留在布袋中。应注意压力必须缓缓地增加，以免布袋破裂造成榨汁混浊。待泄压且压榨板复位后，将压榨渣由机座取下卸料。

（2）卧篮式压榨机

卧篮式压榨机也称布赫（Bucher）榨汁机，最初是瑞士布赫公司用来生产苹果汁的专用设备。最大加工能力 8～10t/h 苹果原料，出汁率 82%～84%，设备功率 24.7kW，活塞行程 1480mm。

卧篮式压榨机的结构如图 4-40 所示，关键部件是可获得低混浊天然纯果汁的尼龙滤绳组合体。滤绳由强度很高且柔性很强的多股尼龙线复捻而成，沿其长度方向有许多贯通的沟槽，其表面缠有滤网。一台榨汁机滤绳多达 220 根，滤绳随压榨过程的工作状态如图 4-41 所示。挤压时汁液经滤绳过滤后进入绳体沟槽，沿绳索流至储汁槽，然后挤压面复位，绳索重新逐渐伸直。由于绳索的运动使浆渣松动、破碎，然后再次挤压。如此周期动作，直到按预定程序结束榨汁过程。榨汁结束后，压榨室外筒与挤压面同时移动，使浆渣松动并将其排出。

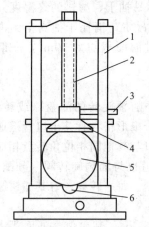

图 4-39 手动式压榨机示意图
1—支柱；2—大螺杆；3—手柄；4—压榨板；5—物料；6—榨汁出口

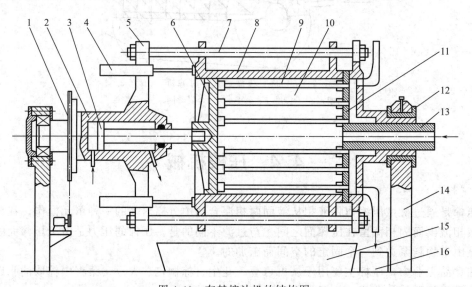

图 4-40 布赫榨汁机的结构图
1—传动链；2—油缸；3—活塞；4—榨筒移动油缸；5—支架；6—动压盘；7—导柱；
8—压榨筒；9—尼龙滤绳；10—压榨腔；11—静压盘；12—轴承；13—进料管；
14—机架；15—集渣斗；16—汁槽

卧篮式压榨机的主要工序如下：①装料：通过一次性或多次性装料可以优化装料过程；②压榨：可根据原料情况调整压榨的各种参数；③二次压榨：在压榨后的果渣中加水，进行浸提后再次压榨，用以提高出汁率；④排渣：通过选择一次性或多次性排渣程序可以提高整体榨汁能力；⑤清洗：在经过多次榨汁循环后可采用就地清洗（CIP）方式对榨汁机清洗，

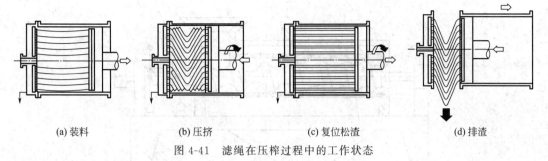

| (a) 装料 | (b) 压挤 | (c) 复位松渣 | (d) 排渣 |

图 4-41 滤绳在压榨过程中的工作状态

以保持系统卫生，避免微生物污染。

目前，卧篮式压榨机已发展成为可适合多品种果蔬榨汁的通用型筐式榨汁机，可用于仁果类（苹果、梨）、核果类（樱桃、桃、杏、李）、浆果类（葡萄、草莓）、某些热带水果（菠萝、芒果）和蔬菜类（胡萝卜、芹菜、白菜）的榨汁。

（3）气囊压榨机

20世纪60年代开始出现气压式压榨机，并且最先用于葡萄榨汁及黄酒醪的过滤、压缩操作中，现在已有了较广泛的应用，这里要介绍的气囊压榨机属于气压式式压榨机。

气囊压榨机主要用于果汁生产，基本结构是一个卧式圆筒筛内侧有一个过滤用的滤布圆筒筛，滤布圆筒筛内装有一个能充压缩空气的橡胶气囊。待榨物料置于圆筒内后，通入压缩空气将橡胶气囊充胀起来，给夹在橡胶气囊与圆筒筛之间的物料由里向外施加压力。这时整个装置旋转起来，使空气压力均匀分布在物料上，最大压榨压力可达 0.63MPa，其施压过程逐步进行。用于榨取葡萄汁时，起始压榨压力为 0.15～0.2MPa，然后放气减压，转动圆筒筛使葡萄浆料疏松、分布均匀，再重新在气囊中通入压缩空气升压，然后再放气减压，疏松后再升压。只有在大部分葡萄汁流出后，才升压至 0.63MPa。整个压榨过程为 1h，逐步反复增压 5～6 次或更多。

气囊压榨机常用于葡萄酒厂及果汁饮料厂的生产，它可压榨任何果汁甚至黏性的果渣。

4.4.2 连续式压榨机

连续式压榨机的进料、压榨、卸渣等工序都是连续进行的。食品工业中，最有代表性的这类压榨设备是螺旋压榨机，其他还有带式压榨机和辊式压榨机等。辊式压榨机主要在榨糖操作中应用，这里不做介绍。以下介绍螺旋压榨机和带式压榨机。

（1）螺旋压榨机

螺旋压榨机是使用比较广泛的一种连续式压榨机，很早就用来进行榨油、水果榨汁。近年随着压榨理论研究的进展及设备本身的革新，使得该设备的应用更加广泛。

如图 4-42 所示，该机主要由压榨螺杆、圆筒筛、离合器、压力调整机构等组成。压榨螺杆轴由两端的轴承 8 支承在机架上，传动系统使压榨螺杆 9 在圆筒筛 6 内做旋转运动。为了使物料进入榨汁机后尽快受到压榨，螺杆的结构在长度方向（从进料口向出料口方向）随着螺杆内径增大而螺距减小。螺杆的这种结构特点，使得螺旋槽容积逐渐缩小，其缩小程度用压缩比来表示。压缩比是指进料端第一个螺旋槽的容积与最后一个螺旋槽容积之比，如国产 GT6GS 螺旋连续榨汁机的压缩比为 1：20。

改变螺杆的螺距大小对一定直径的螺旋来说就是改变螺旋升角大小。螺距小则物料受到的轴向分力增加，径向分力减小，有利于物料的推进。

圆筒筛一般由不锈钢板钻孔后卷成，为了便于清洗及维修，通常做成上、下两半，用螺

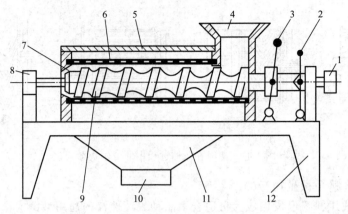

图 4-42　螺旋压榨机

1—传动装置；2—离合手柄；3—压力调整手柄；4—料斗；5—机盖；6—圆筒筛；
7—环形出渣；8—轴承；9—压榨螺杆；10—出汁口；11—汁液收集斗；12—机架

钉连接安装在机壳上。圆筛孔径一般为 0.3～0.8mm，开孔率既要考虑榨汁的要求，又要考虑筛体强度。螺杆挤压产生的压力可达 1.2MPa 以上，筛筒的强度应能承受这个压力。

　　具有一定压缩比的螺旋压榨机，虽对物料能产生一定的挤压力，但往往达不到压榨要求，通常采用调压装置来调整榨汁压力。一般通过调整出渣口环形间隙大小来控制最终压榨力和出汁率。间隙大，出渣阻力小，压力减小；反之，压力增大。扳动压力调整手柄 3 使压榨螺杆 9 沿轴向左右移动，环形间隙即可改变。

　　操作时，先将出渣口环形间隙调至最大，以减小负荷。启动正常后加料，物料就在螺旋推力作用下沿轴向出渣口移动，由于螺距渐小，螺旋内径渐大，对物料产生预压力。然后逐渐调整出渣口环形间隙，以达到榨汁工艺要求的压力。

　　螺旋压榨机具有结构简单、外形小、榨汁效率高、操作方便等特点。该机的不足之处是榨出的汁液含果肉较多，要求汁液澄清度较高时不宜选用。

　　（2）带式压榨机

　　带式压榨机在食品工业中的使用始于 20 世纪 70 年代，它有很多形式，但其工作原理基本相同。它们的主要工作部件是两条同向、同速回转运动的环状压榨带及驱动辊、张紧辊、压榨辊。压榨带通常用聚酯纤维制成，本身就是过滤介质，借助压榨辊的压力挤出位于两条压榨带之间的物料中的汁液。

　　带式压榨机的原理结构如图 4-43 所示，所有压辊均安装在机架上，一系列压辊驱动网带运行的同时，从径向给网带施加压力，使夹在两网带之间的待榨物料受压而将汁液榨出。工作时，经破碎待压榨的固液混合物从料槽 1 中连续均匀地送入网带 5 和 10 之间，被两网带夹着向前移动，在下弯的楔形区域，大量汁液被缓缓压出，形成可压榨的滤饼。当进入压榨区后，由于网带的张力和带 L 形压条的压辊 3 作用将汁液进一步压出，汇集于汁液收集槽 8 中。以后由于 10 个压辊 4 的直径递减，使两网带间的滤饼所受的表面压力与剪力递增，保证了最佳的榨汁效果。为了进一步提高榨汁率，该设备在末端设置了两个增压辊 7，以增加线性压力与周边压力。榨汁后的滤饼由耐磨塑料刮板刮下从右端出渣口排出。为保证榨出汁液能顺利排出，该机专门设置了清洗系统，若滤带孔隙被堵塞，可启动清洗系统，利用高压冲洗喷嘴 9 洗掉粘在带上的糖和果胶凝结物。工作结束后，也是由该系统喷射化学清洗剂和清水清洗滤带和机体。

　　该机的优点是，逐渐升高的表面压力可使汁液连续榨出，出汁率高，果渣含汁率低，清

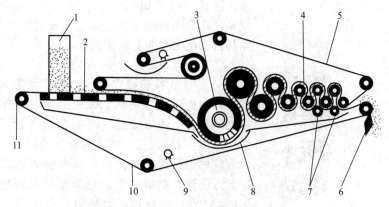

图 4-43　带式压榨机原理图

1—料槽；2—筛网；3,4—压辊；5—上压榨网带；6—果渣刮板；7—增压辊；

8—汁液收集槽；9—高压冲洗喷嘴；10—下压榨网带；11—导向辊

洗方便。但是压榨过程中汁液全部与大气接触，所以，对车间环境卫生要求较严。

4.5　去皮核分离机械

4.5.1　果蔬去皮及其设备

（1）去皮原理

水果及块根、块茎类蔬菜在加工成食品之前，大多需要除去外皮。果蔬去皮的基本要求是去皮完全、彻底，原料损耗少。目前果蔬加工中常用的去皮方法有机械去皮和化学去皮。

① 机械去皮　机械去皮应用较广，按原理不同可分为机械切削去皮、机械磨削去皮和机械摩擦去皮。

a. 机械切削去皮：是采用锋利的刀片削除表面皮层。去皮速度较快，但不完全，且果肉损失较多，一般需用手工加以修整，难以实现完全机械作业，适用于果大、皮薄、肉质较硬的果蔬。目前苹果、梨等常常使用机械切削去皮，常用的形式为旋皮机。

b. 机械磨削去皮：是利用覆有磨料的工作面除去表面皮层。可高速作业，易于实现完全机械操作，所得碎皮细小，便于用水或气流清除，但去皮后表面较粗糙，适用于质地坚硬、皮薄、外形整齐的果蔬。胡萝卜等块根类蔬菜原料去皮大多采用机械磨削去皮机。

c. 机械摩擦去皮：利用摩擦系数大、接触面积大的工作构件而产生的摩擦作用使表皮发生撕裂破坏而被去除。所得产品表面质量好，碎皮尺寸大，去皮死角少，但作用强度差，适用于果大、皮薄、皮下组织松散的果蔬，一般需要首先对果蔬进行必要的预处理来弱化皮下组织。常见到的机械摩擦去皮机如采用橡胶板作为工作构件的干法去皮机。

② 化学去皮　化学去皮又称碱液去皮，即将果蔬在一定温度的碱液中处理适当的时间，果皮即被腐蚀，取出后，立即用清水冲洗或搓擦，外皮即脱落，并洗去碱液。此法适用于桃、李、杏、梨、苹果等的去皮及橘瓣脱囊衣。桃、李、苹果等的果皮由角质、半纤维素等组成，果肉由薄壁细胞组成，果皮与果肉之间为中胶层，富含原果胶及果胶，将果皮与果肉连接。当果蔬与碱液接触时，果皮的角质、半纤维素被碱腐蚀而变薄乃至溶解，果胶被碱水解而失去胶凝性，果肉薄壁细胞膜较能抗碱。因此，用碱液处理后的果实，不仅果皮容易去

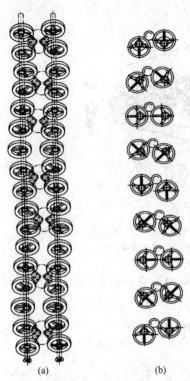

图 4-44　连续式番茄擦皮机工作原理图

除，而且果肉的损伤较少，可以提高原料的利用率。但是，化学去皮用水量较大，去皮过程产生的废水多，尤其是产生大量含有碱液的废水。

（2）典型的去皮设备

① 连续式番茄擦皮机　大规模番茄制品生产一般需要采用连续式擦皮机。该机的主要工作部件为倾斜布置的长轴上串联安装一系列的偏心轮，总体呈螺杆结构（图 4-44），每两根"螺杆"构成一个 U 形通道。偏心轮外缘涂覆有金刚砂，具有良好的摩擦性能。通道上方配置有喷淋水管。经高温蒸汽预处理后，因皮下组织熟化，表皮易于除掉的番茄从 V 形槽高端进入后，随着长轴的转动，在 V 形通道上以横向滚动为主，辅以左右摆动（图 4-44），边接受轮缘金刚砂的摩擦边向出口处移动，摩擦作用使得表皮产生撕裂破坏，进行机械摩擦去皮。撕下的碎皮随时被喷淋下的水流冲洗排除。

② 离心擦皮机　离心擦皮机是一种小型间歇式去皮机械。依靠旋转的工作构件驱动原料旋转，使得物料在离心力的作用下，在机器内上下翻滚并与机器构件产生摩擦，从而使物料的皮层被擦离。用擦皮机去皮对物料的组织有较大的损伤，而且其表面粗糙不光滑，一般不适宜整只果蔬罐头的生产，只用于加工生产切片或制酱的原料。常用擦皮机处理胡萝卜、番茄等块根类蔬菜原料。

擦皮机（图 4-45）由工作圆筒、旋转圆盘、加料斗、卸料口、排污口及传动装置等部分组成。工作圆筒内表面是粗糙的，圆盘表面呈波纹状，波纹角 $\alpha = 20° \sim 30°$，二者大多采

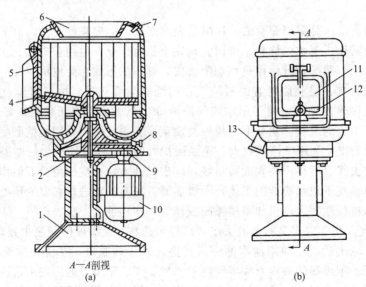

A—A剖视
（a）

（b）

图 4-45　离心擦皮机

1—铸铁机座；2—大齿轮；3—转动轴；4—旋转圆盘；5—脱皮圆筒；6—进料斗；7—喷嘴；
8—润滑油孔；9—小齿轮；10—电动机；11—卸料口；12—把手；13—排污口

用金刚砂黏结表面,均为擦皮工作表面。圆盘波纹状表面除兼有擦皮功能外,主要用来抛起物料,当物料从加料斗落到旋转圆盘波纹状表面时,因离心力作用被抛至圆筒壁,与筒壁粗糙表面摩擦而达到去皮的目的。擦皮工作时,水通过喷嘴送入圆筒内部,卸料口的闸门由把手锁紧,擦下的皮用水从排污口排去;已去皮的番茄靠离心力的作用从打开闸门的卸料口自动排出。

为了保证正常的工作效果,这种擦皮机在工作时,不仅要求物料能够被完全抛起,在擦皮室内呈翻滚状态,不断改变与工作构件间的位置关系和方向关系,便于各块物料的不同部位的表面被均匀擦皮,并且要保证物料能被抛至筒壁。因此,必须保持足够高的圆盘转速,同时,擦皮室内物料不得填充过多,一般选用物料充满系数为 $0.50\sim0.65$,依此进行生产率的计算。

③ 干法去皮机　干法去皮机用于经碱液或其他方法处理后表面松软的果蔬去皮。所谓干法,并非作业过程中不使用水而是只使用少量的水,产生一种以果皮为主的半固体废料,稍经脱水后即可直接作为燃料,避免了污染。

图 4-46 所示为干法去皮机。去皮装置 1 用铰链 17 和支柱 8 安装在底座 18 上,倾角可调。去皮装置包括一对侧板 5,它支承与滑轮 7 键合的轴 6,轴上安装许多橡胶圆盘 15,电动机通过带 12 使轴按图示方向旋转。压轮 13 保证带与摩擦轮紧贴。相邻两轴上的橡胶圆盘 15 要错开,以提高搓擦效果。橡胶圆盘要容易弯曲,不宜过厚,一般为 0.8mm。橡胶要求柔软富有弹性、表面光滑,避免损伤果肉。装在两侧板 5 上面的是一组桥式构件 2,每一构件上自由悬挂一挠性挡板 3,用橡皮或织物制成。挡板对物料有阻滞作用,强迫物料在圆盘间通过,以提高擦皮效果。

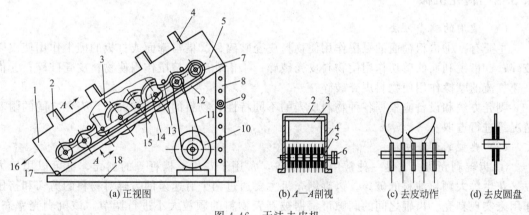

图 4-46　干法去皮机

1—去皮装置；2—桥式构件；3—挠性挡板；4—进料口；5—侧板；6—轴；7—滑轮；8—支柱；9—销轴；
10—电动机；11,12—带；13—压轮；14—支板；15—橡胶圆盘；16—出料口；17—铰链；18—底座

干法去皮机工作过程如下:碱液处理后的果蔬从进料口 4 进入,物料因自重而向下移动,在移动过程中由于旋转圆盘的搓擦作用而把皮去掉。物料把圆盘胶皮压弯,形成接触面,因圆盘转速比物料下移速度快,它们之间产生相对运动和搓擦作用,结果在不损伤果肉的情况下把皮去除。

④ 碱液去皮机　碱液去皮机广泛应用于桃子、巴梨等水果的去皮,其构造如图 4-47 所示,它由回转式链带输送装置及淋碱、淋水装置等构成。碱液去皮机总体分为进料段、淋碱段、腐蚀段和冲洗段。可调速传动装置安装在机架上带动链带回转。这种淋碱机的特点是排除碱液蒸汽和隔离碱液的效果较好、去皮效率高、机构紧凑、调速方便,但需用人工放置切

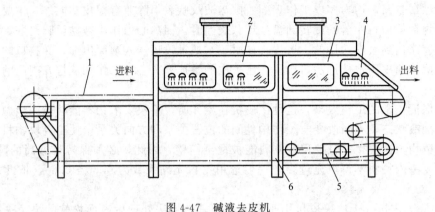

图 4-47　碱液去皮机
1—输送链带；2—淋碱段；3—腐蚀段；4—冲洗段；5—传动系统；6—机架

半的桃子，碱液浓度及温度因未实现自动控制而不稳定。

桃子切半去核后，将切面朝下，由输送装置送它们通过各工作段，首先喷淋热稀碱液5～10min，再经过15～20s的时间让其腐蚀，最后用冷水喷射冷却及去皮。经碱液处理的果品必须立即投入冷水中浸洗，反复搓擦、淘洗、换水，除去果皮及黏附的碱液。调整输送链带的速度，可适应不同淋碱时间的需要，碱液应进行加热及循环使用。进行碱液去皮时，碱液的浓度、温度和处理时间随果蔬种类、品种和成熟度的不同而异，必须注意掌握，要求只去掉果皮而不伤及果肉。

4.5.2　剥壳机械

（1）常用的剥壳方法

主要有：①借粗糙面的碾搓作用使物料皮壳破碎；②借与壁面或打板的撞击作用使皮壳破碎；③借锐利面的剪切作用使物料皮壳破碎；④借轧辊的挤压作用使物料皮壳破碎；⑤借高速气流的摩擦作用使物料皮壳破碎。

剥壳方法和设备应根据各种物料皮壳的不同特性、物料的形状和大小、壳仁之间的附着情况等进行选取。

（2）典型的剥壳机械

① 齿辊剥壳机　它是一种常用剥壳设备，常用于花生、棉籽等的剥壳，也可以用于大豆、花生等大颗粒油料的破碎。齿辊剥壳机主要通过两个有速差的齿辊对物料的剪切和挤压作用来实现剥壳。齿辊之间的间隙可根据被剥壳物料的颗粒大小进行调节。该机剥壳率高，剥壳后壳仁混合物的破碎程度小、整仁率高，并且仁壳易分离。

② 离心剥壳机　它有卧式和立式两种，常用于葵花籽的剥壳，也能用于油桐籽、油茶籽及核桃等油料的剥壳。立式离心剥壳机主要由水平转盘、打板、挡板、可调料门、转动轴、进出料斗、机架及传动装置等组成。水平转盘上装有12块打板，硬橡胶挡板固定在转盘周围的机壳内壁上。下料门可通过调节手轮调节，使之上下移动以控制进料量。立式离心剥壳机工作时，物料由料斗进入转盘，首先受到旋转打板的打击作用，使物料产生动力压缩变形，而引起外壳破裂；之后又在离心力的作用下，被高速甩出撞击在挡板上，使之进一步破裂，以达到充分剥壳的目的。

③ 锤击式剥壳机　它主要用于花生的剥壳，它是利用带有锤击头的转动辊在半圆形算栅内旋转，将进入算栅的花生锤击、挤压使之破碎，然后通过筛选和风选将仁、壳分离。

该剥壳及仁壳分离机组的结构简单、使用方便，剥壳及仁壳分离效率高，应用非常广泛。

4.5.3　葡萄破碎除梗机

葡萄是酿制葡萄酒的原料。采摘下来的葡萄往往带有果梗，果梗中含有苹果酸、柠檬酸和带苦涩味的树脂等可溶性物质，如不除去，将影响葡萄酒的品质和风味。因此，必须采用机械方法，将果梗从葡萄中分离出来。通常采用葡萄破碎除梗机来进行破碎和分离工作。葡萄破碎除梗机由料斗、两个带齿磨辊、圆筒筛、叶片式破碎器、螺旋输送器、果梗出口和果汁果肉出口等组成。带梗的葡萄果实从料斗落到两个相向转动的齿辊之间稍加破碎，然后进入圆筒筛进行分离。分离装置的主轴上安装着呈螺旋排列的叶片，其四周被圆筒筛片包围着。葡萄在叶片作用下进一步破碎并与果梗分离。果汁、果肉和果皮从圆筒筛的筛孔中排出，掉到位于圆筒筛下方的螺旋输送器内，从左侧果汁果肉出口排出。而棒状果梗则成为筛上物，从果梗出口卸出。操作时，应根据葡萄粒的大小、成熟程度和带梗情况等来调整两个齿辊的间隙、叶片的安装角度、主轴的转速以及筛孔的大小等，以免果实被过度破碎，致使果梗中的成分混入果汁，影响产品的质量。

第5章

食品粉碎切割机械与设备

物料的粉碎与切割是食品加工过程中较为常见的尺寸减小操作单元，这需要应用各种粉碎或切割机械设备。物料经过粉碎或切割处理后，可以获得所需的加工物性或产品形状。

粉碎是利用机械的方法使固体物料由大块分裂成小块或者直至细粉的单元操作，本质是用机械力的方法克服固体物料内部凝聚力使之破碎。习惯上将大块物料分裂成小块物料的操作称为破碎；将小块物料分裂成细粉的操作称为粉磨，两者又统称粉碎。

切割是利用切割器具（如切刀等）与物料相对运动时产生的剪切力达到切断、切碎效果的单元操作。

5.1 粉碎机械

5.1.1 粉碎理论与工艺

5.1.1.1 粉碎的目的

食品加工中的粉碎一般基于下述目的：①有利于不同组分物料的均匀混合。混合物料所用的各种原料的粒度越小、越接近，混合的均匀度越高，效果越好。如功能性食品的生产以及配合饲料的制造。②增加固体的表面积，以利于干燥、溶解等进一步加工。如将薯类、玉米、小麦等粉碎而得到某种粒度的原料，进而将其分离制取淀粉；喷雾干燥前，需将物料充分粉碎。③满足某些产品的需要。如小麦磨成面粉、花椒磨成花椒粉；巧克力生产时需将各种配料粉碎到足够小的程度，才能保证产品细腻。

5.1.1.2 粒度与粉碎的级别

物料颗粒的大小称为粒度，也称之为粉体的细度，是粉碎程度的代表性尺寸。由于颗粒形状很复杂，通常有筛分粒度、沉降粒度、等效体积粒度、等效表面积粒度等几种表示方法。筛分粒度就是颗粒可以通过筛网的筛孔尺寸，以 1in（25.4mm）长度筛网内的筛孔数表示，称之为"目数"。根据粉碎后成品粒度的大小，粉碎可分为破碎与粉磨（表 5-1）。

迄今为止，粉碎粒度的范围没有严格的界限，不同行业的理论和划分方法不同。我国一些学者通常认为粒度在 $10\mu m$ 以下的物料为超微粉碎，$1\mu m$ 以下的物料为纳米粉碎。

表 5-1　粉碎方式与粒度

粉碎方式		物料粒度
破碎	粗破碎	200~100mm

粉碎方式		物料粒度
破碎	中破碎	70~20mm
	细破碎	10~5mm
粉磨	粗粉碎	0.7~5mm
	细粉碎	将物料中的90%以上粉碎到能通过200目标准筛网
	微粉碎	将物料中的90%以上粉碎到能通过325目标准筛网
	超微粉碎	将全部物料粉碎到微米级

5.1.1.3　粉碎方式

根据对物料的施力种类与方式的不同，物料粉碎的基本方法可以分为挤压、劈裂、折断、研磨、冲击等方式。

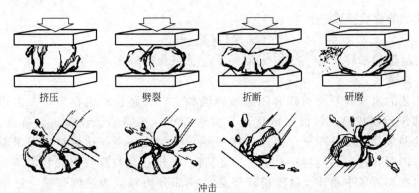

图 5-1　粉碎方法示意图

① 挤压　物料在两个工作构件之间受到缓慢增长的压力作用而被粉碎。对于大块的脆性物料，第一步粉碎常采用此法处理。若被处理的物料是具有韧性和塑性的，经过挤压则会得到片状产品，如轧制麦片、米片、油料的轧片等。

② 劈裂　用一个平面和一个带尖棱的工作表面挤压物料时，物料沿压力作用线的方向劈裂。这是由于劈裂平面上的拉应力达到或超过物料拉伸强度极限。

③ 折断　物料在两个破碎工作面间如同承受载荷的两支点（或多支点）梁，除了在外力作用点受劈力外，还承受弯曲压力，超过强度极限后发生弯曲折断。多用于硬、脆性大块物料的破碎，如玉米穗、榨油残渣饼（提取蛋白质）。

④ 研磨　物料在两工作面或各种形状的研磨面之间受到摩擦、剪切作用（过程较复杂）而被磨削成为细粒。多用于小块物料或韧性物料的粉碎。

⑤ 冲击　物料与工作构件以相对高速运动撞击时，受短时间变载荷，物料被击碎，此种方法多用于脆性物料的粉碎。冲击的方法较多，如在坚硬的表面上物料受到外来冲击体的打击、高速运动的机件冲击料块、高速运动的料块冲击到固定的坚硬物体上、物料之间的互相冲击等。

5.1.1.4　粉碎比

为了衡量粉碎机的粉碎效果，通常采用粉碎比这个概念。即

$$i = D/d$$

式中，i 为平均粉碎比；D 为物料粉碎前的平均直径，mm；d 为物料粉碎后的平均直径，mm。

对于粉碎机来说，为了简易地表示和比较这一特性，常用其允许的最大进料口尺寸与最大出料口尺寸之比作为粉碎比，称为公称粉碎比。由于实际粉碎时加入物料的最大尺寸总是小于最大进料口尺寸，所以粉碎机的平均粉碎比一般小于公称粉碎比。前者约为后者的70%～90%。

粉碎比是确定粉碎工艺以及选用粉碎机的重要依据。一般破碎机械的公称粉碎比为3～10，而研磨机械则可达30～1000以上。

5.1.1.5　粉碎工艺

粉碎工艺的操作主要包括两个方面。

（1）粉碎的级数

当工艺要求的粉碎比较大时，常采用多级粉碎，使每一级负担一定的粉碎比。试验证明，在破碎时，粉碎比在4左右时操作效率最高，而研磨时的粉碎比则需根据粉碎机械的性能来确定。

多级粉碎的总粉碎比

$$i_0 = i_1 i_2 i_3 \cdots i_n$$

式中，i_0 为总粉碎比；i_1，i_2，i_3，…，i_n 为各级粉碎比。

（2）粉碎流程

粉碎工艺的流程有开路粉碎和闭路粉碎两种。在开路粉碎流程中，一次粉碎后卸出的物料全部作为制成品。该流程的优点是方法简单，无需附属设备，设备投资费用低。但此流程的制成品粒度分布宽，要在一次粉碎后使制成品全部达到粒度要求需要较长的粉碎时间。同时，还容易使物料发生"过度粉碎"，即达到粒度要求的物料不能及时排出而仍继续留在粉碎机中粉碎。过度粉碎势必使一部分物料成为过细颗粒，过细颗粒会将大颗粒包裹起来，形成衬垫，使大颗粒不易受到粉碎作用，从而降低粉碎机的生产能力，增加功耗。

闭路粉碎流程是将粉碎后的物料进行分粒，不符合细度要求的物料再回流至粉碎机重新粉碎，粉碎机的工作只针对较粗的颗粒。显然，该流程能使制成品粒度均匀，避免过度粉碎，因此生产效率高，单位功耗小。闭路流程所采用的物料分粒方法可根据送料的形式而定，采用重力加料或机械螺旋送料时，常用振动筛作为分粒设备；当用气力送料时，常采用旋风分离器。此流程的缺点是系统复杂，附属设备多，操作控制也较复杂。

5.1.1.6　粉碎机械的类型与选择

食品工业中因所采用原料不同，加工目的各异，因此，粉碎机的类型繁多。按照被处理物料的干湿状态，粉碎操作可分为干式粉碎和湿式粉碎两大类。当物料含水率在4%以下时，称为干式粉碎；当物料含水率在50%以上时为湿式粉碎。含水率在4%～50%之间的物料易黏结，粉碎、研磨工作难以进行。实践证明，与干式粉碎相比，湿式粉碎一般耗能量比较大，同时设备的磨损也大，但是较易获得更细的产品。

最常见的干式粉碎机械有冲击式粉碎机、辊式粉碎机、气流粉碎机、冷冻粉碎机等；最常见的湿式粉碎机有均质机、胶体磨、球磨机等。均质机与胶体磨将在混合机械设备中进一步介绍。

食品加工各行业的粉碎操作，由于物料特性、要求的粉碎程度和生产效率不同，因此使用的粉碎机械也各有不同。不同的物料需要不同的粉碎原理来应对，比如说，粉性强的或者脆性的物料，只要冲击就可以实现较好的粉碎效果；但是纤维性强的（像中草药类的）就需要加入剪切或者研磨功能才可以实现较好的效果（表5-2）。

表 5-2　粉碎机的类型与特点

主要粉碎力	粉碎机	特点	用途
冲击	锤片式粉碎机	适用于硬或纤维质物料的中、细碎,有粉碎热	玉米、大豆、谷物、地瓜、地瓜干、油料榨饼、砂糖、干蔬菜、香辛料、可可、干酵母
	齿爪式粉碎机	适用于中硬或软质物料的中、细碎	
	气流粉碎机	粉碎粒度细小	超微粉碎
	胶体磨(湿法)	软质物料的超微粉碎	乳制品、奶油、巧克力、油脂制品
挤压	辊磨机	由齿形的不同适于各种不同用途	小麦、玉米、大豆、咖啡豆、花生、水果
	盘磨	可以在粉碎的同时进行混合,制品粒度分布宽	食盐、调味料、含脂食品
	滚筒轧碎机	适于软质物料的中碎	马铃薯、葡萄糖、干酪
剪切	斩拌机、切割机	软质粉碎	肉类、水果

5.1.2　冲击式粉碎机

冲击式粉碎机,按其冲击力作用的方式可分为两大类。

① 机械冲击式粉碎机　依靠高速旋转的棒或锤等部件冲击或打击颗粒,使其粉碎。这种粉碎机主要有两种类型,即锤片式粉碎机和齿爪式粉碎机。它们是以锤片或齿爪在高速回转运动时产生的冲击力来粉碎物料的。

② 气流粉碎机　利用高速空气流或过热蒸汽,使颗粒产生相互冲击力。

5.1.2.1　锤片式粉碎机

锤片式粉碎机具有构造简单、用途广泛、生产率高、易于控制产品粒度、无空转损伤等特点。它主要由进料口、转子、销连在转子上的锤片、筛板和出料口等组成。按物料喂入方向不同,可以分为切向喂入式、轴向喂入式和径向喂入式三种,如图 5-2 所示。

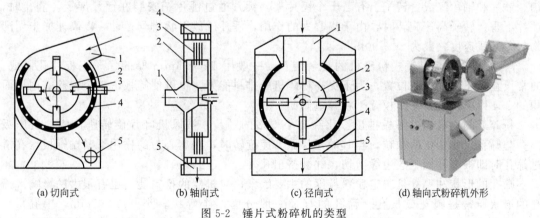

(a) 切向式　　(b) 轴向式　　(c) 径向式　　(d) 轴向式粉碎机外形
图 5-2　锤片式粉碎机的类型
1—进料口;2—转子;3—锤片;4—筛片;5—出料口

(1) 锤片式粉碎机的结构

锤片式粉碎机一般由进料机构、转子、锤片、衬板、筛板、出料机构和传动机构等部分组成。其主要工作部件是安装有若干锤片的转子和包围在转子周围静止的衬板和筛板。

① 锤片　它是锤式粉碎机的主要工作部件。锤片的形状、尺寸、排列方式对粉碎机的性能有很大影响。

锤片的基本形状有 9 种，由于锤片是主要的易损件，一般寿命为 200～500h。为了提高使用寿命，除选用低碳钢（如 10 钢和 20 钢）和优质钢（如 65 锰钢等）外，通常应进行热处理。如图 5-3(a) 所示为普通矩形锤片，当用 10 钢和 20 钢渗碳后再渗硼复合热处理后较仅用渗碳淬火处理或用 65 锰钢淬火处理锤片寿命可提高 6 倍。图 5-3(b)、(c) 锤片是在工作角上涂焊、堆焊碳化钨合金，图 (d) 为在锤片上焊耐磨合金，其寿命可延长 2～3 倍。图 (e) 所示锤片工作棱角多、粉碎能力较强，但耐磨性较差。图 (f)、(g) 所示锤片工作角尖，适于粉碎纤维性物料。图 (h) 为环形锤片，粉碎时工作棱角经常变动，因此磨损均匀，寿命较长，但结构较复杂。图 (i) 所示为复合钢制成的矩形锤片，具有使用寿命长，粉碎效率高的特点。

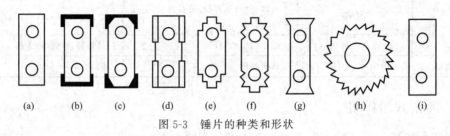

(a)　(b)　(c)　(d)　(e)　(f)　(g)　(h)　(i)

图 5-3　锤片的种类和形状

锤片在转子上的排列方式会影响转子的平衡、物料在粉碎室内的分布以及锤片磨损的均匀程度。锤片工作应遵循以下原则：锤片的运动轨迹尽可能不重复，沿粉碎室工作宽度，锤片的运动轨迹分布均匀，物料不被推向一侧，有利于转子的动平衡。

锤片在制造时有严格的精度要求，因为高速旋转的转子能否处于较好的平衡状态，关键在于锤片的尺寸和质量是否一致。在锤片安装时也必须注意，要使转子轴线对称方向的锤片质量也处于对称状态，力求减小振动和噪声。

② 粉碎室　粉碎室由转子和固定安装在机座上的衬板和筛板组成。衬板由耐磨金属制成，内表面粗糙或为齿形，筛板由钢板冲孔并经表面处理制成。转子由主轴、锤片架、锤片销、锤片和轴承组成。转子上有若干个锤片架，锤片通过锤片销安装在锤片架上。静止时，锤片下垂；转子高速旋转时，由于离心力的作用，锤片成放射状排列运动，以高速撞击切削物料，其线速度一般为 80～90m/s。

③ 筛板　筛板是锤式粉碎机的排料装置，一般用 1～1.5mm 厚的优质钢板冲孔制成。通常设在转子下半周的位置，为了提高粉碎机的排料能力，也可使筛板占整个粉碎室内周面积的 3/4 以上，或是将筛板置于粉碎室侧面。

粉碎后的物料经过筛板排出：比筛孔小得多的颗粒，被风机叶片旋转所造成的负压吸出；与筛孔尺寸相仿的颗粒，当其随锤片做高速旋转时，在离心力的作用下紧贴筛板，在滑过筛孔时即被筛孔锐利的边缘剪切，并被挤出孔外。

筛孔的形状和尺寸是决定粉料粒度的主要因素，对机器的排料能力也有很大的影响。筛孔的形状通常是圆孔或长孔。筛孔的直径一般分为四个等级，小孔 1～2mm，中孔 3～4mm，粗孔 5～6mm，大孔 8mm 以上。特别注意的是，筛孔的尺寸并不代表产品的粒度级别，因为在高速运动时，通过筛板的颗粒尺寸往往比孔径小得多。

(2) 锤片式粉碎机的工作过程

工作时，物料从料斗进入粉碎室后，便受到高速回转锤片的打击，然后撞向固定于机体上的筛板或筛网而发生碰撞。落入筛面与锤片之间的物料则受到强烈的冲击、挤压和摩擦作用，逐渐被粉碎。当粉粒体的粒径小于筛孔直径时便被排出粉碎室，较大颗粒则继续粉碎，直至全部排出机外。粉碎物料的粒度取决于筛网孔径的大小。

（3）锤片式粉碎机的使用与维护

① 锤片式粉碎机工作时，应先启动机器，再投入物料。切忌在满负荷时启动。

② 进入锤式粉碎机的物料，应通过电磁离析器去除金属杂质，以免损坏机件。

③ 要根据产品的粒度选择筛板，筛板与锤片之间的间隙要根据物料性质加以调整。如谷物 4～8mm；通用型 12mm。

④ 筛板和锤片工作时会因强大冲击力及磨损而损坏，要注意其使用情况，经常检查，随时更换。筛板的寿命不应以筛面破损为准，应视筛孔边缘的磨损程度而定。

⑤ 锤片式粉碎机对湿度大的物料粉碎效果较差，故进入机器的物料湿度不要大于 15%。

⑥ 停机前，应先停止进料，待机内物料基本排空后再停机。

（4）锤片式粉碎机的应用

锤式粉碎机适用于中等硬度和脆性物料的中碎和细碎，一般原料粒径不能大于 10mm，产品粒度可通过更换筛板来调节，通常不得细于 200 目，否则由于成品太细易堵塞筛孔。

5.1.2.2 齿爪式粉碎机

齿爪式粉碎机也称为盘击式粉碎机，由进料斗、动齿盘转子、定齿盘、包角为 360°的环形筛网及粉管组成（图 5-4）。当物料沿喂料斗轴向喂入时，受到动、定齿和筛片的冲击、碰撞、摩擦和挤压作用而被粉碎，同时还受到动齿盘高速旋转形成的风压及扁齿与筛网的挤压作用，使符合需要粒度的粉粒通过筛网排出。动齿的线速度为 80～85m/s，动、定齿间隙为 3.5mm 左右。这种机械的特点是结构简单、生产效率较高、耗能较低，但通用性差、噪声较大，主要用于化工材料、中药材及块状类物料、糠麸等饲料、各种含油量不高的粮食、五谷杂粮等的粉碎。

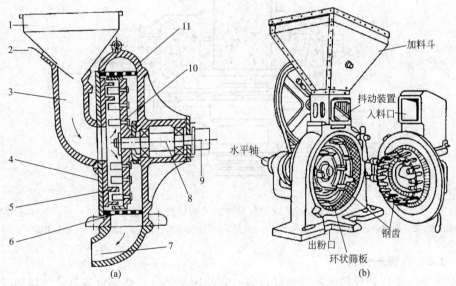

图 5-4　齿爪式粉碎机

1—喂料斗；2—进料调节板；3—进料口；4—机盖；5—定齿盘；6—筛网；

7—出粉口；8—主轴；9—带轮轴；10—动齿盘；11—机壳

5.1.2.3 涡轮式粉碎机

涡轮粉碎机由粉碎主机（机壳、机门、涡轮、主轴、筛网）、旋风分离器、皮带轮、电动机、除尘箱及引风机等几部分组成。

涡轮粉碎机转动时，电动机带动主轴及涡轮高速旋转。涡轮与筛网圈上的磨块组成破碎、研磨副，当物料从加料斗中进入机腔内，物料在涡轮的旋转气流中紧密地摩擦和强烈地冲击到涡轮的叶片内侧上，并在叶片与磨块之间的缝隙中再次研磨。在粉碎物料的同时，涡轮吸入大量空气，这些气流起到了冷却机器、研磨物料及传送细料的作用。物料粉碎的粒度取决于物料的性质和筛网的尺寸以及物料和空气的通过量。涡轮吸尘粉碎机的轴承部件装有特制的迷宫密封，可以有效地阻止粉尘进入轴承腔，从而延长了轴承的使用寿命。主要适用于生姜、辣椒、胡椒、莜麦、大豆、八角、桂皮、烘干蔬菜等中低硬度物料的粉碎加工，粒度在30～150目之间调节，具有产量高、粒度细、噪声低、能耗低、维修简单、安装方便等优点，特别适用于油性、黏性、热敏性、纤维性等低硬度物料的粉碎加工。

5.1.2.4 立式高速冲击粉碎机

立式高速冲击粉碎机的转子驱动轴竖直设置，转子围绕该垂直轴高速回转进行物料的粉碎。这种类型的粉碎机大都内置分级轮。图5-5所示为ACM型机械冲击式粉碎机工作原理示意图，其基本原理是：物料由螺旋给料机强制喂入粉碎室内，在高速转子与带齿衬套定子之间受到冲击剪切而粉碎。然后，在气流的带动下通过导向环的引导进入中心分级区域分选，细粉作为成品随气流通过分级涡轮后从中心管排出，由收尘装置捕集；粗粉在重力作用下落回转子粉碎区内再次被粉碎。其产品平均粒度在$10\sim1000\mu m$范围，且粉碎产品粒度分布窄，颗粒接近球形化。图5-6为立式高速冲击粉碎机的结构示意图。

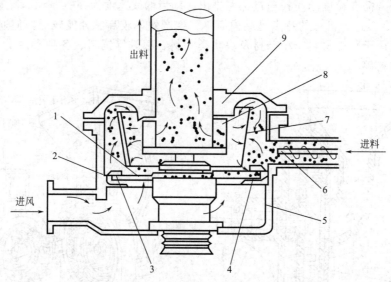

图5-5 ACM型机械冲击式粉碎机工作原理

1—粉碎盘；2—齿圈；3—锤头；4—挡风盘；5—机壳；6—加料螺旋；7—导向圈子；8—分级叶轮；9—机盖

5.1.2.5 气流粉碎机

气流粉碎机是比较成熟的超微粉碎设备。它使用空气、过热蒸汽或其他气体通过喷嘴喷射作用成为高能气流。高能气流使物料颗粒在悬浮输送状态下相互之间发生剧烈的冲击、碰撞和摩擦等作用，加上高速喷射气流对颗粒的剪切冲击作用，使物料得到充分研磨而成超微粒子。工业型气流粉碎自20世纪40年代问世以来发展很快，机型已由最初的水平圆盘式（扁平式）发展到循环管式、对喷式、塔靶式和流化床式等多种类型和十余种规格。

（1）气流粉碎机的特点

① 能使粉粒体的粒度达到$5\mu m$以下，这是一般超微粉碎设备所难达到的。因物料粉碎后粒度小，故可改进其物理化学性质，如增强消化吸收能力和加快反应速度等。

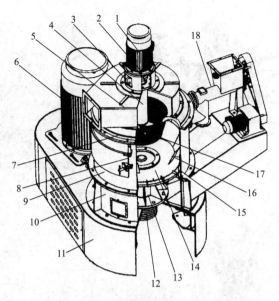

图 5-6　立式高速冲击粉碎机的结构

1—分级点击；2—联轴器；3—分级点击支撑座；4—分级轮轴座；5—出料室；6—主电动机；7—凸型罩；8—操作门；
9—粉碎室；10—净化气室；11—机架；12—皮带轮；13—主轴座；14—粉碎盘；15—齿圈；16—分流罩；
17—分级叶轮；18—喂料系统

② 粗细粉粒可自动分级，且产品粒度分布较窄，并可减少因粉碎中操作事故对粒度分布的影响。

③ 可粉碎低熔点和热敏性物料，这是因为喷嘴处气体膨胀而造成较低温度，加之大量气流导入起到一定快速散热作用，这样所得产品温度远比其他机械粉碎所得产品温度低，甚至可对物料起到相当的冷却作用，可用于低熔点和热敏性物料的超微粉碎。

④ 因气流粉碎机主要是采用物料自磨的原理，故产品不易受金属或其他粉碎介质的污染。

⑤ 可以实现联合作业。如用热压缩空气可以实现粉碎和干燥联合作业；可同时实现粉碎和混合联合作业，例如在含量 0.25% 的某物质与含量 99.5% 的另一物质之间也可在实施粉碎的同时实现充分混合；还可以在粉碎的同时喷入所需浓度的溶液，均匀覆盖于被粉碎团体微粒上。

⑥ 可在无菌情况下操作，故特别适用于食品物料及药物的超微粉碎。

⑦ 结构紧凑、构造简单，没有传动件，故磨损低，可节约大量金属材料，维修也较方便。

(2) 常见气流粉碎机种类

① 扁平式气流粉碎机　扁平式气流粉碎机是工业上应用最早和最广泛的气流粉碎机，也称圆盘式气流磨，是美国 Fluid Energy 公司在 1934 年研制成功的（图 5-7）。图 5-8 是扁平式气流粉碎机的工作原理图，待碎物料由送料空气喷嘴 2 喷出的气流通过文丘里喷嘴，引射入粉碎室，高压气流经粉碎压缩空气喷嘴 3 进入空气分配室 4，分配室与粉碎室 5 相通，气流在自身压力下，强行通过粉碎喷嘴时，产生高达每秒几百米至上千米的气流速度，由于粉碎喷嘴与粉碎室的相应半径形成一锐角（粉碎角），故被粉碎的物料在粉碎喷嘴喷射出如此高速的旋流带动下做循环运动，颗粒间、颗粒与机体间产生相互冲击、碰撞、摩擦而粉碎。粗粉在离心力作用下甩向粉碎室周壁做循环粉碎，而微粉在向心气流带动下被导入粉碎机中心出口管进入捕集器收集。

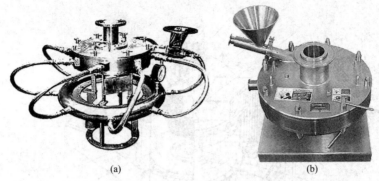

(a)   (b)

图 5-7 扁平式气流粉碎机外形

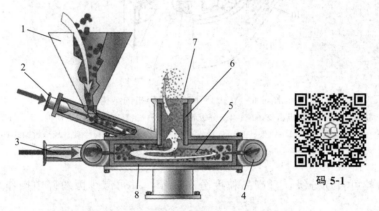

图 5-8 扁平式气流粉碎机工作原理图

1—料斗；2—进料空气喷嘴；3—粉碎压缩空气喷嘴；4—空气分配室；5—粉碎室；

6—出口管；7—细粉出口；8—可更换衬垫

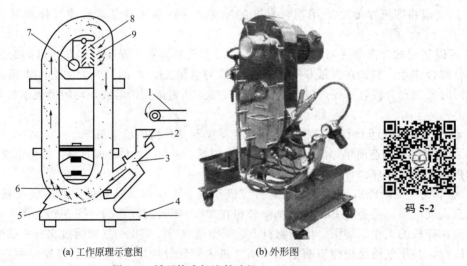

(a) 工作原理示意图   (b) 外形图

图 5-9 循环管式气流粉碎机

1—输送机；2—料斗；3—文丘里加料器；4—压缩空气和过热蒸汽入口；5—喷嘴；

6—粉碎室；7—产品出口；8—分级器；9—分级器入口

② 循环管式气流粉碎机 如图 5-9 所示，该机主要由立式环形粉碎室、分级器和文丘里式给料装置等组成。其工作过程为：物料从喂料口进入环形粉碎室底部喷嘴处，压缩空气

从管道下方的一系列喷嘴中喷出，高速喷射气流（射流）带着物料颗粒运动。在管道内的射流大致可分为外层、中层和内层3层，各层射流的运动速度不相等，这使得物料颗粒相互冲击、碰撞、摩擦以及受射流的剪切作用而被粉碎。物料自右下方进入管道，沿管道运动，自右上方排出。由于外层射流的运动路程最长，该层的颗粒群受到的碰撞和研磨作用最强。经喷嘴射入的流体，也首先作用于外层的颗粒群。中层射流的颗粒群在旋转过程中产生一定的分级作用，较粗颗粒在离心力作用下进入外层射流与新输入的物料一起重新粉碎，而细颗粒在射流的径向速度作用下向内层射流聚集并经排料口排出。

③ 对喷式气流粉碎机　对喷式气流粉碎机最早出现于德国，目前，国内用得较多的是特罗斯特型（Trost Jet Mill）、马亚克型（MJP）和QLM型等。图5-10为特罗斯特型对喷式气流粉碎机示意图，主要工作部件有冲击室、分级室、喷管、喷嘴等。其工作过程为，两喷嘴同时相向向冲击室喷射高压气流。其中喷嘴Ⅰ喷出的高压气流将加料斗中的物料逐渐吸入，送经喷管Ⅱ，物料在喷管Ⅱ中得到加速。加速物料一进入粉碎室，便受到喷嘴Ⅱ喷射来的高速气流阻止，物料犹如冲击在粉碎板上而破碎。粉粒转而随气流经上导管4至分级室后做回转运动，因离心力的作用而分级；细粉粒所受离心力较小，处于分级室中央而被排出机外；粗粉粒受离心力较大，沿分级室周壁运行至下导管9入口处，并经下导管至喷嘴Ⅱ前，被喷嘴Ⅱ喷入的高速气流送至喷管Ⅱ中加速，再进入粉碎室，与对面新输入物料相互碰撞、摩擦，再次粉碎，如此循环。

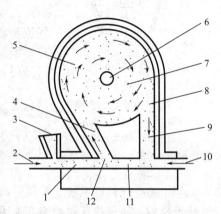

图 5-10　特罗斯特型对喷式气流粉碎机
1—喷管Ⅰ；2—喷嘴Ⅰ；3—料斗；4—上导管；
5—分级室；6—排出口；7—微粉体；
8—粗颗粒；9—下导管；10—喷嘴Ⅱ；
11—喷管Ⅱ；12—冲击室

④ 流化床式气流粉碎机　流化床式气流粉碎机如图5-11所示，压缩空气经拉瓦尔喷嘴加速成超音速气流后射入粉碎区使物料呈流态化（气流膨胀呈流态化悬浮沸腾而互相碰撞），因此每一个颗粒具有相同的运动状态。在粉碎区，被加速的颗粒在各喷嘴交汇点相互对撞粉碎。粉碎后的物料被上升气流输送至分级区，由水平布置的分级轮筛选出达到粒度要求的细粉，未达到粒度要求的粗粉返回粉碎区继续粉碎。合格细粉随气流进入高效旋风分离器得到收集，含尘气体经收尘器过滤净化后排入大气。

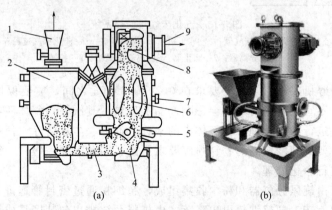

图 5-11　流化床式气流粉碎机
1—翻板阀；2—料仓；3—螺旋输送加料器；4—粉碎室；5—喷嘴；6—流化床；7—监视窗口；8—分级机；9—细粉产品出口

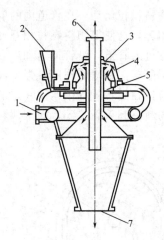

图 5-12 超音速喷射式粉碎机

1—压缩空气入口；2—料斗；

3—分级板；4—粗粒返回管；

5—粉碎室；6—排气口；7—出料口

⑤ 超音速喷射式粉碎机 超音速喷射式粉碎机的结构及工作原理如图 5-12 所示。粉碎室 5 周壁上安装若干超音速喷嘴，可以喷射气固混合流。输入的物料经料斗与压缩空气混合，形成气固混合流，然后以超音速从各个喷嘴喷入粉碎室 5，物料颗粒之间强烈地冲击、碰撞、摩擦、剪切而被粉碎。粒度不同的颗粒，在旋转气流作用下有不同的离心速度，细颗粒由分级室分出，经旋风分离器出口管排出，较粗颗粒重新进入粉碎室与新加入的超音速气固混合流再进行粉碎。当气流与物料混合时，物料颗粒因受到气流湍动作用而部分粉碎，因而有助于整个粉碎过程。

（3）气流粉碎系统

气流粉碎系统在精细化工行业应用较广，适用于药物和保健品的超微粉碎，尤其适合低熔点和热敏性物料的粉碎；也可以用于粉碎和干燥、粉碎和混合等联合操作中，并且可以实现无菌操作，卫生条件较好。

图 5-13 是典型的流化床气流粉碎生产工艺流程图。气流粉碎机与压缩空气供应系统、旋风分离器、除尘器、引风机组成一整套粉碎系统。压缩空气经过滤干燥后，通过拉瓦尔喷嘴高速喷射入粉碎腔，在多股高压气流的交汇点处物料被反复碰撞、摩擦、剪切而粉碎，粉碎后的物料在风机抽力作用下随上升气流运动至分级区，在高速旋转的分级涡轮产生的强大离心力作用下，使粗细物料分离，符合粒度要求的细颗粒通过分级轮进入旋风分离器和除尘器收集，粗颗粒下降至粉碎区继续粉碎。

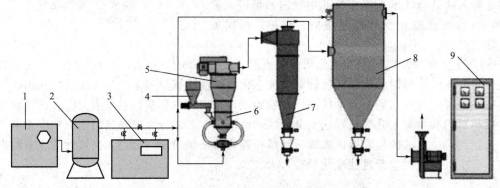

图 5-13 流化床气流粉碎系统

1—空气压缩机；2—储气罐；3—冻干机；4—物料进口；5—流化床气流粉碎机；

6—旋风分离器；7—除尘器；8—离心引风机；9—控制柜

流化床气流粉碎机对压缩空气的要求在 $0.7 \sim 0.8$MPa 之间，需要保持压力稳定，即使有波动，但是频率不宜过高，否则将会影响产品的质量。其次，对气体质量，要求洁净、干燥，应对压缩空气进行净化处理，把气体中的水分、油雾、尘埃清除，使被粉碎的矿产物料不受污染，特别对要求纯度较高的物料粉碎要求更高，因此需要一级、二级过滤器以及冷冻式干燥机对空气进行净化处理。

微粉收集系统由旋风分离器和粉尘收集组成，超细粉通过密封管道进入旋风分离器，气流在旋风分离器内旋转，把超细粉甩出降落，由排料系统排出包装即是成品。旋风分离器可以用一级或两级，从旋风分离器飘出的气流，还有部分粉尘进入粉尘收集器，通过布袋上的粉尘，其尾气在引风机的作用下抽出，粉尘含量非常少，为防止这些粉尘排入大气中污染环境，可以增加一套粉尘过滤器，回收粉尘，尾气最后排入大气中。

5.1.3 挤压式粉碎机

5.1.3.1 双滚筒轧碎机

双滚筒轧碎机设备主要由两个直径相等的圆滚筒所构成，如图 5-14 所示。左侧滚筒由电动机驱动，另一个滚筒安装在一组可以沿轴心连线方向做少许滑动的轴承座上，并在滚筒的右侧装有调节弹簧。物料从入口投入，两个滚筒彼此做相反方向转动。物料进入滚筒间的空隙处为摩擦力所夹持，受到挤压力作用而被粉碎。弹簧的作用是，当加入较硬的物料时，使右侧滚筒能自动避让，而起到保护设备的作用。粉碎后的物料从空隙落下后，从下方出料口排出。滚筒的表面可以是平滑的，也可以是凸凹不平的。例如，根据物料的性质及制品粒度的需要，其表面可以制作成带有波棱或带有锯齿形状的。另外，滚筒的材料必须坚固耐磨，一般采用锻钢、铸钢或高锰钢制造。滚筒轧碎机主要适用于麦片、马铃薯、葡萄糖、干酪等的加工。

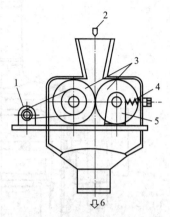

图 5-14　双滚筒轧碎机
1—电动机；2—原料入口；3—滚筒；
4—弹簧；5—滑动轴承；6—出料口

5.1.3.2 辊式磨粉机

（1）辊式磨粉机的形式

辊式磨粉机的种类和型号很多，主要有以下类型：①等速旋转的光辊以挤压的方法粉碎物料或使物料挤压成片状。典型设备是轧麦片机、轧米片机等。②差速旋转的光辊以挤压和研磨的方法粉碎物料。典型设备是面粉生产的心磨系统中使用的光辊磨粉机和巧克力精磨机等。③差速旋转的齿辊以剪切、挤压和研磨的方法粉碎物料。典型设备是磨粉生产的皮磨、渣磨及尾磨系统中使用的齿辊磨粉机。

（2）辊式磨粉机的工作过程

磨辊是磨粉机的主要工作零件。一对磨辊由于速比和辊面状态不同，粉碎物料的形式也不同。等速反向旋转的光磨辊以挤压的方式粉碎物料或使物料变形；差速反向旋转的光磨辊以挤压和研磨两种方式粉碎物料；差速反向旋转的齿辊磨以剪切、挤压和研磨三种方式粉碎物料。

（3）辊式磨粉机的结构

MY 型磨粉机为磨辊倾斜排列的油压式自动磨粉机，其结构如图 5-15 所示，由机身、磨辊及其附属的喂料机构、轧距调节机构、液压自动控制机构、传动机构及清理装置 7 个主要部分组成。

它有两对磨辊，每对磨辊的轴心线与水平线夹角呈 45°，中间有将整个磨身一分为二的隔板。一对磨辊中，上面一根是快辊，快辊位置固定，下面一根是慢辊，慢辊轴承壳是可移动的，其外侧伸出如臂，并和轧距调节机构相连，通过轧距调节机构将慢辊放低或抬高，即可调整一对磨辊的间距。轧距调节机构可调节两磨辊整个长度间的轧距，也可调节两磨辊任何一端的轧距。两对磨辊是分别传动的，工作时，可以停止其中的一对磨辊，而不影响另一对磨辊的运转。它的传动方法是先用带传动快辊，然后通过链轮传动慢辊，以保持快辊与慢辊的速比。

喂料机构包括一对喂料辊、可调节闸门等。研磨散落性差的物料时，如图 5-15 中左半边所示，从料筒下落的物料经喂料绞龙向辊整个长度送下，由喂料辊经闸门定量后喂入磨辊；研磨散落性好的物料时，如图 5-15 中右半边所示，物料落向喂料辊，沿辊长分布，经喂料门定量，由下喂料辊连续而均匀地喂入磨辊。

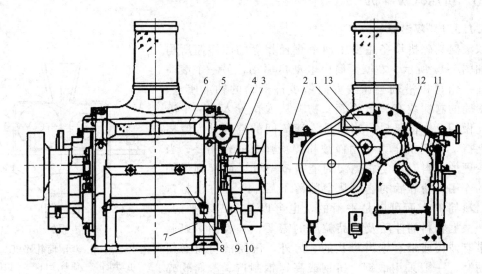

图 5-15　MY 型辊式磨粉机外形示意图

1—喂料辊传动轮；2—总调手轮；3—快辊轴承座；4—轧距单边调节机；5—指示灯；6—上磨门；7—机架；8—下磨门；9—慢辊轴承臂；10—慢辊轴承座；11—链轮箱；12—油缸活塞杆端；13—自动控制装置

MY 型磨粉机自动控制磨辊的松合闸、喂料辊的运转、喂料门的启闭等。磨辊工作时，表面会粘有粉料，磨辊为齿辊，用刷子清理磨辊表面，光辊则用刮刀清理。磨粉机的吸风系统使机内始终处于负压。空气由磨门的缝隙进入，穿越磨辊后由吸风道吸出机外。

（4）辊式磨粉机的特点

① 适合热敏性物料的粉碎　辊式磨粉机对辊的轴线相互平行，同时磨辊的线速度较高，两辊间所形成的粉碎区很短，因而物料通过粉碎区的时间短，避免了粉碎过程中因物料温升过高而导致的蛋白质热变性，故特别适合于热敏性物料的粉碎。

② 可控制物料粉碎的粒度　辊式磨粉机能够通过调整轧距来控制物料粒度，避免过度粉碎，节省能源，保证粉碎质量。

③ 能够进行选择性粉碎　通过快慢辊速差的选择、磨辊表面几何形状和参数的选择、一次粉碎比的选择，辊式磨粉机能够实现对物料的选择性粉碎。

④ 粉碎过程稳定、便于控制　由于对辊表面上每一点的几何参数和运动参数均同，整个粉碎区的工作条件一致，故而粉碎过程稳定，也便于控制并实现自动化生产。

（5）辊式磨粉机的应用

辊式磨粉机是食品工业中使用最为广泛的粉碎设备，它能适应食品加工和其他工业对物料粉碎操作的不同要求。辊式磨粉机广泛用于小麦制粉工业，也用于酿酒厂的原料破碎等工序。精磨机用于巧克力的研磨。多辊式粉碎机用于啤酒厂各种麦芽的粉碎，油料的轧坯、糖粉的加工、麦片和米片的加工等也采用辊式粉碎机械。

5.1.3.3　轮碾机

轮碾机俗称盘磨，属于微粉碎机械，具有结构简单、操作方便的特点，在食品加工中一直被广泛使用，有着悠久的历史，主要用于食盐、调料、油性物料等的加工。轮碾机主要是由磨盘和两个碾轮所组成的（图 5-16）。碾轮用钢或花岗岩等坚硬的石料制成，当碾轮绕着立柱和其本身的横轴转动时，借挤压和剪切力将在磨盘上的物料碾磨粉碎。

轮碾机按操作方法分连续式轮碾机（加料、卸料连续进行）和间歇式轮碾机（加料、卸料间歇进行）。轮碾机按碾轮材质分铁质轮碾机和石质轮碾机，规格以碾轮的直径×宽度表示。轮转式轮碾机碾盘固定而两个碾轮在碾盘上绕主轴公转，同时碾轮在物料摩擦力的作用下，绕各自水平轴做自转。按碾轮旋转方式分轮转式轮碾机和盘转式轮碾机。盘转式轮碾机的碾盘转动，通过物料的摩擦作用，使碾轮绕自己水平轴只做自转而不做公转。这种类型轮碾机工作平稳、动力消耗低、无冲击振动，故应用较广。

5.1.3.4 精磨机

精磨机是一种湿法加工的辊式粉碎机械。图5-17所示为五辊和三辊精磨机。

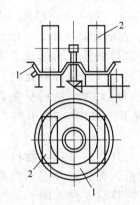

图 5-16 轮转式轮碾机盘磨结构简图
1—盘磨；2—碾轮

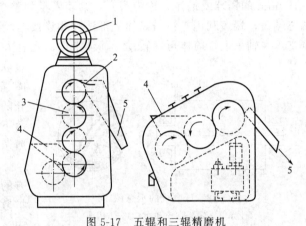

图 5-17 五辊和三辊精磨机
1—电动机；2—刮料刀；3—滚筒；4—进料斗；5—出料斗

从进料斗加入的浆料借助附着力由辊筒表面进入加料缝，由于这道缝逐渐变窄，大部分浆料不能通过，就在进料斗中不断翻滚做循环运动，其中有一小部分浆料被拖带通过下、中两辊间的缝隙。这样，浆料受到两只辊筒速度差产生的较强的剪切力作用，大颗粒被粉碎成微粒，同时浆料得以均匀分散混合，碾出其中气泡。通过下辊筒和中辊筒的浆料，少部分黏附在下辊筒表面上被带回加料斗，大部分被黏附在中辊筒表面，被送到中辊筒与上辊筒之间的缝隙中，由于上辊筒的转速更快，中辊筒与上辊筒之间的缝隙更狭窄，故浆料受到更强烈的剪切力作用，于是浆料得到进一步研磨，均匀混合并分散。五辊筒精磨的情况依此类推。精磨后的浆料平均粒度不超过 $25\mu m$，其中大部分颗粒的粒度在 $15\sim20\mu m$ 之间。精磨机是巧克力类食品生产的关键设备。

精磨机的辊筒为光辊，表面要求高度光滑，其表面硬度是决定物料细度和辊筒使用寿命的关键，通常以合金钢离心浇铸。物料通过辊筒间的摩擦间隙（轧距）是精磨速度和成品粒度的又一关键，因此辊筒缝隙应始终固定。各个辊筒应保持各自的指定工作温度，使通过这些辊筒的浆料能保持应有的温度和黏度。现代化的五辊精磨机具有自动调节和控制温度的系统。各个辊筒的转速不等，进料辊最慢，出料辊最快。在出料辊处有一刮刀将精磨后的浆料刮下。刮刀与辊筒之间应保持一定的压力，可采用液压系统调节和控制。

5.1.4 超微粉碎机械设备

研磨式粉碎机也称为磨介式粉碎机，是指借助于处于运动状态、具有一定形状和尺寸的研磨介质所产生的冲击、摩擦、剪切、研磨等作用力使物料颗粒破碎的设备。其粉碎效果受磨介的尺寸、形状、配比及运动形式，物料的充满系数，原料粒度的影响。这种粉碎机生产率低、成品粒径小，多用于微粉碎及超微粉碎。

典型机型有球（棒）磨机（粉碎成品粒径可达 $40\sim100\mu m$）、振动磨（成品粒径可达 $2\mu m$ 以下）和搅拌磨（成品粒径可达 $1\mu m$ 以下）三类。

5.1.4.1 球（棒）磨机

球磨机（棒）是历史比较悠久的古老粉碎设备，至今仍广泛应用着。其中磨机筒体内装钢球或钢锻的磨机称为球磨机，筒体内装钢棒的磨机称为棒磨机，磨机第一仓装钢棒，以后各仓装入钢球或钢锻的磨机称为棒球磨机，磨机筒体内装砾石和瓷球的磨机称为砾磨机。

球磨机主要由圆柱形筒体、端盖、轴承和传动大齿圈等部件组成，筒体内装入直径为 $25\sim150mm$ 的钢球或钢棒，称为磨介，其装入量为整个筒体有效容积的 $25\%\sim50\%$。筒体两端有端盖，端盖利用螺钉与筒体端部法兰相连接，端盖的中部有孔，称为中空轴颈，中空轴颈支承在轴承上，筒体可以转动。筒体上还固定有大齿轮圈 4。在驱动系统中，电动机通过联轴器、减速器和小齿轮带动大齿轮圈和筒体缓缓转动。当筒体转动时，磨介随筒上升至一定高度，然后呈抛物线落下或泻落而下，如图 5-18 中的右图所示。

由于端盖上有中空轴颈，物料从左方的中空轴颈给入筒体，并逐渐向右方扩散移动，在物料自左向右的移动过程中，旋转筒体将钢球带至一定高度而落下将物料击碎，而一部分钢球在筒体成

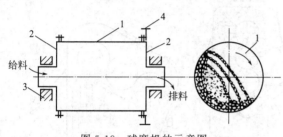

图 5-18 球磨机的示意图

1—筒体；2—端盖；3—轴承；4—大齿圈

泻落状态对物料有研磨作用，整个移动过程也是物料的粉碎过程。

5.1.4.2 振动磨

（1）工作原理

振动磨的原理是利用球形或棒形研磨介质做高频振动时产生的冲击、摩擦和剪切等作用力，来实现对物料颗粒的超微粉碎，并同时起到混合分散作用。振动磨是进行高频振动式超微粉碎的专门设备，它在干法或湿法状态下均可工作。

（2）振动磨的分类

振动磨的类型很多，按振动特点可分为偏心振动的偏旋振动磨和惯性振动磨。

① 偏旋振动磨　偏旋振动磨的工作原理和结构如图 5-19 所示，槽形或管形筒体支撑于弹簧上，筒体中部有主轴，轴的两端有偏心重锤，主轴的轴承装在筒体上通过挠性轴套与电动机连接。主轴快速旋转时，偏心重锤的离心力使筒体产生一个近似于椭圆轨迹的快速振动。筒体内装有钢球或钢棒等研磨介质及待磨物料，筒体的振动使研磨介质及物料呈悬浮状态，利用研磨介质之间的抛射与研磨等作用力而将物料粉碎。

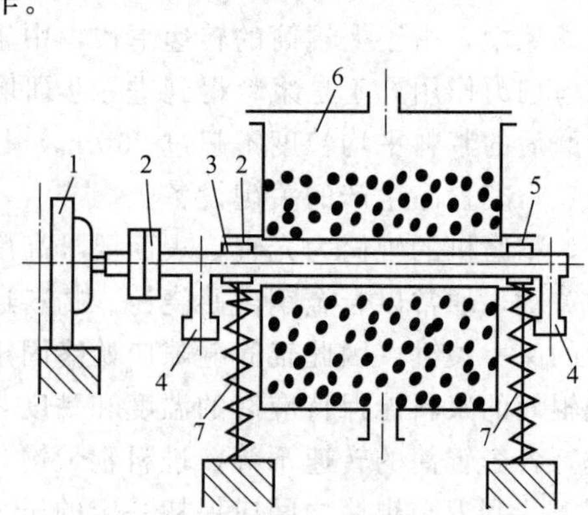

图 5-19　偏旋振动磨结构示意图

1—电动机；2—挠性轴套；3—主轴；4—偏心重锤；5—轴承；6—筒体；7—弹簧

在振动磨中，研磨介质的运动是实现超微粉碎的关键。振动磨内研磨介质对物料产生的粉碎作用力来自三个方面：高频振动、循环运动

（公转）和自转运动。这些运动使得研磨介质之间和研磨介质与筒体内壁之间产生剧烈的冲击、摩擦和剪切等作用力，从而在短时间内将物料颗粒研磨成细小的超微粒子。

连续式振动磨有上下安置的两个筒体，筒体之间由2～4个横构件连接，横构件由橡胶弹簧支承于机架上，在横构件中部装有主轴的轴承，主轴上固定有偏心重块，电动机通过万向联轴器驱动主轴。

② 惯性振动磨　惯性振动磨的结构如图5-20所示，它由研磨体、筒体、振动器、弹簧、支架、电动机及联轴器等组成。振动器由两个彼此压紧的管子组成。

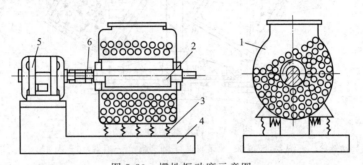

图 5-20　惯性振动磨示意图

1—筒体；2—振动器；3—弹簧支座；4—支撑架；5—电动机；6—弹性联轴器

（3）振动磨的特点和应用

振动磨具有几方面的特点：①研磨效率高；②研磨成品粒径细，平均粒径可达2～3μm；③可实现连续化生产并可以采用完全封闭式操作，以改善操作环境；④外形尺寸比球磨机小，占地面积小、操作方便、维修管理容易；⑤干湿法研磨均可，湿法粉碎时可加入水、乙醇或其他液体。但是，振动磨运转时的噪声大，需使用隔声或消声等辅助设施。

振动磨主要用于微粉碎和超微粉碎，工业化应用的一般都是连续式。研磨介质有钢球、钢棒、氧化铝球和不锈钢珠等，可根据物料性质和成品粒度要求选择研磨介质材料与形状。为提高粉碎效率，应尽量先用大直径的研磨介质。如较粗粉碎时可采用棒状，而超微粉碎时使用球状。一般说来，研磨介质尺寸越小，则粉碎成品的粒度也越小。振动磨除用于脆性物料的粉碎外，对于任何纤维状、高韧性、高硬度或有一定含水率的物料均可粉碎。对花粉及其他孢子植物等要求打破细胞壁的物料，其破壁率高于95%；适于粒径为150～2000目（5μm）的粉碎要求，使用特殊工艺时，可达0.3μm。

5.1.4.3　行星磨

图5-21为行星磨结构示意图。行星磨由2～4个研磨罐组成，这些研磨罐除自转外还围绕主轴做公转，故称行星磨。这些研磨罐特意设计成倾斜式，以使之在离心运动时同时出现摆动现象，在每次产生最大离心力的最外点旋转时，罐内研磨介质会上下翻动。研磨罐旋转时，离心力大部分产生在水平面上，由罐水平截面来看呈椭圆形。研磨罐围绕主轴旋转时，整个研磨介质和物料的椭圆形不断变化，因此，罐的离心力与做上下运动的力作用在研磨介质上，使之产生强有力的剪切力、摩擦力和冲击力等，把物料颗粒研磨成微细粒子。

行星磨研磨罐的研磨介质充填率为30%左右，它的粉碎效率较球磨机高，不但粒度小（可达1μm以下），而且微粒大小均匀。同时具有结构简单、运转平稳、操作方便等优点。不仅常用在湿法处理上，也适用于干法处理。

5.1.4.4　搅拌磨

搅拌磨是在球磨基础上发展起来的。在球磨机内，一定范围内研磨介质尺寸越小则成品粒度也越细。但研磨介质尺寸的减小有一定限度，当其小到一定程度时，它与液体浆料的黏

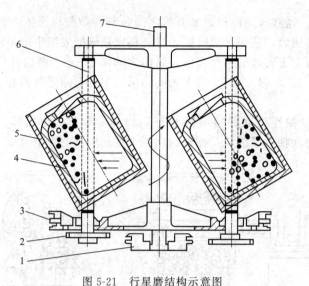

图 5-21　行星磨结构示意图

1—转动链轮；2—从动链轮；3—皮带轮；4—研磨罐；5—容器；6—从动轮；7—主轴

着力增大，会使研磨介质与浆料的翻动停止。为解决这个问题，可增添搅拌机构以产生翻动力，从而搅拌磨就诞生了。与球磨不同的是搅拌磨的筒体不转动，且大多用在湿法超微粉碎中。

（1）搅拌磨的结构

搅拌磨主要由研磨容器、分散器、搅拌轴、分离器和输料泵等组成。

① 研磨容器　多采用不锈钢制成，带有冷却夹套以便于带走由分散器高速旋转和研磨冲击作用所产生的能量。

② 分散器　多用不锈钢制作，有时也用树脂橡胶和硬质合金材料等。常见的分散器有圆盘型、异型、环型和螺旋沟槽型等，如图 5-22 所示。

③ 搅拌轴　是连接并带动分散器转动的轴，直接与电动机相连。在搅拌磨内，容器内

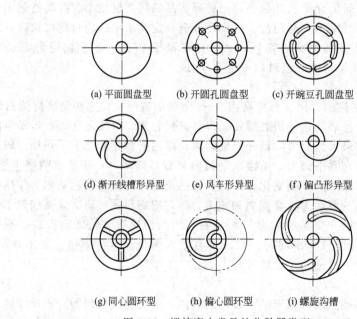

(a) 平面圆盘型　　(b) 开圆孔圆盘型　　(c) 开豌豆孔圆盘型

(d) 渐开线槽形异型　(e) 风车形异型　　(f) 偏凸形异型

(g) 同心圆环型　　(h) 偏心圆环型　　(i) 螺旋沟槽

图 5-22　搅拌磨中常见的分散器类型

壁与分散器外圆周之间是强化的研磨区，浆料颗粒在该研磨区内被有效地研磨。靠近搅拌轴的是一个不活动的研磨区，浆料颗粒在该研磨区可能没有研磨就在泵的推动下通过。所以，搅拌轴设计成带冷却的空心粗轴，以保证搅拌轴周围研磨介质的撞击速度与容器内壁区域的研磨介质撞击速度相近，以得到均匀强度、保证研磨容器内各点比较一致的研磨分散作用。

④ 分离器　它的作用是把研磨容器内的磨介与被研磨浆料分离开，介质留在容器内继续研磨新的浆料，被研磨的浆料成品在输料泵推动下通过分离器排出。分离器的种类很多，通常分为筛网型和无网型两类。常见的有圆筒型筛网、伸入式圆筒型筛网、旋转圆筒筛网和振动缝隙分离器等。

⑤ 输料泵　输料泵的选择需考虑液体物料的性质（如黏度和固形物含量），可选用的包括齿轮泵、内齿轮输送泵、隔膜泵和螺杆泵等。

（2）搅拌磨的类型

搅拌磨分敞开型和密闭型两种，每种又有立式与卧式、单轴与双轴、间歇式与连续式之分，有的还配有双冷形式。敞开式单轴立式是搅拌磨设备中最简单的一种，其研磨介质充填率为 50%～60%，研磨效率较低且不适宜处理高黏度物料，因此常使用的是密闭型。

与敞开型相比，密闭型搅拌磨的特点体现在：①研磨介质的充填率为研磨容器容积的 70%～90%，研磨容器能充分利用，研磨介质密度大，在输浆泵的推动下能产生较强的剪切力等，所以比敞开型立式砂磨机研磨效率高；②由于研磨容器密闭，故可以在 0.3MPa 压力下操作，可以研磨 50Pa·s 的高黏度浆料，对于高触变性或低流动性浆料也适用，这就提高了研磨效率，扩大了研磨范围；③外界空气不能进入容器内，在分散器高速搅拌下溶剂不易发泡，且能避免溶剂挥发或汽化的损失；④适于研磨含有机溶剂的浆料，能改善操作环境；⑤由于空气不能进入容器里，停止运转放置时筛网和容器内不易结皮，减轻清理工作，即便使用圆筒式筛网分离器，也不会结皮，影响分离效果。但是，密闭型搅拌磨由于冷却面积较小，故不太适宜研磨热敏性物料。

为了强化单轴立式（包括敞开型和密闭型）搅拌磨内转动轴附近的研磨作用，消除或减少研磨容器底部的不活化现象，提高每相邻两片分散圆盘间研磨介质的均匀分布，最终达到提高研磨效率和降低能耗的目的，可在同一研磨容器内设置两根搅拌轴及配备相应的分散器，这种形式即称为双轴立式搅拌磨。双轴磨的物料粉碎能力较单轴磨提高 1 倍，成品粒度均匀，能耗下降。

（3）搅拌磨的超微粉碎原理

搅拌磨是在分散器高速旋转产生的离心力作用下，研磨介质和液体浆料颗粒冲向容器内壁，产生强烈的剪切、摩擦、冲击和挤压等作用力（主要是剪切力）使浆料颗粒得以粉碎。搅拌磨能满足成品粒子的超微化、均匀化要求，成品的平均粒度最小可达到数微米，已在食品工业、精细化工、医药工业和电子工业等领域得到广泛的应用。

搅拌磨所用的研磨介质有玻璃珠、钢珠、氧化铝珠和氧化锆珠等，此外还常用天然砂子，故又称为砂磨。研磨成品粒径与研磨介质粒径成正比，研磨介质粒径愈大，研磨的成品粒径也愈大，产量愈高；研磨介质粒径愈小，研磨成品粒径愈细，产量愈低。但研磨介质过小反而会影响研磨效率，通常视原料中固体颗粒大小相对成品粒径大小的要求来决定。研磨介质的粒径必须大于浆料原始平均颗粒粒径的 10 倍。如果对成品粒径要求不高时使用较大直径的研磨介质，可以缩短研磨时间并提高成品产量。研磨介质粒径通常为 0.6～1.5mm（要求成品粒径小于 1～5μm）及 2～3mm（要求成品粒径在 5～25μm）。

研磨介质充填率对搅拌磨的研磨效率有直接影响。充填率视研磨介质粒径大小而定，粒径大，充填率也大；粒径小，则充填率也小。具体的充填系数，对于敞开型立式搅拌磨为研磨容器有效容积的 50%～60%，对于密闭型立式或卧式搅拌磨为研磨容器有效容积的 70%～90%（常取 80%～85%）。

研磨介质粒度分布愈均匀愈好，这样不但可以获得均匀强度的剪切力、冲撞力、摩擦力，使研磨的成品粒径均匀，提高研磨效率和成品的产量与质量，而且研磨介质也不易破损。研磨介质的相对密度对研磨效率亦起重要作用。研磨介质相对密度愈大则研磨时间愈短。对于研磨高黏度、高浓度的浆料时，应选用相对密度大的研磨介质。但采用相对密度大的研磨介质时，为防止分散器、容器内筒体严重磨损，必须采用硬度更高的材料制造。

在搅拌磨内，研磨介质和浆料的运动是旋转、切向和纵向速度的总和。研磨介质和浆料两者间的运动有个速度差，由速度差产生的剪切力在分散圆盘的附近很大。所以，分散圆盘与研磨容器的尺寸（直径）间存在一个适宜的比例关系，取值范围一般在 0.67～0.91 之间。

分散圆盘的旋转速度是影响搅拌磨效率和成品粒度的重要因素之一，它与成品粒度大小成反比关系，而与功率消耗、研磨温度和研磨介质损耗等成正比关系，常用的圆周速度取 10～15m/s。

5.1.5　剪切式粉碎设备

高速切割粉碎技术是国外近些年来发展起来的性能优异的粉碎技术，它利用超高的线速度产生强大的剪切力，对软性纤维物料进行剪切，破碎效果显著，利用超细齿隙来控制被粉碎物料的细度，达到超细破碎的要求。

高速切割粉碎机主要由喂料装置、粉碎切割头、叶轮、电动机、传动部件、电气控制、润滑装置等组成。高速切割粉碎的工作原理如下：物料被导向高速旋转的叶轮中央，以极高

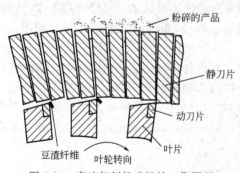

图 5-23　高速切割粉碎机的工作原理

速度撞击在粉碎切割头静刀片露出的切割边缘上。叶轮在运动的过程中，其上动刀片的切割边缘与粉碎切割头静刀片的切割边缘恰似剪刀的两个刃口，如图 5-23 所示，流质在其间瞬时受到强剪切力作用，豆渣纤维就像剪刀剪棉纱一样被剪断；被剪断的豆渣纤维颗粒通过静刀片之间的间隙排出，未被剪切的物料继续在叶轮的推动下前进，并继续受到下一个动、静刀片刃口的剪切，物料如此被渐次剪切细化，且每个刀片对物料的切割量一定（理想状态）。由于叶轮的转速极高，物料在粉碎腔内只停留很短的时间，粉碎速度快、发热量小，对产品品质的影响很小。为了适应物料的湿法超细粉碎加工的要求，切割型湿法超细粉碎机设备充分利用了机械剪切力对物料中的皮渣类软性纤维的强烈剪切作用，广泛应用于水产品，谷物纤维，食品物料中果蔬、果汁及调味品中的软性纤维和皮渣进行超细湿法粉碎加工。

5.1.6　低温粉碎原理及设备

低温粉碎也叫冷冻粉碎。根据有关研究资料，采用锤爪式粉碎机等机械方式粉碎物料时，真正用于克服物料分子间内聚力并使之破碎的能量，仅占输入功率的 1% 或更小，其余 99% 或以上的机械能都转化成热能，使粉碎机体、粉体和排放气体温度升高。这会使低熔点物料熔化、黏结；会使热敏性物料分解、变色、变质或芳香味散失。对某些塑性物料，则因施加的粉碎能多转化为物料的弹性变形能，进而转化成热能，使物料极难粉碎。低温粉碎则

正是为了解决上述问题而设计的。

5.1.6.1 低温粉碎原理

低温粉碎常指用液氮（LN_2）或用液化天然气（LNG）等冷媒对物料实施冷冻后的深冷粉碎方法。因一般物料都具有低温脆化的特性，如梨和苹果在液态空气中会像玻璃一样碎裂，富有弹性的橡皮和塑料会变得很脆，用锤子敲打即会变成粉末状。即使钢铁在低温下也会变得非常脆弱。所以在低温下，物料容易粉碎。且用液氮等冷媒不会因结"冰"而破坏动植物的细胞，所以具有粉碎效率高、产品质量好等优点。

低温粉碎的主要缺点是成本较高。这对于某些需保持高的营养成分和芳香味的食品物料的粉碎，已是一个次要的问题，且低温粉碎时因物料易于粉碎，对纤维性物料来讲，其生产率通常为常温下同样机型的4～5倍，故低温粉碎已得到越来越多的应用。但低温粉碎时应充分注意食品物料含水量对粉碎功耗的影响。如马铃薯片粉碎时，如含水量超过一定值功耗将成倍增加。

5.1.6.2 低温粉碎工艺

低温粉碎工艺按冷却方式有浸渍法、喷淋法、气化冷媒与物料接触法等。具体选用时，视物料层厚薄而定，厚的可用浸渍法，薄层物料可用气化冷媒接触法等。按操作过程的处理方式分，有以下三种：①物料经冷媒处理，使其温度降低到脆化温度以下，随即送入常温状态粉碎机中粉碎。虽然粉碎过程中也存在升温问题，但因物料温度很低，以此为基础，其粉碎后温度也不致达到降低食品品质的程度。主要用于含纤维质高的食品物料的低温粉碎。②将常温物料投入到内部保持低温的粉碎机中粉碎。此时，虽然物料温度还远高于脆化温度，但因物料处在低温环境中，因而在粉碎过程中产生的热量被环境迅速吸收，不致因热量积累而导致热敏性反应。主要适用于含纤维质较低的热敏性物料的粉碎。③物料经冷媒深冷后，送入机内保持适当低温的粉碎机中进行粉碎。此方式为以上两种方式的适当综合，主要用于热塑性物料的粉碎。

5.1.6.3 低温粉碎系统

低温粉碎系统由低温粉碎工艺而定。图 5-24 所示的是按上述③所述工艺组成的低温粉碎系统。该系统设有冷气回收管路，以降低液氮耗量，充分利用冷媒的作用。

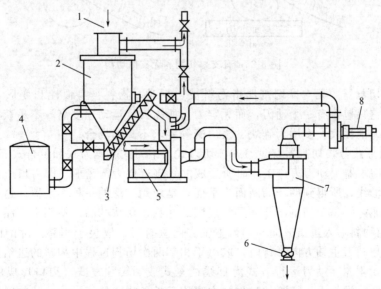

图 5-24　低温粉碎系统

1—物料入口；2—冷却储斗；3—输送机；4—液氮储槽；5—低温粉碎机；6—产品出口；7—旋风分离器；8—风机

由于低温粉碎机在启动、停机时温度变化幅度大，机器本身会产生热胀冷缩、凝结水腐蚀及绝热保冷等问题，因此粉碎机各部件材料应选用不易发生低温脆化或化学稳定性较高的材料。结构上可选用轴向进料式粉碎机，可从喂料口吸入已冷却待粉碎物料和气化冷媒。为了使粉碎室内达到所需低温，可通过冷媒供给阀来调节进入粉碎室内冷媒的供给量。

5.2　切割机械

5.2.1　切割机械的分类与特点

切割过程是使物料和切刀产生相对运动，达到将物料切断、切碎的目的。相对运动的方向基本上可分为顺向和垂直两种。为了使被切后的物料有固定的形状和规格，在设备中要有物料定位装置。由于切割要求不同，一般均使用专用设备。

食品切割的目的主要有：①获得一定形状的产品单体，如切丝、切丁、切片。②获得质地组成均一化的产品，如通过斩拌和擂溃等操作，得到组成均一、质地细腻的产品。

5.2.1.1　切割器的分类

切割设备中由动刀片和定刀片等组成的部件称为切割器，是直接完成切割作业的部件。

① 按切割方式分，切割器分为有支撑切割器和无支撑切割器两种。

a.有支撑切割器　这种切割器在结构上表现为由动刀和定刀（或另一动刀）构成切割副，切割点附近有支撑面，起阻止物料沿刀片刃口运动方向移动作用（图 5-25）。为保证整齐稳定的切割断面质量，要求动刀与定刀之间在切割点处的侧向刀片间隙尽可能小且均匀一致。所需刀片切割速度较低，碎段尺寸均匀、稳定，动力消耗小，多用于切片、段、丝等要求形状及尺寸稳定一致的场合。

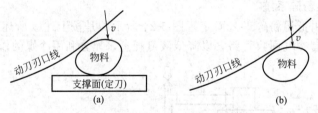

图 5-25　有支撑切割和无支撑切割

b.无支撑切割器　无支撑切割器指物料被切割时，物料自身惯性和变形力阻止其沿切割方向移动，它只包含有一个动刀，而无定刀。所需刀片运动速度高，不易获得尺寸均匀一致的碎段，动力消耗大，多用于碎块、浆、糜等要求不高的场合。

② 按结构形式分，切割器有盘刀式、切刀式、滚刀式、锯刀式和组合式五种形式。

a.盘刀式切割器　动刀刃口工作时所形成的轨迹近似为圆盘形，即刃口所在平（曲）面近似垂直回转轴线，所得到的产品断面为平面，是应用广泛的一种切割器。这种切割器便于布置，切割性能好，易于切割出几何形状规则的片状、块状产品。切割出产品的尺寸（如切片的厚度）：当物料喂入进给方向与动刀主轴方向垂直时，取决于相邻刀片的间距；当物料喂入进给方向与动刀主轴方向平行时，取决于相邻两次切割过程中物料的进给量。

b.切刀式切割器　动刀运行方式为直线往复式或回转往复式，刃口形成的轨迹为平行四边形或者矩形，类似人工切割的过程。主要用于长条物料的切段、片状物料的切条、条状物料的切丁。

c. 滚刀式切割器 动刀安装在圆锥或圆柱形滚筒上，工作时刃口相对于物料形成的轨迹为圆柱面或圆锥面，主要用于切碎青绿物料或块根块茎物料。

d. 锯刀式切割器 动刀为锯齿形，运行轨迹为直线，典型的如锯骨机、面包切片机。

e. 组合式切割器 将盘刀、切刀、滚刀、锯刀相互组合，完成切割，如切丁机。

5.2.1.2 常见刀片的特点和应用

切刀是切割设备的核心，切刀的形式直接影响着切割设备的功能及整体性能。由于被切割物料的物理、力学性质不同，刀片形式也各种各样。常用的刀片有图 5-26 所示的 12 种。

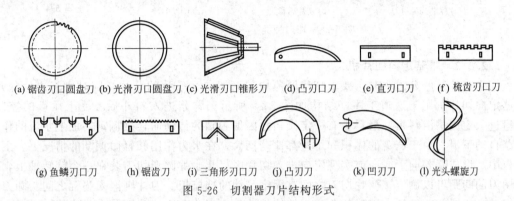

(a) 锯齿刃口圆盘刀 (b) 光滑刃口圆盘刀 (c) 光滑刃口锥形刀 (d) 凸刃口刀 (e) 直刃口刀 (f) 梳齿刃口刀

(g) 鱼鳞刃口刀 (h) 锯齿刀 (i) 三角形刃口刀 (j) 凸刃刀 (k) 凹刃刀 (l) 光头螺旋刀

图 5-26 切割器刀片结构形式

切割坚硬和纤维性物料，用两侧有磨刃斜面锯齿圆盘刀。切割塑性和非纤维性物料，用光滑刃口圆盘刀。圆锥形切刀刚度好，切割面积大，用于切割脆性物料。梳齿刀刃口，切下产品呈长条状。波浪形鱼鳞刃口刀切下的产品断面为半圆形，完好无损。带锯齿刀用于切割塑性和韧性较强的物料，如用于切割枕形面包的切片。

5.2.2 盘刀式切割设备

盘刀式切碎机通用性广，可用来切割蔬菜、瓜果和草料，也可以用来切割冻肉，具有切割质量好、生产效率高、刀片的拆卸和安装方便、自动化程度高等特点，是目前农产品、食品和饲草加工中应用最为广泛的一种切碎机。盘刀式切割设备可分为立式盘刀式切碎机、水平盘刀式切碎机两种。立式盘刀式切碎机的特点是动刀刃口圆形轨迹与水平轴垂直，常见的有简易式切碎机和双排圆盘式切碎机。

5.2.2.1 简易盘刀式切碎机

图 5-27、图 5-28 所示为立式简易盘刀式切碎机，刀片圆盘垂直安装在主轴上，圆盘上装有 2～4 把刀片，物料从偏置的料斗进入，刀片实际切割面积只占整个圆盘面积的 30％～

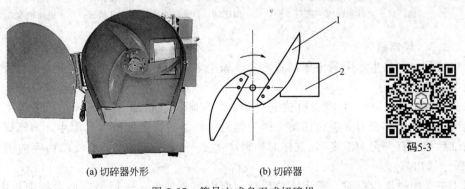

(a) 切碎器外形   (b) 切碎器

码5-3

图 5-27 简易立式盘刀式切碎机

1—动刀；2—进料口

40％，结构简单、使用方便、造价低廉，主要用来切割茎秆类等物料。

(a) 标准式半月刀　　　(b) 切片刀盘　　　(c) 切丝刀盘　　　**码 5-4**

图 5-28　切刀种类

5.2.2.2　蘑菇定向切片机

在生产片装蘑菇罐头时，要求切出厚薄均匀而切向又一致的菇片，同时要将边片分开。蘑菇定向切片机用于这道工序，结构如图 5-29 所示。蘑菇进入料斗后，受上压板的控制，定量进入定向槽滑料板。滑料板有一定倾角并因偏心轴的传动而轻微振动，加上水流的作用蘑菇自动下滑。由于菇盖的体积和重量都比菇柄大，在水力作用和轻微振动的情况下，下滑过程中，形成菇盖向下或向前实现定向进入切片区。几十片圆形切刀装在一个旋转轴上，圆形切刀的间距可以调节，两片切刀之间有固定不动的挡梳板。刀片则嵌入垫辊之间。圆刀和垫辊转动，对蘑菇切片，切下的菇片由挡梳板挡住，正片和边片分别落入料斗。

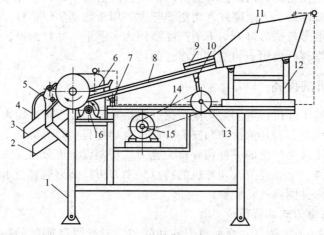

图 5-29　蘑菇定向切片机

1—支架；2—边片出料斗；3—正片出料斗；4—护罩；5—挡梳轴座；6—下压板；7—铰杆；8—定向滑料板；9—上压板；10—铰销；11—进料斗；12—进料斗架；13—偏摆轴；14—供水管；15—电动机；16—垫辊轴承

5.2.2.3　绞肉机

绞肉机是肉制品生产中的主要设备之一，如用于生产午餐肉罐头、鱼酱、鱼圆及其他肉类制品等绞切工作。

如图 5-30 所示，开机后将物料放进料斗中，在螺旋供料器 4 的旋转、推进作用下，将物料连续地送往十字切刀 3 进行切割。因为螺旋供料器的螺距前面大后面小，而螺旋轴的直径则前细后粗（有一定的锥度），这样对物料产生了一定的挤压力，迫使已切碎的肉从格板 2 的孔眼中排出。

用于午餐肉罐头生产时，肥肉需要粗绞，瘦肉需要细绞，一般是在两台绞肉机中进行，一台绞肉机只要调换格板即可达到粗绞与细绞。格板有几种不同规格的孔眼，通常粗绞孔径为8~10mm，细绞孔径为3~5mm，粗、细格板的厚度均为10~12mm钢板。由于粗绞孔径大，排料较易，故螺旋供料器的转速可比细绞时快些（≤400r/min）。

切刀为十字形，有四个刀口，刀口是顺着切刀的转向安装，十字刀常用优质工具钢制造，刀口要求锋利，使用一个时期后，刀口变钝时应调换新刀或对旧刀修磨，否则将影响切割效率。甚至有些物料不是切碎后排出，而是挤压、磨碎成浆状排出，造成脂肪大量析出的质量事故。所以，在装配或调换十字刀后，一定要把固定螺母旋紧，确保格板不动，否则因格板松动和十字刀转动之间产生相对运动，也会对物料产生磨浆的作用。此外，螺旋供料器在机壁里旋转，它们之间的间隙若过小，会与机壁相碰而损坏设备；若过大会影响送料效率

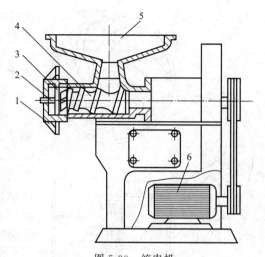

图5-30 绞肉机
1—固定螺母；2—格板；3—十字切刀；
4—螺旋供料器；5—料斗；6—电动机

和挤压力，形成物料从间隙处倒流的现象，因此对该部分的零部件加工和安装要求较高。

绞肉机的生产能力不能由螺旋供料器输送物料的多少决定，主要由切刀的切割能力来决定。因为切割后的物料必须从孔眼中排出，螺旋供料器才能继续送料，否则，送料再多也不行，相反会产生物料堵塞现象。

5.2.2.4 斩拌机

斩拌机属于立式盘刀式切割机，是午餐肉等肉糜制品生产过程中常用的设备之一，用于将肉块斩成肉糜，斩拌的同时还可加入调料、冰屑等进行拌和。斩拌机根据工作状态分为非真空斩拌机、真空斩拌机两类，常用的是真空斩拌机，真空斩拌机结构见图5-31。该机由三台电动机分别驱动转盘、刀轴和出料转盘。转盘是盛装物料的容器，在电动机驱动下用单向回转时排水用。刀轴用不锈钢材料制成，由电动机通过V带、超越离合器驱动，做高速旋转。斩刀安装在六角形的刀轴上，刀片之间用垫圈隔开，每两片刀片之间垫圈的数量不相同。刀厚约为3mm，安装后的6把刀呈圆形，转动直径约为500mm，刀口离转盘的距离可在一定范围内调节，最小距离通常约为5mm，刀与刀之间错开成一定角度，如图5-32所示。刀口要保持锋利，以保证斩拌肉质量。刀片是高速运转的部件，安装要牢固，每片刀与转盘的距离都应一致。

出料电动机通过两对斜齿轮驱动出料转盘，出料转盘可上下左右摆动。斩拌时转盘向上抬起；出料时，出料转盘放下摆进盛肉转盘，将物料旋向其他容器中。

机器底脚固定在地面上，斩拌机有一个盖子，

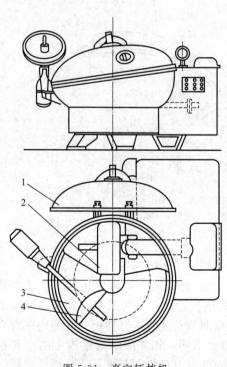

图5-31 真空斩拌机
1—盖子；2—刀头；3—转盘；4—出料器

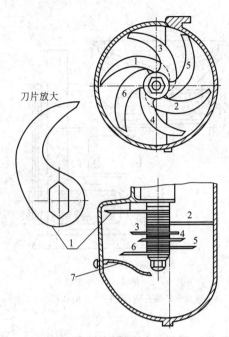

图 5-32 斩拌机刀片的安装
1,3~6—刀片；2—刮板；7—挡板

斩拌时可盖住转盘抽出气体。盖子上有视孔，便于观察转盘内物料被斩碎程度。

5.2.3 滚刀式切割机

5.2.3.1 通用离心切割机

离心切割机适用于将各种瓜果（如黄瓜、苹果、椰子、草莓等）、块根类蔬菜（如马铃薯、胡萝卜、洋葱、大蒜头等）与叶菜（如甘蓝和莴苣等）切成片状。离心式切割机的工作原理是靠离心力作用先使物料抛向并紧压在切割机的内壁表面上，在叶片驱使下，物料沿内壁表面移动，使物料与刀具产生相对运动而进行切割。

离心切割机主要由圆筒机壳、回转叶轮和安装在机壳侧壁的定刀片组成，如图 5-33 所示，图（a）为结构原理图，图 5-33（b）为工作过程简图。工作时，原料经进料斗进入圆筒机壳，叶轮盘转动，料块在离心力作用下被抛向机壳内壁，此离心力可达到其自身重量的 7 倍，使物料紧压在机壳内壁并与定刀片做相对运动，在相对运动过程中料块被切成

厚度均匀的薄片，薄片从出料槽卸出。更换不同形状的刀片，即可切出平片、波纹片、V 形丝、条和椭圆形丝。调节定刀片和机壳内壁之间的相对间隙，即可获得所需的切片厚度。

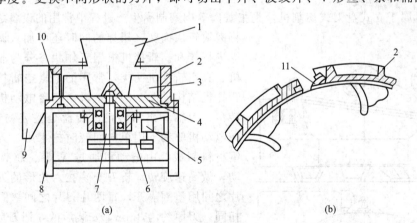

(a)　　　　　　　　　　　　(b)

图 5-33 离心切割机
1—进料斗；2—圆筒机壳；3—叶片；4—叶轮盘；5—电动机；6—传送带；
7—转轴；8—机架；9—出料槽；10—刀架；11—刀片

5.2.3.2 青刀豆切端机

此机用在青刀豆罐头生产线，其结构如图 5-34 所示。转筒靠一对齿轮传动，从动齿轮就装在进料端的转筒外圆周上。转筒以 8mm 加厚钻孔钢板卷成并分为五节，每节之间以法兰连接，法兰在托轮上可以转动。转筒内装有两块可以调节角度的木制挡板。转筒内壁焊有一些平行的薄钢板，其上钻有小孔，相邻两个小孔高度不同，相邻两块薄钢板上的小孔错开。铁丝从小孔穿过，形成铁丝网，其作用是使转筒内的青刀豆竖立起来，使豆端插进转筒的孔中，被紧贴转筒外壁的切刀切去。

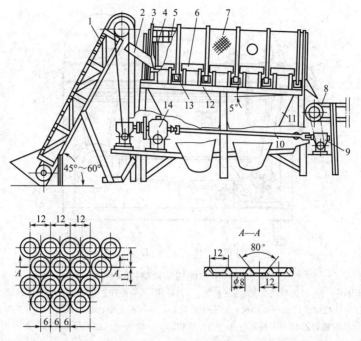

图 5-34　青刀豆切端机

1—刮板提升机；2—入料斗；3—传动齿轮；4—挡板；5—铁丝网；6—刀片；7—转筒；8—出料输送带；
9—改向滚筒；10—万向联轴器；11—漏斗；12—机架；13—托轮；14—蜗轮减速器

5.2.4　切刀式切割机

5.2.4.1　直线往复切刀式切割机

图 5-35、图 5-36 为一种多功能切菜机的外形和结构示意图，切片机部分为离心式，用于瓜薯类硬菜的切片。切丝/丁刀为竖刀，可将茎叶类软菜或切好的片状蔬菜加工成不同规格的块、丁、菱形等各种形状。竖刀部分模拟手工切菜原理，加工表面平整光滑，成型规则，被切蔬菜组织完好。根据刀具的结构，可以切丝、丁、块。工作原理是：电动机提供的动力经带传动、塔轮传动减速增扭后，驱动拨料盘转动及竖刀往复上下运动，通过输送带、压菜带配合，完成蔬菜的切割。

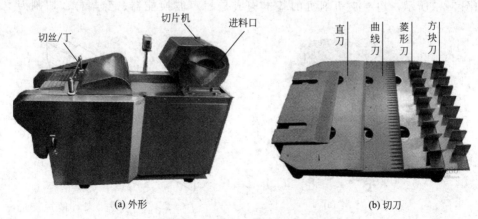

(a) 外形　　　　　　　　　　　　　　(b) 切刀

图 5-35　多功能切菜机与切刀类型

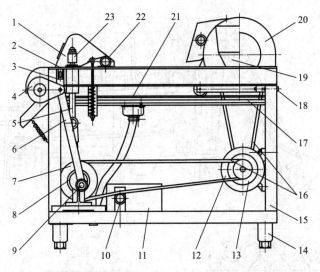

图 5-36　多功能切菜机结构示意图

1—竖刀罩；2—接近开关；3—接近开关支架；4—棘轮；5—导柱；6—连杆；7—塔轮；8—可调偏心轮；9—调整螺钉；
10—撑涨轮；11—电控部分；12—电动机；13—小塔轮；14—可调支架；15—机架；16—V带；17—接水盘；
18—拉带螺钉；19—入料斗；20—切片机构；21—输送带；22—压菜机构；23—刀架

5.2.4.2　超声波切刀式切割机

传统的切割是利用带有锋利刃口的刀具，压向被切割材料。此压力集中在刃口处，压强就非常大，超过了被切割材料的剪切强度，材料的分子结合被拉开，就被割断了。由于材料是被强大的压强硬性拉开的，所以切割刀具刃口就应该非常锋利，材料本身还要承受比较大的压力。对软性、有弹性的材料切割效果不好，对黏性材料困难更大。

超声波切割机是利用波能量进行切割加工的一类设备，它最大的特点是切割不用刃口。它是通过在常规的切割刀具上施加高频振动，使刀具和工件发生间断性的接触，从而使传统切割模式发生了根本性的变化。超声波切割既不需要锋利的刃口，也不需要很大的切割压力。因此，不会造成被切割材料的崩边、破损。同时，由于超声波切割刀在振动时的摩擦阻力极小，被切割食品不易粘在刀片上，基本杜绝了粘刀现象的发生。当待切割物是软性、弹性或黏性食品时，超声波切割的效果尤为明显。除此之外，超声波切割的另一大优点是，在切割的同时，切割部位有熔合作用，切割部位被完美地封边，可防止被切割食品组织的松散。

如图 5-37 所示，超声波切割机的基本构成是超声波换能器、变幅杆、切割刀（工具

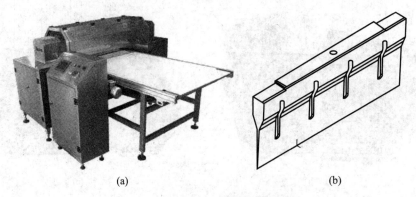

(a)　　　　　　　　　　　　　　(b)

图 5-37　超声波食品切割机与切割刀

头)、驱动电源。超声波驱动电源将电流转换成高频高电压交流电流，输给超声波换能器。超声波换能器其实就相当于一个能量转换器件，它能将输入的电能转换成机械能，即超声波。其表现形式是换能器在纵向做来回伸缩运动。伸缩运动的频率等同于驱动电源供出的高频交流电流频率。变幅杆的作用一是固定整个超声波振动系统，二是将换能器的输出振幅放大。切割刀（工具头）一方面进一步放大振幅，聚焦超声波；另一方面是输出超声波，利用切割刀的类似刃口，将超声波能量集中输入到被切割材料的切割部位。该部位在巨大超声波能量的作用下，瞬间软化、熔化，强度大大下降。此时，只要施加很小的切割力，就可达到切割材料的目的。

根据超声波施加位置的不同，可以把超声波切割机分成超声波切刀式和超声波砧板式。超声波切刀式是直接将超声波能量加载到切刀上，切刀就变成一把带有超声波的切刀。在切割材料时，材料主要是被超声波能量软化和熔化的，切刀的刃口只是起到切缝定位、超声波能量输出、分隔材料的作用。这种切割方式适用于粗、厚、长等不方便设置砧板材料的切割。

超声波砧板式切割机的基本结构和超声波切刀式切割机类似，只是超声波输出部分不是切割刀，而是一个标准的超声波平面模具。在这里，该模具就相当于一块砧板。只不过，这是一块在做超声波振动的砧板。切割刀就还是用传统的、任何形状的均可，只是对刃口的锋利要求下降了，切刀的寿命也大大延长了。

5.2.5　锯刀式切割设备

面包切片机是典型的锯刀式切割设备，适用于结构松软、刚度差的面包、馒头等产品切片，切口整齐。面包切片机由进料斗、锯齿刀片、导轮、刀片驱动辊、传动系统、机架等组成（图 5-38）。上下两刀片驱动辊上交叉缠绕若干条带锯齿刀片，每个刀片被两对导轮夹持着扭转 90°，刀片刃口均朝向进料口，每条刀片有两个刃口，两刃口与面包片间摩擦方向相反，不影响面包稳定进给。当面包由进料斗横向进入可一次完成切割，切片厚度由刀片及导轮间距来实现。

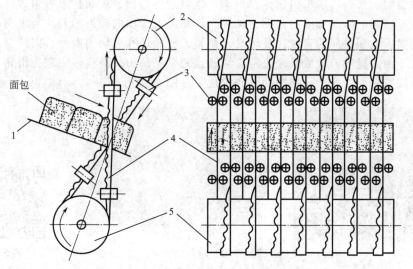

图 5-38　面包切片机示意图
1—进料斗；2,5—刀片驱动辊；3—导轮；4—刀片

5.2.6　组合式切割机

5.2.6.1　蔬菜切丁机

切丁机是较为常见的一种组合式切割机，切丁机主要由回转叶轮、定刀、横切刀和圆盘刀等组成，它是将立式离心切片机制成卧式，再增加横切和纵切而成的。它的外形和切丁过程如图 5-39 所示。

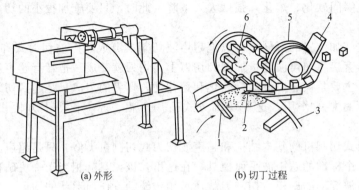

(a) 外形　　　　　　　　　　　(b) 切丁过程

图 5-39　切丁机
1—叶轮；2—定片刀；3—机壳；4—挡梳；5—圆盘刀；6—横切刀

工作时原料经喂料斗进入回转叶轮，离心力迫使原料紧靠机壳内壁表面，回转叶片带动原料在离心力作用下通过定刀刃先切成片料。片料经机壳顶部外壳出口通过定刀刃口向外移动。片料的厚度取决于定刀刃和相对应的机壳侧壁之间的距离，是可以调节的。片料一旦移出定刀刃口外，横切刀立即将片切成条料，条料继续沿着切片刀座向前移动，最后被圆盘刀切成立方块或者长方块。

5.2.6.2　肉用切丁机

肉用切丁机是肉类制品生产制作工艺中的一个重要设备，将肉块、脂肪等主要原料切割成用户所需要的肉丁。切丁机由机体、料槽、推料架、刀栅、切断盘刀等组成。刀栅位于出料口，有往复运动的纵向和横向刀栅交叉排列，是由若干横向排列的刀片与纵向排列的刀片组成，分别做横向和纵向的直线往复运动。调整刀栅的尺寸可切出肉丝、肉片、肉丁等，肉丁尺寸的大小由刀栅中刀片数量来决定。切断盘刀具呈凸刃口结构，表现为滑切，可避免切断过程中肉块变形而造成产品切断面不齐的现象（图 5-40）。

图 5-40　刀栅与盘式切断刀　　　　　　　　　　　码 5-5

切丁机有两个主要动作，推料运动与切割运动。推料运动是用推杆将切割槽内的肉料向前推向刀栅区，切割运动是将肉料切成肉丁。切割由锯刀式切割与盘刀式切割共同完成。先由纵横刀栅切成条束，再由切断刀片切出肉丁。

5.3 果蔬破碎机

果蔬破碎机常作果蔬榨汁操作的前处理设备，将果蔬破碎成不规则碎块。常见的水果破碎机有鱼鳞孔刀式、齿刀式和齿辊式等结构形式。

5.3.1 鱼鳞孔刀式破碎机

鱼鳞孔刀式破碎机是一种以切割作用为主的破碎机，如图 5-41 所示，主要由进料斗、破碎刀筒、驱动叶轮、排料口和机壳等构成。由于整体呈立式桶形结构，故通常称为立式水果破碎机。破碎刀筒用薄不锈钢板制成，筒壁上冲制有鱼鳞孔，形成孔刀，筒内为破碎室；驱动叶轮的上表面设有辐射状凸起，其主轴为铅垂方向布置，一般由电动机直接驱动。

物料由上部喂入口进入破碎室后，在驱动圆盘的驱动下做圆周运动，因离心力作用而压紧于固定的刀筒内壁上，受到切割和折断从而得到破碎。破碎后的物料随之穿过鱼鳞刀孔眼，在刀筒外侧通过排料口排出。

鱼鳞孔刀式破碎机孔刀均匀一致可得到粒度均匀的碎块；但刀筒壁薄易变形、不耐冲击、寿命短；排料有死角；生产能力低，适于小型厂使用。一般用于苹果、梨的破碎，不适于过硬物料（如红薯、土豆）；在使用时需要注意清理物料，以免硬杂质进入破碎室而损坏刀筒。

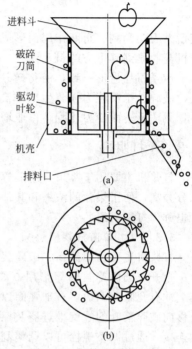

图 5-41 鱼鳞孔刀式破碎机

5.3.2 齿刀式破碎机

齿刀式破碎机有立式和卧式两种，但以卧式的为常见。卧式齿刀式破碎机结构如图 5-42 所示，主要由筛圈、齿刀、喂料螺旋、打板、破碎室活门等构成。

齿形刀片如图 5-43 所示，用厚的不锈钢板制成，呈矩形结构，其两侧长边顺序开有三角形刀齿，刀齿规格依碎块粒度要求选用，刀片插入筛圈壁的长槽内固定。刀片为对称结构，磨

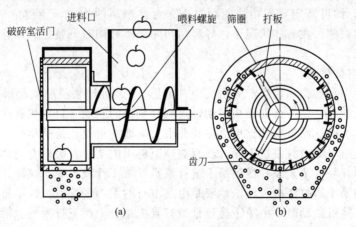

图 5-42 卧式齿刀式破碎机

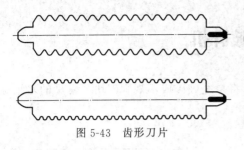

图 5-43　齿形刀片

损后可翻转使用，从而可提高刀片材料的利用率。喂料螺旋与打板安装于同一转轴上，其前端位于进料口，后端伸入到破碎室。打板固定于螺旋轴的末端，强制驱动物料沿筛圈内壁表面周向移动。破碎室活门用于方便打开破碎室，进行检修、更换刀片。

物料由料斗进入喂入口后，在物料螺旋的强制推动下进入破碎室，在螺旋及打板的驱动下压紧在筛圈内壁上做圆周运动，因受到其内壁上固定齿条刀的刮剥、折断作用而形成碎块，所得到的碎块随后由筛圈上的长孔排出破碎室外，经机壳收集到其下方的料斗内。

齿条刀片齿形一致，所得碎块均匀；齿条刀片刚度好、耐冲击、寿命长；采用强制喂入，破碎、排料能力强，生产率高，适于大型果汁厂使用；因打板与螺旋固定于同一转轴上，无法反转而使刀片翻转作业增加两次；立式结构齿刀式破碎机有效利用了全部筛圈。

5.3.3　打浆机

打浆机主要用于浆果、番茄等原料的打浆、去果皮、去果核等，使果肉、果汁等与其他部分分离，便于果汁的浓缩和其他后续工序的完成。打浆机分单道打浆机和多道打浆机，后者也称为打浆机组。

5.3.3.1　单道打浆机

打浆机主要由圆筒筛、破碎桨叶、刮板、轴、机架及传动系统等构成。机壳内水平安装着一个开口圆筒筛，圆筒筛用 0.35~1.20mm 厚的不锈钢卷成，有圆柱形和圆锥形两种，其上冲有孔眼，两边多有加强圈以增加其强度。传动轴上装有使物料破碎的破碎桨叶和使物料移向破碎桨叶的螺旋推进器及擦碎物料用的两个刮板，刮板用螺栓和安装在轴上的夹持器相连接，通过调整螺栓可以调整刮板与筛筒内壁之间的距离。刮板是用不锈钢制造的一块长方形体，对称安装于轴的两侧，且与轴线有一夹角，该夹角叫导程角。为了保护圆筒筛，常在刮板上装有耐酸橡胶板。

对于一定型号的打浆机，物料打碎程度主要与物料的成熟度、刮板的导程角、刮板与筛网的间距、轴的转速、筛孔直径、筛孔面积占筛筒总面积百分率等有关。成熟度高的，易打碎。通过调节刮板的导程角及它与筛网的间距，可以改变打浆机的生产能力，但同时也会影响所排废渣的含汁率。操作中，只要发现废渣中含汁率较高（用手使劲捏渣仍有汁液流出说明含汁率较高），即可断定导程角或间距过大。含汁率高的物料，导程角与间距都应小些，含汁率低的则可大些。在有些情况下，导程角与间距不必同时调整，只调整其中一个，也可达到良好的效果。

5.3.3.2　打浆机组

在很多场合中，如番茄酱生产流水线中，是把 2~3 台打浆机串联起来使用的，它们同时安装在一个机架上，由一台电动机带动，这叫打浆机的联动。打浆机联动时，各台打浆机的筛筒孔眼大小不同，前道筛孔比后道筛孔孔眼大，即一道比一道打得细。

三道打浆机组与单道打浆机不同，没有破碎原料用的桨叶，破碎专门由破碎机进行。破碎后的番茄用螺杆泵（浓浆泵）送到第Ⅰ道打浆机打浆，汁液汇集于底部，经管道进入第Ⅱ道打浆机中。同第Ⅰ道打浆机一样，汁液是由其本身的重力经管道流入第Ⅲ道打浆机中继续打浆。因此，打浆机联动时，由第Ⅰ至第Ⅲ道打浆机是自上而下排列的。第Ⅰ道打浆机离地面有一定高度，必须在操作台上进行操作和管理。

第**6**章

混合均质机械与设备

食品原料的浆、汁、液通常是多相物质的互不相溶的液体体系,在存储过程必然产生分离现象,直接影响到食品的感官质量与最终产品质量的均匀性。任何液体中各类物料由于粒度、浓度不同,均会产生重而大的粒子下沉、轻而小的粒子上浮的分离现象。体系中粒子的沉降速度符合斯托克斯定律(Stokes),其中粒子粒径是影响粒子沉降速度的主要因素。均质是指采用机械对食品的浆、汁、液原料进行破碎微粒化、混合均匀化的操作,通过均质可以大大提高产品的稳定性,防止或减少液状产品的分层,改善外观、色泽及香味,提高产品质量。均质属于一种特殊的混合操作,兼有粉碎和混合的双重作用。它既可作为最终产品加工手段,也可作为中间处理手段。实现均质操作的机械设备统称为均质机。

"混合"是使两种或两种以上不同组分的物质在外力作用下由不均匀状态达到相对均匀状态的过程。经过混合操作后得到的物料称为混合物。粉体混合是固体-固体之间的混合,在混合过程中,混合纯粹是粉粒体之间发生的物理现象。在食品加工中,粉体混合操作常用于原料的配制及产品的制造,如谷物的混合、面粉的混合、粉状食品中的添加辅料和添加剂、固体饮料的制造、汤粉的制造、调味粉的制造等。混合机是主要用于固体-固体之间混合作业的机械,也可以用于添加少量液体的固体-固体之间的混合作业。食品加工中使用较多的是间隙式固定容器混合机。

在食品工业中,许多物料呈流体状态,稀薄的如牛奶、果汁、盐水等,黏稠的有糖浆、蜂蜜、果酱、蛋黄酱等。液体与液体之间的混合常常会伴有溶解、结晶、吸收、浸出、吸附、乳化、生物化学反应的发生。液体与液体之间的混合一般称之为搅拌,搅拌操作主要用于防止悬浮物沉淀以及增加传质传热。液体与液体之间的混合设备称作搅拌机。

固体-液体的混合过程中,当液相多固相少时,可以形成溶液或悬浮液;当液相少固相多时,混合的结果仍然是粉粒状或是团粒状。当液相和固相的比例在某一特定的范围内时,可能形成黏稠状物料或无定形团块(如面团),这时混合的特定名称可称为"捏和"或"调和",这是一种很特殊的相变状态。以高黏度稠浆料和黏弹性物料为主混合作业的机械称作捏合机。

6.1 均质机械设备

6.1.1 均质原理与方法

均质(也称匀浆)是对乳浊液、悬浊液等非均相流体物系进行边破碎、边混合的过程。

其目的在于降低分散物尺寸，提高分散物分布均匀性。其原理有撞击、剪切、空穴等学说。撞击学说：液滴或胶体颗粒随液流高速运动与均质阀固定构件表面发生高速撞击现象，液滴或胶体颗粒发生碎裂并在连续相中分散。剪切学说：高速运动的液滴或胶体颗粒通过均质阀细小的缝隙时，因液流涡动或机械剪切作用使得液体和颗粒内部形成巨大的速度梯度，液滴和胶体颗粒受到压延、剪切形成更小的微粒，继而在液流涡动的作用下完成分散。空穴学说：液滴或胶体颗粒高速流动通过均质阀时，由于压力变化，在瞬间引起空穴现象，液滴内部汽化膨胀产生的空穴爆炸力使得液膜破碎并分散。

狭义的均质仅指利用高压均质机对物料进行处理，然而实际上采用胶体磨等一些常规设备同样可以实现均质目的。随着对均质的不断研究，人们又开发出了超声波均质机（或称超声波乳化机）、高速剪切搅拌器等同样可以均质的搅拌混合机械。可以预见，均质设备的多样性还将进一步增加。

目前根据使用的能量类型和均质机械的特点，可将均质机械大致分为压力型、旋转型两大类。压力型均质设备首先向料液附加高压能，并将静压能转变为动能，使料液中的分散物受到剪切作用、空穴作用或撞击作用而发生碎裂。这类设备常见的有高压均质机、超声波乳化机等。旋转型均质设备一般由转子和定子系统构成，直接将机械动能传递给分散物料，以高剪切为主要作用使其破碎，而达到均质目的，胶体磨即是这种类型设备的典型代表。

均质机最早用于乳品生产加工过程中液体乳的生产，防止脂肪上浮影响产品感官质量。均质不仅可以提高乳状液的稳定性，而且能够改善食品的感官质量。目前均质操作在食品加工工艺中得到广泛应用，在果汁生产中，通过均质处理能使料液中残存的果渣小微粒破碎，制成液相均匀的混合物，防止产品出现沉淀现象。在蛋白质饮料生产中，均质对于防止产品出现沉淀现象具有关键作用。在冰淇淋生产中，则能使料液中的牛乳降低表面张力、增加黏度，获得均匀的胶黏混合物，以提高产品质量。在固体饮料加工中，破碎微粒化、混合均匀化获得组织均匀有利于后期喷雾干燥，以保证产品质量的均一性。

食品工业常用的均质机有高压均质机、胶体磨以及高剪切乳化均质机等。

6.1.2　高压均质机

高压均质机的设备结构如图 6-1 所示，由柱塞式往复泵（高压柱塞泵）、均质阀及传动机构、壳体等组成。其中的核心部件为高压柱塞泵和均质阀。或者可以说，从总体结构上，高压均质机仅比高压柱塞泵多了起均质作用的均质阀而已，因而也常被称为高压均质泵。目前市场该设备的形式多样，但其基本组成仍是上述两个部分，主要差别在于柱塞泵的类型、均质阀的级数及压强控制的方式。

（1）高压柱塞泵

柱塞式往复泵，往往可分为单柱塞泵和多柱塞泵。由于单柱塞泵输出压力的波动性大，因而多用于实验规模的小型高压均质机。工厂中采用的均质机高压泵多是同一个类型的三柱塞往复泵。也有些高端的高压均质机采用多达 6~7 柱塞的高压柱塞泵，压力和流量输出更为稳定。

最大工作压强是高压均质机的重要性能之一，这一指标主要决定于各耐压部件的结构强度和所配电动机的功率。不同均质机最大工作压强差异很大，低者 7MPa 左右，高者可达100MPa 以上。

（2）均质阀

高压泵的输出端与均质阀相连。液体被附加高静压能后，在此处发生复杂的流体力学变化，从而达到均质目的。如图 6-2 所示，高压流体进入均质阀后冲向阀芯，阀芯和阀座之间

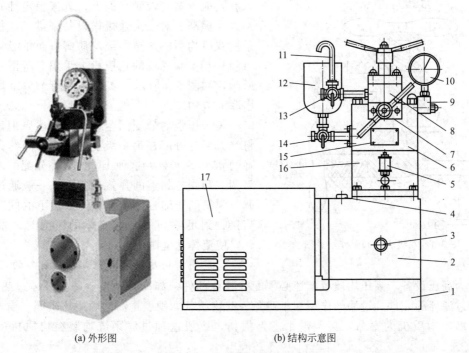

(a) 外形图　　　　　　　　　　(b) 结构示意图

图 6-1　实验规模高压均质机

1—底板；2—曲轴箱；3—油镜；4—加油口；5—油杯；6—泵；7—一级均质；8—二级均质；9—压力表座；
10—压力表；11—出料管；12—料斗；13—出料阀；14—进料阀；15—铭牌；16—导向座；17—电动机

有个狭小的环形缝隙，液体在较高的压差下通过这一缝隙，分散质被拉伸和延展，同时由于液料中的脂肪球或微粒同机件发生高速撞击以及高速液料流在通过均质阀时产生的漩涡作用，使脂肪球或微粒进一步微细化，从而达到均质的目的。通过的缝隙为 0.1mm 时，液流的流速高达 150～200m/s。在缝隙出口处，流体以高速撞击均质环（也称撞击环），涡动作用更加剧烈，对分散质的破碎更为彻底并进一步分散。

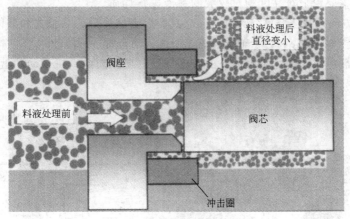

图 6-2　高压均质机原理示意

一级均质阀往往仅能使乳液中的分散质破碎成小颗粒，而为稳定乳液所加入的大分子乳化剂此时尚未均匀分布到破碎而得的液滴界面上，因而这些小液滴有在表面张力的作用下进一步聚集并成大液滴的可能。此时再加一道均质阀，进一步进行混合、分散，则乳化剂能得

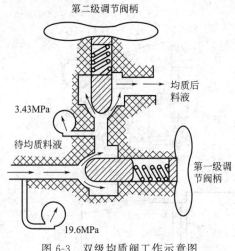

第二级调节阀柄

3.43MPa

均质后料液

待均质料液

第一级调节阀柄

19.6MPa

图 6-3 双级均质阀工作示意图

以有效地分布到液滴界面上，乳液稳定性则能得到大大提高。对于工业规模设备来讲，往往都是采用双级均质阀甚至多级均质阀，而单级均质阀目前只在实验规模的均质机上采用。所谓双级均质阀，如图 6-3 所示，实际是由两个单级均质阀串联而成的。

关于压强的分配问题，根据上述原理，一般将绝大部分分配在第一级上，其上压降约为总压降的 85%~90%。这种压降的大小分配的调节则靠调节和阀芯相连的弹簧来实现，一般通过手轮调节弹簧的压缩程度，弹簧力作用下的阀芯只有当接收到足够高的来自流体的压力时才能被顶开，使流体从缝隙中通过。

（3）高压均质机的其他部件及设备的应用

作为高压设备，高压均质机上还必须配有其他部件，如冷却系统（防止泵体过热）、压力表和过滤器等元件。过滤的作用在于避免一些物质（如硬度过高的固体物质等）输入高压系统而缩短均质机的寿命，甚至带来意外损伤，一般这种过滤系统均装在均质机的进料口处。

此外在高压均质机应用过程中还应注意以下两个问题：①柱塞泵属于正位移泵，因此要保证进料端有一定正压头，如附加离心泵作为启动泵等，否则可能出现断料，带来不稳定的高压冲击载荷。②物料中带有过多气体时同样会引起高压冲击载荷效应，因此产品均质前应先进行脱气处理。

6.1.3 胶体磨

胶体磨是一种以剪切作用为主的均质设备，其结构由机壳、定盘、动盘、进料斗、调节装置等组成，其核心部位由一个快速旋转盘和一个固定盘组成。两个盘之间有 0.02~1mm 的间隙。该设备主要用来对黏度相对较大的料液进行均质。

按转动轴的方向，胶体磨可分为卧式和立式，后者又可分为联轴式和分体式（见图 6-4）。所谓分体式，即电动机轴心和转子轴心分离，通过传动装置进行传动。

由动盘和定盘组成的磨盘是胶体磨的关键部件。工作时电动机带动动盘旋转，分散质则

(a)卧式　　　　　(b)立式联轴式　　　　　(c)立式分体式

图 6-4 胶体磨外形图

在两个相对运动的磨盘之间经强剪切作用而被破碎和分散。并在离心力作用下，从转盘四周抛出。盘子可以是平的、有槽的或锥形的，常为不锈钢光面，也有采用金刚砂毛面的。快速旋转的动盘转速为 3000～15000r/min，粒度小于 0.2mm 的给料以料浆形式从圆盘上部或从一个空心轴的中心给入机内。

定盘与动盘间的间距是对于胶体磨均质效果有重要影响的参数，一般在 50～150μm 范围，可通过调节装置上的手柄进行调节。间隙小，则均质效果较高而工作能力下降；反之，则均质效果变差而工作能力提高。

6.1.4 高剪切乳化机械设备

这类设备工作原理和胶体磨类似，是以剪切作用为主的均质设备。其工作原理是利用转子和定子间高相对速度旋转时产生的剪切作用使料液得以乳化，或使悬浮液进一步微粒化、分散化。

这类设备的形式多样，名称也较多，如涡轮均质机、涡轮乳化机、高剪切均质机、管线式乳化机、搅拌乳化罐。如图 6-5 所示为一搅拌分散罐，从实际结构上看，这类设备与胶体磨的差别也较大。

在这一搅拌分散罐中，核心部件即是高速剪切均质头，图 6-6 所示为常见的代表性高速剪切均质头实物图。该均质头由外圈的定子和内圈的转子组成，它们是两个相互配合的齿环。转子和定子的形式同样较多样化，差异主要在于齿形、齿圈数及配合方式等方面。

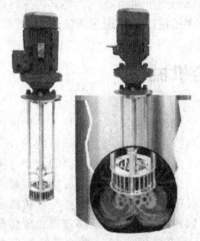

图 6-5 搅拌分散罐及其搅拌头安装结构示意图　　　图 6-6 高速剪切均质头实物图

高速剪切均质头在结构上与胶体磨磨盘的区别在于：均质头的转子和定子之间有 1 个或多个圆柱面相切，而胶体磨磨盘的强剪切面为磨盘中间的圆盘面；前者有齿、槽结构，后者没有；前者转子定子之间间距不可调，后者磨盘间距可调。

搅拌分散罐的容器为罐体，在这类均质机中，也有些设备是将多对均质头同轴安装在一个管式壳体里，此即为管线式乳化均质机。因其外形像泵，也称为高剪切均质泵。物料从轴向进入，经过多组均质头均值以后，从设备另一头的径向流出。

这类设备与胶体磨工作原理类似，因此黏稠度较高的料液也可以采用此类设备来处理。

6.1.5 超声均质设备

超声均质设备是利用声波或超声波遇到物体后会迅速地交替压缩和膨胀的原理设计的。

物料在超声波的作用下，当处于膨胀的半个周期内，受到拉力，呈现为气泡膨胀态；处在压缩的半个周期时，气泡收缩。当这种超声波功率足够高时，这种气泡收缩膨胀的幅度会很大，压力变化也会很大。压力反复大幅度变化时，就会出现气泡的急剧生成和崩溃，从而在料液中会出现"空穴"现象，这种"空穴"又会随着压力的波动随时消失。在"空穴"出现和消失的过程中，液体和其中的分散质受到了非常复杂而强有力的能量作用，而这些能量的一部分即成为破碎和混合分散质的能量。

根据上述原理，将频率为 20～25kHz 的超声波发生器放入到装有料液的容器中，即构成超声波均质机。料液在容器中也可以高速流动的状态存在。超声波均质机的核心部件即为超声波发生器，按其发生形式可分为机械式、磁控式和压电晶体式。

① 机械式超声波均质机　在这种均质机中，超声波的发生实际是由高速液流和高弹性簧片相互作用而产生的。该均质机超声波发生器主要由喷嘴和簧片组成。簧片处于喷嘴前方。当料液在 0.4～1.4MPa 的泵压下经喷嘴高速射向簧片时，簧片发生振荡，频率在 18～30kHz 范围内。这里产生的超声波立即传回给料液，实现破碎和混合的功能。

机械式超声波均质机主要适用于牛奶、花生油、乳化油和冰淇淋等食品的加工中。

② 其他超声波发生器　机械振荡式均质机中的超声波是由高速液流中的动能振动簧片而被动发生的超声波，其强度往往有限。而磁控振荡式超声波均质机和压电晶体式超声波均质机中的超声波发生器则完全是由外部能量输入而主动发生的超声波，进而传入料液中，实现均质。

磁控振荡式超声波发生器利用镍粒铁等的磁歪振荡而产生超声波，并将其传入料液实现均质作用。压电晶体式超声波发生器则利用钛酸钡或水晶振荡子实现超声波的发生。

6.2　粉体混合机械

混合机主要是针对散粒状固体，特别是干燥颗粒之间的混合要求而设计的一种搅拌、混合设备。食品加工中，混合机普遍应用于谷物、面粉与添加剂、汤粉及调味料的混合操作。

混合机对物料的本质作用就是混合，而这种混合主要是通过散粒体物料的流动才得以实现的。因此混合机的操作机理类似液体搅拌机的操作，即为对流、扩散及剪切三种基本方式的混合。在这里对流是指颗粒物料的团或块从一个位置转移到另一位置的过程；扩散是指由于颗粒在物料整体新生表面上的分布作用而引起个别颗粒的位置分散迁移过程；剪切则指在颗粒物料团内开辟新的滑移面而产生的混合作用。尽管有些混合机，由于其结构形式的不同，可能是某一种方式起主导作用，但大部分混合机在操作时，三种方式的混合并存。

影响混合效果的因素首先是物料的物理性质。其中主要包括物料颗粒的大小、形状及密度。其他一些因素也起一定的作用，如物料颗粒的表面粗糙程度、流动特性、附着力、含水量及结块或成团的倾向等。实验分析表明，颗粒小的、形状近似圆球形的或密度大的物料容易沉降于容器底部；而附着力大、含水量高的物料颗粒则容易结块或成团，不易均匀分散。由此可知，被混物料间的主要物理性质越接近，其分离倾向越小，混合操作越容易，混合效果越佳。而颗粒形状、密度不同的若干散粒状物料混合时，设备选型和操作不当时还容易出现自动分级现象，影响混合的效果。

影响混合机的另一主要因素是混合机的搅拌方式。通常按混合容器的运动方式不同，常可将混合机分为容器回转型与容器固定型。若按混合操作形式则可分为间歇与连续操作式。容器回转型混合机的操作通常为间歇式，即装卸物料时需要停机。而容器固定型混合机则有间歇与连续两种操作形式。除使用上述设备外，对固体散粒体混合操作的方法还有很多，根据具体工艺，有时也可以使用后文中所介绍的捏合机；此外，还可借助于气流或离心力进行混合操作。

混合机在混合固体散料时，其动力消耗普遍不大，它属于轻型机械。

6.2.1 容器回转型混合机

容器回转型混合机（又称旋转容器式、辊筒式或转鼓式混合机）工作时容器呈旋转状态。通过混合容器的旋转运动，使被混物料随着容器旋转方向依靠自身的重力流动，在其内部上下团滚，不断进行扩散，从而完成混合。该设备是以扩散混合为主的混合机械设备。

容器回转型混合机通常由旋转容器及驱动转轴、机架、减速传动机构和电动机等组成。这种混合机最主要的构件是容器，它的形状决定了混合操作的效果。对容器内表面一般要求光滑平整，这样可避免或减少容器壁对物料的吸附、摩擦及流动影响，容器应根据食品机械的特点采用无毒、耐腐蚀材料制造。混合机的驱动转轴水平布置。

容器回转型混合机的混合量，即一次混合所投入容器的物料量，通常取容器体积的30％～50％，一般不超过60％。如果混合量过大，则混合空间减少，物料会因重力带来的自动分级现象而出现分离，混合效果不理想。混合机的混合时间与被混物料的性质、混合机形式等有关，多数操作时间约为10min。

容器回转型混合机的旋转速度不能太高，否则较大的离心力会使物料紧贴容器内壁固定不动。这个转速有个临界值，容器的工作转速低于临界转速时则不会出现上述现象而达到良好的混合效果。以物料颗粒在容器内壁处所受离心力与重力平衡时为条件，可以推导出机器的临界转速。即

$$n = \frac{30}{\pi}\sqrt{\frac{g}{R}} \approx \frac{30}{\sqrt{R}}$$

由上式可以看到，旋转容器的临界转速主要与容器结构有关。容器的实际转速一般选用临界转速的80％左右。容器回转型混合机最适合混合具有相近物理性质的粉粒体物料。下面介绍几种典型结构的混合机。

① 圆筒型混合机　如图6-7所示，圆筒型混合机按其回转轴线位置可分为水平型及倾斜型两种。

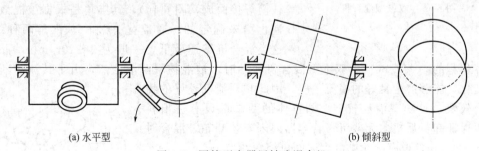

(a) 水平型　　　　　　　　　　　　　　　　(b) 倾斜型

图6-7　圆筒型容器回转式混合机

水平型圆筒混合机操作时，物料的流动流型简单。其装料量一般选为30％，过高则混合效果不好。它缺乏沿水平轴线的横向运动，容器内两端位置都有混合死角，且卸料不便，故混合效果不够理想，一般不常采用。倾斜型圆筒混合机，由于容器与水平轴线间存有一定的角度，这便克服了物料在水平型容器内运动的缺点，而使流型复杂化混合能力，增加装料量可达60％。

圆筒型混合机的工作转速为 40～100r/min。这类混合机常用于啤酒麦芽粉、调味料等物料的混合操作。

② V 型混合机　它的回转容器如图 6-8、图 6-9 所示，由两个倾斜圆筒组成，两筒轴线夹角在 60°～90°之间，容器与回转轴非对称布置。这种混合机的工作转速很低，一般在 6～25r/min 之间。混合量最适合的范围约为容器体积的 10%～30%。混合时间约为 4min。

图 6-8　V 型混合机外形图

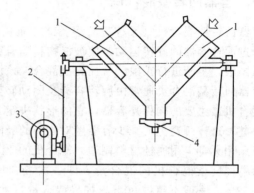

图 6-9　V 型混合机结构示意图
1—原料入口；2—链轮；3—减速器；4—出料口

V 型混合机的操作过程与双锥型混合机类似，只是由于 V 型容器的非对称使得被混物料时紧时散，其混合效果和混合时间都比双锥型混合机更好更短。有些 V 型混合机容器内部还设有搅拌叶轮，而且搅拌桨还可以与容器做反向旋转。这样对混合流动性不好（乃至有一定凝聚性）的散粒体物料，则可通过搅拌桨将其打散，使其强制扩散，即使是对颗粒很小、吸水量较高、易结块或成团的粉料，也可由搅拌桨的剪切作用破坏其凝聚的结构，从而较快地得到物料的充分混合。

V 型混合机适用于各种干粉类食品物料的混合，常用来混合多种粉料。

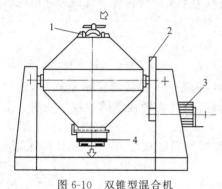

图 6-10　双锥型混合机
1—原料入口；2—齿轮；3—电动机；4—出料口

③ 双锥型混合机　容器由两个锥筒和一段短圆柱筒焊接而成（图 6-10），其锥角是根据被混散料的逆止角来确定的，通常有 90°和 60°锥角两种结构。这类混合机转速较低，一般为 5～20r/min，混合量占容器体积的 50%～60%。双锥型混合机转动时，被混物料翻滚强烈，由于其流动断面的不断变化，能够产生良好的横流效应，因此它对流动性好的物料混合较快，且功率消耗较低。圆锥体的两端都设有进出料口，以保证卸料后机内无残留。若容器内未安装叶轮，混合时间在 5～20min；设有叶轮则混合时间可缩短约 2min。

④ 正方体型混合机　它的容器形状为正立方体（图 6-11），而正立方体对角线的位置，即为回转容器的轴线。当混合机工作时，容器内物料受到三维方向上的重叠混合作用，因而混合速度加快，混合时间较短。同时没有死角产生，卸料也很容易。这种正方体型混合机对咖啡等物料的混合效果很好。

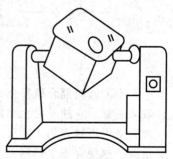

图 6-11　正方体型混合机

6.2.2 容器固定型混合机

容器固定型混合机的结构特点在于，工作时容器固定而装于容器内部搅拌器旋转。其搅拌器机构与液体搅拌设备的搅拌器形式差别较大，一般为螺旋结构。这种设备内部一般以对流混合为主。它主要适用于物理性质差别及配比差别较大的散粒体物料的混合操作。

① 卧式螺旋带式混合机　它通常简称卧式混合机，是最常见的间歇式容器固定型混合机。该机的结构如图6-12所示，主要由搅拌器、混合容器、传动机构、机架及电动机等组成。其中搅拌器即为装设在容器中心的螺旋带。对于简单的混合操作，只要一条或两条螺旋带就够了，而且容器上只有一对进排料口。当混合物料的性质差别较大或混合生产量较高及混合要求较严格时，则需采用图示的搅拌器结构。此种搅拌器的螺旋带大多为三条以上，而且按不同旋向分别布置。这样在混合机工作时，反向螺旋带能够使被混物料不断地重复分散和集聚，从而达到较好的混合效果。

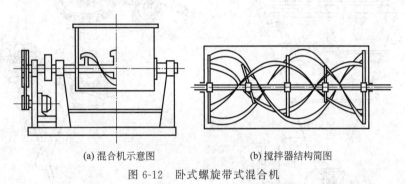

(a) 混合机示意图　　　　　(b) 搅拌器结构简图

图 6-12　卧式螺旋带式混合机

卧式混合机的容器一般为 U 形结构，长度为其宽度的 3～10 倍，搅拌器工作转速为20～60r/min，混合机的混合容量最适合值为 30%～40%，最大不超过容器体积的 60%。外层螺旋带与壳底之间的间隙一般为 2～5mm，预混机的间隙小于 2mm，以尽量减少腔内物料的残留量。为了加快转轴附近物料的流动，有些机型在转轴处安装有小直径实体螺旋叶片。一般沿壳体全长或者在壳体中段 1/3～1/2 部分位置开设多个卸料门，可迅速卸料。对于残留量要求高的混合操作，可采用倾翻式机体结构。

卧式混合机，不仅适用于处理易分离的物料，而且对稀浆体和流动性较差的物料混合也具有良好的效果，但不适用于易破损物料的混合操作。因为这种混合机的螺旋带与容器壁间的间隙较小，对被混物料有一定的打断、磨碎作用。另外，物体在容器两端位置流动困难，有死角。该机型的特点在于：混合时间短；混合质量高；排料迅速；物料残留少，但配套动力和占地面积相对较大。

② 立式螺旋式混合机　如图 6-13 所示，混合机的主体为圆柱形，内置一垂直螺旋输送器。料筒的高径比一般为 2～5，螺旋直径为料筒直径的 1/4～1/3。主轴转速为 200～300r/min。

工作时物料由下部料斗进入，被螺旋向上提升，达到内套筒顶部出口后，在离心力作用下向料筒四周抛洒，下落的物料可以被循环提升、抛洒、混合，至混合均匀，

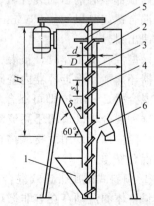

图 6-13　立式螺旋式混合机

1—料斗；2—料筒；3—内套筒；

4—垂直螺旋；5—甩料板；6—出料口

从下部出料口排出。混合时间一般为 10～15min。

该设备的特点在于，动力消耗小、占地面积小，但混合时间长、物料残留多，且混合效果会因不同物料的物理性质差异较大而变差。因为在物料抛落过程中，重颗粒比轻颗粒抛得远，从而造成混合物料的重新分离现象，所以这类设备一般以小型混合机居多。

③ 行星锥形混合机　该设备也是一种立式混合设备，如图 6-14 所示，混合机的容器为圆锥形，而螺旋式搅拌器沿容器壁母线布置。做混合操作时，螺旋搅拌器做行星式运转。所谓行星式运转，即搅拌轴心沿某一中心做公转运动，同时搅拌螺旋沿搅拌轴心做自传运动。具体传动结构见图 6-15。

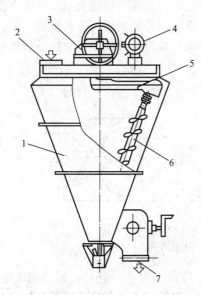

图 6-14　行星锥形混合机
1—锥形筒体；2—进料口；
3—减速机构；4—电动机；5—摇臂；
6—倾斜混合螺旋；7—出料口

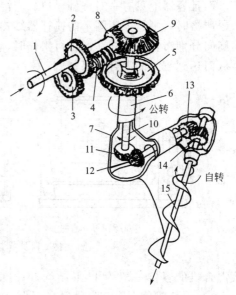

图 6-15　行星锥形混合机传动结构图
1—齿轮轴；2,3—齿轮；4—蜗杆；5—涡轮；
6—空心轴；7—摇臂；8,9,11,12—伞齿轮；
10—立轴；13,14—螺旋齿轮；15—搅拌螺旋

该设备同样是间歇式操作。物料按配比装入锥形容器后，开动电源，进入工作状态，处于锥筒顶部中心的驱动装置驱动摇臂以 2～3r/min 的速度绕锥筒中心线做公转，同时摇臂末端的混合螺旋又以 60～90r/min 的速度做自转。混合完成后，物料通过锥筒底部的出料口可以迅速出料。

该型混合机工作时，被混物料既能产生垂直方向的流动又能产生水平方向的位移，而且搅拌器还能清除靠近容器内壁附近的泄流层。因此，它的混合速度快、混合效果好（一般小容量混合机 2～4min 即可混合均匀，大容量设备 8～10min 即可）。

这种混合机既适用于高流动性物料的混合，又适用于黏滞性物料的混合，在我国食品工业中广泛应用于专用面粉等物料的混合操作中。值得注意的是，该设备同样不适于易破损物料的混合操作。

④ 倾斜式螺旋带连续混合机　对于卧式混合机来说，如果使用具有单一旋向的搅拌器，则物料整体的流动存在着非循环性的纯位移，如此可将设备适当延长，将出口适当抬高，即成倾斜式连续混合机。倾斜式螺旋带连续混合机结构如图 6-16 所示，整体倾斜，进料口设置于混合机低端，出料口设置在高端底部。

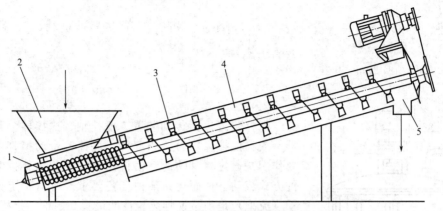

图 6-16　倾斜式螺旋带连续混合机

1—进料螺杆；2—进料斗；3—螺带；4—混合室；5—出料口

工作时，由进料口连续送入的物料在进料段被螺旋推送进入混合段。在混合段内，物料被螺带及螺旋轴上的实体桨叶向前推动的同时形成径向的混合，同时被螺带抄起的物料受自身重力下落、返混形成轴向混合。调整主轴的转速即可控制物料在机内的停留时间和返混程度，从而影响混合效果。

该型混合机返混形成的轴向混合作用较小，同时由于返混的存在会造成物料停留时间分布较大，混合质量相对较差。由于该设备为连续混合设备，因而要求各组成物料均要连续计量喂料。基于上述原因，该设备一般用于工艺上对混合度要求不高的一些场合。

6.3　液体搅拌（混合）机械设备

搅拌（混合）机械设备是指低黏度液体（流型近似牛顿流体）的搅拌、混合机械。除了常规的为促进溶解、传热和反应所用的液体搅拌机之外，还包括将少量粉体和气体分散于液体主体中的水粉混合机和气液混合机。

从混合机理上看，这种低、中黏度流体的混合，主要是对流混合。其强度取决于流型及对流的强制程度。强制对流形式有两种：其一，主体对流，指搅拌过程中，搅拌器把动能传给周围液体产生高速液流，进而又推动周围液体，从而使全部液体在容器内流动起来的大范围循环流动。其二，涡流对流，指当搅拌产生的高速液流在静止或运动速度较低的液体中通过时，处于高速流体与低速流体分界面上的流体受到的强烈剪切作用。

6.3.1　液体搅拌器

在食品加工中，液体搅拌机主要用于以下三个方面：①促进物料传热，使物料温度均匀；②促进溶解、结晶、浸出、凝聚、吸附等过程的进行；③促进酶反应的化学乃至生物反应过程的进行。食品工业中典型的带搅拌器的设备有发酵罐、酶解罐、溶糖罐、沉淀罐等。这些设备虽然名称不同，甚至结构上也有些差别，但基本构造均属于液体搅拌设备。

6.3.1.1　基本结构

搅拌机械的种类较多，但其基本结构是一致的（如图 6-17 所示），主要由搅拌装置、轴封和搅拌罐三大部分组成，即：

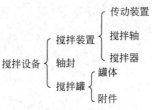

$$\text{搅拌设备}\begin{cases}\text{搅拌装置}\begin{cases}\text{传动装置}\\\text{搅拌轴}\\\text{搅拌器}\end{cases}\\\text{轴封}\\\text{搅拌罐}\begin{cases}\text{罐体}\\\text{附件}\end{cases}\end{cases}$$

（1）搅拌装置

搅拌装置包括传动装置、搅拌轴、搅拌器。其中搅拌器（或称搅拌桨）为核心部件。搅拌轴带动搅拌桨，其主要作用是通过自身的运动使搅拌容器中的物料按某种特定的方式流动，从而达到某种工艺要求。所谓特定方式的流动（流型）是衡量搅拌装置性能最直观的重要指标。

传动装置则是赋予搅拌轴、搅拌器及其他附件运动的传动件组合体，在满足机器所必需的运动功率及几何参数的前提下，希望传动链短、传动件少、电动机功率小，以降低运行成本。搅拌器传动装置的基本组成有：电动机、齿轮传动及支架。形式上搅拌器传动装置分立式和卧式两种。立式搅拌分为同轴传动和倾斜安装传动两种。

（2）搅拌罐

搅拌罐也称搅拌槽或搅拌容器。搅拌罐包括罐体和装焊在其上的各种附件。其作用是容纳搅拌器与物料在其内进行操作。对于食品搅拌容器，除保证具体的运转条件外，还要满足无污染、易清洗、耐腐蚀等食品加工方面特有的专业技术要求。

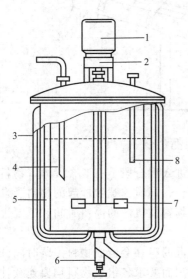

图 6-17　搅拌设备结构图
1—电动机；2—传动装置；3—罐体；
4—料管；5—挡板；6—出料管；
7—搅拌器；8—温度计插孔

搅拌罐罐体通过支座安装在基础或平台上，在常压或规定的温度及压力下，为物料完成其搅拌过程提供一定的空间。大多设计为立式圆筒形、方形或带棱角的容器，因这类容器在拐角处容易形成死角，应避免采用。罐体由顶盖、筒体和罐底三部分组成。顶部有开放或密闭两种不同形式，底部从有利于流线型流动和减小功率消耗考虑，大多数成碟形、椭球形、球形，以避免出现搅拌时的液流死角同时利于料液完全排空。除有特殊原因外，应避免采用锥形底。因为锥底会促使液流形成停滞区，使悬浮着的固体积聚起来。

罐体尺寸特征常包括：长径比、装液量、内径、外径等。在搅拌罐的设计和选型过程中上述参数往往要重点考虑。确定时罐体长径比的选择应考虑以下三方面的因素：①长径比对搅拌功率的影响；②物料特性对罐体长径比的要求；③罐体长径比对传热的影响。而装料量则要根据搅拌罐操作时所允许的装满程度来考虑选择装料系数 η，通常 η 可取 $0.6\sim0.85$。物料在过程中有泡沫的，η 可取 $0.6\sim0.7$。在可取值范围内，黏度大的取大值。然后根据工艺需要可以依次算出所需设备应达到的公称容积、全容积、直径、高度等参数要求。

罐体上往往还会带有其他一些附件，常见的有进出口管路、夹套、人（手）孔、CIP 清洗附件、各种检测器插孔以及挡板等满足不同工艺需要的部件。

（3）轴封

轴封是指搅拌轴及搅拌容器转轴处的密封装置。它的作用是防止容器内物料与轴承润滑剂或外界相互泄漏，造成污染。在食品加工中，食品原料应完全避免受到机械磨损碎屑及润滑油等物质的污染，因此轴封必须严格重视。常用轴封有填料密封和机械密封两种。

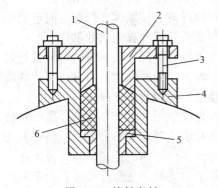

图 6-18 填料密封

1—转轴；2—填料压盖；3—压紧螺栓；
4—填料箱体；5—填料底衬套；6—填料

填料密封装置（图 6-18）主要由压盖、压紧螺栓、填料箱体、填料底衬套及填料等组成。密封的形成是通过填料压盖 2 使填料 6 变形，从而消除转轴 1 与机梁的间隙来实现的。考虑食品卫生的要求，作为填料材料通常选用聚四氟乙烯纤维。填料密封装置结构简单、成本低，对轴的磨损及摩擦功耗大，经常需要维修。因此理想的轴封应选用机械密封。

机械密封（又称端面密封，如图 6-19 所示）主要由套筒 3，动环 5、8，静环 4、9，弹簧 7，套筒紧定螺钉 1 和静密封圈 2、6、12 等组成。它的作用原理如下：当轴旋转时，设置在套筒 3 上，并与轴同时转动的动环 5、8 与安装在机架上的静环 4、9 在弹簧 7 力的作用下，始终保持紧密接触，并做相对运动，使得泄漏不致发生，从而实现了轴与机架之间的密封。机械密封可靠性高、对轴无磨损、摩擦功耗小、使用寿命长、无需维修，但结构复杂、成本高。它是搅拌机常用的轴封装置。

6.3.1.2 搅拌器类型

搅拌设备的核心构件为搅拌器。搅拌器根据桨叶构造的特征，主要可分为三类：①桨式搅拌器；②涡轮式搅拌器；③旋桨式搅拌器（或称推进式搅拌器）。

（1）桨式搅拌器

桨式搅拌器是一种桨叶由平板构成的搅拌器，故而得名。该搅拌器叶轮结构最为简单，适用于低黏度液态食品原料的混合。该搅拌器叶轮一般有 2～6 个叶片，相连接搅拌轴绝大多数情况下是对称安装在容器内。多数情况下，桨叶以平行于搅拌轴的方式安装，称之为平桨式搅拌器，它主要使液流产生径向速度和切向速度。也有些情况下将桨叶与搅拌轴以一定的角度安装，则称之为折叶桨式搅拌器，该桨在促进液流轴向流动方面有较强的作用，一半多见于须加强轴向混合效果、长径比相对较高的搅拌设备，如通用发酵罐等。

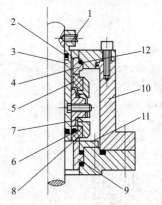

图 6-19 机械密封

1—套筒紧定螺钉；2,6,12—静密封圈；
3—套筒；4—上静环；5—上动环；7—弹簧；
8—下动环；9—下静环；10—机架；11—压紧圈

桨式搅拌器的桨叶尺寸一般有如下规定：桨叶的直径约为容器直径的 50%～80%，桨叶的幅宽应为桨叶直径的 1/10～1/6。桨式搅拌器的转速一般为 20～150r/min，桨叶尖端的圆周速度约 3m/s。桨叶多由扁钢制造，考虑到与食品接触，常用 Cr13 不锈钢材质。

各种搅拌桨叶在旋转时，将造成液体向同一方向流动而影响搅拌效果（如图 6-20 所示）。容器中液体在离心力的作用下涌向容器壁，形成周边高、中心低的漩涡。这种现象叫作打漩，它对搅拌多相系物料的结果不是混合而是分层离散。当漩涡深度随转速增加到一定值后，还会在液体表面产生吸气。引起其密度变化和搅拌机振动等现象。为改善桨式搅拌器的搅拌

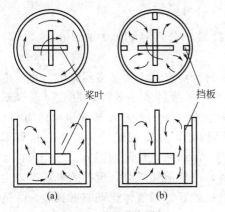

桨叶　　　挡板

(a)　　　(b)

图 6-20 挡板的作用

效果，一般常要在搅拌罐内安置挡板，一方面以防形成切向环流，使液体在挡板之间形成环流，以提高搅拌效率；另一方面增大被搅拌液体的湍动程度，从而改善湍动效果。

桨式搅拌器的主要特点是：结构简单、桨叶易制造及更换，但混合效率差、局部剪切效应有限，不易发生乳化作用，因而主要适用于搅拌低黏度液料。如对固体的溶解、避免结晶或沉淀等简单操作，在液层较浅或需排放液体时也常需要桨式搅拌器的辅助。

根据其用途不同，桨式搅拌器的浆液形式也较为多样化（如图 6-21 所示）：普通型容易制造但搅拌效果不好；多层平板型用于油脂的脱酸、脱色和脱臭等，效果最佳；不锈钢框式结构易于造成液体湍动，适于低黏度物料搅拌；锚型桨叶可以促进热的传递，消除液体在容器壁上的沉淀或在壁上的焦化及结晶析出。还有钩型、格子型桨叶、马蹄型桨叶多用于黏度高的液体搅拌。

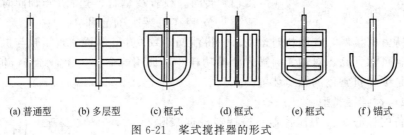

(a) 普通型　　(b) 多层型　　(c) 框式　　(d) 框式　　(e) 框式　　(f) 锚式

图 6-21　桨式搅拌器的形式

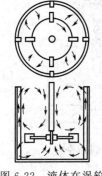

图 6-22　液体在涡轮
桨中流动

（2）涡轮式搅拌器

涡轮式搅拌器由一个与搅拌轴垂直的水平圆盘和若干个连接在水平圆盘上的叶片组成，它适于叶片高速回转的工况。由于叶片的高速回转，流体沿径向流动，上部的液体沿驱动轴向涡轮叶片吸入，而沿容器壁向上流动。在搅拌板间，流体做类似于圆周的运动（如图 6-22 所示）。

涡轮叶片的个数为 4 枚以上，一般 6 枚叶片的居多。涡轮式的叶片比桨式的直径小，等于容器直径的 30%～50%，转速为 50～500r/min，叶片末端线速度为 4～8m/s。

涡轮式搅拌桨的特点在于：混合效率高、有较强局部剪切效应，但制造成本比桨式要高。对黏度为 50MPa·s 以下的液体搅拌效果良好，特别适于不互溶液体的混合、气体溶解、液体悬浮和溶液热交换等。在原料糖浆、油水混合等操作过程中常用到该类型的搅拌桨。

（3）推进式搅拌器

它的叶片类似于船舶的螺旋桨，故又名旋桨式搅拌器，它的常见形式见图 6-23。叶片的枚数和倾斜角度须根据使用的目的来选择。

旋桨式搅拌桨叶一般安装在搅拌轴末端，工艺需要时也可在其上附加多层桨叶。每层由 2～3 个桨叶组成。叶片直径为容器直径的 1/4～1/3。小型的搅拌器一般转速为 1000r/min，甚至可与电动机直连，转速可高达 17500r/min。大型搅拌器中这种搅拌桨转速也可达 400～800r/min。这种叶片的缺点是：在旋转时易产生气泡。因此，在安装桨叶时应使它稍许偏离中心或者相对垂直方向倾斜一定的角度 [图 6-23(a)]，可以防止气泡的混入。

推进型搅拌器的特点是：构造简单，安装比较容易，功率消耗较小，搅拌效果较高，生产能力较高。即使用于直径较大的容器，其搅拌效果也比较好。因液体流动非常激烈，故适用于大容器低黏度的液体搅拌，如牛乳、果汁和发酵产品等。过高黏稠度的物料则不适于使

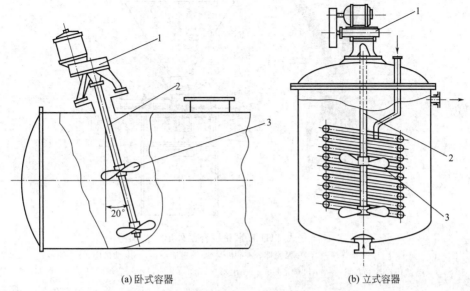

(a)卧式容器　　　　　　　　　　　(b)立式容器

图 6-23　推进式搅拌桨在设备中的安装方式
1—传动机构；2—搅拌轴；3—搅拌桨

用该型搅拌器。制备中、低黏度的乳浊液或悬浮液也可采用此种搅拌器，但在混合互不溶液体制备乳浊液时，液滴的直径范围相对较大，混合效率受到一定限制。

6.3.1.3　搅拌装置的几何特性

叶轮、搅拌器、容器、挡板及其他可能的附件（如导流筒）的相对位置及尺寸等构成搅拌装置的几何特性。它是决定容器内的流体流形及搅拌效果的主要因素之一。在容器形状、搅拌器形式和附件一定的条件下，主要几何特性是叶轮的直径 D 与容器内的所处位置及叶轮层数之间的关系。

① 叶轮直径与容器直径的比值 D/T　在不同的使用场合，可针对不同的搅拌目的，选用不同形式的叶轮搅拌器，同时选用不同的 D/T 比。

② 叶轮直径在容器中的位置　搅拌机中的叶轮有对中安装、偏心安装、倾斜安装及水平安装等形式。叶轮与容器底部的距离 H_i 一般为一倍叶轮直径（锚栅式搅拌器除外），随被搅拌的物料性质和装置形式而改变。例如在搅拌快速沉降的固体悬浮液时，常将叶轮置于靠近底面的位置上；而在从液体表面吸入气体或固体粉末时，则将叶轮置于接近液面的位置上；对于液-液分离操作，当接触比为 1∶1 时，将叶轮置于容器的中间位置，即置于两相分界面上为最佳。当然，如有必要和可能，可通过实验决定最佳位置。

③ 叶轮层数的选取　对于黏度小于 5Pa·s 的低黏度液体，常用深度 $H=D$ 时，只要一层桨叶即可。推进式桨叶对于黏度低于 0.1Pa·s 的物料一般只需一层。对于黏度达 50Pa·s 的高黏度液体，上下搅拌的液体范围仅是桨径的 1/2，则必须多层。

6.3.2　水粉混合机

水粉混合机又称水粉混合器、水粉混合泵、液料混合泵、液料混料泵等，是一种将可溶性粉体溶解分散于水或其他液体中的混合设备。其外形和结构如图 6-24 所示，主要由机壳、叶轮、粉料斗、电动机等组成。其工作原理是利用叶轮的高速旋转、剪切，将装在料斗里的粉状物料吸入从进料口进来的液体中，迅速搅拌、溶解，输送出所需的混合物。

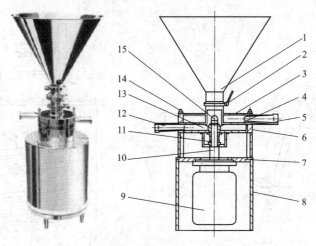

图 6-24　立式 THJ-L 水粉混合泵外形、结构图

1—进料斗；2—调节阀；3,6—泵壳体；4—隔板；5—进液口；7—电动机座；8—围板；
9—电动机；10—转轴；11—机械密封；12—出料口；13—叶轮；14—盖形螺母；15—螺母

水粉混合泵是食品、饮料行业必不可少的设备之一。广泛应用于乳品、饮料行业，特别适用于再制奶的乳制品生产，如适合于奶粉、乳清粉、钙奶、糊精粉等与流体进行混合。也可以用于果汁和其他饮料的生产，甚至月饼馅、奶油、果酱、豆酱、豆沙等黏度相对较高的产品也可用此设备混合。

6.3.3　汽水混合机

食品工业中最常见的汽水混合就是碳酸饮料的碳酸化。所谓碳酸饮料是指含有 CO_2 的饮料。当 CO_2 溶于水时，一定数量的 CO_2 能和水结合生成 H_2CO_3，故称碳酸饮料。饮料中的 CO_2 来源一般有两种：一种是发酵而来，如啤酒；另一种则是充填混合进去的，如汽水、汽酒、小香槟等，此类又称充气饮料。

6.3.3.1　汽水混合过程原理

二氧化碳在碳酸饮料中的含量很少，一般在 $1 \sim 5$ 个体积倍数，但其作用却相当大，归结起来大概有以下四方面。①清凉作用。碳酸饮料进入人体消化系统后，碳酸受热分解成水和 CO_2，为吸热过程。CO_2 气体从体内排出，带走热量。②阻碍微生物生长，延长饮料寿命。CO_2 带来的厌氧氛围和饮料中的压力均对微生物有抑制作用。③突出香气。CO_2 逸出时能携带一些香味物质一起挥发，增加饮料的风味弥散。④有舒服的刹口感。这是碳酸饮料所特有的风味感觉。不同品种的碳酸饮料对刹口感的要求也不尽相同。

从热力学上看，CO_2 在水中的溶解度主要受压力和温度的影响。常温常压下一体积水约溶解一体积 CO_2。温度上升，溶解度降低；温度不变时，压力上升，溶解度增加。在 $0.5MPa$ 以下，压力和溶解度之间的关系近似为一条直线。然而，要在尽量短的时间内达到上述热力学结果，则如何增加气液之间的有效接触面积成为一个关键因素，这也是汽水混合设备要重点考虑的问题。

6.3.3.2　汽水混合主要设备

汽水混合机是生产汽水的关键设备，其工艺是将清洁处理过的冷冻水与具有一定压力的洁净 CO_2 气体接触并吸收而形成碳酸水。生产的碳酸水是汽水饮料的重要部分。这种混合 CO_2 和水的汽水混合机主要有薄膜式混合机、喷雾式混合机、喷射式混合机等几种。目前国内用得较多的是喷雾式与喷射式。

(1) 薄膜式混合机

薄膜式混合机是比较老式的汽水混合机。由于本身结构的限制，使水与 CO_2 的接触面小、作用时间短，因而混合效果差、效率也低，不能满足现代生产的需要。

(2) 喷雾混合机

喷雾混合机是针对薄膜式设备缺点进行结构改良的混合机，主要结构形式有两种。

① 在罐顶部设有一个可转动的喷头，水经过喷头雾化与罐内二氧化碳大面积接触，进行碳酸化。罐底部也可作为储存罐，喷头可用作清洗，结构如图 6-25 所示。

② 油泵压入的水通过竖直装在罐内水管顶部的离心式雾化器形成水雾与二氧化碳混合，大大增加了接触面积，提高了二氧化碳在水中的溶解度，缩短了水和二氧化碳的作用时间，提高了效率。

这种混合机的工作原理是：管中的水由切线方向进入雾化器，形成旋转力矩，沿雾化器内圆锥体，边旋转边向前推进。冲出喷口后，水在离心力作用下向四周飞散。由于水与外界气体介质间有较大的相对速度和接触面积，产生较大摩擦力，因而碎成微珠，达到雾化的目的，结构如图 6-26 所示。

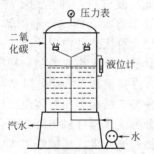
图 6-25　可转喷头喷雾式汽水混合机

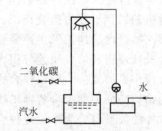
图 6-26　离心雾化喷雾式汽水混合机

(3) 喷射式混合机 (文丘里管)

近几年在进口饮料生产线中使用的混合机，多为喷射式。其混合过程是：经处理和冷却的水由一台离心式多级泵加压到 1MPa 左右，通过不锈钢水管分别输送给一级或多级喷射式混合器。混合器是一个小圆筒，水由上部喷嘴高速向下喷射，二氧化碳进口在圆筒上部的一侧。其工作原理是经加压的水，流至收缩的喷嘴处，水的流速剧增，水的内部压力速降，当水离开喷嘴后，周围的环境压力与水的内部压力形成较大的压差。为了维持平衡，水爆裂成细小的水滴，同时，水与气体分子间有很大的相对速度，使水滴变得更加细微，增大了水与二氧化碳的接触面积，提高了混合效果。

喷射式混合机的使用效果较好，一般只要将温度、二氧化碳的压力调节在规定范围内，同时使多级泵达到足够的压力，便可获得较为理想的碳酸化效果。如在混合机前加一台除去水中空气的装置，混合效果将更佳。

6.4　捏合机械设备

捏合机，也称调和机或揉和机。捏合，主要指这样一些混合过程：粉体与少量液体的均匀调和；高黏度物料或胶体物料与少量细粉混匀的过程，最终形成的产品多为胶状或可塑性物质。典型的工艺范例如面粉加水调和成面团、人造奶酪的制作等。

捏合机的搅拌除满足物料的混合需要外，还要根据所调制物料的性质及工艺要求，完成某些特定的操作。在面、糖类食品加工过程中，捏合机广泛使用，且是直接影响制品质量和产量的关键性设备之一。

捏合机的加工对象主要是高黏度糊状物料及黏滞性固体物料。尽管捏合的工艺目的多样，但均匀混合仍是其基本的要求。由于捏合机混合的物料多属黏性极高的非牛顿流体，其操作机理与前述液体搅拌不相同。在某些特定条件下，物料的黏度会变得很大，其流动极为困难，由局部区域激发而起的物料运动不能遍及整个容器，类似液体的那种由大范围湍流所造成的对流扩散混合作用很小，混合效果主要依赖于搅拌器与物料的真实接触。这种搅拌要求物料必须被引向搅拌器或是搅拌器必须经过容器内的各个部位。因此捏合机的搅拌叶片需要承受巨大的作用力，要有足够的强度和刚度；容器的壳体也同样要具备较高的强度和刚度。

在捏合过程中，局部区域的一部分物料受搅拌器推挤而被压向邻近的物料或容器内壁，造成压延、折叠，从而使新的或未经调制的物料被已经调制的物料所包裹；另外，由于搅拌器对物料的剪切作用，上述物料又被拉延和撕裂，使得物料的新鲜部分再次剥露；同时，这一部分物料又被带往产生主体移动动作的区域；如此反复进行，即达到了均匀混合的目的。一般说来，物料的黏度愈大，搅拌器的作用面积就要求愈大，而搅拌轴的转速却应该愈低。综上所述，捏合机的混合机理为折叠作用、剪切作用及对流扩散作用并存的一种混合。

捏合机的操作根据食品加工的生产需要决定，有些捏合机是专为某种特殊要求而设计制造的。由于捏合机处理物料的性质差异很大，并且在许多搅拌过程中，某些物料性质将发生变化，使得捏合操作更加复杂。所以捏合机设备的种类、结构都比液体搅拌机多样、复杂。

按捏合机的结构特征中的捏合容器轴线位置可分为立式捏合机与卧式捏合机。按捏合机结构特征中的搅拌轴数量可分为单轴式捏合机与多轴式捏合机。按操作方式可分为间歇式和连续式，但连续式同样因为计量进料等实际操作问题的阻碍，通用性不强，较为少见。

食品工业上较有代表性的搅拌捏合设备主要有双臂式捏合机、打蛋机以及和面机等几种类型。

6.4.1 双臂式捏合机

双臂式捏合机是专门针对塑性物料混合而进行设计的代表性间歇式捏合设备。其处理对象范围广，尤以食品中应用为多，广泛应用于面包、饼干制造工艺中面粉、水、酵母和其他原辅料的均匀混合和捏合。

双臂式捏合机结构如图 6-27 所示，主要由一对互相配合和旋转的叶片、混合室及驱动装置等组成。通常其中的搅拌叶片呈 Z 形，因此也常被称为 Z 形捏合机。

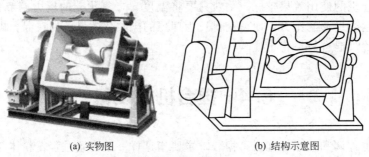

(a) 实物图　　　　　　　　　　　　(b) 结构示意图

图 6-27　双臂式捏合机

① 混合室 如图 6-28 所示，双臂式捏合机的混合室一般为底部呈 W 形或鞍形的钢槽。根据工艺需求，混合室顶部可以为带盖或不带盖，外壁也可附加夹套，以通入加热或冷却介质，依次制成普通型、压力型、真空型、高温型、低温型等不同机型。

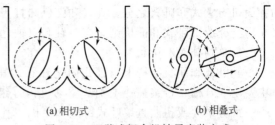

(a) 相切式　　　　　　　　(b) 相叠式

图 6-28　双臂式捏合机转子安装方式

混合室的排料方式同样分为直接排料和侧倾混合室排料两种形式。直接排料即在混合室底部设置排料口实现，主要有液压、球阀出料、螺杆挤压等一些形式，然而捏合物料一般黏稠度较高，这种排料方式往往效果不佳。

由于塑性物料卸料相对困难，混合室中物料常有残留，双臂式捏合机的混合室一般设计为可倾翻式，以便于出料和清洗。混合室倾翻的驱动方式又有手动和电动之分。小型设备手动即可，中型或大型设备则主要以电动形式居多，也可配上齿轮传动组，以手动形式实现倾倒。

② 搅拌叶片 它和混合室结构对应，是成对配合的。根据混合室的结构不同，成对的搅拌叶片往往可分别以相切式和相叠式两种形式安装。

相切式安装时，两叶片外缘运动轨迹相切。叶片可同向旋转，也可逆向旋转。叶片间旋转速度理论上可以任意比例搭配，一般这一比例以 1.5∶1、2∶1 和 3∶1 等居多。叶片相切式安装的混合室内，叶片相切的区域内，剪切、折叠、对流混合作用剧烈，尤其是剪切作用极高。同时叶片外缘与混合室壁面间的剪切作用也同样强烈。由于该捏合机叶片相切区域剪切作用极为强烈，故而适用于固体物料初始状态为片状、条状或块状的捏合操作工艺。

相叠式安装时，两叶片外缘运动轨迹是相交叠的。由于叶片运动轨迹有交叠部分，为保证叶片不相碰，叶片只能同向旋转，且叶片间速比只能为 2∶1 或 1∶1。叶片相叠式安装的捏合机，叶片外缘和混合室壁间间隙很小，一般为 1mm 左右。物料则主要在叶片外缘和混合室壁间的间隙里受到强烈的剪切和挤压作用，实现混合。同时这样的安装方式可以有效地清除混合室外壁上黏附的物料。这种机型适用于粉状、糊状或黏稠流动态物料的捏合和混合。

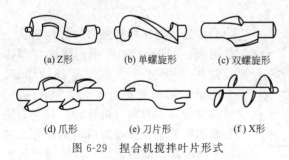

(a) Z形　　　(b) 单螺旋形　　(c) 双螺旋形

(d) 爪形　　　(e) 刀片形　　　(f) X形

图 6-29　捏合机搅拌叶片形式

双臂式捏合机的混合性能不仅取决于转子的安装形式，搅拌叶片的结构形式对其影响也相当大。叶片形状最常见的是 Z 字形，近年来也出现了许多其他非传统的结构样式，如图 6-29 所示。这些叶片结构形式的改变目的主要在于增加转子与转子之间或与混合室壁间的接触形式，使他们间的相对运动更趋复杂，剪切作用大幅增加，从而大幅度改善捏合机的混合能力，使团块物料更容易被打散、破碎，适合于面粉等易结块物料的混合。小型捏合机搅拌叶片多为实心体，大型捏合机搅拌叶片在保证强度的基础上，常设计成空腔形式，还可向空腔内部通以加热或冷却介质。

6.4.2　卧式和面机

和面机设备的作用是将原料面粉、水和其他配料物质调制成适合工艺需求的面团。常用的和面机有立式和卧式之分。立式和面机和打蛋机结构形式相似，同属立式混合捏合设备，将在后文介绍。卧式和面机则又有单轴和双轴之分。

(1) 单轴卧式和面机

单轴卧式和面机结构上与卧式固定容器式螺旋混合机有些类似，如图6-30所示。该设备主要由混合槽、带桨搅拌主轴和驱动机构等组成。混合槽为可倾式的U形结构，图中所示为一种直桨叶或扭曲直桨叶式卧式和面机，其混合槽与卧式固定容器式螺旋混合机不同之处在于，该设备槽内壁安装有3把固定不动的横切刀。主轴上按圆周等分安装4个桨叶。当主轴回转时，桨叶和横切刀便对物料产生了压缩、剪切、拉伸、折叠等作用，实现捏合目的。

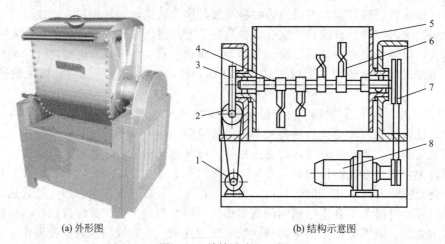

(a) 外形图　　　　　　　　　　(b) 结构示意图

图6-30　单轴卧式和面机

1,8—电动机；2—蜗杆；3—蜗轮；4—主轴；5—筒体；6—桨叶；7—链轮

上述桨叶式搅拌器，仅是单轴卧式和面机搅拌器中的一种形式。该搅拌结构简单、成本低，但也有些明显的缺点。桨叶式搅拌器在和面过程中对物料的剪切作用强，而拉伸和折叠作用弱，对于面筋的形成具有一定的破坏作用。此外，搅拌轴安装在容器中心，近轴处物料运动速度低，若投粉量少或操作不当容易造成抱轴及搅拌不匀等现象。所以这类设备一般只适于揉制黏塑性较低的酥性面团。

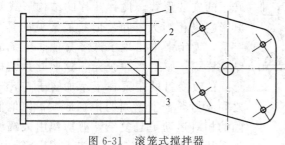

图6-31　滚笼式搅拌器

1—直辊；2—连接板；3—回转轴

滚笼式搅拌器则能够较好地解决上述问题。如图6-31所示，该搅拌器由连接板、4～6个直辊及搅拌轴组成。直辊分有活动套管和无活动套管两种。活动套管和面时可自由转动，减少直辊与面团间的摩擦和硬挤压，从而降低功耗，减少对面筋的破坏。直辊可平行或倾斜于搅拌轴线安装。倾斜安装时，倾角一般为5°左右。各辊与回转轴之间的距离也不等，以促进面团的轴向流动。直辊在连接板上的分布有X、Y、S等不同形状。搅拌器两连接板间也可设置为无中心轴形式，可避免面团抱轴和中间调粉不均匀的现象。

在滚笼式搅拌器回转的过程中，对面团会产生举、打、折、揉、压、拉等操作（如图6-32所示），捏合效果大大增加。搅拌器结构参数设置合适的话，还可利用搅拌的反转力将捏合好的面团自动抛出容器。该形式搅拌器的特点是：结构简单、制造方便、机械切割作用弱，有利于面筋网络生成；缺点在于操作时间长、面团形成慢。这种搅拌器主要适用于调和水面团、韧性面团以及一些经过发酵的面团等。

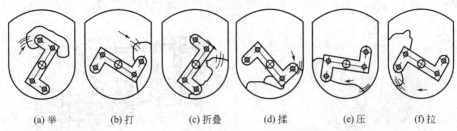

图 6-32　滚笼式和面机调制面团过程示意

（2）双轴卧式和面机

双轴卧式和面机是在单轴卧式和面机的基础上改进而成的，性能较单轴优越。其基本结构如图 6-33 所示，两个桨叶平行安装，同向、同速旋转。如此改装则较单轴卧式和面机增强了拉伸、折叠和揉捏等作用，适于调制韧性面团。

6.4.3　立式混合捏合设备

立式混合捏合设备，俗称混合锅，其主体由搅拌器与容器组成。容器与搅拌设备相似，筒身为圆筒体，底部的球形底可由两体焊接或整体模压而成。根据食品工艺需要，容器可加工成闭式或开式，工艺

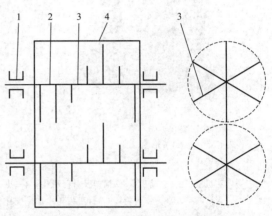

图 6-33　双轴卧式和面机示意图
1—轴承；2—回转轴；3—桨叶；4—搅拌容器

上普遍采用的为开式容器。根据搅拌器和容器工作时的运动状态又可分为容器固定式和容器转动式（如图 6-34 所示），相对应的两种代表性的具体设备分别为立式打蛋机和立式和面机。

（1）立式打蛋机

立式打蛋机在食品生产中常被用来搅打各种蛋白液，由此得名为打蛋机或蛋白车。该机搅拌物料的对象主要是黏稠性浆体，如生产软糖、半软糖的糖浆，生产蛋糕、杏元的面浆以及花式糕点上的装饰乳酪等。

打蛋机操作时，通过自身搅拌器的高速旋转，强制搅打，使得被搅拌物料充分接触与剧烈摩擦，以实现对物料的混合、乳化、充气及排除部分水分的作用，从而满足某些食品加工工艺的特殊要求。如生产砂型奶糖时，通过搅拌可使蔗糖分子形成微小的结晶体，俗称"打砂"操作。又如生产充气糖果时，将浸泡的干蛋白、蛋白发泡粉、明胶溶液及浓糖浆等混合搅拌后，可得到洁白、多孔性结构的充气糖浆。

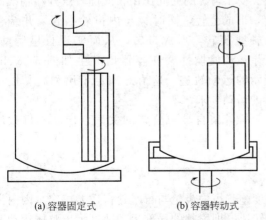

(a)容器固定式　　　(b)容器转动式

图 6-34　立式捏合设备运转方式示意

打蛋机有立式与卧式两种结构，常用的多为立式打蛋机。近年来，随我国食品工业的发展特点，又涌现出一些小型轻便的台式打蛋机。图6-35所示为立式打蛋机的外形图和典型结构简图。它通常由搅拌器、容器、传动装置及容器升降机构等组成。

| (a) 外形图 | (b) 结构示意图 |

图6-35　立式打蛋机

1—机座；2—电动机；3—锅架及升降机构；4—皮带轮；5—齿轮变速机构；6—斜齿轮；7—主轴；

8—锥齿轮；9—行星齿轮；10—搅拌头；11—搅拌桨叶；12—搅拌容器

打蛋机工作时，动力由电动机经传动装置传至搅拌器，依靠搅拌器与容器间具有一定规律的相对运动，使物料得以搅拌。搅拌效果的优劣受搅拌器运动规律的限制。

① 搅拌器　立式打蛋机的搅拌器包括搅拌头和搅拌桨两部分组成。搅拌头的作用在于使搅拌桨在容器中形成一定规律的运动轨迹，而搅拌桨则直接与物料接触，通过自身的运动完成搅拌物料的任务。

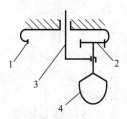

(a) 传动示意图　　(b) 桨运动轨迹

图6-36　打蛋机搅拌头的行星式运动

1—内齿轮；2—行星齿轮；3—转臂；4—搅拌桨

对于固定容器的搅拌头，常见的由行星运动机构组成，其传动系统如图6-36所示。内齿轮1固定在机架上，当转臂3转动时，行星齿轮2受1与3的共同作用，既随转壁外端轴线旋转，形成公转，同时又与内齿轮啮合，并绕自身轴线旋转，形成自转，从而实现行星运动。行星运动使搅拌桨在容器内产生如图6-36（b）所示的运动轨迹，这恰好满足了调和高黏性物料的运动要求。

搅拌桨自转与公转的关系，借助于机械原理中的转化机构导出，即

$$n_z = \left(1 - \frac{Z_g}{Z_c}\right) n_g$$

由上式可以看出，搅拌桨自转与公转的速度差，由内齿轮与行星轮齿数差决定。因内齿轮齿数大于行星轮齿数，其自转转速大于公转转速，即搅拌的局部运动速度大于整体运动速

度。计算时得出负值，表示自转与公转方向相反。

打蛋机的搅拌桨结构根据被调和物料的性质及工艺要求而定。搅拌桨有多种形式，通用性较广的典型结构有以下三种：a.筐形搅拌桨，它是由不锈钢丝组成筐形结构，此类桨的强度较低，但易于造成液体湍动，故而主要适用于工作阻力小的低黏度物料的搅拌（如稀蛋白液）。b.拍形搅拌桨，它是由整体铸锻成球拍形。此类桨有一定的结构强度，而且作用面积较大，它与前述的锚栅式桨类似，主要适用于中等黏度物料的调和（如糖浆、蛋白浆等）。c.钩形搅拌桨，它多为整体锻造成与容器侧面相同的钩形。此类桨的结构强度较高，借助于搅拌头或回转容器的运动，钩形桨各点也能够在容器内形成复杂的运动轨迹，所以它主要用于高黏度物料的调和（如面团等）。

② 调和容器　立式打蛋机的调和容器通常也称为"锅"。容器普遍为开式结构，近年来结合食品工艺的某些要求也发展有闭式结构。

立式打蛋机容器的突出特点就是适应于调制工艺的需要可随时装卸。通常在容器外壁焊有 L 形带销孔支板，用以同机架连接固定，容器的定位机构一般采用间隙配合的两个矩圆销来实现，容器通常靠斜面压块压紧支板来完成夹紧。对于这种结构，由于压块对支板的作用斜面在容器切线方向上，当搅拌桨对物料做行星运动时，支板作用在压块上的搅拌主动力方向不断变化，这样就有可能破坏由斜面构成夹紧机构的自锁状态，引起容器振动，显然这种机构具有一定的不足。当搅拌力很大或设备使用时间较长时，应考虑增加压紧力或摩擦力的措施。比较可靠的夹紧形式是采用增加夹紧点的方案，即在设置上述夹紧机构的基础上，再在机器立柱上固定安装一段限位支杆。当搅拌容器在其丝杆螺母升降机构的带动下，升至工作位置时，限位支杆恰好抵压在容器支板上。支杆的作用一方面对容器垂直方向的工作位置进行限制；另一方面通过丝杆螺母的自锁性，将容器支板牢固压紧在机架上。有以上三个夹紧点的共同作用，即可满足容器夹紧的工艺要求。

③ 容器升降机构　立式打蛋机通常设有容器升降机构，它使得固定在机架上的容器可以做少量的升降移动和定位自锁，以适应快速装卸的操作要求。

（2）立式和面机

立式和面机外形与打蛋机类似，同样由搅拌器、锅体（容器）、机架及传动装置构成。不同之处在于，该设备为容器回转式设备，锅体固定在转动盘上，工作时锅体是转动的，如图 6-37 所示。搅拌器则偏心安装于靠近锅壁处，工作时搅拌桨转动，而搅拌轴相对于机架固定。对于具有回转容器的和面机来说，其搅拌头则是简单的定轴传动机构。这种结构通过容器回转产生相对于搅拌桨的公转运动，从而也能实现类似于行星式运转的实际效果。立式和面机的搅拌桨也有多种形式，其中以框式最为普遍，此外叉式的搅拌头应用也很广泛。还有做成扭曲状的桨叶，以增加轴向或其他形式的运动。

图 6-37　立式和面机

立式和面机在食品工业中广泛应用于高黏度食品物料的混合，尤以面点制品中的和面过程应用居多，因而得名。制造面包时调制面团、生产糕点和糖果时混合原料等工艺中都经常采用这种设备。

第7章

加热、熟制和焙烤机械与设备

食品加工过程中，物料进行加热或冷却处理（即热交换）是一项常见而重要的操作单元。在热处理过程中，食品物料直接或间接与热的介质（热水、热油、热空气、蒸汽、过热水和热物料等介质及电流、电磁波等）进行热交换，传热方式有对流、传导和辐射三种，食品物料状态有液体、固体两大类。对物料加热操作包括加热、预煮、熟制、蒸发、干燥、排气、杀菌和油炸等诸多工序，一般在通用或专用热交换设备中进行，例如：对于液体物料常用夹层锅、冷热缸、各种换热器和浓缩设备等，对于固体物料用热烫设备、油炸机、蒸煮釜、挤压机、焙烤设备等。

7.1 换热器

换热器主要指的是用于对流体食品或流体加工介质进行加热或冷却处理的设备。换热器作为传热设备随处可见，在食品工业中应用非常普及。随着节能技术的飞速发展，换热器的种类越来越多。按传热原理可分为：间壁式换热器和直接式换热器两类。

7.1.1 间壁式换热器

间壁式换热器的特点是换热介质和换热物料被金属材料隔开，两者不相混合，通过间壁进行热量的交换，这种加热方式符合食品卫生要求，在食品工业中应用最为广泛。下面介绍几种常见的间壁式换热器。

7.1.1.1 夹套式换热器

夹套式换热器构造简单，如图 7-1 所示。它是在容器的外面安装了一个夹套，并与容器焊接在一起。夹套与器壁之间形成密封的空间，此空间为加热介质或冷却介质的通道。

夹套式换热器主要用于加工过程、反应过程中的加热或冷却。当用蒸汽进行加热时，蒸汽由上部连接管进入夹套，冷凝水则由下部连接管流出。作为冷却器时，冷却介质（如冷却水）由夹套下部的接管进入，而由上部接管流出。

该种换热器的传热系数较小，传热面又受容器的限制，因此适用于传热量不太大的场

图 7-1 夹套式换热器示意图

码7-1

冷流体入口

水蒸气进口

热流体通过间壁将热量传递给冷流体

冷流体出口　冷凝水出口

合。为了提高其传热性能，可在容器内安装搅拌器，使容器内液体作强制对流，为了弥补传热面的不足，还可在器内安装蛇管等。食品工厂常用的夹层锅、冷热缸等属于此类换热器。

7.1.1.2 管式换热器

管式换热器的结构特征是其传热面由金属管构成。这类换热器的主要形式有盘管式、列管式、套管式和翅片管式等。

（1）盘管式换热器

食品加工中用的多为沉浸式盘管（蛇管）换热器，蛇管用不锈钢管弯制而成，或制成适应容器要求的形状，沉浸在容器中。加热介质和物料分别在蛇管内、外流动而进行热交换。最常见的蛇管形式如图7-2所示。如冷库中的冷排管和盘管式冷凝器；某些大型搅拌反应罐内的盘管式换热器；CIP清洗系统的加热器；无菌空气系统的加热器；部分冷热缸及淀粉液化罐、化糖锅也用盘管式换热器加热和冷却。

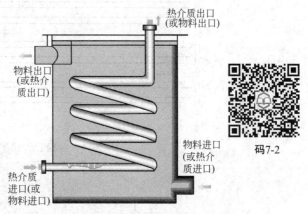

图7-2 沉浸式蛇管换热器示意图

（2）列管式换热器

列管式换热器在食品和化工厂中应用最广泛，它与前述各种换热器相比，主要优点是单位体积所具有的传热面积大、传热效果好、结构简单、操作弹性也较大等。在大型装置中多采用列管式换热器，如升、降膜浓缩装置中的加热器就是一个典型的列管换热器。

列管换热器如图7-3所示。它主要有钢制的圆筒形外壳，壳内平行装置有数根钢管（称为管束），管束两端固定在壳体两端的管板上，管外壳体两端各有一顶盖，用螺钉固定在外壳上，在管板与顶盖之间为分配室，分配室用隔板隔成数个小室。壳体内各根钢管外壁之间的空间为蒸汽室，物料就在钢管内流动，加热介质在管束空间流动，使两者产生换热。列管式换热器一般用作番茄汁、果汁等物料的加热及牛乳的巴氏杀菌。

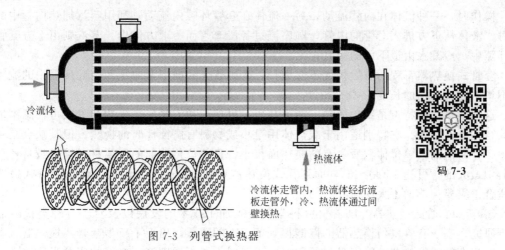

图7-3 列管式换热器

（3）套管式换热器

① 普通套管式换热器 传统的套管式换热器如图7-4所示，参阅图7-5，由两根口径不

同的管子相套成同心套管，再将多段套管的内管用 U 形弯头连接起来，外管则用支管相连接。每一段套管称为一程。这种换热器的程数较多，一般都是上下排列，固定于支架上。若所需传热面积较大，则可将套管换热器组成平行的几排，各排都与总管相通。

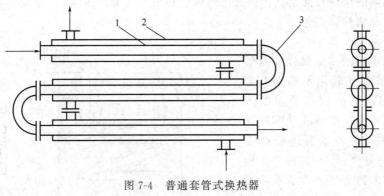

图 7-4　普通套管式换热器
1—内管；2—外管；3—回弯头

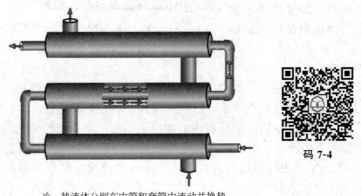

码 7-4

冷、热流体分别在内管和套管中流动并换热
图 7-5　套管式换热器

操作时，一种流体在内管流动，另一流体在套管环隙内流动。利用蒸汽加热内管中的液体时，液体从下方进入套管的内管，顺序流过各段套管而由上方流出。蒸汽则由上方套管进入环隙中，冷凝水由最下面的套管排出。

套管式换热器每程的有效长度不能太长，否则管子易向下弯曲从而引起环隙中的流体分布不均。通常采用的长度为 4～6m。

这种换热器的特点是结构简单，能耐高压，可保证逆流操作，排数和程数可任意添加或拆除，伸缩性很大。它特别适用于载热体用量小或物料有腐蚀性时的换热。但其缺点是管子接头多，易泄漏，单位体积所具有的换热面积小，且单位传热面的金属材料消耗量是各种换热器中最大的，可达 $150kg/m^2$，而列管式换热器只有 $30kg/m^2$。因此，传统套管式换热器仅适合于需要传热面不大的情况。

② 新型套管式换热器　随着材料科学、金属加工技术的发展以及对已有种类换热器的分析研究，基于套管式的换热器的性能得到了很大的改善，出现了新型套管式换热器。

新型套管式换热器的特点是：所用材料为薄壁无缝不锈钢管，弯管的弯曲半径较小，并可在一个外管内套装多个内管；直管部分的内外管均为波纹状管子，大大提高了传热系数；大多采用螺旋式快装接头；由于管壁较薄、弯曲半径小以及多管套在一起，其单位体积换热面积较传统套管式换热器有很大的提高。

现代新型套管式换热器有双管同心套管式、多管列管式和多管同心套管式三种形式。

a. 双管同心套管式　这种换热器的结构如图 7-6 所示。由一根被夹套包围的内管构成，为完全焊接结构，无需密封件，耐高压，操作温度范围广，入口与产品管道一致，产品易于流动，适于处理含有大颗粒的液态产品。

b. 多管列管式　其结构如图 7-7 所示。外壳管内部设置有数根加热管构成的管组，每一管组的加热管数量及直径可以变化。为避免热应力，管组在外壳管内浮动安装，通过双密封结构消除了污染的危险，并便于拆卸维修。这种结构的换热器有较大的单位体积换热面积。

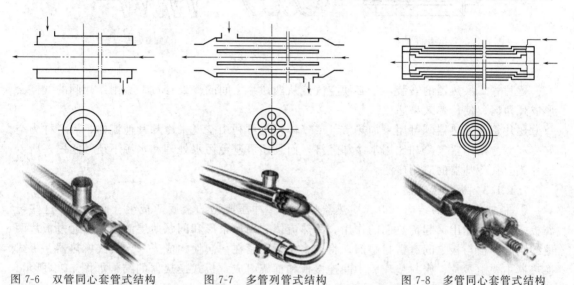

图 7-6　双管同心套管式结构　　图 7-7　多管列管式结构　　图 7-8　多管同心套管式结构

c. 多管同心套管式　图 7-8 所示为多管同心套管式换热器结构。它由数根直径不等的管同心配置组成，形成相应数量环形管状通道，产品及介质被包围在具有高热效的紧凑空间内，两者均呈薄层流动，传热系数大。整体有直管和螺旋盘管两种结构，由于采用无缝不锈钢管制造，因而可以承受较高的压力。

以上三种结构形式的换热器单元均可以根据需要组合成如图 7-9 所示的换热器组合体。

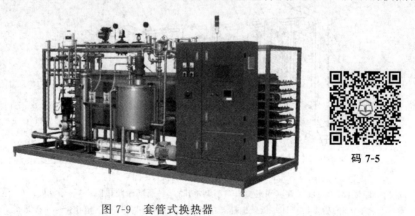

码 7-5

图 7-9　套管式换热器

（4）翅片管式换热器

在生产上常常遇到一种情况，换热器间壁两侧流体的表面传热系数相差颇为悬殊。例如，食品工业常见的干燥和采暖装置中用水蒸气加热空气时，管内的表面传热系数要比管外的大几百倍，这时宜采用翅片管式换热器。一般来说，当两种流体表面传热系数相差3倍以上时，宜采用翅片管式换热器。

翅片的形式很多，常见的有纵向翅片、横向翅片和螺旋翅片三种，见图7-10。

(a) 纵向翅片　　　　　　(b) 横向翅片　　　　　　(c) 螺旋翅片

图 7-10　翅片管的形式

翅片管式换热器的安装，务必使空气能从两翅片之间的深处穿过，否则翅片间的气体会形成死角区，使传热效果恶化。

翅片管式换热器既可用来加热空气或气体，也可利用空气来冷却其他流体，后者称为空气冷却器。采用空气冷却比用水冷却经济，而且还可避免污水处理和水源不足等问题，所以翅片式空气冷却器的应用广泛。

7.1.1.3　板式换热器

① 板式换热器的结构　板式换热器是由许多冲压成型的金属薄板组合而成的。这些金属板既起分隔作用又起传热面的作用。冷热流体分别呈条形和网状薄层湍流连续通过板片两侧的空间。板与板之间有密封垫圈，将许多块板压紧在一起便构成了一台板式换热器。板式换热器主要由板片、密封垫圈、中间连接板和框架组成，板式换热器的结构如图7-11所示。传热板15悬挂在导杆7上，前端为固定板3，旋紧后支架9上的压紧螺杆10后，可使压紧板8与各传热板15叠合在一起。板与板之间有橡胶垫圈13，以保证密封并使两板间有一定空隙。压紧后所有板块上的角孔形成流体的通道，冷流体与热流体就在传热板两边流动，进行热交换。拆卸时仅需松开压紧螺杆10，使压紧板8与传热板15沿着导杆7移动，即可进行清洗或维修。

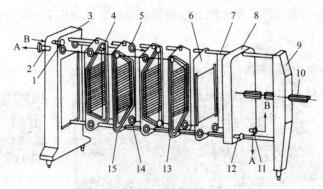

图 7-11　板式换热器组合结构

1,2,11,12—连接管；3—前支架（固定板）；4—上角孔；5—圆环橡胶垫圈；6—分界板；7—导杆；
8—压紧板；9—后支架；10—压紧螺杆；13—板框橡胶垫圈；14—下角孔；15—传热板

② 板式换热器加热原理与特点　如图7-12所示，表明了在板式换热器中的流动料液与热介质的热传递原理，料液流动方向为蓝色箭头所示，其流道两侧均为加热介质流道，且板

片的厚度约 3mm，所以传热系数高，热交换迅速。

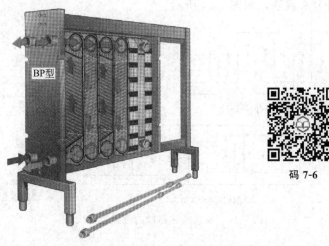

图 7-12　板式换热器的料液与介质的热传递原理

　　利用中间隔板可以将一台板式换热器分成若干段。这种分段可使流体食品的预热杀菌和冷却在一台板式换热器上完成，并可利用冷热流体之间的温差进行余热回收。如图 7-13 所示的换热器为三段结构，有两块中间隔板。原料产品首先由左边的中间隔板进入，经与杀菌保温的热流体进行逆流换热得到预热，然后进入逆流热水加热杀菌段。经过杀菌段并保温的流体由右边中间隔板引入，受到原料产品的预冷却，然后再由冷却段进一步冷却到预定的出料温度。可见中间段是一个余热回收段，既节约了预热所需的加热能量，又节省了冷却所需的冷却水量。

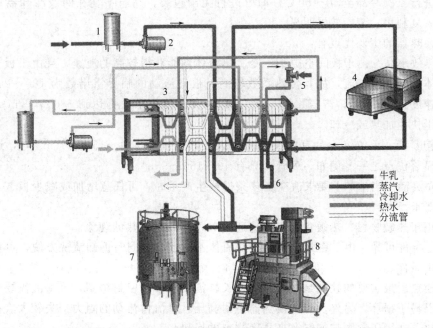

图 7-13　带余热回收的板式换热器超高温杀菌系统

1—平衡槽；2—供液泵；3—板式换热器；4—无菌均质机；5—蒸汽喷射加热器；6—保温管；
7—无菌储罐；8—无菌灌装机

为了进一步提高板式换热器的传热系数、调整换热时间，可在段内将换热板设计成不同组合，例如串联、并联和混联，如图 7-14 所示。

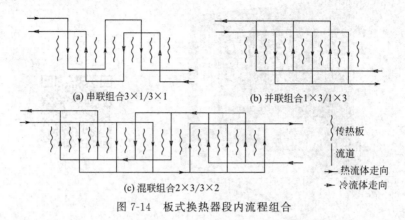

(a) 串联组合3×1/3×1   (b) 并联组合1×3/1×3

(c) 混联组合2×3/3×2

传热板
流道
热流体走向
冷流体走向

图 7-14 板式换热器段内流程组合

图 7-14(a) 的串联组合中，流体的流量与各流道内料液的流量相同；图 7-14(b) 的并联组合中，流体的流量是三个流道内料液流量的和；图 7-14(c) 的混联组合中，流体的流量是两个流道内料液流量的和，而加热介质的流量是三个流道内介质的流量和。

多个板片组合为一加热段或冷却段，段内流程的组合意味着流体在内段的传热板间的流速可以进行调整。板间流速的调整又可调整流体在板面的传热系数，也意味着流体在换热段内的滞留时间可以调整。因而可以方便地对冷热流体的换热条件进行优化。

图 7-13 所示为一利乐公司的五段片式换热器，牛乳由供液泵 2 打入板式换热器 3，首先在预热段被高温牛乳预热到 65℃，经无菌均质机 4 均质后进入换热器的加热段，温度迅速升高到 130℃，流经保温管 6 保温杀菌 5s，保温杀菌后的牛乳由冷却水进行一次冷却，再由新进牛乳进行二次冷却至 40～50℃，即可进行无菌包装，高温牛乳在两段冷却器中放出的热量都被重复利用，节能效果明显。

板式换热器的主要优点有：

a. 传热效率高　由于板间空隙小，冷、热流体均能获得较高的流速，且由于板上的凹凸沟纹，流体形成急剧湍流，故其传热系数较高。板间流动的临界雷诺数为 180～200。一般使用的线速度为 0.5m/s，雷诺数为 5000 左右，表面传热系数可达到 5800W/(m^2·K) 左右，故适于快速加热或冷却。

b. 结构紧凑　单位体积具有的换热面积大，其范围在 250～1500m^2/m^3 间，这是板式换热器的显著优点之一。例如，列管式只有 40～150m^2/m^3。

c. 操作灵活　当生产上要求改变工艺条件或生产量时，可任意增加或减少板数目，以满足生产的要求。

d. 适用于热敏物料　热敏食品以快速通过时，不致有过热的现象。

e. 卫生条件可靠　由于密封结构保证两流体不相混合，同时拆卸清洗方便，可保证良好的食品卫生条件。

板式换热器最主要的缺点是：密封周边长，需要较多的密封垫圈，且垫圈需要经常检修清洗，所以易于损坏。另外，板式换热器不耐高压，且流体流动的阻力损失较大。由于板间空隙小，故不适用于含颗粒物料及高黏度物料的换热。

板式换热器在食品工业应用极为广泛，特别适用于乳品和蛋白的高温短时杀菌和超高温杀菌。果汁加热、杀菌和冷却，麦芽汁和啤酒的冷却以及啤酒杀菌均可采用板式换热器。

7.1.2 直接式换热器

直接式换热器也称为混合式换热器，其特点是冷、热流体直接相互混合换热，从而在热交换的同时，还产生混合、搅拌及调和的作用。直接式与间接式相比，省去了传热间壁，因而结构简单、传热效率高、操作成本低。但采用这种设备只限于允许两种流体混合的场合。

食品加工中常见的直接式换热器有直接式蒸汽加热器和混合式蒸汽冷凝器。

7.1.2.1 直接式蒸汽加热器

直接式蒸汽加热器是蒸汽直接与液体产品混合的换热器。它有两种形式：蒸汽喷射式和蒸汽注入式。这两种加热器目前仅限用于质地均匀和黏度较低的产品。

蒸汽喷射加热器是通过喷射室将蒸汽喷射入产品的加热器，如图 7-15 所示。蒸汽高速喷射进入加热器的混合加热区，并对液体产品产生真空吸入作用，吸进的物料与热蒸汽混合后流出加热器，蒸汽也可通过许多小孔或者通过环状的蒸汽帘喷入。目前我国味精生产企业均用该装置对淀粉浆进行加热液化处理，液化效果好，可提高淀粉的利用率。

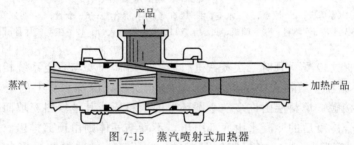

图 7-15　蒸汽喷射式加热器

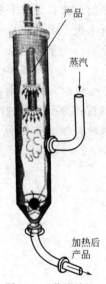

蒸汽注入式加热器是在充满蒸汽的室内注入产品的加热器，如料液以液滴或液膜的方式进入充满高压蒸汽的容器中，加热后的液体从底部排出，如图 7-16 所示。

直接加热的优点是加热非常迅速，产品感官质量的变化很小，而且大大地降低了（间接加热通常遇到的）结垢和产品灼伤问题。其缺点是，产品因蒸汽冷凝水的加入而体积增大，从而在保温管中的流速会受影响。因此，这种流速的改变在制定杀菌工艺规程时必须加以考虑。

根据生产要求，有时由蒸汽带入的水需要除去，以保持产品浓度不变。这通常在负压罐器内由闪蒸实现，通过控制罐内真空度可控制产品的最终水分含量。

就蒸汽质量而言，直接加热所用的水蒸气必须是纯净、卫生、高质量的，而且必须不含不凝结气体，因此必须严格控制锅炉用水添加剂的使用。

图 7-16　蒸汽注入式加热器

7.1.2.2 混合式蒸汽冷凝器

真空浓缩系统中产生的二次蒸汽一般都采用混合式冷凝器进行冷凝。它们都是在负压状态下利用冷却水直接与二次蒸汽混合，使二次蒸汽冷凝成水的。由于是负压状态，因此混合式冷凝器必须自身能产生真空，否则需要与真空系统相连接。常见的混合式蒸汽冷凝器有喷射式、填料式和孔板式三种（图 7-17）。

① 喷射式冷凝器　即所谓的水力喷射泵，它既有冷凝二次蒸汽的作用，也有抽吸不凝气体的能力，即产生真空的能力。

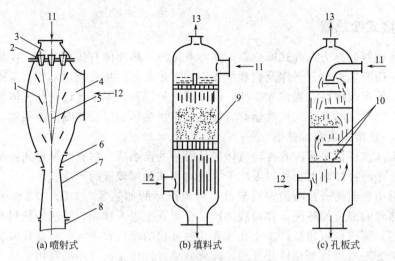

(a)喷射式   (b)填料式   (c)孔板式

图 7-17　混合式蒸汽冷凝器

1—向导挡板；2—喷嘴；3—水室；4—吸汽室；5—混合室；6—喉管；7—扩压管；
8—尾管；9—填料；10—筛板；11—水入口；12—蒸汽入口；13—不凝气体排出口

填料式和孔板式冷凝器只对二次蒸汽进行冷凝，因此需要与真空系统相配合。

② 填料式冷凝器　填料式冷凝器如图 7-17(b) 所示，冷却水从上部喷淋而下与上升的蒸汽在填料层内接触。填料层由许多空心圆环形的填料环或其他填料充填而成，组成两种流体的接触面。混合冷凝后的冷凝水由底部引出，不凝结气体则由顶部排出。

③ 孔板式冷凝器　孔板式冷凝器如图 7-17(c) 所示，它装有若干块多孔淋水板。淋水板的形式有交替安置的弓形式和圆盘-圆环式两种。冷却水自上而下顺次从通小孔流经各层淋水板，部分水也经淋水板边缘泛流而下。蒸汽则自下方引入，以逆流方式与冷水接触而被冷凝。少量不凝结气体和水汽混合物自上方排出，换热后的冷却水从下方尾管排出。

④ 低位和高位冷凝器　不论是孔板式或填料式直接冷凝器，当被冷凝的水蒸气来自真空系统时，冷凝器必须处于负压状态。因此，除需要为冷凝器提供真空以外，也需要用适当措施将冷凝器中的冷凝水排出。根据冷凝水排除方式，直接式冷凝器又分为低位式和高位式两种，如图 7-18 所示。

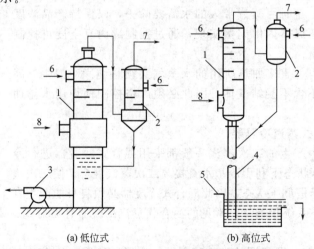

(a) 低位式   (b) 高位式

图 7-18　低位和高位冷凝器

1—冷凝器；2—辅冷凝器；3—抽水泵；4—气压管；5—溢流槽；6—冷却水进；7—不凝气出；8—蒸汽进

低位式冷凝器直接用泵将冷凝水从冷凝器内抽出，可以简单地安装在地面上，因而称为低位式冷凝器。

高位式冷凝器不用抽水泵，而是将冷凝器置于10m以上高度的位置，利用其下部长尾管（称为气压管，俗称大气腿）中液体静压头作用，在平衡冷凝器真空度的同时排出冷凝水。为了保证外部空气不致进入真空设备，气压管出口应淹没于地面的溢流槽中。

由图7-18可见，不论是低位式还是高位式冷凝器，大部分二次蒸汽带入的不凝性气体不能随冷凝水一起排除。因此，冷凝器的上部还必须与干式或湿式真空泵相接，以便把这部分气体抽走，从而保证系统的真空度要求。

换热器的种类繁多，各种换热器各自使用于某一种工况，为此应根据介质、温度、压力、使用场合不同选择不同种类的换热器，提高换热效率，提高产品加工质量，扬长避短，使之带来更大的经济效益。

7.2 热处理机械与设备

食品加工中，许多清洗过的果蔬原料，往往必须及时进行热处理。所谓热处理，就是用热水或蒸汽对果蔬物料进行短时加热并及时冷却。一些中式熟肉制品在调味烧煮以前，也往往需要用热水进行加热，以去除其中血沫。这些处理常称为预煮、热烫、烫漂或漂烫等。

热处理设备有间歇式和连续式两类。间歇式热处理设备中，使用最为普遍的是夹层锅。连续式热处理设备有多种类型，主要在于加热介质、输送方式和是否带冷却操作段等方面存在差异。

7.2.1 冷热缸

有些物料经加热器加热（或冷却）处理后，需较长时间的保温处理，常用冷热缸、保温罐和暂存槽等设备。冷热缸也称保温缸、老化缸、压力式储槽换热器。冷热缸的夹套内通入蒸汽，可实现对缸内料液的加热，可对料液进行巴氏杀菌；若通入的是冷却水，则可实现对缸内料液的冷却。冷热缸常用于配料，所以也叫调配缸或调配罐，缸的夹套可承受一定压力，一般额定工作压力为0.3MPa。冷热缸的内胆、夹层钢板厚度都较一般储槽式换热器为厚。此外，冷热缸一般都采用锚式搅拌机并垂直安装。冷热缸都装有安全阀门，以保证操作安全，其基本结构如图7-19所示。

图7-19中的内胆9一般由优质不锈钢制造，夹套10以前为内装蛇管和珍珠岩保温层，目前多做成螺旋式夹套，并注入聚酯形成成型的聚酯保温层保温。设备容积一般为300～5000L，工作温度一般为5～80℃。冷热缸常用于冰淇淋料液的老化、果汁加工的澄清罐、各种液体食品的调配罐。

7.2.2 夹层锅

夹层锅为食品厂的常用设备，常作预热、热烫、化糖、调配和浓缩用，常用的有可倾式夹层锅和固定式夹层锅两种，容积为150～1000L不等，如图7-20所示。夹层锅多以蒸汽为热源，也有配合过热油的电加热或燃气加热，具有受热面积大、加热均匀、加热温度容易控制、不会产生焦糊现象等特点。

夹层锅为压力容器，需有产品检验合格证方能使用，以预煮果蔬为例，其操作步骤如下：先检查压力表指针是否恢复零位（是否正常），清洗夹层锅，加入软化水，打开进气阀

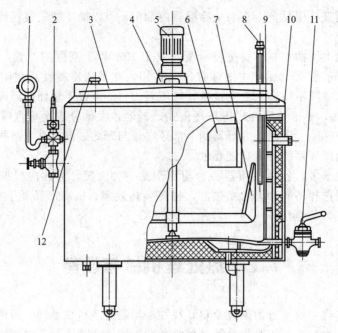

图 7-19　冷热缸
1—压力表；2—安全阀；3—缸盖；4—支架；5—减速电动机；6—导向板；
7—搅拌器；8—温度表；9—内胆；10—夹套；11—出料阀；12—进料口

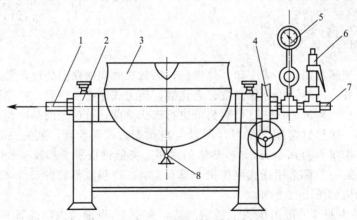

图 7-20　可倾式夹层锅
1—排气管；2—填料盒；3—锅体；4—倾覆装置；5—压力表；6—安全阀；7—进气管；8—排水阀（疏水器）

供蒸汽，打开排气阀排除空气（以提高传热系数），待出灰色蒸汽时关闭排气阀，进行升温升压加热，一般操作压力在 0.2MPa，一般不能大于额定工作压力 0.3MPa，温度达到要求时，加入果蔬等进行预煮，工作时装疏水器的夹层锅可自动排出冷凝水（否则需人工打开排水阀排出），操作结束后关闭进气阀。

　　当夹层锅用作加热黏稠性物料或其容器大于 500L 时，为防止粘锅和加强热交换，可在夹层锅上方装上搅拌器。一般搅拌器的叶片为桨式或与锅底弧形相同的锚式搅拌叶，转速一般为 10～20r/min，如图 7-21 所示。

　　对于生产黏度较大的产品或糊状产品，还可以使用带偏心搅拌的蒸汽夹层锅，如图 7-22所示。

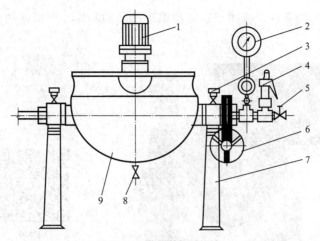

图 7-21　带搅拌的夹层锅

1—摆线针轮行星减速器（带电动机）；2—压力表；3—油杯；4—安全阀；

5—截止阀；6—手轮；7—脚架；8—泄水阀；9—锅体外胆

码 7-8

图 7-22　带搅拌的夹层锅外形图

图 7-22 所示 300L 的夹层锅外形尺寸：2545mm×1180mm×1555mm，蒸汽压力 0.18～0.29MPa，搅拌电动机功率为 0.75kW，液压电动机功率为 0.4kW，额定处理量为 150kg。搅拌桨叶和刮板的运动简图见图 7-23。

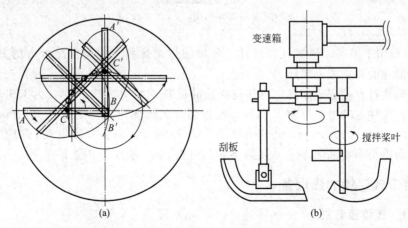

(a)　　　　　　　　　　　　(b)

图 7-23　搅拌桨叶和刮板的运动简图

对于没有流动性的年糕、饭团子、豆沙馅等产品的制作，可以使用图 7-24 所示的搅拌浓缩熟制设备。

码 7-9

图 7-24   搅拌浓缩熟制设备外形图

对于不耐热产品的加热可以使用真空式夹层锅，如图 7-25 所示。

码 7-10

图 7-25   真空式夹层锅外形图

图 7-25 是用于果酱、蔬菜汁、肉汁、各种液体调味料、羹类食品生产的真空夹层锅。还有带斜轴搅拌的真空式夹层锅。

能对液体物料自动完成加热、冷却与输送的设备，如图 7-26 所示，为 QSNV-600 型自动加热设备，搅拌电动机功率为 1.5kW，搅拌桨叶无级变速，转速为 8～25r/min；剪切叶轮 1 的转速为 1000～2000r/min，电动机功率为 7.5kW，锅盖升降电动机功率为 1.5kW，真空系统电动机功率为 3.7kW。该类设备容积可在 300～4000L 内选择。

7.2.3   链带式连续加热设备

7.2.3.1   连续预煮机

预煮也称烫漂或漂烫，通常指利用接近沸点的热水对果蔬进行短时间加热的操作，是果蔬保藏加工（如罐藏、冻藏、脱水加工）中的一项重要操作工序。预煮的主要目的是钝化酶或软化组织。处理的时间与物料的大小和热穿透性有关，例如，豌豆只需加热 1～2min，而整玉米需要处理 11min。

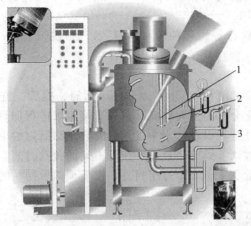

码 7-11

图 7-26　自动加热、冷却与输送设备外形图
1—剪切叶轮；2—温度传感器；3—搅拌桨叶

预煮可以在夹层锅内进行，但大批量生产时多用连续式预煮设备。根据物料运送方式不同，连续式预煮设备可以分为链带式和螺旋式两种。链带式预煮机又可根据物料需要加装刮板或多孔板料斗，其中以刮板式较为常用。

（1）刮板式连续预煮机

刮板式连续预煮机如图 7-27 所示，主要由煮槽、蒸汽吹泡管、刮板输送装置和传动装置等组成。刮板上开有小孔，用以降低移动阻力。包括水平和倾斜在内的链带行进轨迹由压轮规定。水平段内压轮和刮板均淹没于储槽热水面以下。蒸汽吹泡管管壁开有小孔，进料端喷孔较密，出料端喷孔较稀，目的在于使进料迅速升温至预煮温度。为避免蒸汽直接冲击物料，一般将孔开在管子的两侧，且这种开孔方式有利于水温趋于均匀。

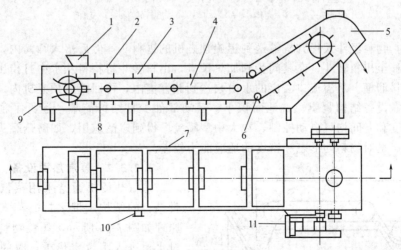

图 7-27　刮板式连续预煮机
1—进料斗；2—槽盖；3—刮板；4—蒸汽吹泡管；5—卸料斗；6—压轮；
7—煮槽；8—链带；9—舱口；10—溢流管；11—调速电动机

刮板式连续预煮机的工作过程为，通过吹泡管喷出的蒸汽将槽内水加热并维持所需温度。由升送机送入的物料，在刮板链的推动下从进料端随链带移动到出料端，同时受到加热预煮。链带速度可根据预煮时间要求进行调整。

这种设备的优点是物料形态及密度对操作影响较小，机械损伤少。但设备占地面积大，清洗、维护困难。

刮板式连续预煮机可适应（如蘑菇等）多种物料的预煮，如将链带刮板换成多孔板斗槽，则可以适应某些（如青刀豆等）物料的预煮操作要求。

（2）螺旋式连续预煮机

螺旋式连续预煮机的结构如图7-28所示，主要由壳体、筛筒、螺旋、进料口、卸料装置和传动装置等组成。蒸汽从进气管分几路从壳体底部进入直接对水进行加热。筛筒安装在壳体内，并浸没在水中，以使物料完全浸没在热水中；螺旋安装于筛筒内的中心轴上，中心轴由电动机通过传动装置驱动。通过调节螺旋转速，可获得不同的预煮时间。出料转斗与螺旋同轴安装并同步转动，转斗上设置有6～12个打捞料斗，用于预煮后物料的打捞与卸出。

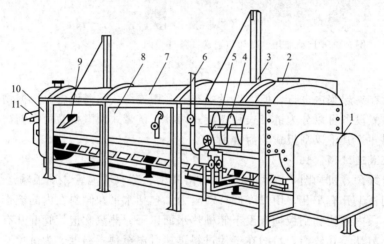

图 7-28　螺旋式连续预煮机

1—变速机构；2—进料口；3—提升装置；4—螺旋；5—筛筒；6—进气管；
7—盖；8—壳体；9—溢水口；10—出料转斗；11—溜槽

作业时，物料经斗式提升机输送到螺旋预煮机的进料斗，然后落入筛筒内，在运转螺旋作用下缓慢移至出料转斗，在其间受到加热预煮，出料转斗将物料从水中打捞出来，并于高处倾倒至出料溜槽。从溢流口溢出的水由泵送到储存槽内，再回流到预煮机内。

这种预煮设备结构紧凑、占地面积小、运动部件少且结构简单，运行平稳，水质、进料、预煮温度和时间均可自动控制，在大中型罐头厂得到广泛应用，如蘑菇罐头加工中的预煮。它的缺点是对物料的形态和密度的适应能力较差。

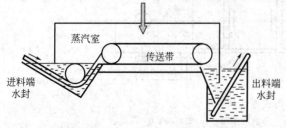

图 7-29　带水封的蒸汽热烫机的原理图

7.2.3.2　蒸汽热烫设备

蒸汽热烫机通常采用蒸汽隧道与传送带结合的结构，带水封的蒸汽热烫机工作原理如图7-29所示，颗粒物料由进料端通过水封进入蒸汽室热烫，时间取决于传送带的速度。产品在传送带上的堆积密度需要特别注意，它也是决定产品与蒸汽接触所需时间长短的因素。经过热烫的物料经出料端水封进行下一工序加工。水封使进出料过程确保蒸汽室内的蒸汽不外泄，节省能源。也有采用密封转鼓进出料装置的设备和用橡胶板防止蒸汽外逸的简易设备。

图 7-30 所示为两种典型的蒸汽热烫设备外形图。图 7-30（a）为带水封的蒸汽热烫机的外形图。图 7-30（b）所示的蒸汽热烫机，产品由转鼓进料装置引入到室内的传送带上。采用该装置可控制传送带上的物料流量，同时可节省热烫系统总的蒸汽耗量。蒸汽在隧道内均匀分布，并利用多支管将蒸汽送至传送带的关键区段。产品在另一端离开，并在邻近系统中冷却。

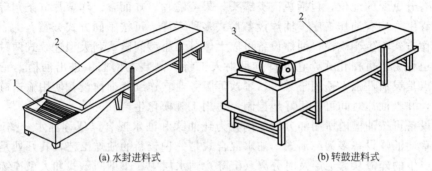

(a) 水封进料式   (b) 转鼓进料式

图 7-30　蒸汽热烫机

1—水封进料槽；2—绝热蒸汽室；3—转鼓进料装置

图 7-31 所示为蒸汽热烫机截面结构。其壳体和底均为双层结构，并且壳与底通过水封加以密封。蒸汽室的底呈一定斜度，可使蒸汽冷凝水流入水封槽溢出。

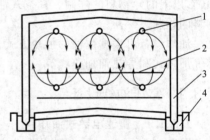

图 7-31　蒸汽热烫机截面结构

1—蒸汽分配管；2—传送带；3—绝热双层壁；4—水封

7.2.3.3　单体快速热烫系统

热烫后的产品需要及时进行冷却，一般生产线上热烫与冷却先后独立地完成。若将热烫与冷却结合在一套设备中，则可提高设备的能量利用率。这种将热烫与冷却结合起来的技术也称为 IQB（单体快速烫漂）技术。以下介绍一种 IQB 机流程。

图 7-32 所示为一种利用淋水与蒸汽结合的 IQB 热烫冷却系统。物料先用余热回收换热器加热的热水进行冲淋预热，然后由蒸汽进行热烫，最后由新鲜的冷水进行冷却。冷却段的水（温度已经上升）经过余热回收换热器，将热量传给预热段的水，从而有效地利用了热烫产生的余热。

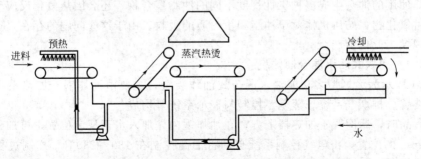

图 7-32　逆流式淋水预热-蒸汽热烫-淋水冷却系统流程

7.3 油炸设备

油炸熟制是一种在热油中煎炸食品的操作，在热油中，食品表面的水分迅速汽化，水分活度减小，内部与表面形成水分梯度，内部水分不断向外转移并汽化，当油温高水分转移速度慢时，表面水分减少极快，易形成干硬层，干硬层会阻止水分向外转移并使食品表面温度迅速升高以至达到油温，随后水分汽化层逐渐向内部迁移，温度慢慢趋向油温。油炸在食品和餐饮业有着重要的地位，包括鱼肉类罐头、果蔬脆片、炸面食、炸薯片（条）等许多产品的工艺流程中，均有油炸工序。油炸设备形式多种多样，可按不同方式分类。

按操作方式与生产规模，油炸设备可以大体分为小型间歇式和大型连续式两种。小型间歇式有时也称为非机械化式，它的特点是由人工将产品装在网篮中进出油槽，完成油炸过程，其优点是灵活性强，适用于零售、餐饮等服务业。连续式油炸设备使用输送链传送产品进出油槽，并且油炸时间可以很好地控制，适用于规模化生产。

油炸设备可按油槽内所用油分的比例分为纯油式和油水混合（或称油水分离）式两种。一般小型普通油炸设备多为纯油式。油水混合式是一种较新的油炸工艺，其好处是可以方便地将油炸产生的碎渣从炸油层及时分离（沉降）到水层中。小型间歇式和大型连续式的油炸设备都可采用油水混合工艺。

油炸设备按锅内压力状态可以分为常压式和真空式两种。常压式用于需要油温较高（如140℃以上的）物料的炸制。真空式油炸设备适用于油炸温度不能太高的物料，如水果蔬菜物料的炸制。

油炸设备可根据炸油的加热方式，分为煤加热式、油加热式、电加热式、蒸汽加热式、燃气加热式和导热油加热式等。

7.3.1 常压油炸设备

7.3.1.1 普通电热式油炸锅

图7-33所示为一种小型间歇式油炸设备，普遍应用于宾馆、饭店和食堂。一般电功率为7～15kW，炸笼容积5～15L。操作时，待炸物料置于炸笼内后放入油中炸制，炸好后连同物料篮一起取出。炸笼只起拦截物料的作用，而无滤油作用。为延长油的使用寿命，电热元件的表面温度不宜超过265℃。

这种油炸设备在工作过程中，全部油均处于高温状态，很快氧化变质，黏度升高，重复使用数次即变成褐色，不能食用；积存锅底的食物残渣，不但使油变得污浊，且反复被炸成炭屑，附着于产品表面使其表面劣化，特别是炸制腌肉制品时易产生对人有害的物质；高温长时间煎炸使用的油会生成多种毒性程度不同的油脂聚合物，还会因热氧化反应生成不饱和脂肪酸的过氧化物，妨碍机体对于油脂和蛋白质的吸收。由于这些问题的存在，这种设备不宜用于大规模工业化生产。

7.3.1.2 间歇式油水混合油炸机

图7-34所示为无烟型多功能油水混合式油炸装置，主要由油炸锅、加热系统、冷却系统、滤油装置、排烟气系统、蒸笼、控制与显示系统等构成。

炸制食品时，滤网置于加热器上方，在油炸锅内先加入水至规定位置，再加入油至高出加热器60mm的位置，由电气控制系统自动将油温控制在180～230℃。炸制过程产生的食品沉渣从滤网漏下，经水油界面进入下部的冷水中，积存于锅底，定期由排污阀排出，所产生的油烟通过排油烟管由脱排油烟装置排出。水平圆柱形加热器只在表面240℃范围发热，油炸锅外侧有高效保温材料，使得这种油炸锅有较高的热效率。水层由于通风管循环空气冷却作用可自动控制在55℃以下。油炸机上的蒸笼利用油炸产生的水汽加热，从而提高了这种设备的能量效率。

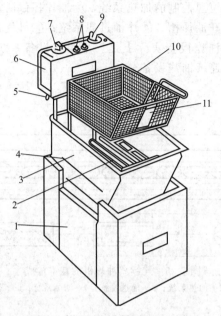

图7-33　小型间歇式油炸锅结构图

1—不锈钢底座；2—不锈钢电加热管；3—移动式不锈钢锅；4—油位指示计；5—最高温度设置旋钮；
6—移动式控制盘；7—电源开关；8—指示灯；9—温度调节旋钮；10—炸笼；11—篮支架

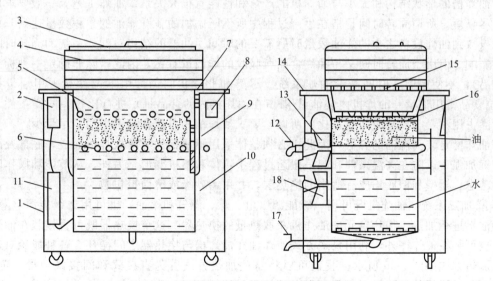

图7-34　无烟型多功能油水混合式油炸锅

1—箱体；2—操作系统；3—锅盖；4—蒸笼；5—滤网；6—冷却循环系统；7—排油烟管；8—温控显示系统；
9—油位指示器；10—油炸锅；11—电气控制系统；12—放油阀；13—冷却装置；14—蒸煮锅；
15—排油烟孔；16—加热器；17—排污阀；18—脱排油烟装置

这种设备具有限位控制、分区控温、自动过滤、自我洁净等功能，具有油耗量小、产品质量好等优点。

7.3.1.3 连续式油炸机

典型连续式油炸机如图 7-35 所示，至少有五个独立单元：①油炸槽，它是盛装炸油和提供油炸空间的容器；②带恒温控制的加热系统，为油炸提供所需的热能；③产品输送系统，使产品进入、通过、离开油炸槽；④炸油过滤系统；⑤排气系统，排除油炸产品产生的水蒸气。可见，一台连续油炸设备实际上是一个组合设备系统。组成单元形式方面的差异，导致出现了多种形式的连续油炸设备。

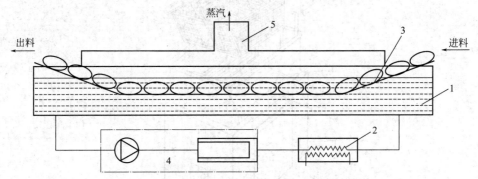

图 7-35　连续式油炸机的基本构成
1—油炸槽；2—加热系统；3—输送系统；4—滤油系统；5—蒸汽排除系统

① 油炸槽　它是油炸机的主体，一般呈平底船形（图 7-35），也有设计成其他形状的，如圆底的、进料端平头的等。它的大小由多项因素决定，包括生产能力、油炸物在槽内的时间、链宽、加热方式、滤油方式、除渣方式等。

油炸槽的形状结构和大小与油炸机的产量和性能有很大关系。油炸工艺上一般要求周转时间尽量短。所谓周转时间是指在生产过程中所不断添加的新鲜炸油的累积数量达到开机时一次投放到油炸设备之中的炸油数量时所需要的时间。油槽的结构对油炸系统的周转时间有直接影响。但由于周转时间又与油炸食品所吸收的炸油量有关，因此（除非确定一种标准油炸食品），不使用周转时间衡量油炸系统。尽管如此，我们仍可用单位食品占用油量指标（单位食品占用油量＝油炸机内装油量/滞留在油炸机内的食品量）进行比较，同样条件下单位食品占用油量与周转时间成正比。所以，要求油炸槽的单位食品占用油量尽量少。

油炸槽是装高温油的容器，因此，必须整体采用不锈钢优质厚板焊接而成，底部及两侧用槽钢加强，以防在高温条件和起吊搬运过程中箱体和整机变形。另外，从节能和操作防护角度考虑，槽壁和槽底均应有适当的绝热层，并用磨砂板或镜面板包敷。

② 加热系统　油炸机既可用一级能源（电、煤、燃气和燃油）也可用二级能源（蒸汽、导热油）进行加热。加热单元是油炸机获取热量的换热器。这个换热器既可直接装在油炸槽内，也可装在油炸槽外，利用泵送方式使炸油在油炸槽与换热器之间循环。各种能源对油炸机的加热方式如图 7-36 所示。我们可以将这些加热方式分为直接式和间接式两种。蒸汽、电能（通过热元件发热）可以直接引入油槽内对炸油进行加热，控制也很方便。煤、燃气和燃油虽然理论上也可直接加热，但从操作、控制和安全卫生的角度看，大型的连续式油炸机不宜采用直接式，而宜用导热油进行间接加热。直接式油炸机的热能效率比较高，但间接式油炸机有利于获得质量稳定的油炸产品。

③ 产品输送系统　连续式油炸机一般用链带式输送机输送。由于物性差异，油炸过程

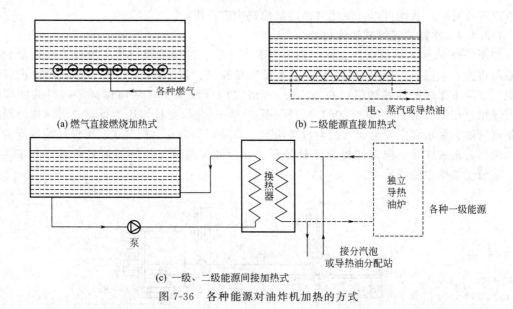

(a) 燃气直接燃烧加热式　　　　(b) 二级能源直接加热式

各种燃气

电、蒸汽或导热油

换热器

泵

独立导热油炉

各种一级能源

接分汽泡
或导热油分配站

(c) 一级、二级能源间接加热式

图 7-36　各种能源对油炸机加热的方式

中发生变化不同，因此，不同类型的产品需要配置不同数量和构型的输送带。图 7-37 所示为常见油炸食品类所用的输送带构型与配置。

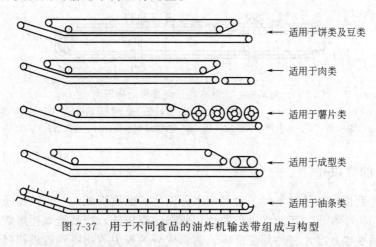

适用于饼类及豆类

适用于肉类

适用于薯片类

适用于成型类

适用于油条类

图 7-37　用于不同食品的油炸机输送带组成与构型

对一些产量较大的产品，还可以根据专门的工艺要求，制作成特殊的链带形式，如用不锈钢网（或孔板）冲制成一定形状的篮器，以保持油炸坯料得到完整的形状。另外，输送链的网带应不会对油炸的物料有黏滞作用。

④ 炸油过滤系统　油炸过程中会随时产生来自被炸食品的碎渣，这些碎渣若长期留在热的炸油中，会产生一系列的不良影响，如降低油的使用周期、影响食品的外观和安全性等。因此，所有连续油炸机必须有适当的炸油过滤系统，将碎渣及时地从热油中滤掉。如果采用间接式加热，则过滤器往往串联在加热循环油路上。

油水混合式机型，由于大量的碎渣已经进入水中，并有从下层水中排除碎渣的装置，因此，国产的油水混合式连续油炸机多不设热油过滤系统。

⑤ 水蒸气排除系统　油炸过程也是一种脱水操作过程。油炸过程中，会有相当量的物料水分汽化逸出，水汽会从整个油炸槽的油面上外逸。因此，油炸设备均有覆盖整个油炸槽面的罩子，在其顶上开有一个或一个以上的排气孔，排气孔与排风机相连接。一般，这种罩

子可以方便升降，从而可以方便地对槽内其他机构进行维护。

7.3.1.4　水滤式连续式油炸机

如图 7-38 所示，水滤式连续油炸机采用油水分层式油槽和双网带无级变速输送带。由电磁阀自控（水温）循环水机构、PID 油水温度自控仪、传感器和 XSM 转速仪等组成自控系统。双网带无级变速输送带可在 0.15～4min 之间任意调节，从而保证了物料的油炸时间，使物料在高温油层（170～200℃）表面下 2～3cm 处稳定且匀速运行，全面油炸。温控设备可对油温和水温实现全面温控与自动调节，并设有油温安全控制仪，可保证油料安全加热和机器的正常作业。绳索式提升装置提升方便，可对网带与加热器等部件进行可靠性检查，并清洗油槽中的残留物。

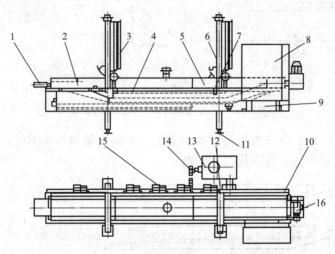

图 7-38　水滤式连续油炸机结构图

1—张紧调节装置；2—下网带；3—横担杆；4—上网带；5—罩盖；6—龙门架及提升机构；7—上下网带间隙调节螺栓；8—电控箱；9—油槽；10—减速器；11—地脚调节座；12—泵；13—辅助过滤油箱；14—电热偶；15—加热电阻；16—线盒

7.3.2　真空油炸设备

真空油炸是利用在减压的条件下食品中水分汽化、温度降低，在较低温条件下对食品油炸的操作技术。由于在真空环境中进行油炸，所需油温较低，产品受氧化影响减小，例如脂肪酸败、酶促褐变或食品本身的褐变反应、营养成分的损失等均得到有效控制。在负压状态下，以油作为传热媒介，食品内部的水分（自由水和部分结合水）会急剧蒸发而喷出，使组织形成疏松多孔的结构。其特点有：①连续恒低温油炸，炸制更均匀，片形更平整；②连续脱油，速度可调，含油率更低；③优化设计的不锈钢流体喷射真空泵使真空度稳定在 0.098MPa，产品达到最佳形状及色泽；④连续滤油、自动补油、自动清渣，油脂不劣变；⑤节省人力，减轻劳动强度，杜绝了人为影响产品质量的因素；⑥比间歇式节电约 30%，节煤约 40%。真空油炸尤其适用于含水量较高的果蔬物料炸制。

真空油炸系统设备通常是果蔬脆片等生产的关键设备，其基本结构要素包括以下四个单元。①较高效率的真空设备，可在短时间内处理大量二次蒸汽，并能较快建立起真空度不低于 0.092MPa 的真空条件；②机内脱油装置，可在真空条件下脱油，避免在真空恢复到常压时油质被压入食品的多孔组织中，以确保产品的较低含油量；③较大装料量的高密闭性的真空油炸釜，其蓄油量和换热面积应能与装料量相匹配；④温度、时间等参数的自动控制装置，避免人为因素造成产品质量的不稳定。因此，该系统配有真空油炸锅、机内真空脱油装置、强制热循环装置、温度自控系统（温度随意设定）、自动报警装置、真空站装置、冷却循环水装置、压缩空气系统、油过滤装置、储油装置等。图 7-39 为用于果蔬脆片加工的典型真空油炸系统。

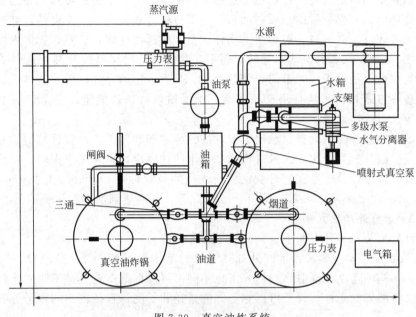

图 7-39　真空油炸系统

7.4　电加热设备

食品工业除使用蒸汽、热水作为热源外，还利用红外线、微波、电磁加热、电阻加热等设备对食品进行加热处理。其中远红外加热的应用最广，它的主要设备形式是焙烤行业的烤箱、烤炉。目前，微波加热设备应用最多的是家用微波炉，但由于其独特的介电加热优点，工业化规模的微波设备具有良好的发展前景。

7.4.1　远红外加热设备

红外线是一种不可见的射线，在电磁波谱中占有很宽的波段，介于可见光和微波之间，波长范围在 $0.75 \sim 1000 \mu m$ 之间。人们习惯把红外线分段为近红外和远红外线两部分，波长在 $2.5 \mu m$ 以上的称为远红外线。从 20 世纪 50 年代开始，短短的几十年里，应用远红外加热的技术得到了迅速发展。50 年代美国用红外灯技术烘干汽车的油漆，70 年代日本展开了红外加热技术研究，并提出了远红外 "匹配吸收加热的干燥理论"。80 年代辐射元件由原先的红外灯泡和碳化硅板发展到乳白石英管、微晶玻璃灯等。进入 90 年代，已出现远红外定向强辐射器，加热方式由密闭保温发展到了开放式保温，电能辐射转化率由 40% 提高到了 70% 以上。在我国，20 世纪 60 年代也进行了红外烤灯和碳化硅陶瓷远红外线的研究和应用工作。近年来，随着红外发射元件的不断改进和金属氧化物配方的不断优化，红外技术日趋完善。由于远红外加热与传统的蒸汽、热风和电阻等加热方法相比，具有加热速度快、产品质量好、设备占地面积小、生产费用低和加热效率高等许多优点。用它代替电加热，其节电效果尤其显著。为此，这项技术已广泛应用于油漆、塑料、食品、药品、木材、皮革、纺织品、茶叶、烟草等很多种制品或物料的加热熔化、干燥、整形、消费、固化等不同的加工中。

7.4.1.1 远红外加热原理

远红外加热是利用辐射能进行加热的过程，其能量通过辐射方式传递。在远红外线照射到被加热的物体时，一部分射线被反射回来，一部分被穿透过去。当发射的远红外线波长和被加热物体的吸收波长一致时，被加热的物体大量吸收远红外线，这时，物体内部分子和原子发生"共振"，产生强烈的振动、旋转，而振动和旋转使物体温度升高，达到了加热的目的。也正因为如此，加热干燥时不需要传热介质，具有一定的穿透能力。这样，远红外线加热与常规热传导方式相比，具有生产效率高、干燥质量好、省能量、安全、卫生、设备简单、易推广等优点。

应当指出的是红外辐射只有显示出电极性的分子才能起作用，对对称结构的分子没有电极性时不会发生红外辐射吸收。大量有机物和含水的物质对可见光吸收很弱，而对红外线则有强烈的吸收，如极性分子水在红外线区就有大量的吸收带：$0.94\mu m$、$1.13\mu m$、$1.47\mu m$、$2.66\mu m$、$2.74\mu m$、$3.2\mu m$、$6.3\mu m$ 及 $14\sim16\mu m$ 等，从而达到加热和干燥的目的。

7.4.1.2 远红外加热元器件

常见远红外加热器的种类如下。

① 金属管状加热器 金属管远红外加热元件的基体为钢管，管壁外涂覆一层远红外加热辐射涂料。不同的远红外辐射涂料的光谱也不同，可以根据需要选择不同的涂料，或选择由某种涂料涂覆的管状元件。管子可以有不同的直径和长度，直径较小的管子可以弯曲成不同形状。

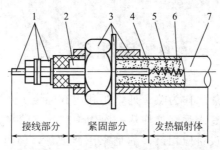

图 7-40　金属氧化镁远红外辐射管结构

1—接线装置；2—导电杆；3—紧固件；4—金属管；5—电热丝；6—氧化镁粉；7—辐射管表面涂层

图 7-40 所示为金属氧化镁远红外辐射管，其机械强度高、使用寿命长、密封性好。这种结构的元件可在烤炉外抽出更换，因此，在食品行业有广泛应用。但该元件表面温度高于600℃时，则会发出可见光，使远红外辐射率有所下降。另外，过高的温度还会使金属管外的远红外涂层脱落，长期作用下金属管会产生下垂变形，从而影响烘烤质量。最近人们发现在金属管表面涂上一层金属氧化物，比如氧化铁、氧化锆、氧化钛等，将大大提高红外辐射能量。

金属氧化镁远红外辐射管辐射特性如图 7-41 所示，可见其峰值在 $3\sim5\mu m$ 时与极性分子水的吸收带相一致。

② 碳化硅远红外加热元件 碳化硅是一种良好的远红外辐射材料。碳化硅的辐射光谱特性曲线如图 7-42 所示。在远红外波段及中红外波段，碳化硅具有很高的辐射率。碳化硅的远红外辐射特性和糕点的主要成分（如面粉、糖、食用油、水等）的远红外吸收光谱特性相匹配，加热效果好。

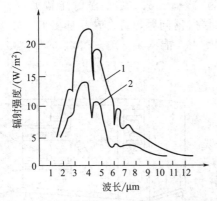

图 7-41　金属氧化镁远红外辐射管辐射特性
1—有涂料金属电热管；2—无涂料金属电热管

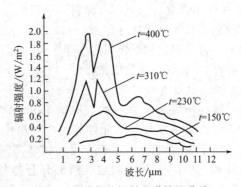

图 7-42　碳化硅辐射光谱特性曲线

如图 7-43 所示，碳化硅材料的远红外辐射元件可以做成管状。主要由电热丝及接线件、碳化硅管基体及辐射涂层等构成。因碳化硅不导电，因此不需充填绝缘介质。碳化硅远红外元件也可以做成板状，如图 7-44 所示。其基体为碳化硅，表面涂以远红外辐射涂料。

碳化硅辐射元件具有辐射效率高、使用寿命长、制造工艺简单、成本低、涂层不易脱落等优点。它的缺点是抗机械振动性能差，且热惯性大、升温时间长。

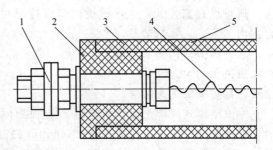

图 7-43　碳化硅管远红外辐射元件结构
1—接线装置；2—普通陶瓷管；3—碳化硅管；4—电阻丝；5—辐射涂层

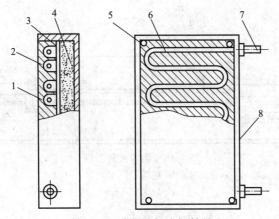

图 7-44　碳化硅板式辐射器
1—远红外辐射层；2—碳化硅板；3—电阻丝压板；4—保温材料；5—安装螺栓；6—电阻丝；7—接线装置；8—外壳

③ SHQ 乳白石英远红外加热元件　SHQ 元件由发热丝、乳白石英玻璃管及引出端组成。乳白石英玻璃管直径通常为 18～25mm，同时起辐射、支承和绝缘作用。SHQ 元件常与反射罩配套使用，反射罩通常为抛物线状的抛光铝板罩。

SHQ 元件光谱辐射率高，且稳定，波长 λ 在 3～8μm 和 11～25μm 之间，其辐射率 $\varepsilon =$

0.92；热惯性小，从通电到温度平衡所需时间为 $2\sim4\text{min}$；电能-辐射能转换率高（$\eta >$ 60%）。由于不需要涂覆远红外涂料，所以没有涂层脱落问题，符合食品加工卫生要求。

这种远红外加热元件可在 $150\sim850℃$ 下长期使用，能满足 $300\sim700℃$ 的加热场合，因此可用于焙烤、杀菌和干燥等的作业。

7.4.1.3 远红外加热设备

（1）箱式远红外线烤炉

箱式远红外线烤炉的一般结构如图 7-45 所示，主要由箱体和电热红外加热元件等组成。箱体外壁为钢板，内壁为抛光不锈钢板，可增加折射能力、提高热效率，中间夹有保温层，顶部开有排气孔，用于排除烘烤过程中产生的水蒸气。炉膛内壁固定安装有若干层支架，每层支架上可放置多个烤盘。电热管与烤盘相间布置，分为各层烤盘的底火和面火。烤炉设有温控元件，可将炉内温度控制在一定范围内。

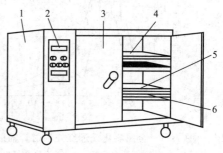

图 7-45 箱式烤炉
1—外壳；2—控制板；3—炉门；4—上层
支架；5—下层支架；6—红外加热管

这种烤炉结构简单、占地面积小、造价低，但电热管与烤盘相对位置固定，易造成烘烤产品成色不均匀。

（2）钢带隧道式烤炉

钢带隧道式烤炉是指食品以钢带作为载体，并沿隧道运动的烤炉，简称钢带炉。钢带靠分别设在炉体两端，直径为 $500\sim1000\text{mm}$ 的空心辊筒驱动。焙烤后的产品从烤炉末端输出并落入在后道工序的冷却输送带上。钢带炉外形如图 7-46 所示。由于钢带只在炉内循环运转，所以热损失少。通常钢带炉采用调速电动机与食品成型机械同步运行，可生产面包、饼干、小甜饼和点心等食品。其缺点是钢带制造较困难，调偏装置较复杂。此种烤炉通常以天然气、煤气、燃油及电为能源。

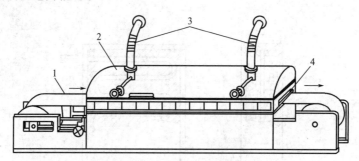

图 7-46 钢带炉外形图
1—输送钢带；2—炉顶；3—排气管；4—炉门

（3）网带隧道式烤炉

网带隧道式烤炉也简称网带炉，其结构与钢带炉相似，只是传送面坯的载体采用的是网带。网带由金属丝编制而成。网带长期使用损坏后，可以补编，因此使用寿命长。由于网带网眼空隙大，在焙烤过程中制品底部水分容易蒸发，不会产生油滩和凹底。网带运转过程中不易产生打滑，跑偏现象也比钢带易于控制。网带采用的热源与钢带炉基本相同。网带炉焙烤产量大、热损失小，多用于烘烤饼干等食品。该炉易与食品成型机配套组成连续生产线。网带炉的缺点是不易清洗，网带上的污垢易于粘在食品底部，影响食品外观质量。

（4）旋转式电加热热风循环烤炉

如图 7-47 所示，烤炉主要由箱体、电（或燃气）加热器、热风循环系统、抽排湿气系统、喷水雾化装置、热风量调节装置、旋转架、烤盘小车等组成。电动机通过减速器和一级齿轮传动带动炉内旋转架及其上面放置的烤盘小车匀速转动。循环风机将装有加热元件的燃烧室内的烘烤热风经送风道和若干个出口送入烘烤室，然后再送回燃烧室，通过这种热风的循环流动来达到均匀烘烤食品的目的。在烘烤室内安装有喷水雾化装置，可根据产品烘烤工艺要求，通过输水槽道进水预热后雾化，用以调节烘烤湿度，提高烘烤质量。根据需要，可利用排气系统排除烘烤室内的热蒸汽。由于采用了旋转架和热风循环系统，有效地解决了产品成色不匀的问题。

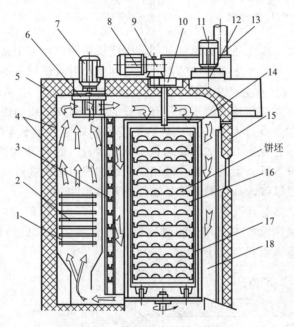

图 7-47　旋转式热风循环烤炉

1—燃烧室；2—加热元件；3—喷水雾化槽道；4—箱体内外壳；5—保温层；6—热风；7—热风循环风机；
8—传动电动机；9—减速器；10—传动齿轮；11—排风电动机；12—排风机；13—排气管；14—旋转架；
15—门；16—烤盘；17—烤盘小车；18—烘烤室

（5）链条隧道式烤炉

链条隧道式烤炉是指食品及其载体在炉内的运动靠链条传动来实现的烤炉，简称链条炉。链条炉结构如图 7-48 所示，其主要传动部分有电动机、变速器、减速器、传动轴、链轮等。炉体进出两端各有一水平横轴，轴上分别装有主动和从动链轮。链条带动食品载体沿轨道运动。

根据焙烤的食品品种不同，链条炉的载体大致有两种，即烤盘和烤篮。烤盘用于承载饼干、糕点及花色面包，而烤篮用于听型面包的烘烤。链条隧道炉出炉端一般设有烤盘转向装置及翻盘装置，以便成品进入冷却输送带，载体由炉外传送装置送回入炉端。由于烤盘在炉外循环，因此热量损失较大，不利于工作环境，而且浪费能源。

根据同时并列进入炉内的载体数目不同，链条炉又分为单列链条炉和双列链条炉两种。单列链条炉具有一对链条，一次进入炉内一个烤盘或一列烤篮。双列链条炉具有两对链条，同时并列进入炉内两个烤盘或两列烤篮。链条炉一般与成型机械配套使用，并组成连续的生

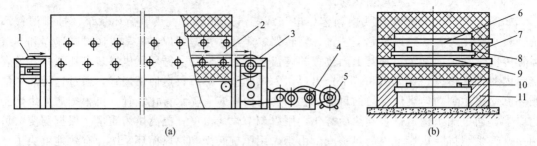

图 7-48 链条炉结构图

1—入炉端从动链轮；2—传动链条；3—出炉端主动链轮；4—减速传动装置；5—调速电动机；6—面火电热管；
7—炉体保温层；8—上链条轨道；9—底火电热管；10—下链条轨道；11—炉体基座

产线，其生产效率较高。因传动链的速度可调，因此适用面广，可用来烘烤多种食品。

远红外加热原理是当被加热物体中的固有振动频率和射入该物体的远红外线频率（波长在 5.6μm 附近）一致时，就会产生强烈的共振，使物体中的分子运动加剧，因而温度迅速升高。多数食品物料，尤其是其中的水分具有良好的吸收远红外线的能力。

目前，远红外线加热设备主要应用于烘烤工艺，此外也可用于干燥、杀菌和解冻等操作。由于食品物料的形态各异，且加热要求也不同，因此，远红外加热设备也有不同形式。总体上，远红外加热设备可分为两大类，即箱式的远红外烤炉和隧道式远红外炉。不论是箱式的还是隧道式的加热设备，其关键部件是远红外发热元件。

（6）蛋卷、饼类产品烘烤设备简介

国内蛋卷类产品烘烤设备主要用于蛋卷冰淇淋皮料的生产，此类设备的自动化程度较高，蛋卷制作工艺示意图如图 7-49 所示。

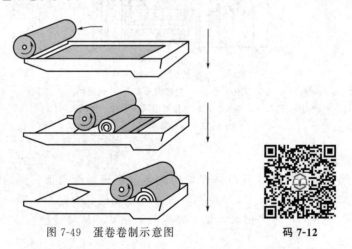

图 7-49 蛋卷卷制示意图

码 7-12

蛋卷生产设备的流程如图 7-50 所示。

ERS-H234R 型蛋卷类自动烘烤设备为蛋液充填、烘烤、成型、输送全自动化设备。搅拌机规格：搅拌缸容积 40L，有效容积 30L，搅拌机功率 0.1kW。加热充填装置规格：设备有效容积 33.8L，生产能力 50L/h（把 5℃的鸡蛋料液升温到 40℃），加热方式为一段循环式，搅拌泵消耗功率 0.1kW，输送泵消耗功率 0.4kW，温水加热器 3kW，调速装置功率 0.4kW，送料液速度 3～18L/min，外形尺寸 950mm×925mm×625mm。全自动烘烤机规格：滚子用电动机功率 90W，卷曲行走变速电动机功率 90W，加热器（电磁）7kW，产品输送带电动机 40W，压缩空气电动机 0.2kW，生产能力 120 个/h，外形尺寸 1960mm×1458mm×846mm，如图 7-51 所示。

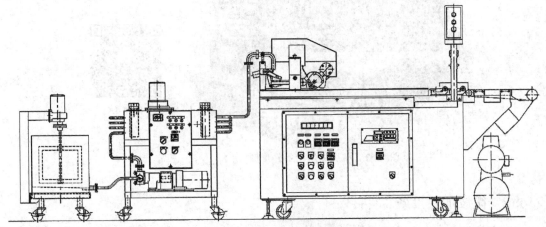

图 7-50　蛋卷生产设备流程图

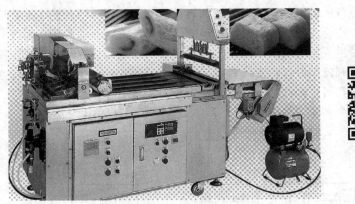

码 7-13

图 7-51　蛋卷生产设备外形图

国内饼类产品烘烤设备较少，多层饼类制作工艺流程如图 7-52 所示，图 7-53 为日本 EAW46103 型厚烧烘烤设备，厚烧尺寸 158mm×192mm，生产能力 600 个/h，外形尺寸 5160mm×1020mm×1660mm，加热器 200V(400W)×18 个，压缩机功率 3.7kW，天然气最大用量 158200kcal/h(1kcal/h=1.163W)，料液充填量 276～753mL。

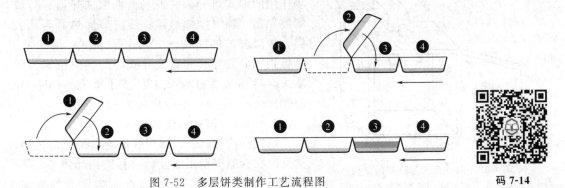

图 7-52　多层饼类制作工艺流程图

码 7-14

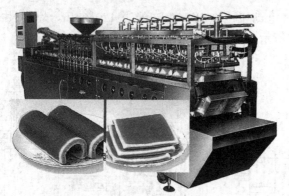

码 7-15

图 7-53　厚烧烘烤设备外形图

7.4.2　微波加热设备

微波加热属于一种内部生热的加热方式。微波透入物料内，与物料的极性分子相互作用，使其极性取向随着外电磁场的变化而变化，致使分子急剧摩擦、碰撞，使物料内各部分在同一瞬间获得大量热量而升温。因此，微波加热具有加热的即时性、整体性、选择性、高效性和安全性的特点，广泛应用于食品烹调、解冻、焙烤、干燥、杀菌等方面。

微波加热设备主要由直流电源、微波管、连接波导、加热器、冷却系统及保障系统等几个部分组成。微波管由直流电源提供高压并将其转换成微波能量。微波能量通过连接波导传输到加热器，对被加热物料进行加工。冷却系统用于对微波管的腔体及阴极部分进行冷却。保障系统用于设备的安全操作，如图 7-54 所示。

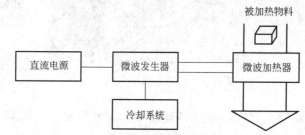

图 7-54　微波加热器的组成

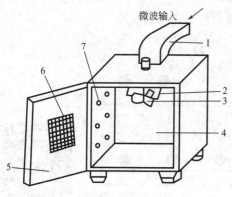

图 7-55　箱式微波加热器的结构
1—波导；2—反射板；3—搅拌器；4—腔体；
5—门；6—观察窗；7—排湿孔

微波加热设备可按不同方式分类。按照微波场作用的形式可分为驻波场谐振腔加热器、行波场波导器、辐射型加热器、慢波型加热器等几大类。按微波炉的结构形式可分为箱式、隧道式、平板式、曲波导式和直波导式等。其中箱式为间歇式，后四者为连续式。目前主要有 915Hz 和 2450Hz 两个微波频率在食品加热中应用。

7.4.2.1　箱式微波加热器

箱式微波加热器，属于驻波场谐振腔加热器，常见的如食品烹调用微波炉。其结构如图 7-55 所示，由波导、谐振腔、反射板和搅拌器等构成。谐振腔为矩形空腔，当每一边的长度都大于 $\lambda/2$

（λ 为所用微波波长）时，将从不同方位形成反射，不仅使物料各个方向均受到微波作用，同时穿透物料的剩余微波会被腔壁反射回介质中，形成多次加热过程，从而有可能使进入加热室的微波完全用于物料加热（图 7-56）。由于谐振腔为密闭结构，微波能量泄漏很少，不会危及操作人员的安全。这种微波加热器常用于食品的快速加热、快速烹调和快速消毒。

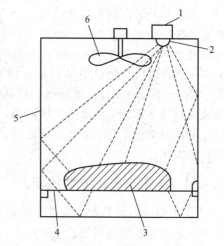

图 7-56　谐振腔微波加热原理
1—磁控管；2—微波辐射器；3—物料；
4—塑料台板；5—腔体；6—搅拌器

7.4.2.2　隧道式微波加热器

连续式微波加热装置有多种形式，分谐振腔式、波导式、辐射式和慢射式四种。其中隧道结构的谐振腔式较为简单，适用性也较大。

图 7-57 为防止微波能的泄漏辐射，在隧道的进出料口处设置有专门吸收可能泄漏微波能的水负载。这种加热器功率强大，为工业生产常用，可用于奶糕和茶叶的加工。

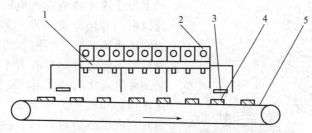

图 7-57　连续式多谐振腔微波加热器
1—辐射器；2—磁控管振荡源；3—吸收水负载；4—被干燥物料；5—传送带

7.4.3　高频解冻的原理及其设备的特点

解冻时热传递困难，热源放出的热量易积蓄在食品的表面，冻结食品的表面温度容易升高，这样不仅解冻时间长，而且会导致食品的品质降低。为了尽量限制表面热量的积蓄，必须在不提高外层解冻温度的同时，使冻制品内部的温度提高。从这一方面来考虑，使用高频波或微波的电磁波加热解冻，基本上可以达到把食品内外同时加热的目的。可以说是一种理想的解冻法，且解冻的食品仍能保持原来同样的结构和形状，表面无发黏、变色或焦化等现象。高频感应和微波加热解冻原理一样，当电磁波照射冻制品时，食品中的极性分子在高频电场中高速反复振荡，分子之间不断摩擦，使食品内各部位同时产生热量，在极短的时间内完成加热和解冻。

高频加热解冻具有自动控制解冻终点的特点，冻肉一般在 -20℃ 左右储藏，此时绝大部分水分形成非常坚实的冰结晶。这些冻肉解冻后大多用切片机等进行加工，此工序在 -3～ -5℃ 的半解冻状态最容易进行，为此解冻肉时常把温度上升到 -5℃ 就停止解冻，这种操作被广泛地使用。如前所述，在微波加热时，达到 0℃ 以上的完全解冻状态不但解冻不很均匀，而且易导致部分过热现象，高频感应加热解冻可有效地解决这一问题。因为高频加热时随着冻肉温度的上升，介电常数 ε_r 迅速增大，高频电压渐渐地难以施加于被解冻体，实践表明在 -5℃ 左右解冻速度减小，温度在 -2℃ 以上时，高频感应能失去解冻作用，即高频感应对冻制品解冻时有自动控制终点的作用。

目前国外研制的设备性能特点如下。①设备用 13.56MHz 的高频波源，解冻后食品内部温差很小，基本实现均匀解冻，解冻后汁液流失极少。②设备设置 3 台各自独立控制的高频波发生器，可以调整适合食品解冻的匹配高频波和输出功率。③冻品进入解冻机，解冻机上安装的高度检测器能对不同厚度的食品自动调节电极间的距离，有效地完成解冻作业。④可在 5～10min 迅速实现解冻，使从冻藏到解冻至下道工序能连续化作业。⑤冻制品可在包装的情况下解冻，能改善工作环境，操作卫生，细菌繁殖和污染较少。⑥设备用不锈钢制成，清洗简单卫生。⑦若计算机控制，设定不同的解冻条件，可实现食品在最适宜条件下的全自动解冻。

7.4.4 电阻与电感应加热器

① 电阻加热器是用得最广泛的加热方式，其装置具有外形尺寸小、重量轻、装拆方便等优点。在电加热夹层锅、电锅炉上广泛应用；在塑料袋包封机的加热封口器上有应用；在膨化机上由于电阻加热器是采用电阻丝加热机筒外表面然后再以传导的方式将热量传递到物料，而机筒本身很厚，会沿机筒径向形成较大的温度梯度，因而所需加热时间较长。

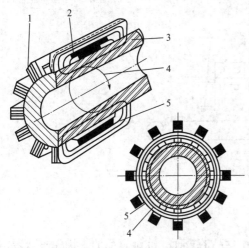

图 7-58　电感应加热器的原理结构
1—硅钢片；2—冷却液；3—机筒；
4—感应环流电；5—线圈

② 电感应加热器在电磁炉上应用；在膨化机上电感应加热是通过电磁感应在机筒内产生涡流电而直接使机筒发热的一种加热方法。电感应加热器的原理结构如图 7-58 所示。机筒的外壁隔一定间距配置有若干组外面包有线圈的硅钢片组成加热器。当将交流电源通入线圈时，在硅钢片和机筒之间形成一个封闭的磁环。硅钢片具有很高的磁导率，磁力线通过硅钢片所受磁阻很小，而作为封闭回路一部分的机筒其磁阻大得多。磁力线在封闭回路中具有与交流电源相同的频率，当磁通发生变化时，在封闭回路中产生感应电动势，从而引起二次感应电压及感应电流，即图 7-58 中所示的环形电流，机筒因通过涡流电而被加热。

电感应加热器在正确冷却和使用的情况下，其寿命比较长。在膨化机上由机筒直接对物料加热，预热升温的时间较短，在机筒的径向方向上温度梯度较小。加热器对温度调节的反应比电阻加热更灵敏，温度稳定性好。其不足之处是加热温度会受感应线包绝缘性能的限制，不适于加工温度要求较高的物料。

第**8**章

食品浓缩机械与设备

食品企业获得的液体食品原料，如鲜牛奶、压榨的果蔬汁、果蔬浆液、谷氨酸发酵液、淀粉糖浆、活性物质提取液等，都含有大量水分（约 $75\% \sim 99\%$）。为了增大营养成分及风味成分含量，利于结晶、赋形，便于运输、储存、后续加工和食用方便等，需要提高浓度减少水分，所使用的加工手段就是浓缩，即浓缩就是从溶液中除去部分溶剂的操作过程，这一工序在食品企业得到广泛应用。

常见的浓缩方法有加热蒸发浓缩、冷冻浓缩和膜浓缩等，不同浓缩方法的能量效率和浓缩程度如表 8-1 所示。常用的浓缩设备有：常压加热浓缩设备、真空浓缩设备、冷冻浓缩设备和反渗透浓缩设备等。

表 8-1　不同浓缩方法的能量效率和浓缩程度

浓缩方法	蒸汽当量（去除 1kg 水分要消耗的蒸汽量）/kg	可能的最大浓缩浓度/%
超滤	0.001（能量折算）	28
反渗透	0.028（能量折算）	30
冷冻浓缩	$0.090 \sim 0.386$（能量折算）	40
蒸发 不带风味回收的三效浓缩 带风味回收的三效浓缩	0.370 0.510 0.510	80 80 80

食品料液的性质对浓缩过程影响很大，选用浓缩设备与工艺时必须考虑的因素如下。

① 结垢性：有些溶液在加热浓缩时会在加热面上生成垢层，从而增加热阻，降低传热系数，严重时使设备生产能力下降，甚至因此停产。对易生成垢层的料液，最好选用料液在加热表面流速较大的浓缩设备。

② 热敏性：热敏物料受热后会引起物料中某些成分发生化学变化或物理变化而影响产品质量。因大部分饮料液属于热敏物料，故产品应采用保持时间短、蒸发温度低的浓缩设备。

③ 结晶性：有些溶液在浓度增加时，易有晶粒析出且沉积于传热面上，从而影响传热效果，严重时会堵塞加热管。要使溶液正常蒸发，需要选择带搅拌器的或强制循环蒸发器，用外力使结晶保持悬浮状态。

④ 黏滞性：有些料液浓度增加，黏度也随着增加，使流速降低，传热系数减小，生产能力下降。故对黏度较高的料液，需要选用强制对流或成膜型的浓缩设备。

⑤ 发泡性：浓缩过程中产生的气泡易被二次蒸汽夹带排出，增加产品的损耗，同时不利于二次蒸汽的逸出，并会污染其他加热设备，严重时造成无法操作。因此，发泡性溶液蒸

发浓缩时，应降低蒸发器内二次蒸汽的流速，以减少发泡的现象，或设置消除发泡和能进行泡沫分离回收的蒸发器，一般采用料液流速较大的蒸发器。

⑥ 腐蚀性：蒸发腐蚀性较强的料液时，应选用防腐蚀材料制成的设备或是结构上采用更换方便的形式，使受到腐蚀的构件易于更换。

针对以上选用原则，饮料加工业中的浓缩方法有真空浓缩、冷冻浓缩以及在膜技术基础上的超滤浓缩和反渗透浓缩。其中，真空浓缩是最常用的方法。

8.1 真空浓缩设备

8.1.1 真空浓缩的原理

溶液受热时，溶剂分子获得动能，当某些溶剂分子所获得的动能足以克服分子间引力时，就会逸出液面，成为蒸汽分子。如果热能不断地供给，生成的蒸汽不断地排除，溶剂的汽化将持续地进行。为了提高这种汽化速度，大多采用将溶液加热至沸腾状态。考虑到避免加热对物料品质和色香味的影响，广泛采用 8~18kPa 低压状态下的真空浓缩，以蒸汽间接加热方式对料液加热，使其在低温下沸腾蒸发。并且，由于所用蒸汽与沸腾液料的温差大，在相同传热条件下，比常压蒸发时的蒸发速率高。

8.1.2 真空浓缩设备的分类

真空浓缩设备的形式很多，一般可按下列方法分类。

① 根据加热蒸汽与二次蒸汽被利用的次数，可将真空浓缩设备分为单效浓缩设备、二效浓缩设备、多效浓缩设备以及带有热泵的浓缩设备。食品工厂的多效设备，一般采用双效、三效，有时还带有热泵装置。效数越多，热能的利用率越高，但设备的投资费用也越高。

② 根据料液在设备中的流程不同，可将该类设备分为循环式与单程式。其中，循环式又分为自然循环和强制循环。循环式比单程式的热能利用率高。

③ 按料液蒸发时的分布状态，可分为薄膜式和非膜式。薄膜式是指料液在蒸发时呈薄膜状蒸发，主要有升膜式、降膜式、片式、刮板式、离心式等形式，具有蒸发面积大、热能利用率高、水分蒸发速度快的特点，但结构较复杂；非膜式则是指料液蒸发时，在蒸发器内聚集在一起，只是翻滚或在管间流动，形成大蒸发面，主要有盘管式浓缩器、中央循环管式浓缩器等。薄膜式和非薄膜式浓缩设备的加热器结构形式有明显的不同。

8.1.3 真空浓缩设备操作流程

8.1.3.1 单效真空浓缩设备操作流程

单效就是二次蒸汽直接冷凝，不再利用其冷凝热的蒸发浓缩操作过程。这是由一台浓缩锅和冷凝器及抽真空装置组合而成的。料液进入浓缩锅后，加热蒸汽对料液进行加热浓缩，二次蒸汽进入冷凝器冷凝，不凝结气体由真空装置抽出，使整个浓缩装置处于真空状态。料液根据工艺要求的浓度，可间歇或连续排出。目前，在果酱类生产或产量小的浓缩设备中，采用这种流程较多。

8.1.3.2 多效真空浓缩设备操作流程

多效就是二次蒸汽引到下一浓缩器作为加热蒸汽，再利用其冷凝热蒸发浓缩的操作过程。常见的流程有以下几种。

① 顺流法　如图 8-1 所示为顺流多效设备流程简图,是最为常用的一种多效真空浓缩设备操作流程。蒸汽和料液的流动方向一致,均依效序自第 1 效到末效。由于蒸发室压力依效序递减,故料液在效间流动不需要泵,这是顺流法的一大优点。由于料液沸点依效序递降,因而当前效料液进入后效时,便在降温的同时放出其显热,供一小部分水分汽化,增加蒸发器的蒸发量。在顺流法下操作,料液浓度依效序递增。高浓度料液处于低温时对于浓缩热敏性食品是有利的,但料液的黏度显著升高使末效蒸发增加困难。

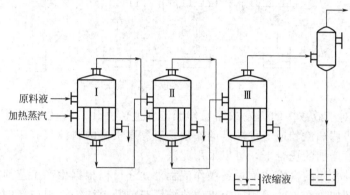

图 8-1　顺流多效设备流程简图

② 逆流法　此法料液和蒸汽的流动方向相反,如图 8-2 所示为逆流多效设备流程简图。即原料液由最后一效进入,依次用泵送入前效,最后的浓缩制品从第一效排出。逆流法的优点是随着料液向前效流动,浓度愈来愈高,而蒸发温度也愈来愈高,故黏度的增加没有顺流法的显著。这对改善循环条件,提高传热系数均有利。值得注意的是高温加热面上浓溶液的局部过热有引起结焦和营养物质破坏的危险。逆流法的缺点是效间料液的流动要用泵来输送,同时与顺流法相比较,水分蒸发量稍减。另外,料液在高温操作的浓缩器内停留时间要较顺流为长。

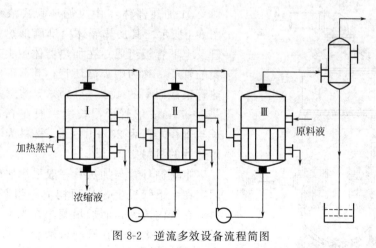

图 8-2　逆流多效设备流程简图

③ 平流法　此法每效都平行加入料液和排出成品,如图 8-3 所示。此法只用于蒸发浓缩操作进行的同时有晶体析出的场合,如食盐溶液的浓缩。这种方法对结晶操作较易控制,并省掉了黏稠晶体悬浮液的效间泵送。

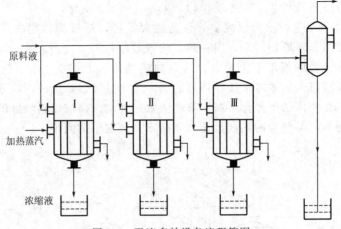

图 8-3 平流多效设备流程简图

④ 混流法　对于效数多的蒸发浓缩操作顺流和逆流并用，有些效间用顺流，有些效间用逆流。此法起协调顺流和逆流优缺点的作用，对黏度极高的料液很有用处，特别是在料液黏度随浓度而显著增加的场合下，可以采用此法。

除了以上几种常用的真空浓缩设备操作流程外，还可以根据生产工艺的需要，采用一些其他操作流程。例如：在末效采用一个单效浓缩锅与前几效浓缩锅组成新的流程，它有利于克服末效溶液浓度较大、流动性差的缺点，在末效采用生蒸汽或热泵加热，以提高其温度，强化传热效果，但是增加生蒸汽的消耗量。

8.1.4　单效真空浓缩设备

8.1.4.1　中央循环列管式浓缩锅

食品料液经过由沸腾管及中央循环管所组成的竖式加热管面进行加热，由于传热产生重度差，形成了自然循环，液面上的水汽向上部负压空间迅速蒸发，从而达到浓缩的目的。

（1）设备主要构造

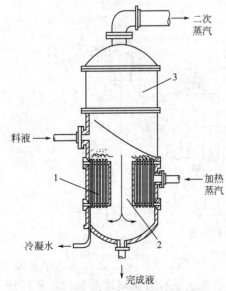

图 8-4　中央循环管式浓缩器
1—加热室；2—中央循环管；3—蒸发室

① 加热器体　中央循环管式浓缩器的结构如图 8-4 所示。其加热器体由沸腾加热管和中央循环管及上下管板组成。在加热器体中央有一根直径较大的管子，称为中央循环管，其截面积一般为总加热管束截面积的 40%～100%。沸腾加热管多采用 $\phi25～75mm$ 的管子，长度一般在 0.6～2.0m，管长与管径之比为 20～40∶1，材料为不锈钢或其他耐腐蚀的材料。

中央循环管与加热管一般采用胀管法或焊接法固定在上下管板上，从而构成一组竖式加热管束。料液在管内流动，而加热蒸汽在管束之间流动。为了提高传热效果，在管间可增设若干个挡板或抽去几排加热管，形成蒸汽通道，同时，配合不凝结气体排出管的合理分布，有利于加热蒸汽均匀分布，从而提高传热及冷凝效果。加热体外侧都有不凝结气体排出管、加热蒸汽管、冷凝水排出管等。

② 蒸发室　蒸发室是指料液液面上部的圆筒空间。料液经加热后汽化，必须具有一定高度和空间，使气液进行分离，二次蒸汽上升，溶液经中央循环管下降，如此保证料液不断循环和浓缩。蒸发室的高度，主要根据防止料液被二次蒸汽夹带的上升速度所决定，同时考虑清洗、维修加热管的方便，一般为加热管长的 1.1~1.5 倍。

在蒸发室外壁有视孔、人孔、洗水、照明、仪表、取样等装置。在顶部有捕集器，使二次蒸汽夹带的液汁进行分离，保证二次蒸汽的洁净，减少料液的损失，且提高传热效果。二次蒸汽排出管位于锅体顶部。

（2）设备特点

中央循环管蒸发器具有结构紧凑、制造方便、操作可靠等优点，有所谓"标准蒸发器"之称。但实际上，由于结构上的限制，其循环速度较低（一般在 0.5m/s 以下）；而且由于溶液在加热管内不断循环，使其浓度始终接近完成液的浓度，因而溶液的沸点高、有效温度差减小。此外，设备的清洗和检修也不够方便。

8.1.4.2　盘管式浓缩锅

（1）盘管式浓缩设备的结构与操作

盘管式蒸发器是一种非膜式的结构较简单的浓缩设备，其结构如图 8-5 所示，系统图见图 8-6，主要由盘管式加热器、蒸发室、泡沫捕集器、进出料阀及各种控制仪表组成。

锅体为立式圆筒密闭结构，上部空间为蒸发室，下部空间为加热室。加热室设有 3~5 层加热盘管，总高度占蒸发室高度的

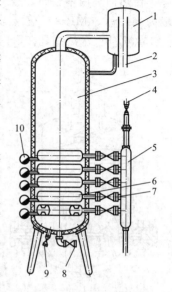

图 8-5　盘管式浓缩设备
1—泡沫捕集器；2—二次蒸汽出口；
3—气液分离室；4—蒸汽总管；
5—加热蒸汽包；6—盘管；
7—分气阀；8—浓缩液出口；
9—取样口；10—疏水器

40%，每层盘管 1~3 圈，每盘均有单独的蒸汽进口，通过对阀门的调节来控制蒸汽的流量。各层蒸汽的冷凝水，均通过该层单独的疏水器排出，盘管的温度均匀，同时，热能的效率高。

操作时，先加入物料，待料液浸没盘管后，自下而上打开蒸汽阀门。在浓缩时，应当控制好进料量，并与蒸发速度相等，保持一定的液位。当蒸汽蒸发加热盘管露出液面时，则应该关闭该层的加热盘管阀门，以调节加热面，并控制好加热温度，避免产生结垢、焦管现象。

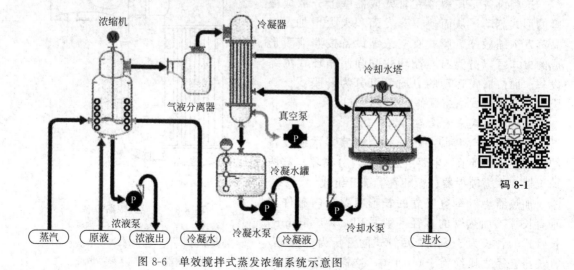

图 8-6　单效搅拌式蒸发浓缩系统示意图

（2）盘管式浓缩设备的特点

①结构简单，操作稳定，易于控制。②由于热管较短，管壁温度均匀，冷凝水能及时排除，传热面利用率较高，蒸发速率快。由于盘管结构尺寸较大，加热蒸汽压力不宜过高，一般为 0.4~0.6MPa。一般蒸发量为 1200L/h 的浓缩设备，在生产乳粉时，其实际蒸发量可达 1500L/h。③浓缩乳在锅内混合均匀，其质量均匀一致，而且在制造高浓度的产品时，也无碍操作，不至于产生奶垢，故特别适用于黏稠性物料的浓缩。④可根据牛乳的数量或锅内浓缩乳液位的高低，任意开启多排盘管中某几排的加热蒸汽，并调整蒸汽压力的高低，以满足生产或操作的需要。⑤该设备是间歇出料，浓缩乳或液料受热时间较长，在一定程度上对产品品质有影响。⑥盘管为扁圆形截面，液料流动阻力小，通道大，适于黏度较高的液料。

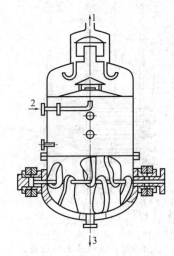

图 8-7　带搅拌的夹套
式真空浓缩锅
1—二次蒸汽；2—料液；
3—浓缩液

8.1.4.3　带搅拌的夹套式真空浓缩锅

① 带搅拌的夹套式真空浓缩锅的结构　其结构如图 8-7 所示。由上锅体与下锅体组成，下锅体的底部为夹套，内通蒸汽，锅内装有横轴式搅拌器，转速为 10~20r/min，以强化物料的循环，不断更新加热面外的料液。上锅体设有料孔、视镜、照明、仪表及气液分离器等装置。产生的二次蒸汽由水力喷射器或其他真空装置抽出。

② 带搅拌的夹套式真空浓缩锅的工作过程　操作开始时，先通入加热蒸汽于锅内赶出空气，然后开动抽真空系统，造成锅内真空，当稀料液吸入锅内，达到容量要求后，即开启蒸汽阀门和搅拌器。经取样检验，达到所需浓度时，解除真空即可出料。

③ 带搅拌的夹套式真空浓缩锅的特点　这种浓缩锅的主要优点是结构简单，操作控制容易。缺点是传热面积小，受热时间较长，生产能力低，不能连续生产。它适宜于浓料液和黏度大的料液增浓，如果酱、牛奶等。

8.1.4.4　膜式真空浓缩设备

这类设备是使料液在管壁或器壁上分散成液膜的形式流动，从而使得蒸发面积大大增加，提高蒸发浓缩效率。膜式真空浓缩设备按照液膜形成的方式可以分为自然循环式和强制循环式浓缩设备。而按液膜运动的方向又可分为升膜式、降膜式及升降膜式浓缩设备。

（1）升膜式浓缩设备

①升膜式浓缩设备的结构　升膜式浓缩设备结构如图 8-8 所示。主要由加热器、分离器、雾沫捕集器、水力喷射器、循环管等部分组成。

加热器为一垂直竖立的长形容器，内有许多垂直长管。加热管的直径一般采用 $\phi30~50mm$，长管式的管长为 6~8m，短管式的管长为 3~4m，管长与管径之比约为 100~150，这样才能使加热

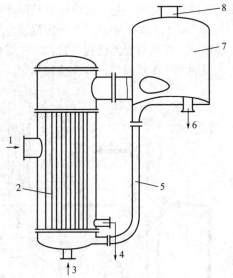

图 8-8　升膜式浓缩设备
1—蒸汽进口；2—加热管；3—料液进口；
4—冷凝水出口；5—下导管；6—浓缩液出口；
7—分离器；8—二次蒸汽出口

面供应足够成膜的气流。事实上，由于蒸发流量和流速是沿加热管上升而增加，故爬膜工作状况也是逐渐形成的。因此，管径越大，则管子需要越长。但是长管加热器的结构较复杂，壳体应考虑热胀冷缩的应力对结构的影响，需采用浮头管板，或在加热器壳体加膨胀圈，故加热管的长径比应有所控制。

② 升膜式浓缩设备的工作原理　升膜式浓缩设备工作时，料液自加热器的底部进入加热管，其在加热管内的液位仅占全部管长的 $1/5\sim1/4$，加热蒸汽在管外对料液进行加热沸腾，并迅速汽化，产生大量二次蒸汽，在管内高速（$100\sim160\text{m/s}$）上升，将料液挤向管壁。二次蒸汽的数量沿加热管长度方向由下而上逐渐增多，从而使料液不断地形成薄膜。在二次蒸汽的诱导及分离器高真空的吸力下，被浓缩的料液及二次蒸汽以较高的速度沿切线方向进入分离器。

在分离器的离心力作用下，料液沿其周壁高速旋转，并均匀地分布于周壁及锥底上，使料液表面积增加，加速了水分的进一步汽化；二次蒸汽及其夹带的料液液滴，经雾沫分离器进一步分离后，二次蒸汽导入水力喷射器冷凝，分离得到的浓缩液则由重力及位差作用，沿循环管下降，回到加热器底部，与新进入的料液自行混匀后，一并进入加热管内，再次受热蒸发，如此反复。

经数分钟后，料液被浓缩后的浓度即可达到要求，此时，一部分达到浓缩浓度的浓缩液在循环管处由出料泵连续不断地抽出，另一部分未达到浓缩浓度的浓缩液则仍回加热器底部继续与新进入的料液混合，再度加热蒸发。

出料后，其进料量必须与出料量及蒸发量相平衡，正常操作时，由分离器沿循环管下降的浓缩液浓度应始终达到预定的工艺要求，否则排出的浓缩液浓度将不符合工艺要求，这主要借调整出料量的大小来加以控制。

③ 升膜式浓缩设备的操作　当料液自加热器的底部进入后，由于真空及料液自蒸发（超过沸点进料时）的作用，片刻后，料液自分离器的切线入口处喷出，一经料液喷出后，即开启加热蒸汽，于是料液循环加剧，并相应减少进料量，待操作正常后，重新调整进料量及加热蒸汽的压力，一般经 $5\sim10\text{min}$ 的浓缩，达到浓缩浓度要求后就可以出料。

操作时，要很好地控制进料量，一般经过一次浓缩的蒸发水分量，不能大于进料量的 80%。如果进料量过多，加热蒸汽不足，则管的下部积液过多，会形成液柱上升而不能形成液膜，失去液膜蒸发的特点，使传热效果大大降低。如果进料量过少，则会发生管壁结焦现象。料液最好预热到接近沸点状态时进入加热器，这样会增加液膜在管内的比例，从而提高沸腾和传热系数。

④ 升膜式浓缩设备的特点　a.结构简单，占地面积小，设备投资少。b.生产能力大，传热系数高，传热系数可高达 $1745\text{W}/(\text{m}^2\cdot\text{K})$。c.热能利用率较盘管式浓缩设备高，而蒸汽消耗量低。d.可连续出料，相应地缩短了料液的受热时间，有利于提高产品的质量。e.设备内基本上无料液，由物料静压强引起的浓缩液的沸点升高几乎为零，从而提高了热媒与料液间的温度差，增加了传热量，加快了蒸发速率。f.生产需要连续进行，应尽量避免中途停车，否则易使加热管内表面结垢，甚至结焦。g.由于料液在管内速度较高，故特别适用于易起泡沫的物料，而不适宜于黏稠性或高浓度的物料浓缩。h.该设备检修方便，但管子较长，清洗较不方便。

（2）降膜式浓缩设备

① 降膜式浓缩设备的结构　降膜式浓缩设备与升膜式浓缩设备一样，都属于自然循环的液膜式浓缩设备，其结构如图 8-9 所示。降膜式与升膜式浓缩设备的结构相似，其主要区别是料液从加热器顶部加入，经分配器导流管分配进入加热管，沿管壁成膜状向下流，故称

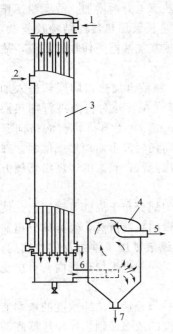

图 8-9　降膜式浓缩设备

1—料液入口；2—蒸汽入口；3—加热器；4—分离器；5—二次蒸汽出口；6—冷凝水；7—浓缩液出口

降膜式。为了使料液能均匀分布于各管道，并沿管内壁流下，在管的顶部或管内安装有降膜分配器，其结构形式有多种，如图 8-10 所示。

a.锯齿式　这是将加热管的上方管口周边切成锯齿形，如图 8-10(a) 所示，以增加液体的溢流周边。当液面稍高于管口时，则可以沿周边均匀地溢流而下。由于加热管管口高度一致，溢流周边较大，致使各管子间和其各向溢流量较均匀。当液位稍有变化时，不致引起很大的溢流差别，但当液位变化较大时，料液的分布还是不够均匀。

b.导流棒式　如图 8-10(b) 所示，在每一根加热管的上端管口插入一根圆锥形的导流棒，此圆锥体底部内凹，以免锥体表面流下的液体再向中央聚集，棒底与管壁有一定的均匀间隙，液体在均匀环形间隙中流入加热管内壁，形成薄膜。这样，液体在流下时的通道不变，分布较均匀，但流量受液面高度变化影响，且当料液中有较大颗粒时会造成堵塞。

c.旋液导流式　使液体沿管壁周围旋转向下，可减少管内各向物料的不均匀性，同时又可增加流速，减薄加热表面的边界层，降低热阻，提高传热系数。使液体旋转进入加热管的方法有两种：一是螺纹导流管，如图 8-10(c) 所示，它在各加热管口插入刻有螺旋形沟槽的导流管，当液体沿沟槽流下时，则使液体形成一个旋转的运动方向，沟槽的大小应根据料液的性质而定，若沟槽太小，阻力增加，易造成堵塞。二是切线进料旋流器，如图 8-10(d) 所示，旋流器插放在各加热管口上方，液体以切线方向进入形成旋流，但要注意各切线进口的均匀分布，否则会互相影响造成进料不均。

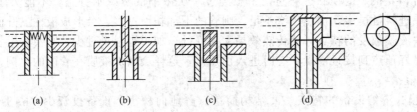

(a)　　　　(b)　　　　(c)　　　　(d)

图 8-10　降膜式浓缩器分配器

降膜分配器对提高其传热效果有很大作用，但也增加了清洗管子的困难。

② 降膜式浓缩设备的工作原理　降膜式浓缩设备工作时，料液自加热器的顶部进入，在降膜分配器的作用下，均匀地进入加热管中，液膜受生成的二次蒸汽的快速流动诱导以及本身的重力作用，沿管内壁成液膜状向下流动，由于向下加速，克服加速压头比升膜式小，沸点升高也小，加热蒸汽与料液温差大，所以传热效果较好。已浓缩的料液沉降于器身底部，其中一部分由出料泵抽出，另一部分由泵送至器身顶部重新加热蒸发，随二次蒸汽一起进入分离器的那部分物料经分离后，仍由泵送回至器身顶部，重新蒸发。一部分二次蒸汽经热泵压缩、升温后作为热源，其余部分则导入置于设备器身周围的冷凝器。降膜浓缩设备系统示意图见图 8-11。

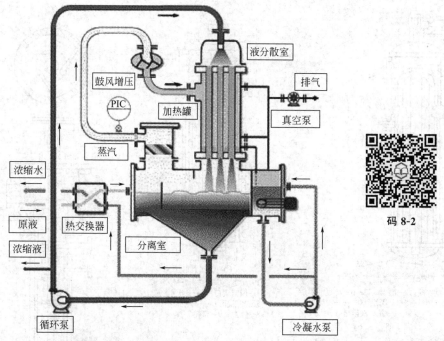

液分散室

鼓风增压

排气

PIC

加热罐

真空泵

蒸汽

浓缩水

原液

热交换器

浓缩液

分离室

码 8-2

循环泵

冷凝水泵

图 8-11　降膜蒸发浓缩系统示意图

③ 降膜式浓缩设备的操作　降膜式浓缩设备的操作方法基本上与升膜式浓缩设备相似，具体操作过程如下：a.开启真空泵及冷凝水排出泵，并输入冷却水。b.开启进料泵，使料液自加热器顶部加入，当分离器切线口有料喷出时，即可开启加热蒸汽。c.当蒸发一开始或操作正常后，开启热压泵，待浓度达到要求后，即可开始加料。d.调整出料量，务使达到平衡，并调整生蒸汽的流量、冷却水的流量及温度等，使各参数均达到工艺要求。

④ 降膜式浓缩设备的特点　a.该设备为单程式浓缩设备，虽有物料循环，但物料的受热时间仅 2min 左右，故适宜于热敏性物料的浓缩。b.料液在加热管表面形成膜状，传热系数高，并可避免泡沫的形成。c.采用热泵，热能经济，冷却水消耗量减少，但生蒸汽的稳定压力需要较高。d.每根加热管上端进口处，虽安有分配器，以期获得厚度一致的薄膜，但由于料液液位的变化，影响薄膜的形成及厚度的变化，甚至会使加热管内表面暴露而结焦。e.利用二次蒸汽作为热源，由于其夹带微量的料液液滴，加热管外表面易生成污垢，影响传热。f.加热管长度较长，若有结焦，清洗困难，故不适宜于高浓度及黏稠性物料的浓缩。g.生产过程中，不能随意中断生产，否则易结垢或结晶。

8.1.4.5　刮板式薄膜浓缩设备

（1）刮板式薄膜浓缩设备的构造

刮板式薄膜浓缩设备由转轴、料液分配盘、刮板、轴承、轴封、蒸发室和夹套加热室等组成，如图 8-12、图 8-13 所示。刮板式薄膜浓缩设备有固定刮板式和活动刮板式两种，按其安装的形式又有立式和卧式两种。

固定刮板式主要用于不刮壁蒸发；而活动刮板式则应用于刮壁蒸发，因刮板与内壁接触，因此这种刮板又称为扫叶片或拭壁刮板。

固定式刮板主要有三种，如图 8-14 所示。这种刮板一般不分段，刮板末端与筒内壁有一定的间距（一般为 0.75～2.5mm）。为保证其间距，对刮板和筒体的圆度及安装垂直度有较高的要求。刮板数一般为 4～8 块，其周边速度为 5～12m/s。

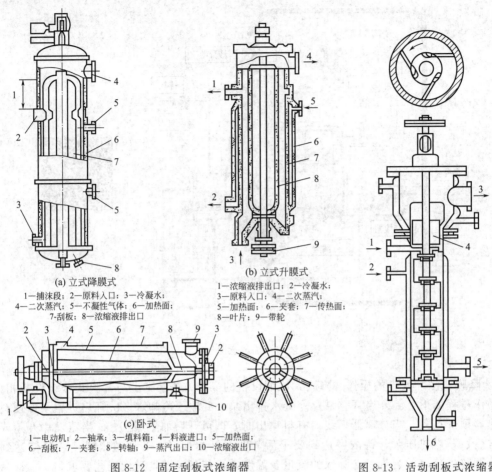

(a) 立式降膜式

1—捕沫段；2—原料入口；3—冷凝水；
4—二次蒸汽；5—不凝性气体；6—加热面；
7—刮板；8—浓缩液排出口

(b) 立式升膜式

1—浓缩液排出口；2—冷凝水；
3—原料入口；4—二次蒸汽；
5—加热面；6—夹套；7—传热面；
8—叶片；9—带轮

(c) 卧式

1—电动机；2—轴承；3—填料箱；4—料液进口；5—加热面；
6—刮板；7—夹套；8—转轴；9—蒸汽出口；10—浓缩液出口

图 8-12 固定刮板式浓缩器

图 8-13 活动刮板式浓缩器

1—料液入口；2—蒸汽入口；3—二次蒸汽出口；
4—分离器；5—冷凝水出口；6—浓缩液出口

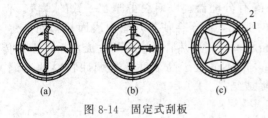

图 8-14 固定式刮板

活动式刮板是指可双向活动的刮板。它借助于旋转轴所产生的离心力，将刮板紧贴于筒内壁，因而其液膜厚小于固定式刮板的液膜厚，加之不断地搅拌使液膜表面不断更新，并使筒内壁保持不结晶、难积垢，因而其传热系数比不刮壁的要高。刮壁的刮板材料有聚四氟乙烯、层压板、石墨、木材等。

活动式刮板一般分数段，因它是靠离心力紧贴于壁，故对筒体的圆度及安装的垂直度等要求不严格。其末端的圆周速度较低，一般为 1.5～5m/s。图 8-15 所示为常见的几种活动式刮板。

刮板式浓缩器的筒体对于立式一般为圆柱形，其长径比为 3～6。同样料液在相同操作条件下，固定式刮板浓缩器的长径比要比活动式的大一些。对于卧式浓缩器，一般筒体为圆锥形，锥体的顶角为 10°～60°。

筒体的加热室为夹套，务求蒸汽在夹套内流动均匀，防止局部过热和短路。转轴由电动机及变速调节器控制。轴应有足够的机械强度和刚度，且多采用空心轴。转轴两端装有良好

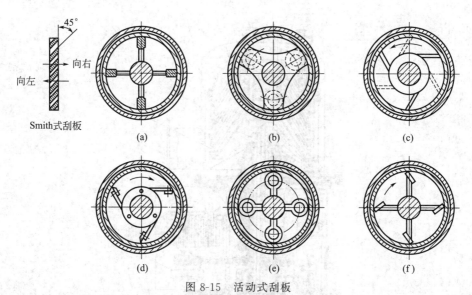

图 8-15 活动式刮板

的机械密封，一般采用不透性石墨用于不锈钢的端面轴封。

（2）刮板式薄膜浓缩设备的工作原理

料液由进料口沿切线方向进入浓缩器内，或经器内固定在转轴上的料液分配盘，将料液均布内壁四周。由于重力和刮板离心力的作用，料液在内壁形成螺旋下降或上升的薄膜（立式），或螺旋向前推进的薄膜（卧式）。二次蒸汽经顶部（立式）或浓缩液出口端的气液分离器至冷凝器中冷凝排出。

（3）刮板式薄膜浓缩设备的特点

①由于料液在浓缩时形成液膜状态，而且不断地更新，所以总传热系数较高，一般可达 $1163\sim3489W/(m^3 \cdot K)$。②该设备适合于浓缩高黏度的果汁、蜂蜜，或含有悬浮颗粒的料液。③料液在加热区停留的时间，随浓缩器的高度和刮板的导向角、转速等因素变化，一般在 $2\sim45s$。④刮板式浓缩器的消耗动力较大，一般每平方米的传热面积在 $1.5\sim3kW$，且随料液黏度的增大而增加。⑤由于加热室直径较小，清洗不方便。

8.1.4.6 离心式薄膜浓缩设备

离心薄膜浓缩设备有如下特性：①物料热变性小，即能进行低温处理且处理的时间短。②设备内无死角易清洗，卫生条件好。③设备可以进行杀菌处理。④热效率高，节省能源。⑤可浓缩高浓度、高黏度的物料。⑥能浓缩发泡性料液。⑦产品价格相对便宜。

（1）立式离心薄膜浓缩设备

立式薄膜浓缩设备是一种利用料液自身在高速旋转时的离心力成膜及流动的高效蒸发设备，其整机结构如图 8-16 所示。真空室内设置一高速旋转的转鼓 6，转鼓内叠装有锥形空心碟片 5，碟片间保持有一定加热蒸发空间。碟片的夹层内通加热蒸汽，外圆径向开有与外界连接的通孔，供加热蒸汽和冷凝水通过。碟片的下外表面为工作面，故整机具有较大的工作面，外圈开有环形凹槽和轴向通孔，定向叠装后形成浓缩液环形聚集区和连续的轴向通道。转鼓上部为浓缩液聚集槽，插有浓缩液引出管。碟片为中空结构，供料液、清洗水进入和二次蒸汽的排出。转鼓轴为空心结构，内部设置有加热蒸汽通道 8 和冷凝水排出管 7。转鼓由电动机 10 通过液力联轴器和 V 带传动装置高速旋转。真空室壁上固定安装有原料液分配管 4、浓缩液引出管 2、清洗水管 3 和二次蒸汽排出管 9。

离心式薄膜浓缩设备工作过程如图 8-17 所示，温度接近沸点的原料液通过分配管 2 喷

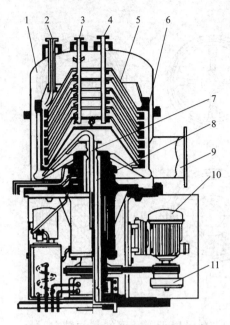

图 8-16 立式离心薄膜浓缩设备结构

1—蒸发室；2—浓缩液引出管；3—清洗水管；4—原料液分配管；5—空心碟片；6—转鼓；
7—冷凝水排出管；8—加热蒸汽通道；9—二次蒸汽排出管；10—电动机；11—液力联轴器

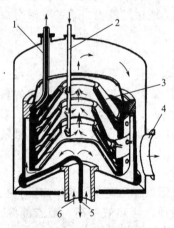

图 8-17 离心式薄膜浓缩设备

1—浓缩液引出管；2—原料液分配管；
3—空心碟片；4—二次蒸汽出口；
5—冷凝水引出管；6—加热蒸汽进口

至各空心碟片下表面内圆处。由于空心碟片 3 高速旋转所产生的离心力，料液分布于空心碟片下表面，形成均匀的薄膜。加热蒸汽由转鼓空心轴进入转鼓下部空间，并经碟片外缘的径向孔进入碟片夹套，通过碟片外壁对其外表面液膜进行加热蒸发。在蒸发过程中，料液受热时间延续 1～2s，所形成液膜厚度可达 0.1mm。料液在到达碟片下表面后迅速向周边移动，进行加热蒸发，浓缩液汇集于转鼓上部的周边浓缩液聚集槽内，通过真空由上部的浓缩液引出管 1 吸出。二次蒸汽经离心盘中央孔汇集上升，通过二次蒸汽出口 4 进入冷凝器。料液的蒸发温度由蒸发室的真空度来控制，浓缩液的浓度由调节供料泵的流量来控制。蒸汽放热后的冷凝水在离心力作用下，经碟片径向孔甩到夹套的下边缘周边汇集，由空心轴内的引出管排出，保持加热面较高的传热系数。

（2）卧式离心薄膜浓缩设备

图 8-18 为卧式离心薄膜浓缩设备，浓缩罐设备体 1 内安装了带夹套的圆锥形转子 4，转子的内表面是用于料液蒸发水分的蒸发面。夹套中通有加热水蒸气。料液由料液供液口 6 送至中心回转主轴 3 的上方，在离心力的作用下，料液变成极薄的液膜被抛向内锥面，内锥面上极薄的液膜在离心力的作用下沿着锥面流动。通过锥面的时间在 1s 左右，在这一过程中完成加热、蒸发和浓缩操作，然后由集液器从排液口 5 把浓缩液排到罐体外。若一次浓缩时浓度不够，可把浓缩液再进行第二次浓缩就能达到要求。

夹层内加热蒸汽由膜片式调节阀和水封式真空泵组合供给，一般可在 4～120℃ 的范围内任意调节。从料液中蒸发出的水蒸气按箭头方向经过锥形转子的外表面，从排气口 2 排

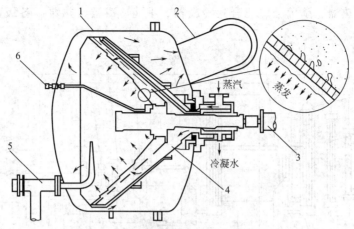

图 8-18　卧式离心薄膜浓缩设备工作原理图

1—罐体；2—排气口；3—主轴；4—转子；5—排液口；6—供液口

出，再经冷凝器凝结后用特殊的离心虹吸泵连续排出。

离心式薄膜蒸发器的结构紧凑、传热效率高、蒸发面积大、料液受热时间很短，具有很强的蒸发能力，特别适合果汁和其他热敏性液体食品的浓缩。由于料液呈极薄的膜状流动，流动阻力大，而流动的推动力仅为离心力，故不适用于黏度大、易结晶、易结垢的物料。

（3）离心真空浓缩应用举例

① 果汁的浓缩　离心浓缩设备用于浓缩果汁的效果很理想。如用加热温度 80℃，蒸发温度 30℃的工艺条件生产浓缩 5 倍的柑橘汁，不会有加热臭产生，质量良好。还可用于浓缩苹果汁、葡萄汁、番茄汁及甜瓜汁等产品。

② 香料抽提液的浓缩　香料含有低沸点物质较多，要尽量使用低温处理。由于蒸发温度多在 20～30℃。所以冷凝器用的冷却水必须是低温水。如浓缩香烟香料，使用蒸发温度 30℃、加热温度 70℃，可得到优良的品质，而蒸发温度在 40℃就有苦味。浓缩巧克力香料，浓度 2％含有水和酒精的香料抽提液，使用加热温度 100℃、蒸发温度 50℃一次浓缩到 47％，效果良好。

③ 天然调味料抽提液的浓缩　肉类和鱼类的抽提液可用离心浓缩设备浓缩。如用加热温度 80℃、蒸发温度 60℃的工艺条件，可把 4％或 15％的鲣鱼抽提液一次浓缩到 24％或 75％，而用加热温度 120℃、蒸发温度 60℃的条件，可一次把鸡汁从 6％浓缩到 51％，产品质量均良好。

④ 浓缩蛋白质分解液和肽　蛋白质分解液和肽发泡性很强，长时间加热易褐变。如果料液与传热面间温差大，还会助长其发泡性，使用离心浓缩设备就可抑制浓缩时的起泡现象（料液在离心力作用下难以形成气泡）。如浓缩小麦蛋白分解液，使用加热温度 100℃、蒸发温度 50℃，从浓度 3％一次浓缩到 55％，无褐变起泡现象。乳蛋白质分解液用蒸发温度 50℃、加热温度 110℃，从浓度 5％一次浓缩到 30％，产品质量良好。

此类设备很适合用于浓缩酶类、抗生素类等生理活性物质。还可用于浓缩血浆、发酵乳等产品。离心浓缩设备将会在浓缩这一工序操作中占有重要的地位。

8.1.5　多效真空浓缩设备

（1）双效降膜真空浓缩设备

① 设备流程图　降膜真空浓缩设备属单程式结构，如图 8-19 所示，由一效及二效加热

器和分离器、预热器、杀菌器、混合式冷凝器、中间冷凝器、热泵、各级蒸汽喷射泵及料泵、水泵等组成。

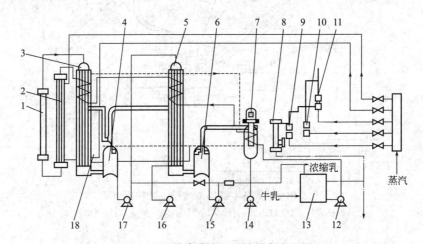

图 8-19　双效降膜真空浓缩设备流程图

1—保温管；2—杀菌器；3——效加热器；4——效分离器；5—二效加热器；6—二效分离器；7—冷凝器；
8—中间冷却器；9——级气泵；10—二级气泵；11—蒸汽泵；12—进料泵；13—平衡槽；14—冷水泵；
15—出料泵；16—冷凝水泵；17—物料泵；18—热压泵

② 工作原理　设备工作时，料液自平衡槽经进料泵，送至位于混合式冷凝器内的螺旋管预热，再经一效及二效加热器夹层内的螺旋管再次预热，然后进入列管式杀菌器杀菌和保温管进行保温。随后自顶部进入一效加热器，经蒸发达到预定浓度后，由强制循环的物料泵送至二效加热器的顶部，再进行受热蒸发，达到浓度后可由出料泵自二效分离器的底部连续不断地抽出，若浓度不符合要求，则由出料泵送回至二效加热器顶部，继续蒸发。

该设备适用于牛奶、果汁等热敏性料液的浓缩，效果好、质量高，蒸汽与冷却水的消耗量较低，并配有 CIP 装置，使用操作方便。

（2）三效降膜真空浓缩设备

该设备流程包括第一、二、三效蒸发器和第一、二、三效分离器以及直接冷凝器、料液平衡槽、热压泵、料液泵、水泵和双级水环式真空泵等设备，如图 8-20 所示。

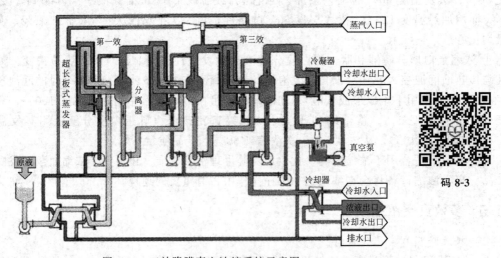

图 8-20　三效降膜真空浓缩系统示意图

该设备适用于牛奶、果汁等热敏性料液的浓缩，料液受热时间短、蒸发温度低、处理量大，处理鲜奶 $3600\sim4000\mathrm{kg/h}$ 时，每蒸发 $1\mathrm{kg}$ 水分仅需要 $0.267\mathrm{kg}$ 生蒸汽，单效蒸发消耗 $0.86\mathrm{kg}$ 的话，节约 31%；比双效蒸发能节约 46% 的能源。

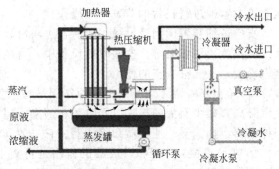

图 8-21　热泵单效卧式蒸发循环示意图

8.1.6　新型浓缩装置系统介绍

随着浓缩系统向着节能、高效、多用等方向的发展，新型设备系统不断涌现，如图 8-21 和图 8-22 所示为热泵单效卧式和立式蒸发循环系统。

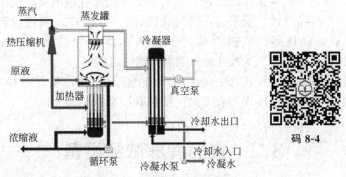

图 8-22　热泵单效立式蒸发循环示意图

码 8-4

图 8-23 为闪蒸浓缩系统示意图，黄色的料液经加热器加热，直接进入蒸发分离罐蒸发，浓度达标可直接排出。

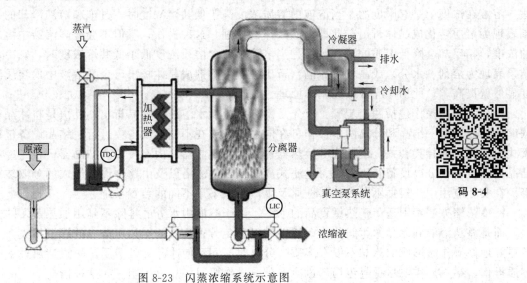

图 8-23　闪蒸浓缩系统示意图

码 8-4

8.1.7　真空浓缩装置的附属设备

真空蒸发浓缩系统的主要设备是蒸发器，但它必须与适当的附属设备配合，才能在真空状态下对料液进行正常的蒸发浓缩操作。

真空浓缩装置的附属设备主要有：进料缸、物料泵、气液分离器、蒸汽冷凝器、抽真空系统及蒸汽再压缩泵等。这些附属设备中，有的起双重作用，如水力喷射器，既可以使二次蒸汽冷凝，又起抽真空的作用。

① 气液分离器　气液分离器的作用是将蒸发过程中产生的雾沫中的溶液聚集并与二次蒸汽分离，减少料液的损失，同时防止污染管道及其他浓缩器的加热面。气液分离器有时也叫捕集器、捕沫器、捕液器和除沫器。它一般安装在浓缩装置的顶部或侧部。

② 蒸汽冷凝器　蒸汽冷凝器的作用是将真空浓缩所产生的二次蒸汽进行冷凝，并将其中的不凝性气体（空气、二氧化碳等）分离，以减轻抽真空系统的容积负荷，同时保证达到所需的真空度。

③ 真空装置　它保证整个浓缩装置处于真空状态，并且降低浓缩锅内压力，从而使料液在低温下沸腾，有利于提高食品的质量。它的主要作用是抽取不凝结气体。

浓缩装置中的不凝结气体主要来自：溶解在冷却水中的空气、料液受热后分解出来的气体、设备泄漏进来的气体等。根据经验，不凝结气体量为二次蒸汽量及冷却水量的0.0025%（重量比）和泄漏空气量按1%的二次蒸汽量之和。

常用的真空装置主要有往复式真空泵、水环式真空泵、蒸汽喷射泵和水力喷射式泵等。除了水力喷射式泵以外，其他形式的真空泵一般接在冷凝器后面。

8.2　食品冷冻浓缩设备

8.2.1　概述

冷冻浓缩是利用冰与水溶液之间的固液相平稳原理的一种浓缩方法。采用冷冻浓缩方法，溶液在浓度上是有限度的。当溶液中溶质浓度高于低共熔浓度时，过饱和溶液冷却的结果表现为溶质转化成晶体析出，此即结晶操作的原理。这种操作，不但不会提高溶液中溶质的浓度，相反却会降低溶质的浓度。但是当溶液中所含溶质浓度低于低共熔浓度时，则冷却结果表现为溶剂（水分）成晶体（冰晶）析出。随着溶剂成晶体析出，余下溶液中的溶质浓度显然就提高了，此即冷冻浓缩的基本原理。

冷冻浓缩的操作包括两个步骤：首先是部分水分从水溶液中结晶析出；其次是将冰晶与浓缩液加以分离。结晶和分离两步操作可在同一设备或在不同的设备中进行。结晶设备包括管式、板式、搅拌夹套式、刮板式等换热器以及真空结晶器、内冷转鼓式结晶器、带式冷却结晶器等设备；分离设备有压滤机、过滤式离心机、洗涤塔以及由这些设备组成的分离装置等。在实际应用中，根据不同的物料性质及生产要求采用不同的装置系统。

冷冻浓缩方法特别适用于热敏食品的浓缩。由于溶液中水分的排除不是用加热蒸发的方法，而是靠从溶液到冰晶的相间传递，所以可以避免芳香物质因加热所造成的挥发损失。为了更好地使操作时形成的冰晶不混有溶质，分离时又不致使冰晶夹带溶质，防止造成过多的溶质操作，结晶操作要尽量避免局部过冷，分离操作要很好加以控制。在这种情况下，冷冻浓缩就可以充分显示出它独特的优越性。将这种方法应用于含挥发性芳香物质的食品浓缩，除成本外，就制品质量而言，要比用蒸发浓缩好。

冷冻浓缩的主要缺点是：①因为加工过程中，细菌和酶的活性得不到抑制，所以制品还必须再经热处理或加以冷冻保藏。②采用这种方法，不仅受到溶液浓度的限制，而且还取决于冰晶与浓缩液可能分离的程度。一般而言，溶液黏度愈高，分离就愈困难。③过程中会造成不可避免的溶质损失。④成本高。所以这项新技术还不能充分地发挥其独特的优势。

8.2.2　冷冻浓缩装置系统

冷冻浓缩装置系统主要由结晶设备和分离设备两部分构成。

8.2.2.1　冷冻浓缩的结晶设备

冷冻浓缩用的结晶器有直接冷却式和间接冷却式的两种。直接冷却式可利用水分部分蒸发的方法，也可利用辅助冷媒（如丁烷）蒸发的方法。间接冷却式是利用间壁将冷媒与被加工料液隔开的方法。食品工业上所用的间接冷却式设备又可分内冷式和外冷式两种。

（1）直接冷却式真空结晶器

在这种结晶器中，溶液在绝对压力266.6Pa下沸腾，液温为−3℃。在此情况下，欲得1t冰晶，必须蒸去140kg水分。直接冷却法的优点是不必设置冷却面，但缺点是蒸发掉的部分芳香物质将随同蒸汽或惰性气体一起逸出而损失。直接冷却式真空结晶器所产生的低温水蒸气必须不断排除。为减小能耗，可将水蒸气压力从266.6Pa压缩至933.1Pa，以提高其温度，并利用冰晶作为冷却剂来冷凝这些水蒸气。大型真空结晶器有采用蒸汽喷射升压泵来压缩蒸汽的，能耗可降低到每排除1t水分耗电约为8kW·h。

直接冷却法冻结装置已被广泛应用于海水的脱盐，但迄今尚未用于液体食品的加工，主要是芳香物质的损失问题。直接冷却法的制品质量要比间接冷却法的差。但是，这种结晶器若与适当的吸收器组合起来，可以显著减少芳香物质的损失。图8-24所示为带有芳香物回收的真空结晶装置。

料液进入真空冻结器后，于266.6Pa的绝对压力下蒸发冷却，部分水分即转化为冰晶。从冻结器出来的冰晶悬浮液经分离器分离后，浓缩液从吸收器上部进入，并从吸收器下部作为制品排出。另外，从冻结器出来的带芳香物的水蒸气先经冷凝器除去水分后，从下部进入吸收器，并从上部将惰性气体抽出。在吸收器内，浓缩液与含芳香物的惰性气体成逆流流动。若冷凝器温度并不过低，为进一步减少芳香物损失，可将离开第Ⅰ吸收器的部分惰性气体返回冷凝器做再循环处理。

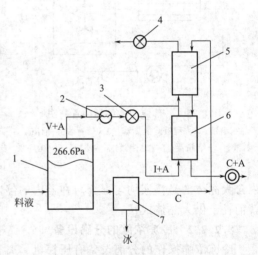

图8-24　带有芳香物回收的真空结晶装置流程
1—真空结晶器；2—冷凝器；3—干式真空泵；4—湿式真空泵；5—吸收器Ⅱ；6—吸收器Ⅰ；7—冰晶分离器；V—水蒸气；A—芳香物；C—浓缩液

（2）内冷式结晶器

内冷式结晶器可分两种。一种是产生固化或近于固化悬浮液的结晶器，另一种是产生可泵送浆液的结晶器。

第一种结晶器的结晶原理属于层状冻结。由于预期厚度的晶层固化，晶层可在原地进行洗涤或作为整个板晶或片晶移出后在别处加以分离。此法的优点是，因为部分固化，所以即使稀溶液也可浓缩到40%以上，此外尚具有洗涤简单、方便的优点。但国外目前尚未采用此法进行大规模生产。

第二种结晶器是采用结晶操作和分离操作分开的方法。它由一个大型内冷却不锈钢转鼓和一个料槽所组成，转鼓在料槽内转动，固化晶层由刮刀除去。因冰晶很细，故冰晶和浓缩液分离很困难。此法工业上常用于橙汁的生产。此法的另一种变形是将料液以喷雾形式喷溅到旋转缓慢的内冷却转鼓式转盘上，并且作为片冰而排出。

冷冻浓缩所采用的大多数内冷式结晶器都是属于第二种结晶器，即产生可以泵送的悬浮液。在比较典型的设备中，晶体悬浮液停留时间只有几分钟。由于停留时间短，故晶体粒度小，一般小于 $50\mu m$。作为内冷式结晶器，刮板式换热器是第二种结晶器的典型运用之一。

（3）外冷式结晶器

外冷式结晶器有下述三种主要形式。

第一种形式要求料液先经过外部冷却器做过冷处理，过冷度可高达 6℃，然后此过冷而不含晶体的料液在结晶器内将其"冷量"放出。为了减小冷却器内晶核形成和晶体成长发生变化，避免因此引起液体流动的堵塞，冷却器传热壁的接触液体部分必须高度抛光。使用这种形式的设备，可以制止结晶器内的局部过冷现象。从结晶器出来的液体可利用泵使之在换热器和结晶器之间进行循环，而泵的吸入管线上可装过滤机将晶体截留在结晶器内。

第二种外冷式结晶器的特点是全部悬浮液在结晶器和换热器之间进行再循环。晶体在换热器的停留时间比在结晶器中短，故晶体主要是在结晶器内长大。

第三种外冷式结晶器如图 8-25 所示。这种结器具有如下特点。

① 在外部换热器中生产亚临界晶体。

② 部分不含晶体的料液在结晶器与换热器之间进行再循环。换热器形式为刮板式。因热流大，故晶核形成非常剧烈。而且由于浆料在换热器中停留时间甚短，通常只有几秒时间，故所产生的晶体极小。当其进入结晶器后，即与结晶器内含大晶体的悬浮液均匀混合，在器内的停留时间至少有半小时，故小晶体溶解，其溶解热就消耗于供大晶体成长。

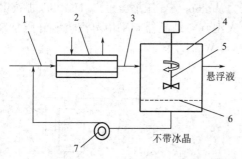

图 8-25　外部冷却式结晶装置简图

1—料液；2—刮板式换热器；3—带亚临界晶体的料液；4—结晶器；5—搅拌器；6—滤板；7—循环泵

8.2.2.2　冷冻浓缩的分离设备

冷冻浓缩操作的分离设备有压榨机、离心机和洗涤塔等。

① 压榨机　通常采用的压榨机有水力活塞压榨机和螺旋压榨机。采用压榨法时，溶质损失决定于被压缩冰饼中夹带的溶液量。冰饼经压缩后，夹带的液体被紧紧地吸住，以致不能采用洗涤方法将它洗净。但压力高，压缩时间长时，可降低溶液的吸留量。例如压力达 10^7Pa 左右，且压缩时间很长时，吸留量可降至 0.05kg/kg。由于残留液量高，考虑到溶质损失率，压榨机只适用于浓缩比 B_P/B_F 接近于 1 时。

② 离心机　采用转鼓式离心机时，所得冰床的空隙率为 0.4～0.7。球形晶体冰床的空隙率最低，而树枝状晶体冰床的空隙较高。与压榨机不同，在离心力场中，部分空隙是干空的，冰饼中残液以两种形式被吸留。一种是晶体和晶体之间，因黏性力和毛细力而吸住液体；另一种只是因黏性力使液体黏附于晶体表面。

采用离心机的方法，可以用洗涤水或将冰溶化后来洗涤冰饼，因此分离效果比用压榨法好，但洗涤水将稀释浓缩液。溶质损失率决定于晶体的大小和液体的黏度。即使采用冰饼洗涤，仍可高达 10%。采用离心机有一个严重缺点，就是挥发性芳香物的损失。这是因为液体因旋转而被甩出时，要与大量空气密切接触的缘故。

③ 洗涤塔 分离操作也可以在洗涤塔内进行。在洗涤塔内，分离比较完全，而且没有稀释现象。因为操作时完全密闭且无顶部空隙，故可完全避免芳香物质的损失。洗涤塔的分离原理主要是利用纯冰融解的水分来排冰晶间残留的浓液，方法可用连续法或间歇法。间歇法只用于管内或板间生成的晶体进行原地洗涤。在连续式洗涤塔中，晶体相和液相做逆向移动，进行密切接触，如图8-26所示。从结晶器出来的晶体悬浮液从塔的下端进入，浓缩液从同一端经过滤器排出。因冰晶密度比浓缩液小，故冰晶就逐渐上浮到顶端。塔顶设有融化器（加热器），使部分冰晶融解。融化后的水分即返行下流，与上浮冰晶逆流接触，洗去冰晶间浓缩液。这样晶体就沿着液相溶质浓度逐渐降低的方向移动，因而晶体随浮随洗，残留溶质愈来愈少。

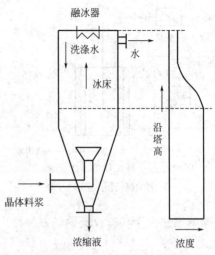

图 8-26 连续洗涤塔工作原理

按晶体被迫沿塔移动的推动力不同，洗涤塔可分为浮床式、螺旋推送式和活塞推送三种形式。

8.2.3 冷冻浓缩系统流程简介

（1）悬浮结晶法

图 8-27 所示的 Grenco 冷冻浓缩系统是冷冻浓缩的代表，以之为例，简要介绍冷冻浓缩的流程。

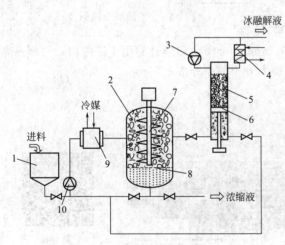

图 8-27 Grenco 冷冻浓缩系统示意图
1—原料罐；2—再结晶罐；3,10—循环泵；
4—冰晶溶解用换热器；5—洗涤塔；
6—活塞；7—搅拌器；8—过滤器；
9—刮板式换热器

待浓缩物料加入原料罐，通过循环泵首先输入到刮板式换热器，在冷媒作用下冷却，生成部分细微的冰结晶，然后再送入到再结晶罐（成熟罐），再结晶罐保持一个较小的过冷却度，溶液的主体温度将介于该冰晶体系的大、小晶体平衡温度之间，由于大、小冰晶的平衡温度不同，此时主体温度高于小冰晶的平衡温度而低于大晶体的平衡温度，小冰晶开始融化，大冰晶成长，然后通过洗涤塔排除冰晶，并用部分冰融解液冲洗及回收冰晶表面附着的浓缩液，清洗液回流至进料端，浓缩液则循环至所要求的组成后从再结晶罐底排出。

（2）渐进冷冻法

渐进冷冻法又称层状结晶法或标准冻结法，是一种沿冷却界面形成并成长为整体冰晶的冻结方法，随着冰层在冷却面上生成并成长，界面附近的溶质被排除到液相侧，液相中的溶质浓度将逐渐升高，利用这一现象的浓缩方法称为渐进冷冻浓缩法。

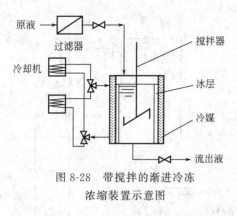

图 8-28　带搅拌的渐进冷冻
浓缩装置示意图

渐进冷冻浓缩法最大的特点就是形成一个整体的冰结晶，固液界面小，使得浓缩液与冰结晶的分离相对容易，同时，装置简单、控制方便。液相的搅拌速度、冰前沿移动速度、冻结初期的过冷却度是影响浓缩效果的主要因素，通过增大料液与传热面的接触面积，促进固液界面的物质流动，提高浓缩效果是渐进冷冻浓缩工艺研究的重要课题。图 8-28 是带搅拌的渐进冷冻浓缩装置示意图。它是以搅拌槽侧面作为冷却传热界面来进行冷冻浓缩处理的。

上述两种冷冻浓缩方法，通过对悬浮结晶冷冻浓缩的不断完善，有望在更多的领域中得到应用。渐进冷冻浓缩法由于具有投资少，方便推广的特点，在近期将会有一个大的发展。

8.3　膜浓缩设备

膜浓缩可采用反渗透过滤与超滤两种工艺。反渗透主要用于分离溶液中的水与低分子物质，这些溶液具有高渗透压。超滤用于从高分子量物料（如蛋白质、多糖）中分离出低分子量物料。两种工艺都可达到浓缩目的产物的作用，平板膜浓缩原理如图 8-29 所示。

传统过滤与膜过滤（或膜浓缩）的区别见图 8-30，传统的过滤（也称为"死胡同式"过滤）通常被用来分离超过 $10\mu m$ 的悬浮颗粒，

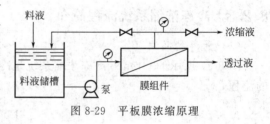

图 8-29　平板膜浓缩原理

滤渣经常堵塞滤网；而膜过滤可分离小于 $10^{-4}\mu m$ 的分子。即膜过滤用于浓缩时，可以在常温下去除溶剂分子（水）和小分子物质，取得大分子的浓缩液。

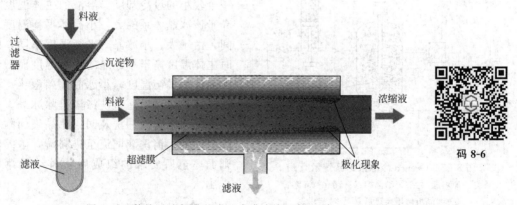

码 8-6

图 8-30　传统过滤与膜过滤（或膜浓缩）的区别

分批式膜过滤设备系统如图 8-31 所示。进料满罐后停止进料，开动循环浓缩泵不断浓缩产品，达到要求后排料，再浓缩下一罐。

在膜浓缩的应用方面，果汁和牛乳的浓缩主要是去除水分。处理稀溶液时反渗透可能是最经济的浓缩方式。在食品工业中最大的商业化应用是乳清浓缩、乳的预浓缩，其他还包括

果汁蒸发前的浓缩，柠檬酸、咖啡、淀粉糖浆、天然提取物的浓缩以及乳清脱盐（但保留糖）、蛋白质或多糖的分离与浓缩、除菌、果汁澄清和纯净水制备等。

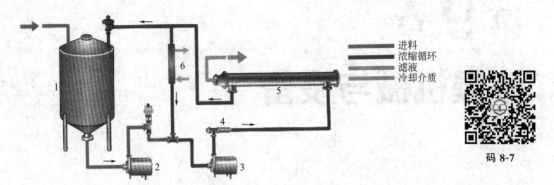

图 8-31　分批式膜过滤设备系统示意图
1—产品罐；2—液料泵；3—循环泵；4—过滤器；5—膜模块；6—冷却器

第**9**章

干燥机械与设备

干燥是食品加工的重要方式之一，可以起到减小食品体积和重量从而降低储运成本、提高食品保藏稳定性以及改善和提高食品风味和食用方便性等作用。干燥制成的食品在人们的日常生活中随处可见，从液态到固态的各种食品物料均可以干燥成适当的干制品。例如，牛乳、蛋液、豆乳通过喷雾干燥可以得到乳粉、蛋粉和豆奶粉，蔬菜水果通过热风干燥可以得到脱水蔬菜和水果。

随着人民生活水平的提高，消费者对食品的品质提出了更高的要求，而干燥过程对农产品和食品产品的品质具有很大的影响，因此选择合适的干燥设备与工艺非常重要。此外，干燥是一种高能耗的操作，据资料统计，法国、英国、瑞典等发达国家，高达12％的工业能耗用于干燥工艺。我国的各种工业干燥能耗中，农产品及食品的干燥能耗仅次于造纸工业，位居第2位，约占总能耗的10％，因此亟需普及和开发大量绿色节能的干燥设备和工艺。

9.1 概述

9.1.1 干燥的定义

凡是使物料（溶液、悬浮液及浆液）所含水分由物料向气相转移，从而变物料为固体制品的操作，统称干燥。

根据这一定义，干燥的含义显然与过滤、压榨等滤干、榨干以及浓缩有区别。干燥是同时发生传热和传质的单元操作，物料要使水分转移到气相，物料必须受热，水分吸收热量才能汽化。物料受热的方式仍然是三种基本传热方式，即对流、传导和辐射。因此根据传热方式的不同，干燥分热风干燥、接触干燥和辐射干燥。

完成干燥任务的机械设备通常是由多台装置构成的系统，但往往称为干燥机或干燥器。例如，喷雾干燥系统称为喷雾干燥机或喷雾干燥器，冷冻干燥设备系统称为冷冻干燥机或冷冻干燥器等。

9.1.2 干燥过程原理

9.1.2.1 干燥过程

当物料受热干燥时，相继发生以下两个过程：热量从周围环境传递至物料表面使其表面水分蒸发，称为表面汽化；同时物料内部水分传递到物料表面，称为内部扩散。物料中的水分干燥时先通过内部扩散达到物料表面，然后通过表面汽化被周围环境带走，从而除去物料中部分水分。干燥过程中水分的内部扩散和外部表面汽化是同时进行的，在不同阶段其速率不同，而整个干燥过程由两个过程中较慢的一个阶段控制。

9.1.2.2　表面汽化控制

如果表面汽化速率小于内部扩散速率，则物料内部水分能迅速到达表面，使表面保持充分湿润，此时干燥过程由表面汽化控制。只要改变影响表面汽化的因素，就能使干燥速率发生变化，如在对流干燥中降低空气相对湿度、改善空气流动状况等，可以提高干燥速率；在传导干燥和辐射干燥中提高导热或辐射强度、改善湿空气与物料的接触与流动状况等有助于提高干燥速率。食品干燥初期由表面汽化控制，在干燥介质状态不变的条件下为恒速干燥。

9.1.2.3　内部扩散控制

如果表面汽化速率大于内部扩散速率，则没有足够的水分扩散到表面以供汽化，此时干燥过程受内部扩散控制。欲提高干燥速率，必须从改善内部扩散着手。如减小物料厚度，以缩短水分的扩散距离；使物料堆积疏松、采用空气穿流物料层，以增大干燥表面积；搅拌或翻动物料使深层湿物料暴露于表面；采用接触加热或微波加热，使深层物料温度高于表面等。在食品干燥末期，物料水分较少，整个干燥过程由内部扩散控制，是干燥速率不断减小的降速干燥。

9.1.3　干燥设备的分类

干燥物料的设备通常称为干燥器。食品工业上被干燥物料的种类极其繁多，物料特性千差万别，决定了干燥器类型的多样性。另外，干燥装置组成单元的差别、供热方法的不同、干燥器内空气与物料的不同运动状态等，又决定了干燥器结构的复杂性。

干燥设备有多种分类方法。可按干燥室内操作压力分为常压干燥器和真空干燥器，按操作方式分为连续干燥器和间歇干燥器，按干燥介质和物料的相对运动方式分为并流、逆流和错流干燥器，按供热方式分为对流干燥器、接触干燥器、辐射干燥器和介电干燥器。

9.1.4　干燥设备的影响因素

为干燥设备提供热量主要通过对流、传导和辐射三种方式，它们对干燥设备的技术要求产生不同的影响。对流加热干燥器由流过物料表面或穿过物料层的热空气或其他气体供热，蒸发的水分由干燥介质带走。这种干燥器在初始恒速干燥阶段，物料表面温度为对应加热介质的湿球温度。在干燥末期降速阶段，物料的温度逐渐逼近介质的干球温度。在干燥热敏性物料时，必须考虑此因素。传导干燥器又称接触干燥器，由干燥器内的加热板（静止或移动的）传导供热，蒸发的水分由真空操作或少量气流带走。对热敏性物料宜采用真空操作。接触干燥器比对流干燥器的热效率高。辐射干燥器的各种电磁辐射源具有的波长从太阳频谱到微波（0.2m～0.2μm），物料中的水分有选择性地吸收能量，使干燥器消耗较少的能量。辐射干燥器由于投资和操作费用较高，故用于高值产品的干燥或排除少量难以排除的水分。

大多数干燥设备在接近常压条件下操作，微弱的正压可避免干燥器外界物质向内部渗透，如果不允许向外界泄漏则采用微负压操作。真空操作昂贵，仅当物料必须在低温、无氧条件下操作或中温或高温条件下操作会产生异味的情况下才推荐采用。对于给定的蒸发量，高温操作可以采用较低的介质流量和较小的设备。在真空环境，温度低于水的三相点下操作的冷冻干燥是一种特殊情况，冷冻干燥时冰直接升华为水蒸气，虽然升华需要的热量比蒸发低数倍，但真空操作费用昂贵。例如，冷冻干燥的咖啡和水果干，其价格为喷雾干燥的2～3倍，但产品质量和香味的保存较佳。

9.1.5 干燥设备的选用

由于适用于不同产品的干燥机选择范围非常大，从中选出最佳型号是很不容易的。因为干燥机生产厂家只精通于生产某一小部分的产品，故对厂家的意见既不可不信也不能全信。用户应主动利用厂家所提供的一些实验数据和实际操作数据，在几种操作中进行比较选择。对于给定的应用，一台选错的干燥机不管它设计的有多好也不算是好的设备。应当注意的是，某一给定产品的组成或物理性质的较小变化都会影响它的干燥特性和操作特性等，这样使得同一干燥器加工另一不同产品有时并不适合。所以应进行"真正的"原材料试验而不能仅仅用"模拟"。

在实际中，用户选择并确定干燥系统也包括预干燥阶段（如机械脱水、挥发、固体返混进料时的预处理、分散造粒及进料过程等）及后干燥阶段（如清理废气、收集产品、部分废气的再循环、产品的冷却、产品包装及结块等），这些也是非常重要的，干燥机的优化选择在很大程度上取决于这些过程。例如：一种较黏稠的浆状物料可用泵送入喷雾干燥器中喷成雾状并干燥为粉状产品，也可做成粒状在流化床中或通过循环干燥机干燥，或在转鼓式干燥机中干燥。当然在有些情况下，有必要检查一下整个工艺流程，看这个干燥问题是否可被简化甚至被略去。较有代表性的非加热干燥可大大降低操作费用，而且比加热干燥节约成倍的能源。对产品质量的要求使得用户不能仅从传质、传热方面考虑去选择最便宜的操作，也要考虑对选择过程的影响。

用户通常希望能够节省能量，并减小干燥器的尺寸，可通过以下一些较简便的方法，诸如过滤、离心和蒸发等来减少物料的水分。但也要避免过度干燥造成能耗及干燥时间的增加，尤其对于食品的干燥必须要有一个好的生产环境，即设备设计和操作的卫生要求。在干燥和储藏期间要进行加热及微生物降解。如果物料处理量较低（$<100kg/h$），可选用间歇式的干燥机，但可选择的间歇式操作的干燥机较为有限。选择干燥机时应考虑以下因素。

① 物料的物性：颗粒状、微粒状、淤泥状、结晶状、液态、浆状、悬浮液、溶液、片状（连续）、板块状、无规则状（大/小）黏性的、多块状等。

② 平均产量：连续式或间歇式（干品/湿物料）小时产量。

③ 产出的可调性（操作弹性）。

④ 燃料选择：油、气或电。

⑤ 预干燥和后干燥操作。

⑥ 原料颗粒细化：平均颗粒大小、颗粒大小分布、颗粒密度、容积密度、复水性等。

⑦ 物料进出口含水量：吸湿等温线（平衡含水量）干基、湿基。

⑧ 化学/生化/微生物活性。

⑨ 热敏性熔点、玻璃态传变温度。

⑩ 干燥时间、干燥曲线、工艺变化的影响。

⑪ 特殊要求原料结构、腐蚀性、毒理性、无水溶液、可燃性极限、易燃性、色泽/质构/香味等。

⑫ 干燥机及附件的适用范围。

9.1.6 干燥设备的发展趋势

多种传热方式并用。对流、传导、辐射传热干燥设备各有其优点和缺点。对流干燥设备生产效率高，但热效率低，而传导干燥设备热效率高但生产效率低，而且设备造价较高。干燥设备采用对流、传导两种传热方式，就弥补了各自的缺点，操作也较经济，如旋转气流干燥器、槽型干燥器、内加热流化床等。

多级干燥组合使用。任何一种干燥设备都有其局限性，采用多级干燥系统，可以发挥系统的最大能力，不但可以完成单一设备不能完成的干燥操作，而且还可以节约能量、降低生产成本、拓展干燥系统的功能。如双级气流干燥系统、桨叶盘式干燥系统、喷雾流化干燥系统等。

结合其他工艺操作。干燥的同时还能完成其他单元操作，可降低能耗、缩短生产流程，最大限度地控制产品质量，如干燥包衣、干燥造粒、干燥粉碎、干燥混合、干燥分级以及其他操作都结合在干燥设备中，形式多种多样。

9.2 对流型干燥设备

对流型干燥设备为传统的干燥设备，干燥介质与物料以对流方式进行传热干燥，适用于块状、片状、颗粒状等食品物料的干燥。干燥介质为热空气过热蒸汽等，它们将自身热量传递给食品物料，使食品升温脱水，并将食品脱除的湿分带出干燥室外，干燥介质既是载热体也是载湿体。食品的干燥状态依次为低温高湿到高温低湿再到低温低湿。干燥介质的状态为从高温低湿变为低温高湿。

对流传热干燥是利用热风等除去物料中水分的，关键要提高物料与干燥介质的接触面积，防止热空气偏流。根据设备结构和对流方式不同，对流干燥设备有箱式干燥器、洞道式干燥机、流化床干燥机、喷动床干燥机、气流式干燥机和喷雾干燥机等。

9.2.1 箱式干燥机

箱式干燥机是一种间歇式对流干燥机，整体呈封闭的箱体结构，又称为烘箱，可单机操作，也可多台串成隧道式干燥机，其结构简单、应用广泛，适合批量不大的水果、蔬菜等多种食品物料的干燥。

9.2.1.1 箱式干燥机的结构

如图 9-1 所示，箱式干燥机主要由箱体、料盘、保温层、加热器、风机等组成。箱体采用轻金属材料制作，内壁为耐腐蚀的不锈钢，中间为用耐火、耐潮的石棉等材料填充的绝热保温层。内置多层框架的料盘推车。加热器通常采用电加热、热风炉加热以及翅片式水蒸气排管等，利用风机实现空气对流。根据气流流动方式分为平流箱式干燥机和穿流箱式干燥机。

如图 9-1(a) 所示的横流式箱式干燥机，热空气在物料上方掠过，与物料进行湿交换和热交换。箱内风速为 0.5～3m/s，物料厚度 20～50mm。因热空气只在物料表面流过，传热系数较低，热利用率较差，物料干燥不均匀。

若框架层数较多，可分成若干组，空气每流经一组料盘之后，就流过加热器再次提高温度，如图 9-1(b) 所示，即为具有中间加热装置的横流式干燥机。

穿流箱式干燥机的整体结构与平流干燥机基本相同，如图 9-1(c) 所示，粒状、纤维状等物料在框架的网板上铺成一薄层，空气以 0.3～1.2m/s 的速度垂直流过物料层，可获得较大的干燥速率，但动力消耗较大，使用时应避免物料的飞散。

箱式干燥机的废气可再循环使用，适量补充新鲜空气用以维持热风在干燥物料时足够的除湿能力。

为提高利用率，盛装物料的料盘通常摆放在推车上，整车进出。根据被干燥物料的外形和干燥介质的循环方向，推车呈不同结构，如用于松散物料的浅盘推车、用于砖形物摆放的

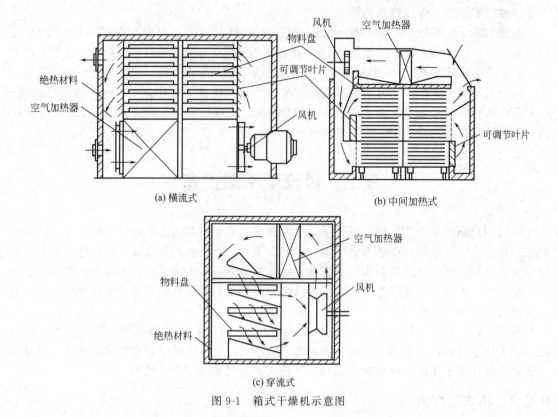

（a）横流式   （b）中间加热式

（c）穿流式

图 9-1 箱式干燥机示意图

平板推车、物料悬挂推车、托盘推车等，箱底设有导轨，方便小车进出。

9.2.1.2 箱式干燥机的特点

其优点为制造和维修方便，使用灵活性大。但箱式干燥机属间歇操作，物料是静止的，所以干燥时间长，设备利用率较低；装料和卸料均为手工操作，劳动强度大、劳动环境差，会造成部分物料损失；干燥器热风与物料的接触常常是平行流，故传热、传质效率低。食品工业上常用于需长时间干燥的物料、数量不多的物料以及需要特殊干燥条件的物料，如水果、蔬菜、香料等。缺点主要是干燥不均匀，不易抑制微生物活动，装卸劳动强度大，热能利用不经济（每汽化 1kg 水分，约需 2.5kg 以上的蒸汽）。

9.2.1.3 箱式干燥机性能主要影响因素

① 热风速率：为了提高干燥速率，需要有较大的传热系数，为此应加大热风的循环速率，同时，网速应小于物料临界风速，以防止物料带出。

② 物料层的间距：在干燥机内，多层框架上料盘之间形成了空气流动的通道。空气通道的大小与框架层数有关，它对干燥介质的流速、流动方向和分布有影响。

③ 物料层的厚度：为了保证干燥物料的质量，除降低箱内循环热风温度外，减小物料层厚度也是一个措施。物料层厚度由实验确定，通常为 10～100mm。

④ 风机的风量：风机的风量根据计算所得的理论值（空气量）和干燥器内泄漏量等因素确定。为了使气流不出现死角，风机应安装在合适的位置，同时安装整流板以控制风向，使热风分布均匀。

9.2.2 洞（隧）道式干燥机

如图 9-2 所示，有一段长度为 20～40m 的洞道，湿物料在料盘中散布成均匀料层，料盘堆放在小车上，料盘与料盘之间留有间隙供热风通过。洞道式干燥机的进料和卸料为半连续式，即当一车湿料从洞道的一端进入时，从另一端同时卸出另一车干料。洞道中的轨道通常带有 1/200 的斜度，可以由人工或绞车等机械装置来操纵小车的移动。洞道的门只有在进、卸料时才开启，其余时间都是密闭的。

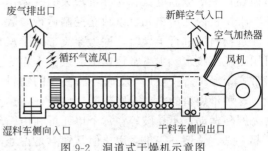

图 9-2 洞道式干燥机示意图

空气由风机推动流经预热器，然后依次在各小车的料盘之间掠过，同时伴随轻微的穿流现象。空气的流速为 2.5～6.0m/s，不小于 1.0m/s。热风可沿物料纵向流动，分为并流、逆流和混流三种。

其优点为：操作简单；具有非常灵活的控制条件，可使食品处于几乎所要求的温度-湿度-速度条件气流之下，因此特别适用于实验工作；料车每前进一步，气流的方向就转换一次，制品的水分含量更均匀。其缺点为：结构复杂，密封要求高，需要特殊的装置；压力损失大，能量消耗多。因此适用于连续长时间干燥物料，多用于大批量果蔬产品如蘑菇、葱头、叶菜等的干燥。

9.2.3 带式干燥机

带式干燥机是一种将物料置于输送带上，在随带运动通过隧道的过程中与热风接触而干燥的设备，能够大批量连续式干燥物料，适用于透气性较好的片状、条状、颗粒状和部分膏状物料的干燥。带式干燥机由若干个独立的单元段组成，每个单元段包括循环风机、加热装置、单独或公用的新鲜空气抽入系统和尾气排出系统。对干燥介质数量、温度、湿度和尾气循环量操作参数，可进行独立控制，从而保证带式干燥机工作的可靠性和操作条件的优化。带式干燥机操作灵活，湿物进料，干燥过程在完全密封的箱体内进行，劳动条件较好，避免了粉尘的外泄。

物料由加料器均匀地铺在网带上，网带采用 12～60 目不锈钢丝网，由传动装置拖动在干燥机内移动。干燥机由若干单元组成，每一单元热风独立循环，部分尾气由专门排湿风机排出，废气由调节阀控制，热气由下往上或上往下穿过铺在网带上的物料，加热干燥并带走水分。网带缓慢移动，运行速度可根据物料温度自由调节，干燥后的成品连续落入收料器中。上下循环单元根据用户需要可灵活配备，单元数量可根据需要选取。

9.2.3.1 单级带式干燥机

如图 9-3 所示，单级带式干燥机一般由一个循环输送带、两个以上空气加热器、多台风机和传动变速装置等组成。循环输送带用不锈钢丝网或多孔的不锈钢板制成，由电动机经变速箱带动，转速可调。物料在干燥器内均匀运动前移的网带上，气流经加热器加热，由循环风机进入热风分配器，成喷射状吹向网带上的物料，与物料接触，进行传热传质。大部分气

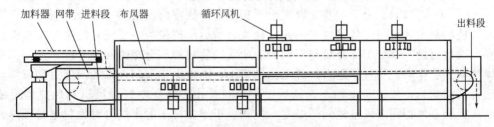

图 9-3 单级带式干燥机示意图

体循环，一部分温度低、含湿量较大的气体作为废气由排湿风机排出。

干燥机内几个单元可以独立控制运行参数、优化操作。若干燥介质以垂直方向向上或向下穿过物料层进行干燥时，称为穿流带式干燥机，干燥效果较好，在食品工业中应用广泛，可用于蔬菜脱水、水果蜜饯烘干、茶叶干燥等。若干燥介质在物料上方做水平流动，称为平流带式干燥机，一般用于处理不带黏性的物料，使用较少。

这种干燥机的优点为网带透气性能好，热空气易与物料接触，停留时间可任意调节。物料无剧烈运动，不易破碎。每个单元可利用循环回路，控制蒸发强度。若采用红外加热，可一起干燥、杀菌，一机多用。但其缺点是占地面积大，如果物料干燥的时间较长，则从设备的单位面积生产能力上看不很经济，另外设备的进出料口密封不严，易产生漏气现象。

9.2.3.2　多级带式干燥机

这种干燥机的结构和工作过程与单级带式干燥机基本相同。由于单级带式干燥机受干燥时间等限制，难以达到干燥目的，故采用数台（多至 4 台）串联组成多级带式干燥机。多级带式干燥机亦称复合型带式干燥机，如图 9-4 所示。整个干燥机分成两个干燥段和一个吹风冷却段，第一段分前、后两个温区，物料经第一、二段干燥后，从第一输送带的末端自动落入第二个输送带的首端，期间物料受到拨料器的作用而翻动，然后通过冷却段，最后由终端卸出产品。

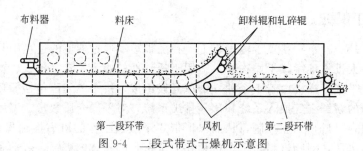

图 9-4　二段式带式干燥机示意图

多级带式干燥机的优点是物料在带间转移时得以松动、翻转，物料的蒸发面积增大，改善了透气性和干燥均匀性；不同输送带的速度可独立控制，且多个干燥区的热风流量及温度和湿度均可单独控制，便于优化物料干燥工艺。

脱水蔬菜在生产过程中可以串联多台单级或多级设备使用，形成初干段、中干段及终干段干燥。在初干段中，由于物料含水率高、透气性差，应采用较小的铺料厚度、较快的运行速度及较高的干燥温度。对物料温度不允许超过 60℃ 的情况，在初干段中干燥气体可以高达 120℃ 以上。中干段运行速度较初干段低。终干段内物料停留时间是初干段的 3～6 倍，铺料厚度是初干段的 2～4 倍，此时可采用 80℃ 的介质温度。单级和多级带式干燥机的多段组合能更好地发挥带式干燥机性能，干燥更均匀。

9.2.3.3　多层带式干燥机

如图 9-5 所示，基本构成部件与单层式的类似。输送带为多层（输送带层数可达 15 层，但以 3～5 层最为常用），上下相叠架设在上下相通的干燥室内。层间有隔板控制干燥介质定向流动，使物料干燥均匀。各输送带的速度独立可调，一般最后一层或几层的速度较低而料层较厚，这样可使大部分干燥介质与不同干燥阶段的物料得到合理的接触分配，从而提高总的干燥速率。工作时湿物料从进料口进至输送带上，随输送带运动至末端，通过翻板落至下一输送带移动送料，依次自上而下，最后由卸料口排出。外界空气经风机和加热器形成热风，通过分层进风柜调节风量送入干燥室，使物料干燥。排出的废气可对物料进行预热。

多层带式干燥机可以使物料松动或翻转，增加透气效果，从而增加减速干燥阶段物料层的厚度、物料的比表面积和干燥速率。多层带式干燥机结构简单，常用于干燥速度低、干燥时间长的场合，广泛用于谷物类的干燥，由于操作中多次翻料，因此不适于黏性物料及易碎物料的干燥。

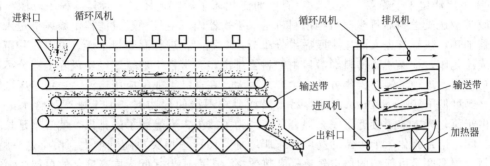

图 9-5　三层穿流带式干燥机

9.2.4　流化床干燥器

流化床干燥器又称沸腾床干燥器，是一种利用流态化原理设计的设备，最早的工业化装置始于 1948 年的美国。流化床干燥是指粉状或颗粒状物料呈沸腾状态被通入的气流干燥。这种沸腾料层称为流化床，而采用这种方法干燥物料的设备称为流化床干燥器。当采用热空气作为流化介质干燥湿物料时，热空气起流化介质和干燥介质双重作用。被干燥的物料在气流中被吹起、翻滚、互相混合和摩擦碰撞的同时，通过传热和传质达到干燥的目的。流化床在食品工业上用于干燥果汁型饮料、速溶乳粉、砂糖、葡萄糖、汤料粉等。

9.2.4.1　流化床干燥器的特点

其优点为设备小、生产能力大、物料逗留时间可任意调节、装置结构简单、占地面积小、设备费用不高、物料易流动。设备的机械部分简单，除一些附属部件如风机、加料器等外，无其他活动部分，因而维修费用低。与气流干燥相比，因沸腾干燥的气流速度较低，所以物料颗粒的粉碎和设备的磨损也相对较小。主要缺点是操作控制比较复杂。

9.2.4.2　流化床干燥器适宜处理的物料

流化床干燥器适宜于处理粉状且不易结块的物料，物料粒度通常为 $30\mu m \sim 6mm$。物料颗粒直径小于 $30\mu m$ 时，气流通过多孔分布板后极易产生局部沟流。颗粒直径大于 $6mm$ 时，需要较高的流化速度，动力消耗及物料磨损随之增大。

流化床干燥器也适用于处于降速干燥阶段的物料。对于粉状物料和颗粒物料，适宜的含水范围分别在 $2\% \sim 5\%$ 和 $10\% \sim 15\%$ 之间。气流干燥或喷雾干燥得到的物料，若仍含有需要经过较长时间降速干燥方能去除的结合水分，则更适于采用流化床干燥。

9.2.4.3　流化过程

① 固定床　当湿物料进入干燥器，落在干燥室底部的多孔金属板上时，因气流速度较低，使物料与孔板间不发生相对位移，称为固定床状态，是流化过程的第一阶段。

② 流化床　当增大通入的气流速度，物料颗粒被吹起而悬浮在气流中时，此为流化过程第二阶段——流化床。

③ 气流输送　当气流速度继续增大，大于固体颗粒的沉降速度时，固体颗粒则被气流带走，这为流化过程第三阶段——气流输送。

9.2.4.4　典型流化床干燥器

流化床干燥器按结构形式分为立式和卧式及单层型、多层型和多室型等，按附加装置分为有带振动器和间接加热型。

（1）立式流化床干燥机

在立式流化床干燥机中，物料的通过方向主要为自上而下，与重力方向相同，利用物料的自重，易于通过和流化。

① 单层流化床干燥器　这是最为简单的流化床干燥器，图9-6为其流程示意图。湿物料由胶带输送机送到加料斗，再经抛料机送入干燥器内。空气经过过滤器由鼓风机送入空气加热器加热，热空气进入流化床底后由分布板控制流向，进行湿物料干燥。物料在分布板上方形成流化床。干燥后的物料经溢口由卸料管排出，夹带粉尘的空气经旋风除尘器分离后由抽风机排出。这种干燥器操作方便、生产能力大，在食品工业上应用广泛，适用于床层颗粒静止、高度低（300～400mm）且容易干燥或要求不严的湿物料，但干燥产品含水量不均匀。由于流化床内粒子接近于完全混合状态，为了减少未干燥粒子的排出，就必须延长平均停留时间，于是流化床干燥器的高度必有所增加，而压力损失也随着增大。由于这一特性，就必须使用温度尽可能高的热空气以提高热效率，进而适当减低床层高度。故单层圆筒式流化床干燥器只适宜干燥含表面水及对产品含水率度要求不严格的物料。

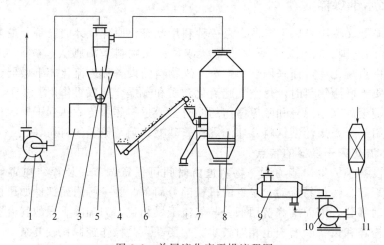

图9-6　单层流化床干燥流程图

1—抽风机；2—料仓；3—星形卸料器；4—集灰斗；5—旋风分离器；6—皮带输送机；
7—抛料机；8—流化床；9—换热器；10—鼓风机；11—空气过滤器

② 多层流化床干燥器　整体为塔形结构，内设多层孔板。图9-7为多层溢流管式流化床干燥器流程图，干燥物料由料斗经气流输送到干燥器的顶部，由上而下流动，通过溢流管

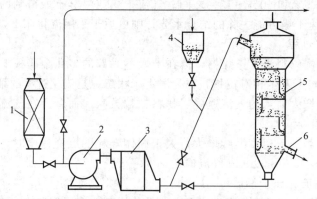

图9-7　多层溢流管式流化床干燥器流程图

1—空气过滤器；2—鼓风机；3—加热器；4—料斗；5—干燥器；6—卸料管

由上一层落至下一层，最后由卸料管排出。干燥过程中物料的流化是在热风作用下实现的，所需气流速度较高。空气经过滤器、鼓风机送到加热器后，由干燥器底部进入，将湿物料流化干燥，为了提高热利用率，部分气体循环使用。由于流化床中的激烈搅拌作用，床层的固相和气相都存在着逆向混合问题。单层床进行连续干燥时，导致物料的残余水分含量、停留时间分布不均等。多层流化床采用多层气体分布板，将被干燥物料划分为若干层，气体与固体物料逆流操作，可提高热利用率，停留时间分布均匀。由于气体的多次再分布，使大气泡变小，降低扩散阻力，提高传热传质效率。

溢流管式多层流化床干燥器的关键，是溢流管的设计和操作。如果设计不当，或操作不妥，很容易产生堵塞或气体穿孔，从而造成下料不稳定，破坏流化现象。因此，一般溢流管下面均装有调节装置，如图9-8所示。该装置采用一菱形堵头［图9-8(a)］或翼阀［图9-8(b)］，调节其上下位置可改变下料口截面积，从而控制下料量。

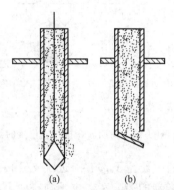

图 9-8　溢流管流量控制装置

③ 穿流板式流化床干燥器（图9-9）　干燥时，物料直接从筛板孔自上而下分散流动，气体则通过筛孔自下而上流动，在每块板上形成流化床，故结构简单、生产能力强，但控制操作要求较高。为使物料能通过筛板孔流下，筛板孔径应为物料粒径的5～30倍，筛板开孔率30%～40%。物料的流化形式为非自由下落，主要依靠自重作用，气流起阻止下落速度过快的作用，所需气流速度较低，大多数情况下，气体的空塔气速与颗粒夹带速度之比为1.2～2，颗粒粒径为0.5～5mm。

④ 脉冲式流化床干燥器　脉冲流化床（PFB）是流化床技术的一种改型，其流化气体是按周期性方式输入的。在一大的矩形床内，脉冲流化区可以随着气流的周期性易位而在某有利条件范围内进行变化，虽然气体"易位"用来消除细颗粒流化床中沟流的想法起源于30年以前，但它始终未得到广泛的应用。

图9-10表示的是周期性改换气流位置的脉冲流化床干燥的工作原理，热空气流过旋转阀分布器，而分布器周期性地遮断空气流并引导它会流向强制送风室的各个区段，送风室位于常规流化床支承网的下面。在"活化"室内的空气流化了位于活化室上的床层段。当气体朝着下一个室时，床层流化段几乎变成停滞状态。实际上，由于气体的压缩性和床层的惯性，整个床层在活化区还能进行很好的流化。

如与常规流化床干燥器相比，脉冲流化床的优点明显：异向性的大颗粒（例如直径为20～30mm，厚度为1.5～3.5mm的蔬菜）也能良好流化；压降降低（约7%～12%）；最小流化速度减小（约8%～25%）；改善床层结构（无沟流，粒子混合较好）；浅床层操作能量节省最高达50%。

（2）卧式流化床干燥机

卧式流化床干燥机中物料通过方向与重力方向垂直，物料的通过完全依靠外界动力，因而易于控制。

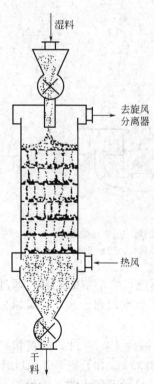

图 9-9　穿流板式流化床干燥器

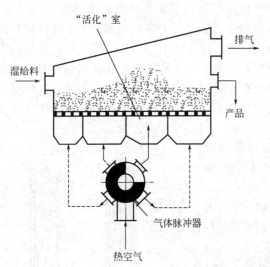

图 9-10　周期性变换气流位置的脉冲流化床干燥器

为了克服多层流化床干燥器结构复杂、床层阻力大、操作不易控制等的缺点以及保证干燥后产品的质量，后来又开发出一种卧式多室流化床干燥器。这种设备结构简单、操作方便，适用于干燥各种难以干燥的粒状物料和热敏性物料，并逐渐推广到粉状、片状等物料的干燥领域。现代食品工业中，砂糖、干酵素、葡萄糖酸钙及固体饮料常用这种形式的干燥机。图 9-11 所示为卧式多室流化床干燥器。

该干燥器为一矩形箱式流化床，底部为多孔筛板，其开孔率一般为 4%～13%，孔径一般为 1.5～2.0mm。筛板上方有竖向挡板，将流化床分隔成 8 个小室。每块挡板均可上下移动，以调节其与筛板之间的距离。

每一小室下部有一进气支管，支管上有调节气体流量的阀门。湿料由摇摆颗粒机连续加入干燥器的第一室，由于物料处于流化状态，所以可自由地由第一室移向第八室。干燥后的物料则由第八室的卸料口卸出。

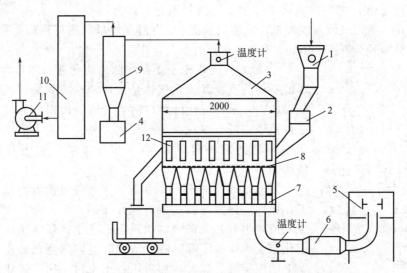

图 9-11　卧式多室流化床干燥器示意图

1—摇摆颗粒机；2—加料斗；3—流化干燥室；4—干品储槽；5—空气过滤器；6—翅片加热器；7—进气支管；8—多孔板；9—旋风分离器；10—袋式过滤器；11—抽风机；12—视镜

空气经过滤器 5，再经翅片加热器 6 加热后，由 8 个支管分别送入 8 个室的底部，通过多孔筛板进入干燥室，使多孔板上的物料进行流化干燥，废气由干燥室顶部出来，经旋风分离器 9、袋式过滤器 10 后，由抽风机 11 排出。

卧式多室流化床干燥器所干燥的物料，大部分是经造粒机预制成 4～14 目的散粒状物料，其初始湿含量一般为 10%～30%，终了湿含量约为 0.2%～0.3%，由于物料在流化床中摩擦碰撞，干燥后物料粒度变小。当物料的粒度分布在 80～100 目或更细小时，干燥器上部需设置扩大段，以减少细粉的夹带损失。同时，分布板的孔径及开孔率也应缩小，以改善其流化质量。

卧式多室流化床干燥器的优点为结构简单、制造方便，没有任何运动部件；占地面积小、卸料方便、容易操作；干燥速度快、处理量幅度宽；对热敏性物料，可使用较低温度进行干燥，颗粒不会被破坏。缺点为热效率与其他类型流化床干燥器相比较低；对于多品种小产量物料的适应性较差。

（3）振动流化床干燥器

如图 9-12 所示，干燥器由振动喂料器、振动流化床、风机、空气加热器、空气过滤器和集尘器等组成。流化床的机壳安装在弹簧上，由振动电动机驱动，分配段和筛选段下面均通有热空气。物料干燥时，从喂料器进入流化床分配段。在平板振动和气流作用下，物料被均匀地供到沸腾段，在沸腾段进行干燥后进入筛选段，筛选段分别安装不同规格的筛网，进行制品筛选及冷却，而后卸出产品。带粉尘的气体经集尘器回收细粉后排出。

振动流化床干燥器适合于干燥颗粒过粗或过细、易黏结、不易流化的物料及对产品质量有特殊要求的物料。如砂糖干燥要求晶形完整、晶体光亮、颗粒大小均匀等。采用振动流化床干燥时，含水量 4%～6% 的湿砂糖在流化床的沸腾段停留约十几秒就可干燥到含水量 0.02%～0.04%，并筛选出合格的产品。振动流化床干燥机通常供物料最终干燥之用，还能根据需要完成物料的造粒、冷却、喷入少量液体、筛分和输送等工艺操作。在制糖医药、化工、乳品、盐业等行业中广泛应用。

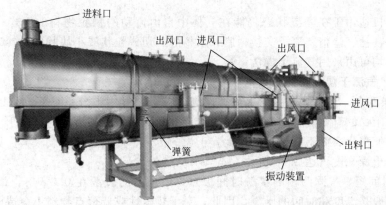

图 9-12　振动流化床干燥器

9.2.5　气流干燥设备

9.2.5.1　气流干燥设备简介

气流干燥技术是气力输送技术和固体流态化技术在干燥工艺中的具体应用。气流干燥机是利用高速热气流，对潮湿粉粒状或块状物料在并流输送过程中，在流化状态进行干燥的设备。由于物料的湍动，大大提高了传热传质强度和干燥速率。

气流干燥是对流干燥的一种，湿物料的干燥是由传热和传质两个过程所组成的。当湿物料与热空气相接触时，干燥介质（热空气）将热能传递至湿物料表面，由表面传递至物料的内部，这是一个热量传递过程。与此同时，湿物料中的水分从物料内部以液态或气态扩散到物料表面，由物料表面通过气膜扩散到热空气中去，这是一个传质过程。但气流干燥必须具备两个基本条件，一是湿物料必须适宜于气流输送，二是湿物料必须易于在干燥介质中分散。

气流干燥的基本流程如图 9-13 所示。湿物料自螺旋加料器进入干燥管，空气由鼓风机鼓入，经加热器加热后与物料汇合，在干燥管内达到干燥目的。干燥后的物料在旋风除尘器和袋式除尘器得到回收，废气经抽风机由排气管排出。

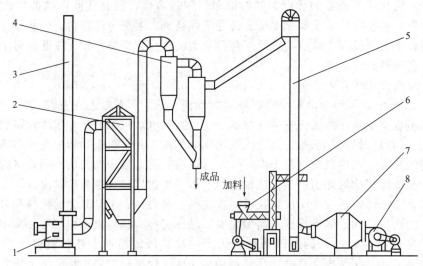

图 9-13　气流干燥基本流程图

1—抽风机；2—袋式除尘器；3—排气管；4—旋风除尘器；5—干燥管；
6—螺旋加料器；7—加热器；8—鼓风机

气流干燥机适用于在潮湿状态仍能在气体中自由流动的颗粒物料的干燥，如面粉、谷物、葡萄糖、食盐、味精、离子交换树脂、水杨酸、切成粒状或小块状的马铃薯、肉丁及各种粒状食品等均可用采用气流干燥法干燥。

9.2.5.2　气流干燥设备的特点

① 干燥强度大。气流干燥由于气流速度高，粒子在气相中分散良好，可以把粒子的全部表面积作为干燥的有效面积，因此，干燥的有效面积大大增加。同时，由于干燥时的分散和搅动作用，使汽化表面不断更新，因此，干燥的传热、传质过程强度较大。例如，旋风式气流干燥器的干燥强度可达 $2.69kg$ 水 $/(m^2 \cdot h)$。

② 干燥时间短。气固两相的接触时间极短，干燥时间一般在 $0.5 \sim 2s$，最长为 $5s$。物料的热变性一般是温度和时间的函数，因此，对于热敏性或低熔点物料不会造成过热或分解而影响其质量。

③ 热效率高。气流干燥采用气固相并流操作，而且，在表面汽化阶段，物料始终处于与其接触的气体的湿球温度，一般不超过 $60 \sim 65℃$，在干燥末期物料温度上升的阶段，气体温度已大大降低，产品温度不会超过 $70 \sim 90℃$，因此，可以使用高温气体。一般如保温良好，热气体温度在 $450℃$ 以上时，热效率在 $60\% \sim 75\%$ 之间。若采用间接蒸汽加热空气的系统，其热效率较低，仅为 30% 左右。

④ 设备简单。气流干燥器设备简单、占地小、投资省。与回转干燥器相比，占地面积减少 60%，投资约省 80%。同时，可以将干燥、粉碎、筛分、输送等单元过程联合操作，不但流程简化，而且操作易于自动控制。

⑤ 应用范围广。气流干燥可用于各种粉粒状物料。在气流干燥管直接加料的情况下，粒径可达 $10mm$，湿含量可在 $10\% \sim 40\%$ 之间。

气流干燥对管壁黏附性很强的物料以及需要干燥到平衡含水量的物料，不宜采用此种干燥方法；气流干燥器的附属设备较大，物料在高速气流的作用下冲击管壁，以及物料之间相互碰撞，物料和管子的磨损较大，对坚硬固体的干燥应采用特殊材料并对转弯结构进行特殊设计；对于在干燥过程中易产生微粉又不易分离的物料以及需要空气量极大的物料，不宜采用气流干燥。

9.2.5.3 直管式气流干燥机

直管式气流干燥机应用最普遍。如图 9-14 所示，被干燥物料经预热器加热后送入干燥管的底部，然后被从加热器送来的热空气吹起。气体与固体物料在流动过程中因剧烈的相对运动而充分接触，进行传热和传质，达到干燥的目的。干燥后的产品由干燥机顶部送出，废气由分离器回收夹带粉末后，经排风机排入大气。直管式气流干燥机管长一般在 10～20m，有的达到 30m，直径在 0.1～1.0m 不等。干燥管之所以长，是因为湿物料必须在上升气流中达到热气流与颗粒间的相对速度等于颗粒在气流中的沉降速度，使颗粒进入等速度运动状态。气流速度很高，而物料的干燥需要一定时间，所以只能通过提高管长的方法延长物料的停留时间。

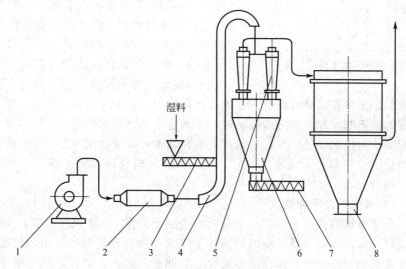

图 9-14 直管式气流干燥机示意图

1—鼓风机；2—翅片加热器；3—螺旋加料器；4—干燥管；5—旋风除尘器；

6—储料斗；7—螺旋出料器；8—袋式除尘器

其优点为：①干燥强度大。由于物料在热风中呈悬浮状态，能最大限度地与热空气接触，且由于气速较高（一般达 20～40m/s），空气涡流的高速搅动，使气-固边界层的气膜不断受冲刷，减小了传热和传质的阻力，容积传热系数可达 2300～7000W/(m³·K)，这比转筒干燥机大 20～30 倍。②干燥时间短。对于大多数的物料只需 0.5～2s，最长不超过 5s，因为是并流操作，所以特别适宜于热敏性物料的干燥。③占地面积小。由于气流干燥机具有很大的容积传热系数，所以所需的干燥机体积可大为减小，即能实现小设备大生产的目标。④热效率高。由于干燥机散热面积小，所以热损失小，最多不超过 5%，因而干燥非结合水时热效率可达 60%左右，干燥结合水时可达 20%左右。⑤无专用的输送装置。气流干燥机的活动部件少、结构简单、易建造、易维修、成本低。⑥操作连续稳定。可以一次性完成干燥、粉碎、输送、包装等工序，整个过程可在密闭条件下进行，减少物料飞扬，防止杂质污染，既改善了产品质量又提高了回收率。⑦适用性广。可应用于各种粉状物料，粒径最大可达 100mm，湿含量可达 10%～40%。

缺点为：①全部产品由气流带出，因而分离器的负荷大。②气速较高，对物料颗粒有一定的磨损，所以不适用于对晶形有一定要求的物料，也不适宜用于需要在临界湿含量以下干燥的物料以及对管壁黏附性强的物料。③由于气速大，全系统阻力大，所以动力消耗大。④干燥管较长，一般在 10m 或 10m 以上。

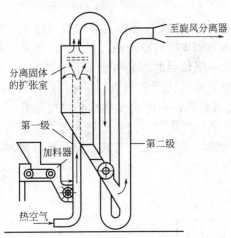

图 9-15　两级气流干燥机示意图

（图中标注）至旋风分离器；分离固体的扩张室；第一级；加料器；第二级；热空气

9.2.5.4　多级气流干燥机

目前国内较多采用的是二级或三级气流干燥机，多用于含水量较高的物料，如口服葡萄糖、硬脂酸盐等。图 9-15 所示为两级气流干燥机，它降低了干燥管的高度，第一段的扩张部分可以起到对物料颗粒的分级作用。小颗粒物料随气流移动，大颗粒物料则由旁路通过星形加料器再进入第二段，以免沉积在底部转弯处将管道堵塞。

9.2.5.5　脉冲式气流干燥机

原有的直管被直径交替缩小与扩大的脉冲管代替，利用颗粒加速运动段的高传热和高传质作用来强化干燥过程。物料首先进入管径较小的干燥管内，此处气体以较高的速度流过，使颗粒产生加速运动。当颗粒的加速运动终了时，干燥管直径突然扩大。由于颗粒运动的惯性，在该段内颗粒的速度大于气流的速度，颗粒在运动过程中因气流阻力而不断减速。在减速终了时，干燥管直径再度突然缩小，颗粒又被加速。管径重复交替的缩小与扩大，使颗粒的运动速度也在加速和减速之间不断变化，没有等速运动阶段，从而强化了传热和传质速率。同时，在扩大段气流速度大大下降，干燥时间相应增加，有利于干燥过程。

9.2.5.6　套管式气流干燥机

套管式气流干燥机的特点是具有一个套管式气流干燥管。由于采用套管，可以降低干燥管高度和提高热效率。气流干燥管由内管和外管组成，物料和气流同时由内管的下部进入。颗粒在管内加速运动至终了时，由顶部导入内外管间的环隙内，以较小的速度下降并排出，这种形式可以节约热量。

9.2.5.7　旋风式气流干燥机

旋风式气流干燥机是利用流态化结合管壁传热原理完成干燥过程的，干燥原理同直管式气流干燥器，使物料及热空气在干燥器内形成旋转降低了设备的高度。空气经加热器预热，过滤后进入干燥器。湿物料利用鼓风机形成的负压吸入干燥管，在干燥管内实现热量传递和湿分的迁移。气体夹带物料颗粒从切线方向进入旋风气流干燥机，沿热壁做旋转运动，使物料颗粒处于悬浮、旋转运动状态。因此，即使在雷诺数较低的情况下，颗粒周围的气体边界层亦能呈现高度湍流状态。由于旋转运动使粒子受到粉碎，增大了传热面积，因此强化了干燥过程，而且粒子属于切线运动，使气固相对速度大大增加，仅在几秒钟内就能完成干燥过程。

旋风式气流干燥机由内筒和外筒组成。外筒呈上大下小的锥形，物料从上部切线进入干燥器后，随热风向下进行旋转运动，在干燥室内被干燥。到达底部后受气流夹带，粉体从内筒向上运动，经出料口排出。凡是能用气流干燥的物料旋风式气流干燥机均能适应，特别对憎水性、粒子小、不怕粉碎和热敏性物料尤为适用。

9.2.6　喷雾干燥机

9.2.6.1　喷雾干燥的定义与原理

经过雾化器使液态物料喷成雾状液滴（10～100μm）分散在热空气中，与热空气充分接触，水分迅速蒸发，干燥并形成粉粒状或颗粒状品的装置称为喷雾干燥设备。液态物料可以是溶液、乳浊液、悬浮液及其他浆状物料。喷雾干燥设备通常按照按雾化方式进行分类，即按雾化器的结构分类包括为离心式（转盘式）、压力式（机械式）和气流式（多流式）喷雾干燥设备。气流式雾化器结构简单、制造方便，是我国最早工业化的喷雾干燥方式，但气流式喷雾干燥器能量消耗大，现在多用于制药和保健品行业的特殊需要。随着离心式、压力式喷雾干燥器的成功开发，目前离心式喷雾干燥器从每小时处理量几千克到几十吨已经形成了系列化机型，生产制造技术基本成熟。压力式喷雾干燥器所得产品为微粒状，在合成洗涤剂、乳制品、染料、水处理剂等方面都有大量应用。压力式喷雾干燥器直径可达 8m，总高达 50m 以上，每小时可以蒸发几吨水。

料液通过雾化器雾化得到直径 $10\sim100\mu m$ 的雾滴，这些具有巨大表面积的雾滴与导入干燥室的热气流接触，瞬间发生强烈的热交换和质交换，其中绝大部分水分迅速蒸发汽化并被干燥介质带走。由于水分蒸发会从液滴吸收汽化潜热，因而液滴的表面温度一般为空气的湿球温度。包括雾滴预热、恒速干燥和降速干燥 3 个阶段，只需 $10\sim30s$ 便可得到符合要求的干燥产品。由于重力的作用，干燥后的产品大部分沉降于底部，少量微粉随废气进入粉尘回收装置得以回收，尾气处理后排空。

9.2.6.2 喷雾干燥的过程

图 9-16 为一个典型的喷雾干燥系统流程图。原料液由储料罐 1 经料液过滤器 2 由输料泵 3 输送到喷雾干燥器 11 顶部的雾化器 5 雾化为雾滴。新鲜空气由鼓风机 8 经空气过滤器 7、空气加热器 6 及空气分布器 4 送入喷雾干燥器 11 的顶部，与雾滴接触、混合，进行传热与传质，即进行干燥。干燥后的产品由塔底引出，夹带细粉尘的废气经旋风分离器 10 由引风机 9 排入大气。

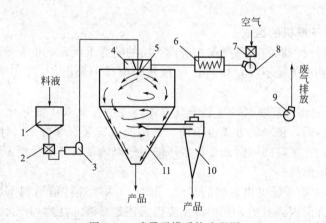

图 9-16　喷雾干燥系统流程图

1—储料罐；2—料液过滤器；3—输料泵；4—空气分布器；5—雾化器；6—空气加热器；
7—空气过滤器；8—鼓风机；9—引风机；10—旋风分离器；11—喷雾干燥器

① 料液的雾化　料液雾化为雾滴和雾滴与热空气接触、混合是喷雾干燥独有的特征。雾化的目的在于将料液分散为微细的雾滴，具有很大的表面积，当其与热空气接触时，雾滴中水分迅速汽化而干燥成粉末或颗粒状产品。雾滴的大小和均匀程度对产品质量和技术经济指标影响很大，特别是对热敏性物料的干燥尤为重要。如果喷出的雾滴大小很不均匀，就会出现大颗粒还没达到干燥要求，而小颗粒却已干燥过度而变质的情况。因此，料液雾化所用的雾化器是喷雾干燥的关键部件。

② 雾滴和空气的接触（混合、流动、干燥）　雾滴和空气的接触、混合及流动是同时

进行的传热传质过程，即干燥过程，此过程在干燥塔内进行。雾滴和空气的接触方式、混合与流动状态决定于热风分布器的结构形式、雾化器在塔内的安装位置及废气排出方式等。在干燥塔内，雾滴和空气的流向有并流、逆流及混合流。雾滴与空气的接触方式不同，对干燥塔内的温度分布、雾滴（或颗粒）的运动轨迹、颗粒在干燥塔中的停留时间及产品性质等均有很大影响。雾滴的干燥过程也经历着恒速和降速阶段。

③ 干燥产品与空气分离　喷雾干燥的产品大多数都采用塔底出料，部分细粉夹带在排放的废气中，这些细粉在排放前必须收集下来，以提高产品收率、降低生产成本；排放的废气必须符合环境保护的排放标准，以防止环境污染。

9.2.6.3　喷雾干燥的优缺点

喷雾干燥的优点为：①干燥速度快。②产品质量好。松脆空心颗粒产品具有良好的流动性、分散性和溶解性，并能很好地保持食品原有的色、香、味。③营养损失少。快速干燥大大减少了营养物质的损失，如牛乳粉加工中热敏性维生素C只损失5％左右。因此，特别适合于易分解、变性的热敏性食品加工。④产品纯度高。喷雾干燥是在封闭的干燥室中进行，既保证了卫生条件，又避免了粉尘飞扬，从而提高了产品纯度。⑤工艺较简单。料液经喷雾干燥后，可直接获得粉末状或微细的颗粒状产品。⑥生产率高。便于实现机械化、自动化生产，操作控制方便，适于连续化大规模生产，且操作人员少，劳动强度低。

喷雾干燥的缺点为：①投资大。由于一般干燥室的水分蒸发强度仅能达到 2.5～4.0kg/($m^3 \cdot h$)，故设备体积庞大，且雾化器、粉尘回收以及清洗装置等较复杂。②能耗大，热效率不高。一般情况下，热效率为 30％～40％，若要提高热效率，可在不影响产品质量的前提下，尽量提高进风温度以及利用排风的余热来预热进风。另外，因废气中湿含量较高，为降低产品中的水分含量，需耗用较多的空气量，从而增加了鼓风机的电能消耗与粉尘回收装置的负担。

9.2.6.4　喷雾干燥机的组成

根据不同的物料或不同的产品要求，所设计出的喷雾干燥系统也有差别，但构成喷雾干燥系统的几个主要基本单元不变，如图 9-16 所示的喷雾干燥设备，其中的几个主要系统是不可缺少的。

① 供料系统　它将料液顺利输送到雾化器中，并能保证其正常雾化。根据所采用雾化器形式和物料性质不同，供料的方式也不同，常用的供料泵有螺杆泵、计量泵、隔膜泵等。对于气流式雾化器，在供料的同时还要提供压缩空气以满足料液雾化所需的能量，除供料泵外还要配备空气压缩机。

② 供热系统　它给干燥提供足够的热量，以空气为载热体输送到干燥器内。供热系统形式的选定也与多方面因素有关，其中最主要因素还是料液的性质和产品的需要，供热设备主要有直接供热和间接换热两种形式。风机也是这个系统的一部分。

③ 雾化系统　它是整个干燥系统的核心，雾化系统中的雾化器是干燥专家们从理论到结构研究最多的内容。目前常用的主要有三种基本形式：离心式——以机械高速旋转产生的离心力为主要雾化动力；压力式——以供料泵产生的高压为主要雾化动力，由压力能转变成动能；气流式——以高速气流产生的动能为主要雾化动力。三种雾化器对料液的适应性不同，产品的粒度也有一定的差异。

④ 干燥系统　它是各种不同形式的干燥器，干燥器的形式在一定程度上取决于雾化器的形式，也是喷雾干燥设计中的主要内容。

⑤ 气固分离系统　雾滴被干燥除去水分（应该说是绝大部分水分）后形成了粉粒状产品，有一部分在干燥塔底部与气体分离排出干燥器（塔底出料式），另有一部分随尾气进入

气固分离系统需要进一步分离。气固分离主要有干式分离和湿式分离两类。

此外，有些系统还带有全自动控制装置和废热回收装置。

9.2.6.5 雾化器

雾化器是喷雾干燥设备的核心组件，用于将液态的待干燥物料雾化，喷雾干燥设备的分类就是按照雾化的不同方式进行分类的，雾化器包括以下三种类别。

① 压力式雾化器 它实际上是一种喷雾头，装在一段直管上便构成所谓的喷枪。喷雾头（喷枪）需要与高压泵配合才能工作，一般使用的高压泵为三柱塞泵。压力式雾化器的工作原理是高压泵使料液获得高压（7～20MPa），从喷雾头出来时，由于压力大、喷孔小（0.5～1.5mm），很快雾化成雾滴。料液的雾化分散度取决于喷嘴的结构、料液的流出速度和压力、料液的物理性质（表面张力、黏度、密度等）。由于单个压力式喷雾头的流量（生产能力）有限，因此，大型压力式喷雾干燥机通常由多支喷枪一起并联工作。

② 离心式雾化器 浓乳在高速旋转的离心盘上雾化时，受到两种力的作用，一种是离心盘旋转产生的离心力，另一种是与周围空气摩擦产生的摩擦力，如图9-17所示。浓乳在排到热空气之前被离心力作用加速到很高速度，从离心盘的边缘甩出时呈薄膜状，与周围空气接触受摩擦力作用即分散成为微细的乳滴，达到雾化的目的。液滴随转盘旋转而产生的切线速度与离心力作用而产生的径向速度被甩出，其运动轨迹是一螺旋形。

其传动系统由一级皮带传动和一级涡轮蜗杆传动组成，从V带轮到喷雾离心盘传动比为1：10，使离心盘的最高转速可达15000r/min。

离心喷雾对液滴大小的影响规律为：转速增大，液滴变小；反之转速降低，液滴变大；在旋转速度一定的情况下，液滴大小与供料量成正比，物料浓度与液滴大小成正比。

③ 气流式雾化器 它是依靠高速气流工作的雾化器。雾化原理是利用料液在喷嘴出口处与高速运动（一般为200～300m/s）的空气相遇，由于料液速度小，而气流速度大，两者存在相当

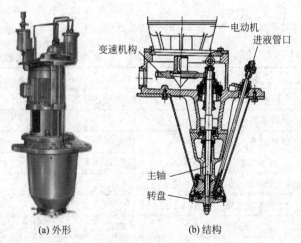

(a) 外形　　　　　(b) 结构

图 9-17　离心式雾化器

大的速度差，从而使液膜被拉成丝状，然后分裂成细小的雾滴。雾滴大小取决于两相速度差和料液黏度，相对速度差越大，料液黏度越小，则雾滴越细。料液的分散度取决于气体的喷射速度、料液和气体的物理性质、雾化器的几何尺寸以及气料流量之比。

气流式雾化器的结构有多种，常见的有二流式、三流式、四流式和旋转式，其结构如图9-18所示。

以上三类雾化器各有特点，见表9-1。在选型时，需考虑生产要求、待处理物料的性质及工厂等诸方面具体情况。国内外食品工业大规模生产时都采用压力喷雾和离心喷雾。

目前国内以压力喷雾占多数，如在乳粉和蛋粉生产中，压力喷雾占76%，离心喷雾占24%。在欧洲以离心喷雾为主，而在美国、新西兰、澳大利亚、日本等国则以压力喷雾为主。气流式由于动力消耗大，适用于小型设备，而在食品工业中，很少在大规模生产中应用。

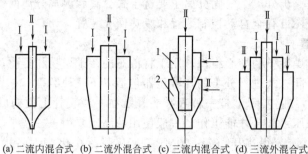

(a) 二流内混合式　(b) 二流外混合式　(c) 三流内混合式　(d) 三流外混合式

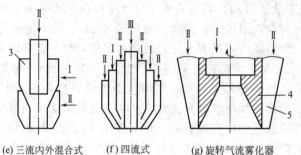

(e) 三流内外混合式　　　(f) 四流式　　　(g) 旋转气流雾化器

图 9-18　气流式雾化器形式

Ⅰ—压缩空气；Ⅱ—料液；Ⅲ—加热空气；1—第一混合室；2—第二混合室；3—内混合室；4—旋转杯；5—气体通道

表 9-1　三种雾化器的比较

参数	压力式	离心式	气流式
处理量的调节	范围小,可用多喷嘴	范围大	范围小
供料速率<3m³/h	适合	适合	适合
供料速率>3m³/h	要有条件	适合	要有条件
干燥室形式	立式、卧式	立式	立式
干燥塔高度	高	低	较低
干燥塔直径	小	大	小
产品粒度	粗粒	微粒	微粒
产品均匀性	较均匀	均匀	不均匀
粘壁现象	可防止	易黏附	小直径时易黏附
功力消耗	最小	小	最大
保养	喷嘴易磨损,高压泵需维护保养	动平衡要求高,相应的保养要求高	容易
价格	便宜	高	便宜

9.2.6.6　干燥室

干燥室是喷雾干燥的主体设备,雾化后的液滴在干燥室内与干燥介质相互接触进行传热传质而达到干制品的水分要求。其内部装有雾化器、热风分配器及出料装置等,并开有进气口、排气口、出料口及人孔、视孔、灯孔等。为了防止(带有雾滴和粉末的)热湿空气在器壁结露和出于节能考虑,喷雾干燥室壁均由双层结构夹保温层构成,并且内层一般为不锈钢板制成。另外,为了尽量避免粉末黏附于器壁,一般干燥室的壳体上还安装有使黏粉抖落的振动装置。

（1）干燥室的分类

喷雾干燥室分为箱式和塔式两大类，每类干燥室由于处理物料、受热温度、热风进入和出料方式等的不同，可分为箱式干燥室和塔式干燥室等。

箱式干燥室又称卧式干燥室，用于水平方向的压力喷雾干燥。这种干燥室有平底和斜底两种形式。前者在处理量不大时，可在干燥结束后由人工打开干燥室侧门对器底进行清扫排粉，规模较大的也可安装扫粉器。后者底部安装有一个供出粉用的螺旋输送器。由于气流方向与重力方向垂直，雾滴在干燥室内行程较短，接触时间也短，且不均一，所以产品的水分含量不均匀；此外，从卧式干燥室底部卸料也较困难，所以新型喷雾干燥设备几乎都采用塔式结构。

塔式干燥室常称为干燥塔，新型喷雾干燥设备几乎都用塔式结构。干燥塔的底部有锥形底、平底和斜底三种，食品工业中常采用前者。对于吸湿性较强且有热塑性的物料，往往会造成干粉粘壁成团的现象，且不易回收，必须具有塔壁冷却措施。

（2）干燥室中热气流与雾滴流向

喷雾干燥室内热气流与雾滴的流动方向，直接关系到产品质量以及粉末回收装置的负荷等问题。各型喷雾干燥设备中，热气流与雾滴的流动方向有并流、逆流及混流三类。

① 并流操作　由于热空气与雾滴以相同的方向运动，与干粉接触时的温度最低，因而目前在食品工业中，如乳粉、蛋粉、果汁粉等的生产，大多数均采用并流操作，其他两种操作则较少采用。并流式可分为水平、垂直下降和垂直上升式三种，其中水平并流式和垂直上升并流式仅适用于压力喷雾。垂直下降并流适用于压力喷雾[图 9-19（a）]，也适用于离心喷雾[图 9-19（b）]，热风与料液均自干燥室顶部进入，粉末沉降于底部，而废气则夹带粉末从靠近底部的排风管一起排至集粉装置。这种设计有利于微粒的干燥及制品的卸出，缺点是加重了回收装置的负担。

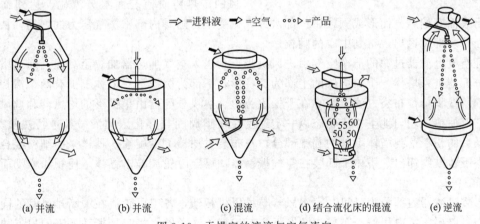

(a) 并流　　(b) 并流　　(c) 混流　　(d) 结合流化床的混流　　(e) 逆流

图 9-19　干燥室的液滴与空气流向

② 逆流操作　如图 9-19（e）所示，热风自干燥室的底部上升，料液从顶部喷洒而下。在这种操作中，已干制品与高温气体相接触，因而不可能用于热敏性物料的干燥。由于废气由顶部排出，为了减少未干雾滴被废气带走，必须控制气体速度保持在较低的水平。这样，对于给定的生产能力，干燥机的直径就很大。但这种操作由于传热、传质的推动力都较大，所以热能利用率较高。

③ 混流操作　如图 9-19（c）、（d）所示，这种流向因为综合了并流和逆流的优点，削弱了两者明显的弊端，且有搅动作用，所以脱水效率较高。

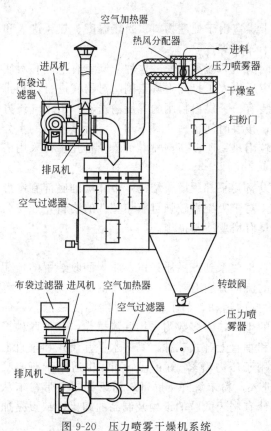

9.2.6.7 典型喷雾干燥系统

（1）压力喷雾干燥机系统

压力式喷雾干燥机高大呈塔形，又称喷雾干燥塔（图 9-20），在生产中使用最为普遍。压力式喷雾干燥机的产品成微粒状，一般平均粒度可以达到 $100\sim300\mu m$。产品有良好的流动性、润湿性、复水性、分散性等应用性能，产品质量优良。

液体在高压泵的压力作用下从雾化器的切向通道高速进入旋转室，使液体在旋转室内高速运动，旋转速度与旋转室的半径成反比，因此越靠近轴心处旋转速度越高，静压力也小。当旋转速度达到某一值时，雾化器中心处的压力等于大气压力，雾化器孔处的液体被离心力甩向边缘处，中心形成空气心，喷出的液体就形成了绕空气心旋转的侧锥形环状液膜。随着液膜的延长，空气的剧烈扰动所形成的波不断发展，液膜分裂成细线。加上湍流径向分速度和周围空气相对速度的影响，最后导致液膜破裂成丝。液丝断裂后受表面张力和黏度的作用，最后形成由无数雾滴组成的雾群，雾滴飘浮在空气中，受热风的传热传质使表面水分汽化，达到临界含

图 9-20 压力喷雾干燥机系统

水率后表面开始结壳而形成颗粒，内部水分汽化受阻。随着内部水蒸气压力的增高，从外壳的表面薄弱部位逸出，得到中空的颗粒。

经空气过滤器过滤的洁净空气由进风机吸入，送入空气加热器加热至高温，通过塔顶的热风分配器进入塔体。干燥塔体的上部为圆柱形，下部为圆锥形。塔体上下有两个清扫门用于清扫塔壁积粉。布袋过滤器紧靠在干燥室旁边。热风分配器由呈锥形的均风器和调风管组成，它可使热风均匀地呈并流状态以一定速度在喷嘴周围与雾化浓缩液微粒进行热质交换。经干燥后的粉粒落到塔体下部的圆锥部分，与布袋过滤器下螺旋输送器送来的细粉混合，不断由塔下转鼓阀卸出。塔体下部装在空气振荡器，可定时轮流敲击锥体，使积粉松动而沿塔壁滑下。

布袋过滤器内部分为三组，每组风管与排风机相连，各组可轮流在关断排风管的同时振动布袋，以振落袋内积粉。布袋过滤器下方有一螺旋输送器，将布袋振动下来的粉末输送至塔体圆锥部分与塔内粉粒混合从塔下转鼓阀排出。通过布袋过滤器回收夹带粉尘的废气，经由排风机排入大气。

由于压力式喷雾干燥所得产品是微粒状，不论是雾滴还是产品的粒径都比其他两种形式大，雾滴所需干燥时间比较长。另外，喷出的雾化角也较小，一般在 $30°\sim70°$ 之间，所以干燥器的外形也以高塔形为主，才能使雾滴有足够的停留时间。雾化器采用单喷嘴喷雾，装于塔顶。因需给料液施加一定的压力，通过雾化器雾化，所以系统中要有高压泵。另外，因雾化器孔径很小，为防杂物堵塞雾化器孔道，定要在料液进入高压泵之前进行过滤，与该干燥机配套的供料泵应为三柱塞式高压泵。

（2）离心喷雾干燥机系统

离心喷雾干燥机是食品工业生产中使用最广泛的干燥机之一，如图 9-21 所示。离心喷雾干燥机系统组成及原理基本同压力式喷雾干燥机系统。两者最大区别在于雾化器形式不同，由于离心喷雾器的雾化能量来自离心喷雾头的离心力，因此，为本干燥机供料的泵不必是高压泵。在高速旋转的分散盘上加入料液，液体受到离心力作用被甩成雾滴后在干燥器中干燥。此外，离心式的热风分配器为涡旋状；干燥塔的圆柱体部分径高比较大（这主要因离心喷雾有较大雾化半径，从而要求有较高大的塔径）；布袋过滤器装于干燥塔内，它分成两组，可轮流进行清粉和工作。布袋落下的细粉直接进入干燥室锥体。

不论是压力式还是离心式喷雾干燥机系统，直接从干燥室出来的粉体一般温度较高，因此需要采取一定措施使之冷却下来。普通的做法是使干燥室出来的粉料在一凉粉室内先进行冷却，再进行包装。先进的喷雾干燥系统则通常结合流化床技术，使干燥塔出来的粉得到进一步流态化干燥，然后进行流态化冷却。

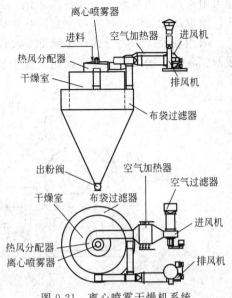

图 9-21　离心喷雾干燥机系统

9.3　传导型干燥设备

传导型干燥机的热能供给主要靠导热，要求被干燥物料与加热面间应有尽可能紧密的接触。热量通过夹套搅拌器和传热管的加热面传给被干燥物料，用热媒而不用热空气。这就要求被干燥物料与器壁加热面间尽可能紧密接触，干燥蒸发的水蒸气或有机溶剂由真空泵抽出，蒸发气体是湿分的载体而不是主要的载热体。故传导干燥机较适用于溶液、悬浮液和膏糊状固-液混合物的干燥。

根据操作方法，传导型干燥机分为连续式和间歇式；根据操作压强可分为常压和真空两种情况。食品工业中常见的传导型干燥机有滚筒干燥机、真空干燥机和冷冻干燥设备等。

传导型干燥设备的主要优点为：热能利用的经济性，因这种干燥机不需要加热大量的空气，热效率较高，热能单位耗用量远较热风干燥机为少；传导干燥可在真空下进行，特别适用于热敏性物料和易氧化食品的干燥。

9.3.1　滚筒干燥设备

滚筒干燥器是一种内加热传导型旋转干燥设备，主体是被称为滚筒的中空金属圆筒。湿物料通过滚筒壁获得以传导方式传递的热量，除去水分，达到干燥的目的。液体物料在滚筒的一个转动周期内顺序完成布膜、脱水、刮料、制得干制品的全过程。滚筒干燥器在食品工业上广泛用于液体物料或膏状物料的干燥。滚筒式干燥机可分为单滚筒式和双滚筒式，两者均有常压和真空式。

9.3.1.1　常压滚筒干燥机

如图 9-22 所示，常压单滚筒和双滚筒干燥机的工作过程为：圆筒随水平轴转动，其内部可由蒸汽、热水或其他载热体加热，圆筒壁即为传热面。物料的加入方式有浸没式和喷洒式。浸没式加料时，料液可能会因热滚筒长时间浸没而过热，为避免这一缺点，可采用洒溅式。采用浸没式加料方式，滚筒部分浸没在稠厚的悬浮液物料中，因滚筒的缓慢转动使物料成薄膜状附着于滚筒的外表面而进行干燥。

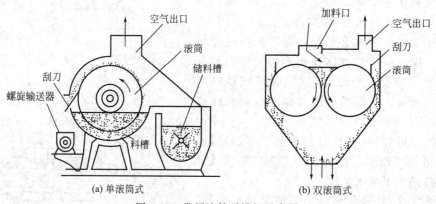

图 9-22　常压滚筒干燥机示意图

当滚筒回转 3/4～7/8 转时，物料已干燥到预期的程度，即被刮刀刮下，由螺旋输送器送走。滚筒的转速因物料性质及转筒的大小而异，一般为 2～8r/min。滚筒上的薄膜厚度为 0.1～1.0mm。干燥产生的水汽被壳内流过滚筒面的空气带走，流动方向与滚筒的旋转方向相反。双滚筒干燥机采用的是由上面加入湿物料的方法，干物料层的厚度可用调节两滚筒间隙的方法来控制。

常压滚筒干燥具有以下特点。

① 操作弹性大、适应性广。影响滚筒干燥作业的加热介质温度、物料性质、料膜厚度、滚筒转速等的主要因素均可单独调节，而且便于调节和适应不同物料和不同产量。②热效率高，约80%。因采用传导方式进行传热，方向稳定，热损失仅为除端盖散热和辐射。③干燥速度高，干燥时间短。物料呈 0.5～1.5mm 厚的薄膜状干燥，整个干燥周期仅需 10～15s，特别适合浆状食品物料的干燥。④滚筒表面温度高，易造成蛋白质结构变化而使得产品不易溶解，产品品质较差，故不适用于产品质量和溶解度要求高的物料。⑤筒体及刮刀易磨损，使用周期短。

9.3.1.2　真空滚筒干燥机

将滚筒密闭在真空室内，便可成为如图 9-23 所示的真空滚筒干燥机。由于干燥过程在真空下进行，真空滚筒干燥机的进料、卸料刮刀等的调节必须在真空干燥室外部来操纵，所以这类干燥机通常成本较高，一般只用来干燥极为热敏的物料。

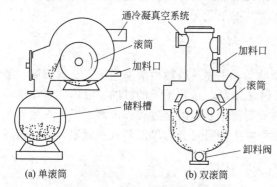

图 9-23　真空滚筒干燥机示意图

9.3.2　真空干燥设备

真空干燥就是通过降低干燥室的压力以降低湿分的沸点，达到在低温下干燥目的的。将冷凝器、真空泵与传导式干燥机相结合，形成的系统装置称为真空干燥设备。真空干燥设备有多种形式，但有两点是共同的：一是真空干燥机多是以传导传热为主，多数无气固分离系统；二是多数干燥机都设有加热夹套，对结构设计和加工质量要求较高。由于真空干燥具有干燥温度低、干燥速率大、节能、设备密闭防污染等特点，大部分传导式干燥机可设计成真空干燥装置，将冷凝器、真空泵与传导式干燥器配套，形成真空干燥装置。真空干燥在生物制品、药品、饮品以及热敏性物料、氧敏性物料、溶剂回收待干燥中起到独特作用。

9.3.2.1 真空干燥的特点

真空干燥具有以下特征。

① 真空干燥可以灭菌。真空干燥时，物料和空气中的细菌大部分随气体一起被真空泵抽走，剩下的细菌中有一部分因缺氧而死亡或缺乏活力。

② 真空干燥可以实现低温干燥。水在汽化过程中温度和压力成正比关系，因此低压下可以实现低温干燥。能在低温下干燥热敏性物料、氧敏性物料、有燃烧危险的物料、含有溶剂的物料或有毒气体的物料。

③ 真空干燥可消除常压干燥情况下容易产生的产品表面硬化现象。常压热风干燥，在被干燥物表面形成液体边界层，受热汽化的水蒸气通过流体边界层向空气中扩散，被干燥物内部水分要向表面移动，如果其移动速率赶不上边界层的蒸发速率，边界层水膜破断，被干燥物表面就会出现局部干裂现象，然后扩大到整个外表面，形成表面硬化。真空干燥物料内部和表面之间压差较大，在压力梯度作用下，水分很快移向表面，不会出现表面硬化。

④ 真空干燥可克服热风干燥所产生的挥发物失散现象。热风干燥使被干燥物内部和表面形成较大的温度梯度，使得被干燥物内的水分携带挥发物一起移动，不稳定的易挥发性成分会从被干燥物中散发出去。真空干燥时物料内外温度梯度小，由逆渗透作用使作为溶剂的湿分独自移动，克服了溶质散失。

⑤ 真空干燥容易实现产品性能多样化。可以通过控制真空度，使产品发泡，生产出脆化、速溶等食品。

⑥ 真空干燥可在低温下回收湿分，对含有机溶剂物料的溶剂回收十分有利。

⑦ 真空干燥可用于低含湿量物料的进一步干燥，处理的多为附加值高的物料。

真空干燥主要用于热敏性强、要求产品的速溶性和品质较好的食品干燥作业，如果汁型固体饮料、脱水蔬菜和豆、肉、乳各类干制品，现国内用于麦乳晶、豆乳晶等加工。真空干燥的类型很多，大多数密闭的常压干燥机都能用作真空干燥机。其主要形式有箱型、转筒型、带式连续型、喷雾薄膜型等。

9.3.2.2 带式真空干燥机

带式真空干燥机为连续式真空干燥设备，主要用于液状与浆状物料的干燥。干燥室一般为卧式封闭圆筒，内装钢带式输送机械，有单层和多层两种形式。带式真空干燥机干燥时间短，约 5～25min，能形成多孔状制品，物料在干燥过程中能避免混入异物，防止污染，可以直接干燥高浓度、高黏度的物料，并可简化工序，节约热量。

图 9-24 为单层带式真空干燥机示意图，由一连续的不锈钢带、加热滚筒、冷却滚筒、

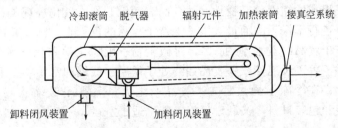

图 9-24 单层带式真空干燥机示意图

辐射元件、真空系统和加料装置等组成。供料口位于钢带下方，由一供料滚筒不断将浆料涂布在钢带的表面。涂在钢带上的浆料随钢带前移进入干燥器下方的红外线加热区。受热的料层因内部产生的水蒸气而蓬松成多孔状态，与加热滚筒接触前已具有膨松骨架。料层随后经过滚筒加热，再进入干燥上方的红外线区进行干燥。干燥至符合水分含量要求的物料在绕过冷却滚筒时受到骤冷作用，料层变脆，再由刮刀刮下排出。

图 9-25 为多层带式真空干燥机的示意图，物料由三层输送带输送，沿输送方向采用夹套式换热板，设置了两个加热区和一个冷却区域，分别用蒸汽、热水、冷水进行加热和冷却。根据原料性质和干燥工艺要求，各段的加热温度可以调节。原料在输送带上边移动边蒸发水分，干燥成为泡沫片状物品，冷却后，经粉碎机粉碎成为颗粒状制品，最后由排出装置卸出。干燥产生的二次蒸汽和不凝性气体通过排气口，由冷凝和真空系统排出。

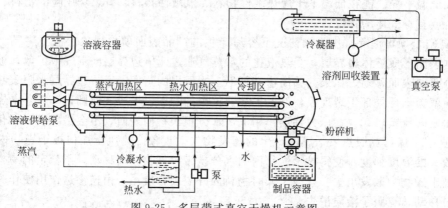

图 9-25　多层带式真空干燥机示意图

9.3.3　冷冻干燥设备

9.3.3.1　概述

冷冻干燥技术发明于 1811 年，最早应用于生物材料、生物器官及细菌的干燥。20 世纪初用于医药界，如卫生棉纸、药品、微生物产品的保存，40 年代才开始应用于食品加工。丹麦阿特拉斯公司制造的第一代冷冻干燥设备采用了蒸气喷射泵系统，60 年代采用干式冷凝器取代了蒸气喷射，此后随着间歇式冷冻干燥设备的完善，又开发了连续式冷冻干燥设备。冷冻干燥是利用冰晶升华的原理，在高真空装填下，将已冻结食品的水分不经过冰的融化直接从冰态升华为水蒸气，从而使食品达到干燥的目的，又称为真空冷冻干燥或升华干燥。

采用冷冻干燥方法制成的冻干食品具有以下优点：可再构成性能好，复水速度快，无论冷水或热水均可使食品迅速复水，即通过脱水过程的可逆循环使产品恢复到初始状态，为任何干燥方法所不及；在冷冻干燥过程中食品不会因较强的水表面张力而干缩，亦不会由于水的移动造成盐的集聚或浓缩而使其变性，故食品表面无开裂、硬化等现象；由于食品是在低温、低氧的状态下进行干燥，因而最大限度保持了食品的色、香、味，其内部组织结构、成分均不被破坏；冻干食品的含水率约 3%，对微生物、生物化学和化学变化保持相对稳定，所以在无冷藏条件下可以长期储藏；食品始终处于低温、低氧和密闭状态下，可以避免交叉污染、吸潮和氧化；在冷冻干燥过程中，食品产生大量气孔呈皱缩状，重量减少 70% ～90%，既节省包装和包装材料，又利于运输，特别适于空运。

9.3.3.2　冷冻干燥原理及过程

冷冻干燥首先将被干燥物快速冻结至温度中心点，为-18～-30℃，使其内部水分固定在最初位置上并形成均匀细小的冰结晶，然后在选定的真空和加热条件下使冰直接升华为水蒸气除去物料内部水分从而获得优质干燥物。

食品冷冻干燥是一个复杂的传质传热过程。在全部干燥过程中，食品表层的冰结晶因低压受热首先升华成水蒸气被抽走，然后冰界面（升华界面）逐渐向食品核心推进。水蒸气沿干燥层通道逸出，直至食品含水率达到3%，真空冷冻干燥全过程方告完成。

严格地讲，食品冷冻干燥过程应分为三个阶段。

第一阶段，表层升华干燥，即食品表层干燥。此阶段形成的干燥层呈海绵状开放结构，表面无任何变化，水蒸气的逸出也不会引起食品成分变化和组织结构位移，因而为第二阶段干燥水蒸气的逸出提供了良好通道。而热风干燥水分通过毛细管作用迁移到食品表面蒸发，溶于水的盐分、糖分等被带至食品表面，食品特征发生变化，收缩变形。此阶段的干燥时间约占总干燥时间的30%，升华的冰晶量占总冰晶量的65%。食品的实际温度应低于食品所能允许的最高温度，加热温度不可以使食品过热而受损。冰界面（冰线、升华界面）推进速度约1mm/h，如图9-26所示的第1层、第2层。

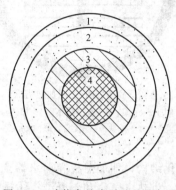

图9-26　球状食品冻干过程示意图
1,2—升华干燥；3,4—迁移干燥

第二阶段，深层迁移干燥。即冰结晶升华成的水蒸气通过已干层（第1、2层）枝状孔隙逸出。此阶段，由于已干层的包裹，使第3、4层冰界面冰晶升华变得越来越慢，其主要原因在于供热通过已干层到达冰界面传热热阻增加以及第3层冰界面冰晶升华成水蒸气通过已干层孔隙迁移至食品表面阻力增大。在迁移干燥过程中，由于水蒸气迁移阻力增大，升华速度减慢，耗热量减少，此时如供热过剩，食品将融化或产生变性、烧损等，使冷冻干燥失败，这种现象对液态或固态食品称崩解现象。发生崩解时的温度叫崩解温度，因此生产厂必须严格控制加热温度，避免损失。迁移干燥阶段约占总干燥时间的30%，升华冰晶量占总冰晶量的30%，如图9-26所示的第3层、第4层。

第三阶段，解吸附干燥，又称二次干燥。这是全部冷冻干燥过程最后阶段的干燥。当冰界面到达食品中心位置时，以游离水结成的冰结晶，即游离水已升华成水蒸气，使1、2、3、4层得以干燥，而未被冻结或已经冻结的部分则是解吸附干燥阶段的开始。当冻结温度未能达到使食品全部水分冻结的状态时，胶体结合水就存在于食品层中，冷冻干燥的最后阶段就必须排除这部分水分，以保证食品规定的含水量，延长其储存期，这就是解吸附干燥的目的。

在升华干燥和迁移干燥阶段中，加热温度必须低于食品低共熔点温度，以保证冰结晶不融化。而在解吸附干燥阶段，由于胶体结合水被规整地吸附着，具有较高的能量，因此必须提供足够的热量，才能使这部分水从吸附层中解析出来。其加热温度应控制在不使食品过热变性的范围内。当冻结完全达到使食品全部水分冻结的状态时，胶体结合水生成化学结合水，这部分水以冰晶形式升华成水蒸气逸出，其升华干燥速率提高。显然降低食品的冻结温度有利于升华干燥。

解吸附干燥过程中，必须尽快提高水蒸气分压力差，即高真空，以促使食品深层的水蒸气尽快逸出。解吸附干燥阶段约占总干燥时间的35%，排出的水分约占含水量的2%～3%。

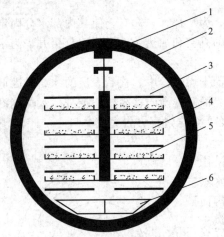

图 9-27　真空冻干常用加热方式示意图
1—吊架；2—真空罐体；3—加热板；
4—托盘；5—食品；6—捕水器

9.3.3.3　食品冷冻干燥过程中的加热

加热方式有直接加热和间接加热两种。直接加热采用电源产生辐射热对食品加热，如红外线、电热管、电热板、微波等。间接加热采用载热剂对加热板加热，加热板通过导热和辐射再对食品加热，常用的载热剂有硅油、乙二醇、水、水蒸气等。

目前国产食品真空冷冻干燥装置常用的加热方法如图 9-27 所示。这种加热方法采取热传导换热和辐射换热两种方式，即加热板 3 产生的辐射热对放有食品的托盘 4 加热。每一层的上加热板辐射热直接对食品加热，热量通过已干层向升华界面（冰界面、冰线）传导。下加热板辐射热却对托盘 4 加热，然后热量由金属层以热传导方式通过食品已干层传递给升华界面（冰界面、冰线）。

9.3.3.4　冷冻干燥系统

现代食品真空冷冻干燥装置将该系统设计成一体化结构，即加热板和捕水器全部组装在干燥箱内。各种形式的冷冻干燥装置系统均由预冻、供热、蒸汽和不凝结气体排除系统及干燥室等部分构成，如图 9-28 所示。这些系统一般以冷冻干燥室为核心联系在一起，有些部分直接装在冷冻干燥室内，如供热的加热板、供冷的制冷板和水汽凝结器等。预冻过程可以独立于冷冻干燥机完成，如采用单体速冻装置等，此时冷冻干燥箱内不设冷冻板。

（1）干燥箱

干燥箱又称干燥罐、真空罐、真空室等，其作用是为食品冷冻干燥提供一个良好的真空密封空间。根据使用要求，干燥箱设计成圆筒形或矩形。需要指出的是，矩形干燥箱用于食品冷冻干燥，具有空间大、加热板容易布置、操作方便等特点，但制造麻烦、耗钢材量大、强度低，需加设计强筋。

（2）加热系统

加热系统主要包括热源部件、载热剂

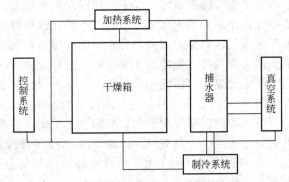

图 9-28　冷冻干燥系统组成

容器、膨胀罐、换热器、加热板、紧急冷却系统、循环泵、管道、控制阀及各种控制元件。加热板是干燥箱内的主要部件之一，主要用于对冻结食品进行加热，采取间接加热的方式。最常用的加热形式是载热剂由机械泵送入加热板内并沿流道流动，同时将热量以对流换热和热传导换热方式传递给加热板。水具有流动性好、容易加热或冷却、热容量大、易软化处理、经济等特点而被广泛使用作载热剂。

随着加热板的温度升高，加热板产生的辐射热传递到食品表面和食品底部托盘，然后食品的冰晶体开始升华，直到食品完全干燥加热板停止加热。加热板的另一作用是对干燥箱降温，以保证干燥结束后，进行下一次入料时，尽可能保持较低温度使冻结食品不融化。

图 9-29 所示为加热板载热剂流程。

图 9-30 所示为利用压缩机的排气作为隔板加热热源的冻干系统，压缩机在热泵运行方

式和制冷运行方式间切换，可节省能耗。

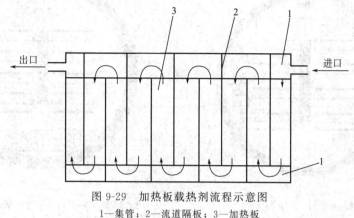

图 9-29　加热板载热剂流程示意图
1—集管；2—流道隔板；3—加热板

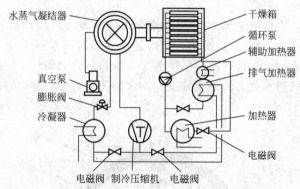

图 9-30　具有热回收系统的冻干机示意图

（3）捕水器（冷阱）

干燥过程中升华的水分必须连续快速地排除。在 13.3Pa 的压力下，1g 冰升华可产生 100m^3 的蒸汽，若直接采用真空泵抽吸，则需要极大容量的抽气机才能维持所需的真空度，因此必须有脱水装置。捕水器正是实现在低温条件下除去大量水分的装置。

捕水器安装在干燥室与系统的真空泵之间。由于捕水器温度低于物料的温度，即物料冻结层表面的蒸汽压大于捕水器内的蒸汽分压，因此从物料中升华出的蒸汽，在通过捕水器时大部分以结霜的方式凝结下来，剩下的一小部分蒸汽和不凝结气体则由真空泵抽去。

以往生产的食品真空冷冻干燥装置捕水器一般都单独设置，即与干燥箱分置，自身带有真空罐和冷却排管。而现代食品真空冷冻干燥装置捕水冷却排管则全部置于干燥箱内，与干燥箱壳体、加热板等组成一体，统称为冻干系统。

置于加热板组下部或两侧的捕水器由两组独立的冷却排管组成。冷却排管通常采用无缝钢管、不锈钢管或不锈铝合金管制造。由于铝合金管重量轻、耐腐蚀、传热效率高、造价便宜并适用于各种制冷剂而被普遍采用。图 9-31 为捕水器冷却排管置于不同部位的示意图。

为了保证食品冷冻干燥工况的连续性，提高和强化升华速率，避免干燥工况恶化，节省能耗，当前大多数冻干机采用了先进的连续融冰凝结运行工况新技术，如图 9-32 所示。捕水器 1 开始工作，自动控制阀 6 处于关闭状态，活动隔板 11 从捕水器 1 自动切换到捕水器 2，并将捕水器 2 密闭。真空排气关闭自动控制阀 15 自动打开，蒸汽发生器 7 内的压力降

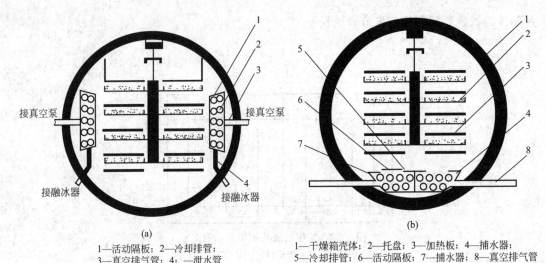

(a)

1—活动隔板；2—冷却排管；
3—真空排气管；4—泄水管

1—干燥箱壳体；2—托盘；3—加热板；4—捕水器
5—冷却排管；6—活动隔板；7—捕水器；8—真空排气管

图 9-31　捕水器冷却排管位置结构示意图

低，水的沸点降低，随之，温度为 15℃ 的蒸汽进入捕水器 2 对冷却排管加热，冰层逐渐融化。当完全融化后，自动控制阀 15 关闭，制冷系统开始对捕水器工作，使之降温，真空控制阀启动。此时，捕水器冷却排管冰层厚度为 2～3mm，活动隔板 11 自动切换至捕水器 1，捕水器 1 开始融冰，而捕水器 2 转入正常工作，这样反复切换，连续融冰捕水。每切换一次的运行时间为 30～60min。

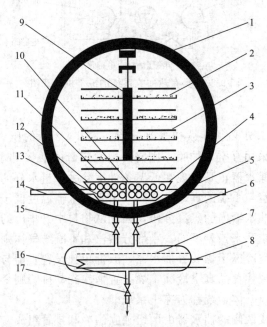

图 9-32　连续融冰凝结系统（交替运行工况）

1—干燥箱壳体；2—托盘；3—加热板；4—捕水器 1；5,14—真空排气管；6,15—自动控制阀；
7—蒸汽发生器；8—加热器；9—吊架；10—固定隔板；11—活动隔板；12—捕水器 2；
13—冷却排管；16—排水管；17—排水自动控制阀

（4）真空系统

真空系统是食品冷冻干燥装置的主要设备，其作用是维持干燥箱处于低压真空状态，在加热的同时使冻结食品的冰晶体迅速升华成水蒸气，而不凝性气体被真空泵抽走达到干燥的目的。真空系统主要由真空泵组、真空计、真空阀门、管道及真空元件等组成。

大部分果蔬类食品、肉类食品、水产类食品的冷冻干燥是在绝对压力 105Pa、升华温度 -20℃、最高容许加热温度 60℃ 的工况下进行的，因此干燥期间内真空系统必须保证干燥箱达到 100Pa 或更低的压力，空载极限压力达到 30Pa 以下。此外，真空系统必须在 10min 内使干燥箱压力达到 100Pa 或更低，以保证冷冻干燥开始前食品表面不融化。真空系统最大容许漏率为 0.03Pa·m³/s。这个值在正常抽气情况下可以使干燥箱达到所需要的真空度，满足食品冷冻干燥的需要。大于这个值时，可以认为漏率高，系统密封性能差，则必须进行检漏。

选择食品冷冻干燥装置真空系统应遵循下列原则。

①依据所设定的干燥箱空载极限压力值确定主泵。主泵的极限压力应低于设定的空载极限压力。例如干燥箱空载极限压力设定值为 30Pa，则主泵的极限压力选择范围应为 0.3～3Pa。因此选择旋片泵、滑阀泵、罗茨泵、油增压泵比较适宜。②依据干燥箱干燥期间设定的需要压力选择主泵。主泵的最佳工作压力范围必须满足干燥期间干燥箱设定的需要压力。最佳工作压力范围蒸气喷射泵为 $10^2 \sim 10^5$Pa，油封机械泵为 $10 \sim 10^5$Pa，罗茨泵为 $1 \sim 10^2$Pa，油增压泵为 $0.1 \sim 1$Pa，油扩散泵为 $10^{-4} \sim 10^{-2}$Pa。③前级泵造成的预真空条件必须满足主泵的真空条件。④不同的主泵所选配的前级泵也不同，但总的原则是前级泵的抽速必须大于主泵所排出的最大气体量，实际经验表明选用的前级泵实际抽速为计算抽速的 1.5～3 倍。对于罗茨泵作主泵，前级泵的实际抽速为罗茨泵抽速的 0.1～0.2 为宜。

（5）制冷系统

制冷系统除了对干燥箱捕水器冷却排管供冷外，还对速冻装置、冻结间、低温装料间及冷藏库供冷，因此制冷系统的装机功率约占总装机功率的 80% 以上。对于食品冷冻干燥装置而言，制冷系统必须满足以下条件：蒸发温度低于 -40℃；超量供液（机械泵循环系统）；降温速度 1～1.5℃/min；出现任何故障时，食品冷冻干燥装置都必须不间断地运行；采用通用和低价制冷剂，如 R717 等；系统应自动控制，以满足冻干装置变工况的要求。

9.3.3.5 常见冷冻干燥机

（1）间歇式冷冻干燥机

绝大多数的食品冷冻干燥装置均采用间歇式冷冻干燥机。其优点为：适应多品种小批量的生产，特别是季节性强的食品生产；单机操作，一台设备发生故障，不会影响其他设备的正常运行；便于设备的加工制造和维修保养；便于在不同的阶段按照冷冻干燥的工艺要求控制加热温度和真空度。其缺点为：由于装料、卸料、启动等预备操作占用的时间长，设备利用率低；若要满足一定的产量要求，往往需要多台单机，并要配备相应的附属系统，导致设备的投资费用增加。

间歇式冷冻干燥装置中的干燥箱与一般的真空干燥箱相似，属盘架式。干燥箱有各种形状，多数为圆筒形。盘架可以是固定式的，也可做成小车出入干燥箱，料盘置于各层加热板上。如采用辐射加热方式，则料盘置于辐射加热板之间，物料可于箱外预冻后装入箱内，或在箱内直接进行预冻。若为直接预冻，干燥箱必须与制冷系统相连接，见图 9-33。

（2）半连续式冷冻干燥机

如图 9-34 所示，升华干燥过程是在大型隧道式真空箱内进行的，料盘以间歇方式通过隧道一端的大型真空密封门进入箱内，以同样的方式从另一端卸出。这样，隧道式干燥机就具有设备利用率高的优点，但不能同时生产不同的品种，且转换生产另一品种的灵活性小。

（3）连续式冷冻干燥机

连续式冷冻干燥机流程如图 9-35 所示，装有适当厚度预冻制品的料盘从预冻间被送至干燥机入口，通过进料空气锁进入干燥室内的料盘升降器，每进入一盘，料盘就向上提升一层。等进入的料盘填满升降器盘架后，由水平向推送机构将新装的入料盘一次性向前移动一个盘位。这些料盘同时又推动加热板间的其他料盘向前移动，干燥室内另一端的料盘就被推出到出口端升降器。出口端升降器以类似方式逐一将料盘下降，再通过出口空气锁送出室外。

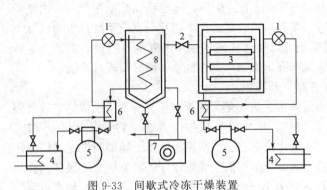

图9-33　间歇式冷冻干燥装置

1—膨胀阀；2—冷阱进口阀；3—干燥箱；4—冷凝器；

5—制冷压缩机；6—换热器；7—真空泵；8—冷阱

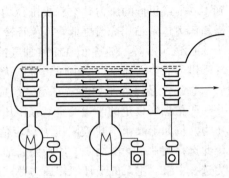

图9-34　半连续式冷冻干燥机

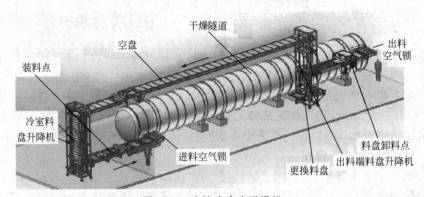

图9-35　连续式冷冻干燥机

　　室外的料盘也是连续输送的。装有干燥产品的料盘由输送链送至卸料机，卸料后的空盘再通过水平和垂直输送装置送到装料工位。如此周而复始，实现连续生产。

　　在室外单体冻结的小颗粒状物料，可以利用闭风阀，送入冻干室。物料进入冻干室后在输送器传送过程中得到升华干燥，最后干燥产品也通过闭风阀出料。连续式冻干室内的物料输送装置可以是水平向输送的钢带输送机，也可以是上下输送的转盘式输送装置。

　　加热板元件应根据具体的输送装置而设置，以使物料得到均匀的加热。

　　连续式冷冻干燥装置的关键是在不影响干燥室工作环境条件下连续地进出物料，根据物料状态不同可有多种实现冻干箱连续进出物料的方式。

9.4　辐射加热干燥设备

　　除了前面提到的加热干燥方法以外，食品工业还可利用红外线、微波、电阻加热等原理对食品进行辐射加热干燥处理。其中远红外加热的应用最广，它的主要设备形式是用于焙烤行业的烤炉。目前，微波加热设备应用最多的是家用微波炉，工业上常用的辐射传热干燥设备有远红外干燥设备、高频干燥设备、超声波干燥设备、冲击波干燥设备等，但由于其独特的介电加热优点，工业化规模的微波设备具有良好的发展前景。

9.4.1 高频与微波干燥设备

9.4.1.1 高频与微波加热原理

高频干燥的热源主要是依靠每秒钟变化几万次、几百万次甚至几亿次的电磁场对物料进行作用来产生的。由于电磁场变化很快，所以称作高频电磁场。高频加热可根据不同的特点分为高频感应加热、高频介质加热、高频等离子加热和微波加热。

高频干燥所使用的频率一般在 150MHz 以下，采用三极管作振荡源。微波干燥所用的频率一般在 300MHz 以上，需采用特殊结构形式的微波管，如磁控管、速调管或正交场器件如泊管等。高频介质加热干燥是在电容器电场中进行的；而微波介质干燥是在波导、谐振腔或者微波天线的辐射场照射下进行的。高频加热与微波加热都属于介电加热的范畴。

在外加电场的作用下，无极分子的正负电荷中心距离将发生相对位移，形成沿着外电场作用方向取向的偶极子，因此电介质的表面将感应极性相反的束缚电荷，宏观上称这种现象为电介质的极化。随着外加电场越强，极化程度也就越高。图 9-36 为无极分子极化示意图。对于有极分子来说，在外电场的作用之下，每个分子的正负电荷都要受到电场力的作用，使偶极子转动并趋向于外电场作用方向。随着外加电场愈强，偶极子排列愈整齐，宏观上电介质表面出现的束缚电荷越多，极化的强度越高。图 9-37 为有极分子极化示意图。

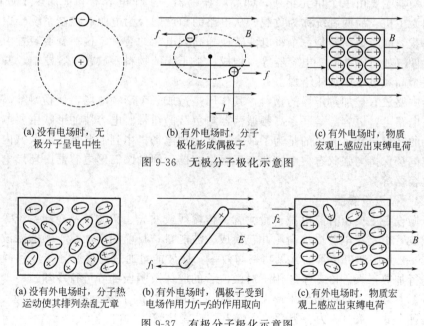

(a) 没有电场时，无极分子呈电中性　　(b) 有外电场时，分子极化形成偶极子　　(c) 有外电场时，物质宏观上感应出束缚电荷

图 9-36　无极分子极化示意图

(a) 没有外电场时，分子热运动使其排列杂乱无章　　(b) 有外电场时，偶极子受到电场作用力 $f_1 = f_2$ 的作用取向　　(c) 有外电场时，物质宏观上感应出束缚电荷

图 9-37　有极分子极化示意图

如果介质物料外加电场为交变电场，则无论是有极分子电介质或无极分子电介质都被反复极化，随着外加电场变化频率越高，偶极子反复极化的运动越剧烈。反复极化越剧烈从电磁场所得到的能量越多。同时，偶极子在反复极化的剧烈运动中又相互作用，从而使分子间摩擦也变得剧烈，这样就把它从电磁场中所吸收的能量变成了热能，从而达到使电介质升温

的目的。从物料表面蒸发水分时，物体内部形成一定的温度梯度和湿度梯度，加速了水分由物料内部向表面移动，达到干燥的目的。由此可见，高频或微波干燥时，物料加热使物料内相变速度超过蒸汽传质速度。

9.4.1.2 介电干燥的特点

① 干燥速度快。由于电磁波能够深入物料的内部，而不是依靠物料本身的热传导，因此只需常规方法 $10\%\sim1\%$ 的时间就可完成整个加热干燥的过程。

② 干燥均匀，产品质量好。由于微波加热干燥是从物料内部加热干燥的，而且有自动平衡性能，所以即使被加热物料形状复杂，加热干燥也是均匀的，不会引起外焦内生。这一点对于那些在常规加热干燥过程中容易引起表面硬化的物料，具有重大的意义。

③ 选择性加热干燥。微波加热干燥与物料的性质有密切的关系，介电损耗系数高的介质很容易用微波来加热干燥。水的介电损耗系数特别大，能强烈地吸收微波，所以对一些物料进行烘干处理时，其中的水分比干物质的吸热量大得多，因此温度就高得多，从而很容易蒸发，此时可通风排除蒸发出来的水蒸气，而物料本身吸收热量少，且不过热，因此能保持原有的特色，对提高产品质量有好处。一般含水百分之几到几十的物质都能有效地用微波加热干燥。

④ 热效率高。由于热量直接来自干燥物内部，因此热量在周围大气中损耗极少。

⑤ 操作便利，易于实现自动化。通电就升温，断电就停止升温，操作便利，易于实现生产自动化。

⑥ 高频干燥对产品有一定的杀菌作用，并能减轻劳动强度和改善作业环境。

9.4.1.3 高频干燥器

高频干燥器主要由三个单元组成，即高频振荡器、工作电容器和被加热干燥的介质物料。前者称为主机，后两者统称为负载。从电路的角度则分为电源、控制系统、振荡器、匹配电路及负载。高频振荡器是一个将电能转换为高频电能的装置。这一变换装置由电子管和一些电路元件（如电感线圈、电容器等）构成。被干燥的物料盛放在电容器中，并在电容器所构成的一个高频电场中加热干燥。

电容器中盛放有被加热干燥的物料，其作用是造成一个高频电场，使物料被高频电场加热干燥。在电路上，电容器是联系高频振荡器与负载的纽带。电容器的形状主要取决于被加热干燥物料的几何形状，其目的是为了最大限度地把电场集中到需要加热的区域内，并且在该区域内使电场保持匀强状态。电容器有平板电容器、同轴圆筒形电容器、环形电容器以及其他异形电容器等。

9.4.1.4 微波干燥器

微波干燥设备主要由直流电源、微波管、传输线或波导、微波炉及冷却系统等几个部分所组成。微波管由直流电源提供高压并转换成微波能量。目前用于加热干燥的微波管主要为磁控管。表 9-2 是国产磁控管的常见功率与效率。微波能量通过连续波导传输到微波炉对被干燥物料进行加热干燥。冷却系统用于对微波管的腔体及阴极部分进行冷却。冷却方式可为风冷或水冷。参阅第 7 章的微波干燥设备组成示意图。微波干燥器有箱型、腔型、波导型、辐射型等几种形式，表 9-3 为各类微波干燥器的性能比较。

表 9-2 国产连续波磁控管

中心频率/MHz	功率/kW						效率/%
2450	0.2	0.6	0.8	3.0	5.0	10.0	＞70
915	5	10	20	30	60	100	＞80

表 9-3　各类微波加热干燥器性能

形式	微波功率分布	功率密度	适用加热干燥物料	对磁控管的负载性能	适用干燥方式
箱型	分散	弱	大件、块状	差	分批或连续
腔型	集中	强	线状	差	连续
波导型	集中	强	粉状、片状、板状	好	连续
辐射型	集中	强	块状、颗粒状	较好	分批或连续

　　微波箱（又称微波炉）是利用驻波场的微波干燥器。它的结构由矩形谐振腔、输入波导、反射板和搅拌器等组成，参阅第 7 章的微波加热设备。谐振腔腔体为矩形，其空间每边长度都大于 $1/2\lambda$ 时，从不同的方向都有波的反射，被干燥的物料（介质）在谐振腔内各个方面都可受热干燥。微波能在箱壁上的损失极小，物料没有吸收掉的能量在谐振箱内穿透介质到达箱壁后，由于反射又重新折射到物料。这样，就能使微波能全部用于物料的干燥。同时，由于微波腔体是密闭的，微波能的泄漏很少，不会危及操作人员的安全。箱壁通常采用铝或不锈钢制成，并有排湿孔，采用大的通风量，或送入经过预热的空气，以免水蒸气在壁上凝聚成水滴。在波导入口处装有反射板和搅拌器。反射板把电磁波反射到搅拌器上，搅拌器上有叶片，叶片用金属板制成并弯成一定的弧度，每分钟旋转几十到百余次，以不断改变腔内场的分布，达到均匀干燥的目的。此外，为了保证干燥均匀，可以使被干燥物料在加热器内连续移动。图 9-38 所示为两种连续式谐振腔干燥器，被干燥物料由传送带输送。

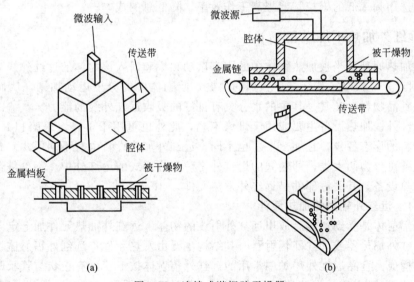

(a)　　　　　　　　　　　　　(b)

图 9-38　连续式谐振腔干燥器

　　由于腔体两侧的入口和出口将造成微波能的泄漏，因此在传送带上安装金属挡板，或在腔体两侧开口处的波导里安上许多金属链条，以形成局部短路，防止微波辐射。

9.4.1.5　微波干燥器的选择

　　微波干燥器的选择主要是选定微波干燥器的形式和工作频率。

　　（1）干燥器形式的选定

　　干燥器形式主要由被干燥物料的特性形状、加工数量及要求结合各类微波干燥器的性能而定。对于薄片材料，一般可以采用开槽波导或慢波结构的干燥器。被干燥物料流水线连续生产时，可用传送带式。而小型谐振腔式干燥器则适用于批量小、不连续生产的干燥作业。

（2）工作频率的决定

由于频率直接影响到微波干燥的效率效果及干燥设备的尺寸，所以须根据 3 个方面来选择下工作频率。

① 被干燥物料的体积及厚度　电磁波穿透到介质中后，部分能量被消耗转为热能，所以其场强将按一定的规律衰减。通常定义微波能量减少到原来最大值的 $1/e^2 = 13.6\%$ 时，离表面的距离为穿透深度。

其关系式为　　　　　　　　　　　$D = \lambda_0/(\pi\varepsilon - 1/2\tan\delta)$

式中，D 为介质的深度；λ_0 为自由空间波长；ε 为介电常数。

可以看出，介质的穿透深度与波长在同一数量级，所以除了较大物体外，一般都能用微波干燥。但当频率过高时，由于波长很短，穿透深度就很小了。因此，当被干燥物料在 915MHz 及 2450MHz 时的介电常数及介质损耗相差不大时，选用 915MHz 可以获得较大的穿透深度，也就是可以干燥较厚、体积较大的物料。

② 物料的含水量及介质损耗　一般情况下，加工物料的含水量越大、频率越高时，其相应的介质损耗也越大。因此，含水分量大的物料可以用 915MHz，当含水量很低时，物料对 915MHz 的微波较难吸收，而应当选择 2450MHz。但有些物料如含 0.1g 分子的盐水，915MHz 时介质损耗反而比 2450MHz 高一倍。因此，最好通过试验来确定。

③ 总生产量及成本　微波管可能获得的功率与频率有关，频率低（915MHz）的磁控管单管获得的功率大，且效率高。而频率高（2450MHz）的磁控管单管获得的功率小，且效率低。因此选用频率低的磁控管能提高工作效率，降低总的成本。

9.4.2　远红外加热干燥设备

远红外加热原理是当被加热物体中的固有振动频率和射入该物体的远红外线频率（波长在 $5.6\mu m$ 附近）一致时，就会产生强烈的共振，使物体中的分子运动加剧，从而温度迅速升高。多数食品物料，尤其是其中的水分具有良好的吸收远红外线的能力。

目前，红外线加热设备主要应用于烘烤工艺，此外也可用于干燥、杀菌和解冻等操作。由于食品物料的形态各异，且加热要求也不同，远红外加热设备也有不同形式。总体上，远红外加热设备可分为两大类，即箱式的远红外烤炉和隧道式的远红外炉。不论是箱式的还是隧道式的加热设备，其关键部件是远红外发热元件。

9.4.2.1　远红外辐射的加热原件

远红外辐射体是受到加热后放出远红外射线的物体。远红外加热元件加上定向辐射等装置后称为远红外加热器或远红外辐射器。其结构主要由发热元件、远红外辐射体、紧固件或反射装置等构成。食品远红外烤炉中常用的远红外辐射体按形状分有板状与管状两种；按辐射体材料分主要有以金属为依附的红外涂料、碳化硅元件和 SHQ 元件等。可参阅本书 7.4.1.2 远红外加热元器件。

9.4.2.2　隧道式远红外烤炉

隧道式远红外烤炉是一种连续式烘烤设备，这种烤炉的烘室为一狭长的隧道，由一带式输送机将食品连续送入和输出烤炉，根据输送装置不同可分为钢带隧道炉、网带隧道炉、烤盘链条隧道炉和手推烤盘隧道炉等。此种烤炉通常以天然气、煤气、燃油及电为热源。

如图 9-39 所示，钢带隧道炉是指食品以钢带作为载体，并沿隧道运动的烤炉，简称钢带炉。钢带靠分别设在炉体两端、直径为 500～100mm 的空心辊筒驱动。焙烤后的产品从烤炉末端输出并落入后道工序的冷却输送带上。

其优点为：由于钢带只在炉内循环运转，所以热损失少。通常钢带炉采用调速电动机与食品成型机械同步运行，可生产面包、饼干、小甜饼和点心等食品。其缺点为：钢带制造较困难，调偏装置较复杂。

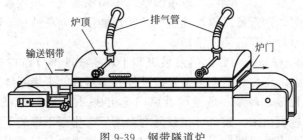

图 9-39　钢带隧道炉

9.5　其他干燥设备

9.5.1　冷风干燥设备

冷风干燥是将低湿低温空气强制循环于食品间，使食品含水量逐渐减少达到干燥的加工工艺。冷风干燥设备的主要工作流程如下：低湿低温空气在强制循环中不断吸收食品表面的水分，达到饱和状态的空气经过蒸发器，由于蒸发器中制冷剂的蒸发，蒸发器表面温度降到空气露点温度以下，空气经蒸发器后被降温并析出水分，析出的水分由集水器排出库体；低湿低温空气再进入冷凝器，由于冷凝器中流动的是来自压缩机的高温气态制冷剂，因此空气被加热形成干空气；然后与饱和状态的空气混合生成低湿低温空气反复循环。

9.5.2　热泵干燥设备

热泵从低温热源吸取热量，使低品位热能转化为高品位热能，可以从自然环境或余热资源吸热从而获得比输入能更多的输出热能。热泵干燥系统由两个子系统组成：制冷剂回路和干燥介质回路。

制冷剂回路由蒸发器、冷凝器、压缩机、膨胀阀组成。系统工作时，热泵压缩机做功并利用蒸发器回收低品位热能，在冷凝器中则使之升高为高品位热能。热泵工质在蒸发器内吸收干燥室排出的热空气中的部分余热，蒸发变成蒸气，经压缩机压缩后，进入冷凝器冷凝，并将热量传给空气。由冷凝器出来的热空气再进入干燥室，对湿物料进行干燥。出干燥室的湿空气再经蒸发器将部分显热和潜热传给工质，达到回收余热的目的；同时，湿空气的温度降至露点析出冷凝水，达到除湿的目的。干燥介质回路主要有干燥室与风机。热泵干燥系统原理如图 9-40 所示。

大多数的传统干燥机采用热空气循环完成干燥操作，干燥过程操作简单、成本低，但不适用于大多数相对而言具有较高商业价值的物料。这类物料所能允许的干燥温度较低（30～45℃），高温干燥会破坏物料的营养成分和组织特性。而且，如果循环空气的湿度较高，仅仅通过循环空气的温度并不能将物料干燥至要

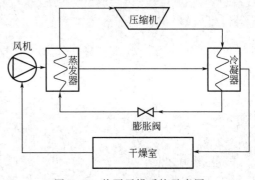

图 9-40　热泵干燥系统示意图

求的水分含量。因此，在干燥系统中增加热空气去湿循环，即热泵干燥，逐步发展起来。采用热泵辅助干燥，不仅可以加快干燥过程，实现低温干燥从而保持物料的品质，而且也可有效地利用干燥的能量。热泵干燥凝结干燥室湿空气中的水蒸气，吸收水蒸气凝结放出的显热和潜热，加热干燥空气，向干燥室输送热空气，实现能量的循环使用。除湿后的干燥空气蒸汽压降低，使得物料水分蒸发的动力增加。

图 9-41 所示热泵干燥系统主要由热泵系统和干燥系统两部分组成。热泵系统主要由压缩机、蒸发器、冷凝器、工作介质、毛细管以及铜管等组成。干燥系统主要由风机、电辅助加热、干燥室、网状托盘、内循环风道以及风门等组成。工作时，空气在干燥箱里循环利用，反复地将水蒸气冷凝出来，整机可在较低的温度下工作而不影响干燥效率，因此整机的热损失极小，另外由于干燥温度低，产品品质较普通热风干燥有明显提高。

节约能源是热泵最初应用的出发点，也是主要的优点。干燥大米的适宜温度为 35～50℃，温度虽低，但是需要大量的热。传统干燥器的效率只有 3%～5%，而用热泵，干燥效率将明显提高。近年来各国学者研究表明，热泵干燥技术应用在蔬菜脱水中节能高达90%。近年来，越来越多的研究人员也证实了热泵干燥机组的节能特性。

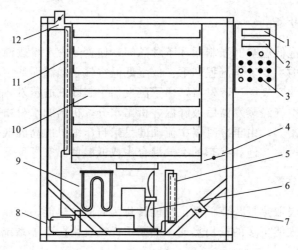

图 9-41　热泵热风联合干燥机示意图

1—干球温度计；2—湿球温度计；3—控制箱；4—风速调节阀板；5—蒸发器；6—风机；7—进风门；
8—压缩机；9—电辅助加热；10—网状托盘；11—冷凝器；12—排湿风门

第10章

成型机械设备

10.1　饼干成型机

饼干成型机是将配制好的饼干面团加工成具有一定形状和规格的饼干生坯的机械设备。按其成型方式可分为冲印成型机、辊印成型机、辊切成型机、挤压成型机等。

10.1.1　饼干冲压成型设备

适用于韧性饼干、低油脂酥性饼干的加工。

饼干冲印成型机主要由压片机构、冲印成型机构、拣分机构和输送机构等部分组成，见图 10-1。首先将已经配料调制好的面团引入饼干机的压片部分，由此经过辊压（通常经过三道辊压，即头道辊、二道辊、三道辊），使面料形成厚薄均匀致密的面带，然后由帆布输送带送入成型部分，通过模型的冲印，把面带制成带有花纹形状的饼干生坯和余料（俗称头子），此后面带继续前进，经过拣分机构将生坯与余料分离，饼坯由输送带排列整齐地送到烤盘中或送至烤炉上，进行烘烤，余料则由专设的输送带（也称回头机）送回饼干机前端的料斗内，与新投入的面团一起再次进行辊压制片操作。

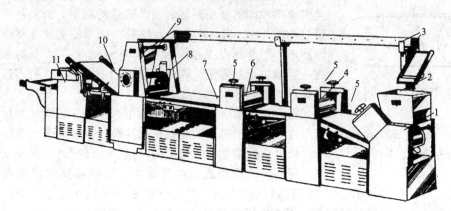

图 10-1　饼干冲印成型机

1—头道辊；2—面斗；3—回头机；4—二道辊；5—压辊间隙调整手轮；
6—三道辊；7—面坯输送带；8—冲印成型机构；9—机架；
10—拣分斜输送带；11—饼干生坯输送带

10.1.1.1　压片机构

压片是饼干冲印成型的准备阶段。工艺上要求压出的面带应保持致密连续，厚度均匀稳定，表面光滑整齐，不得留有多余的内应力。通过三次辊压，可以降低面带表面的粗糙度，使疏松的面团具有一定黏结力，面带在运转中不致断裂。同时，辊压还可以排除面团中部分气泡，防止食品在烘烤过程产生较大的孔洞。饼干生产对面带的韧性有要求，必须经过多次辊压，其参数见表10-1。

卧式布置的压辊间需要设置输送带，但操作简便，易于控制压辊间面带的质量。立式布置的压辊间则不需设置输送装置，而且占地面积小、结构紧凑、机器成本低，是较为合理的布置形式。压片机构的压辊通常分别称作头道辊、二道辊及三道辊，压辊直径依次减小，辊间间隙依次减小，各辊转速依次增加。压辊参数变化的原因在于压制面带的工艺要求。面团进入压辊时的摩擦角必须大于导入角，故头道辊的直径较大，有些饼干机在头道辊表面沿轴向开有沟槽，这既可增加摩擦又可减小压辊直径。为减缓面带因急剧变形而产生内应力，辊压操作应逐级完成，所以压辊间隙需依次减小。为保证冲印成型机构得到连续均匀稳定的面带，要求面带在辊压过程中各处的流量相等，为此需要比较准确的速度匹配，否则因流量不等会使面带拉长和皱起。

表 10-1　国产冲印饼干机压辊参数

压辊名称	直径/mm	转速/(r/min)	间隙/mm
头道辊	160～300	0.8～8	20～30
二道辊	120～220	2～15	5～15
三道辊	120～220	4～30	2.0～5

10.1.1.2　冲印成型机构

（1）动作执行机构

早期冲印成型机是间歇式冲印成型机，由曲柄滑块机构组成。如图 10-2 所示，冲头所做的运动是直线往复运动，所以冲头做下行运动时，输送带停止运动。冲头做上行运动时，输送带移动一个冲模宽度。所以输送带运动是间歇式的，一般由一组拣棘爪机构实现。由于这类饼干机冲印速度受到坯料间歇送进的限制，最高冲印速度不超过 70r/min，所以生产能力较低。提高输送速度将会产生惯性冲击，引起机身振动，致使加工的面带厚薄不均、边缘破裂，影响饼干的质量。因此，该机构组合的饼干机不适于与连续烘烤炉配套形成生产线。

特点：脉动成型质量下降，生产率低，自动化程度低，不能与连续运动的烤炉匹配；机构简单，一般配合烤盘使用。

随着钢网带连续式烤炉的问世，连续式冲印饼干成型机也发展了起来。连续式机构作业时，印模随面坯输送带连续动作，完成同步摇摆冲印作业，故也称摇摆式冲印。该机构如图 10-3 所示，它主要由一组曲柄连杆机构、一组双摇杆机构和一组曲柄摆动滑块机构所组成。冲印曲柄 1 和摇摆曲柄 2 固连在一起，工作时，两曲柄以相同速度 V 旋转，其中，冲印曲柄 1 通过连杆 9 带动印模头滑块 8 在滑槽内做直线往复运动；摇摆曲柄 2 借助连杆 3、6 和摆杆 4、5 使印模摆杆 7 摆动。这样，使得冲头顶点 K 在随印模头滑块 8 做上下运动的同时，还沿着面坯水平输送带 10 运动的方向前后摆动，于是保证在冲印的瞬间，冲头与面坯的移动同步。冲印动作完成

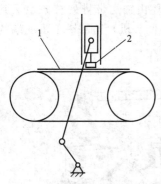

图 10-2　间歇式冲印成型机

1—面带；2—印模

后，冲头抬起，并立即向后摆到未加工的面坯上。

冲印时要求冲头与输送带同步运行，这是保证冲印机构连续作业的关键。采用摇摆式冲印机构的饼干机，冲印速度可达 120 次/min，生产能力高、运行平稳、饼干生坯成型质量较好，且便于与连续式烤炉配套使用。

（2）印模

饼干机根据饼干品种的不同，配有两种印模，一是生产凹花有针孔韧性饼干的轻型印模，另一种是生产凸花无针孔酥性饼干的重型印模。这些结构都是由饼干面团特性所决定的。

韧性饼干面团具有一定的弹性，烘烤时易于在表面出现气泡，背面注底。即使采用网带或镂空铁板也只能减少饼坯注底，而不能杜绝起泡。为此印模冲头上设有排气针柱，以减少饼坯气泡的形成。苏打饼干面团弹性较大，冲印后的花纹保持能力差，所以苏打饼干印模冲头仅有针柱及简单的文字图案。

酥性饼干面团可塑性较好，花纹保持能力较强。它的印模冲头即使无针柱也不会使成型后的生坯起泡。

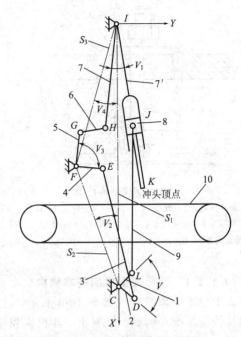

图 10-3　摇摆饼干冲印成型机构
1—冲印曲柄；2—摇摆曲柄；3,6,9—连杆；4,5,7—摆杆；8—印模头滑块；10—面坯水平输送带；K—冲头顶点；C～J，L—连杆铰接点

两种印模的结构相似，由印模支架、冲头芯杆、切刀、印模和余料推板等组成。

冲印成型动作通常由若干个印模组件来完成。工作时，在执行机构的偏心连杆或冲头滑块带动下，印模组件一起上下往复运动（如图 10-4）。当带有饼干图案的印模 11 被推向面带时，即将图案压印在其表面上。然后，印模不动，印模支架 6 继续下行，压缩弹簧 5 并且迫使切刀 9 沿印模外围将面带切断。最后，印模支架随连杆回升，切刀首先上提，余料推板 1 将粘在切刀上的余料推下，接着压缩弹簧复原。印模上升与成型的饼坯分离，一次冲印操作到此结束。

10.1.1.3　拣分机构

冲印饼干机的拣分是指将冲印成型后的饼干生坯与余料在面坯输送带尾端分离开来的操作。拣分机构主要是指余料输送带。如图 10-5 所示，由于各种冲印饼干机结构形式的差异，其余料输送带的位置也各有不同，但大都是倾斜设置，而这个倾角受饼干面带的特性限制。韧性与苏打饼干面带结合力强，拣分操作容易完成，其倾角可在 40°以内。酥性饼干面带结合力很弱，而且余料较窄极易断裂，输送此类余料时，倾角不能过大，通常为 20°左右。

此外，面坯输送带末端的张紧一般由楔形扁铁支承，这是由于该机构的曲率很大，不会使生坯在脱离成型机时变形损坏。

10.1.2　饼干辊印成型机

辊印成型方法适合于高油脂酥性饼干的加工制作，采用不同的印模辊，不但可以生产各种图案的饼干，还能加工桃酥类糕点。

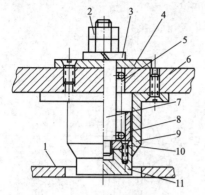

图 10-4　单组印模结构简图

1—余料推板；2—螺帽；3—垫圈；4—固定垫圈；
5—弹簧；6—印模支架；7—冲头芯杆；8—限位
套筒；9—切刀；10—连接板；11—印模

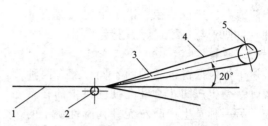

图 10-5　拣分机构示意图

1—长帆布带；2—支撑托辊；
3—楔形扁铁；4—倾斜输
送；5—木辊

10.1.2.1　辊印成型机的基本结构

饼干辊印成型机结构如图 10-6 所示，主要由喂料辊、印模辊、橡胶脱模辊、输送带、机架和传动系统等组成。喂料辊、印模辊和橡胶脱模辊是辊印成型的主要部件。喂料辊与印模辊尺寸相同，直径一般为 200～300mm，其长度由烤炉宽度而定。辊坯用铸铁离心浇铸，再经加工而成，印模辊表面还要镶嵌用无毒塑料或聚碳酸酯（简称 PC）制成的饼干凹模。橡胶脱模辊是在滚花后的辊芯表面上套铸一层耐油食用橡胶，并经精车磨光而成的。

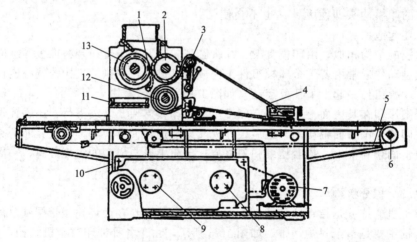

图 10-6　饼干辊印成型机构

1—刮刀；2—印模辊；3—张紧轮；4—帆布输送带；5—生坯输送带；6—输送带支撑；7—电动机；
8—减速器；9—无级调速器；10—机架；11—余料接盘；12—橡胶脱模辊；13—喂料辊

10.1.2.2　工作原理

如图 10-7 所示，工作时，喂料辊 1 和印模辊 2 相向回转，料斗中的原料靠重力落入两辊之间和印模的凹模之中，经辊压成型后进行脱模。帆布带刮刀 6 能将凹模外多余的面料沿印模辊切线方向刮削到面屑斗 4 中。当印模辊上的凹模转到与橡胶脱模辊 3 接触时，橡胶辊依靠自身的弹性变形将其上面的帆布脱模带 5 的粗糙表面紧压在饼坯的底面上，由于饼坯与帆布表面的附着力大于与凹模光滑底面的附着力，所以饼干生坯能顺利地从印模中脱离出来，并由帆布脱模带转送到生坯输送带7上，然后进入烘烤阶段。

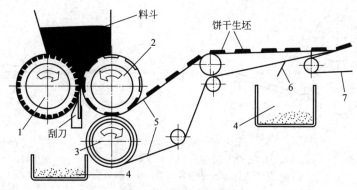

图 10-7　辊印成型原理

1—喂料辊；2—印模辊；3—橡胶脱模辊；4—面屑斗；5—帆布脱模带；6—帆布带刮刀；7—生坯输送带

影响辊印成型的因素如下。

① 喂料辊与印模辊的间隙。喂料辊与印模辊的间隙随被加工物料的性质而改变，加工饼干的间隙在 3～4mm 之间，加工桃酥类糕点时需做适当的放大。

② 分离刮刀的位置。影响评估生坯质量，刮刀刃口位置较高时，单块饼干重量增加，反之减少。我国商业部标准规定为在印辊中心线以下 2～5mm。

由于印花、成型和脱坯操作通过三个辊筒的转动一次完成，该机工作平稳、无冲击，振动和噪声均比冲印式饼干机为小，而且不产生余料，省去了余料输送带，使得其结构简单、紧凑，不但操作方便，而且降低了设备造价。

10.1.3　饼干辊切成型机

饼干辊切成型机兼有冲印和辊印成型机的优点。

① 结构　其结构如图 10-8 所示，它主要由印花辊、切块辊、脱模辊（图中未画出）、帆布脱模带、撒粉器和机架等组成。饼干的成型、切块和脱模操作是由印花辊、切块辊、橡胶脱模辊和帆布脱模带来实现的。

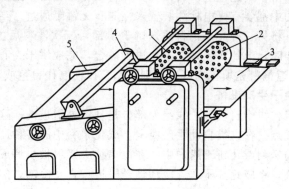

图 10-8　饼干辊切成型机

1—印花辊；2—切块辊；3—帆布脱模带；4—撒粉器；5—机架

② 饼干辊切成型机的工作原理　调制好的面团经压片后变为光滑平整、连续均匀的面带，如图 10-9 所示。为消除面带内的残余应力，以避免成型后的饼干生坯产生收缩变形，通常在面带压延后设置一段输送带作为缓冲区。在此处，适当的过量输送使面带形成一段均匀的波

纹，并在短暂的滞留过程中，使面带内的残余应力得以消除，然后再进行辊切成型作业。

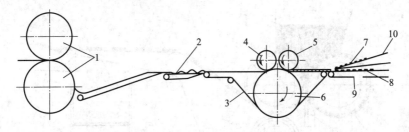

图 10-9　辊切原理示意图

1—定量辊；2—波纹状面带；3—帆布脱模带；4—印花辊；5—切块辊；6—脱模辊；7—余料；
8—饼干生坯；9—水平输送带；10—倾斜输送带

③ 特点　适用于韧性饼干，生产速度快，生产能力大，平稳无振动。对面带厚度要求严格，面带过厚过薄均不宜脱模。

④ 饼干辊切式与辊印式成型的不同点　辊切成型与辊印成型的不同点在于，其成型过程包括印花和切断两个工步，这一点与上述的冲印成型过程相似，只不过辊切成型是依靠印花辊和切块辊在橡胶脱模辊上的同步转动来实现的。印花辊先在饼干生坯上压印出花纹，接着由切块辊切出生坯，脱模辊借助帆布脱模带实现脱模，然后成型的生坯由水平输送带送至烤炉，而余料则由倾斜输送带送回重新压片。

辊切成型机作业时，要求印花辊和切块辊的转动严格保持相位相同、速度一致，否则，切出的饼干生坯将与图案的位置不相吻合，影响饼干产品的外观质量。

10.1.4　夹心饼干、威化饼干和杏元饼干成型机

10.1.4.1　夹心饼干机

夹心饼干机工作时，将用于夹心的饼干分别排列放入饼干输送架的导槽内，通过饼干拨料链条的运动，带动饼干单片向前做水平移动。夹心馅料经馅料充填机的输送机构输送到馅料出料轴。馅料出料轴的转动与推进饼干的链条同步，出料轴每转动 1 次，相应的搬运链条向前运动一个间隔。当饼干到达馅料出料口时，即将馅料注在饼干上部。注完馅料的饼干继续向前移动。在机器的中部装有光电检测装置来检测有无饼干通过。当饼干通过时，光电装置即指令电磁阀打开，将另一种夹心馅料注入饼干上部，二次注料后的饼干继续向前移动，当到达饼干上片输送架时，上片饼干即与下片饼干黏合，完成饼干夹心的操作。夹心饼干机的结构见图 10-10。两道馅料充填机构可以分别控制，以便制作单色或双色的夹心饼干。

10.1.4.2　威化饼干生产设备

国内目前使用的威化饼干自动生产线绝大部分是从国外引进的。这种自动生产线具有产量大、成品质量好等优点。在这类自动生产线上，威化浆料中的各种原料在浆料搅拌机中进行混合后，通过管道输送到威化饼干烤炉中，在烘烤炉中浆料被烘烤成威化片子。在烘烤的出口处有自动落片装置，将威化片子送入冷却输送机进行自然冷却，然后送入威化夹心机进行夹心。夹心的浆料由夹心搅拌机经管道自动泵入威化夹心机，夹心机可按照所要求层数进行夹心。经过夹心的威化块被送入冷却隧道，使之进一步冷却到所需的切割要求，促进威化块在进入切片机时能顺利地切割，达到要求的产品尺寸。最后，产品进入包装机进行包装。

常用的威化制片机是转盘式威化，有 6～12 块烤模，其中以 9 块烤模的威化制片机为多。该机由浆料斗、转盘、威化制片烤模、自动开模凸轮、出料管压紧弹簧和传动系统等组成，如图 10-11 所示。

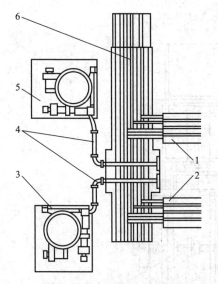
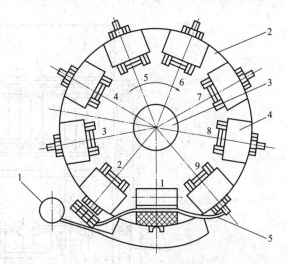

图 10-10　夹心饼干机结构

1—饼干上片输送架导槽；2—饼干下片输送架导槽；

3—第一夹心馅料充填机；4—夹心馅料充填机构；

5—第二夹心馅料充填机；6—饼干输送带

图 10-11　转盘式威化制片机

1—浆料斗；2—转盘；3—回转驱动装置；

4—模板；5—开模凸轮

其工作过程为：转盘的转动由人工控制，每踩一次离合器，转盘就转过一个烤模的位置。转盘转动时上模被开模凸轮开启，进入加料位置，浆料由出料管注入。转盘继续转动，上模闭合，模内浆料水分汽化膨胀，浆料逐渐烤制成片状。转盘转至出片位置，上模又被开模凸轮开启。取出制成的威化片，然后再加料，重复以上的动作。

10.1.4.3　杏元饼干成型机

杏元饼干成型机采用"挤出滴注成型"方式，利用杏元饼干面浆易于流动的特性，通过挤浆柱塞将定量的面浆挤出滴注在烤盘或钢带上。目前生产杏元饼干所采用的设备有两种：一种是以烤盘为载体的间歇挤出式成型机；另一种是以烘烤炉的钢带为载体的连续挤出式成型机。前一种机型适用于中、低产量的生产；后一种机型适用于大批量生产。

连续挤出式杏元饼干成型机以烘烤炉的钢带为直接载体，杏元饼干浆料被挤出滴注在同步运动着的钢带上，进入炉内烘烤。

间歇挤出式杏元饼干成型机如图 10-12 所示，以烤盘为烘烤载体，一只烤盘只需滴注一次即可完成成型操作。其工作过程为：橡皮活塞 3 由偏心轮带动做上下运动，向上时吸料，向下时将面浆料挤出滴注在烤盘 14 上。通过调节偏心距，改变活塞的运动行程，即可变化挤出浆料的多少。浆料斗 1 和活塞嘴是固定不动的，当活塞开始向下运动时，烤盘向上运动，这时浆料被挤出滴注在烤盘上。当活塞向下到最低点时，烤盘快速下降，将活塞嘴与烤盘上成型的杏元饼坯之间的浆料拉断。烤盘的水平输送是由曲柄摆杆机构来进行的。

10.1.5　辊压夹酥机、叠层机

10.1.5.1　辊压夹酥机

生产西式糕点中起酥类食品的生产线中采用行星式多辊压机械，它是一种辊子压力小而生产效率高的食品辊压机械，由 8～12 个直径为 60mm 的行星旋转的压辊组成，辊子用尼龙 66 制成。辊子的自转靠它与面带间的摩擦力带动，没有专门的动力驱动，而辊子的循环运动由专门的链子带动。这种设备被称为食品机械中最了不起的发明之一，它的工作机理是模拟人手攒面的动作。其工作过程主要由两部分组成，即夹酥和压辊。

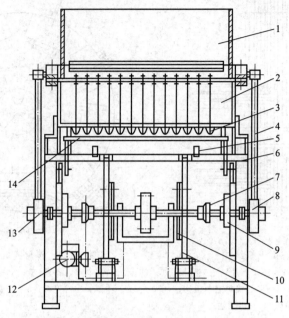

图 10-12　间歇挤出式杏元饼干成型机

1—浆料斗；2—成型斗；3—橡皮活塞；4—偏心连杆；5—烘盘拨块；6—导板；7—传动链轮；8—活塞上下驱动；
9—烤盘升降凸轮；10—双曲柄轮；11—顶板；12—传动齿轮；13—连杆；14—烤盘

　　夹酥部分的作用是将面团和油酥制成双层管，此种复合嘴可获得均匀的复合面皮，为最后的产品层次均匀奠定了基础。

　　传统的双辊压面机在滚压面带时，辊子对面带的压力很大。此外，面带表层至中心层各处纤维的长度相差较大，产生辊子入口地段面带的"堆积"。这样，辊压一次达到很薄的厚度是不可能的，所以要辊压多次才能达到工艺的要求。用这种方法加工的面带口感差，有时还会引起面带被拉断的现象。

　　连续式压辊机克服了传统压延方法的不足。它的工作原理是：厚度为 T_1 的预先成型的面带进入速度分别为 V_3、V_2、V_1 的三段带式输送机，为了使面片连续地前进并取得一定的张力，应使 $V_3 > V_2 > V_1$。为了使辊子获得自转速度 V_5，必须保证 $V_4 > V_3$；图 10-13 所示的状态 $V_5 = V_4 - V_3$。显然分别与带 3、带 2 和带 1 接触的辊子转速是不同的。辊子与面带间的摩擦系数越小，对制品质量的提高越有好处。

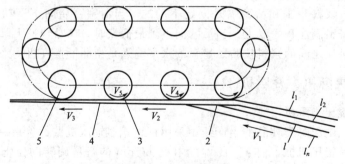

图 10-13　辊压夹酥机

1～4—输送带；5—多辊压延夹酥机组

10.1.5.2 叠层机

叠层机是与饼干成型机配套使用的设备。叠层机生产效率高，可和饼干生产线中的成型机同步，对面团进行辊轧、面皮纵横换向、夹酥、复合辊轧、叠层等一系列操作。

立式叠层机是叠层机的一种，如图10-14所示。通过对生饼坯进行预先加工，经过与制饼方向垂直轧制叠层的面皮具有较高的表面质量，利用饼干的起层、发酵，为生产各种中高档韧性饼干，尤其是苏打饼干提供了方便条件。

10.1.6 塑压制粒机械

有些成型物的三维尺寸相对较小且形状均匀，可称之为"粒"，这时的成型可称之为制粒操作。

以硬糖制粒为例，其成型原理如图10-15所示。由拉条机拉出的均匀糖条由进糖辊2引入，在进糖辊驱动下，糖条进入成型轮转头的成型糖模与压糖辊3之间。随着轮转头的转动，连续的糖条在压糖辊的挤压下，被迫进入成型糖模下面的凹腔内。轮转头继续转动，冲模在成型凸轮的推动下，将压入的糖块推进凹腔侧面的糖模内，然后进一步冲印成型。最后由长杆冲模将已经成型的糖块从糖模另一侧推出。利用不同形状的糖模可生产圆形、方形等各种形状的糖块。

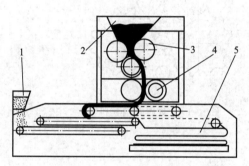

图 10-14　立式叠层机
1—干粉撒布装置；2—料斗；3—三辊制皮辊；
4—轧皮辊；5—叠层机

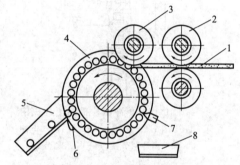

图 10-15　硬糖成型原理示意图
1—糖条；2—进糖辊；3—压糖辊；4—轮转头；5—卸糖斗；
6—卸糖铲刀；7—糖屑铲刀；8—糖屑盘

10.1.7 粉料直接压模成型设备

粉料体无一定的形状，有一定的空隙度和流动性。粉料与少量液体混合，不会形成塑性体，但这种湿化了的粉体却可以借助于压缩作用，形成具有一定硬度的固体，这就是粉料体直接压模成型的原理。有些晶体粉粒体，在不加任何助剂的情况下，也可以通过压缩作用，形成一定形状的固形体，这就使有些食品可以直接压缩造型，工序得到简化。

利用这种方法的设备，有冲压和辊压两种。冲压可以获得较集中的压力，典型的有制片机。辊压往往需要加入促黏合介质，得到的粒子较软。

10.1.7.1 压片机

压片机用于将颗粒物料冲压成圆形或其他形状的片状物，同时可以在压片的两面印制简单的图案。这里简单介绍单冲压片机。

单冲压片机只有一副冲压模具，其生产能力为30～50片/min。如图10-16所示，压片过程中，压片机周期性地运动。上冲上升，下冲下降，喂料器移至模圈上，将粉粒填满模孔。充填完毕后，喂料器移开模圈，同时上冲下降加压，使颗粒压缩成片，然后，上冲上升复位。下冲上升，把片剂从模孔中顶出，至片剂下边与模圈平行；喂料器移至模圈上面将片剂推出模具，使其落入接收器中，同时下冲又下降。如此反复，完成压片、出片。整个冲片过程主要由上冲、下冲及模圈组成，他们合称为冲模，是压片机的重要组成部分。通过改变冲模的形状，可以得到不同形状的压片。

10.1.7.2 对齿式制粒机

对齿式制粒机的成模机构是两个相向旋转的成模齿轮。如图 10-17 所示，其中一个齿轮的齿轮轴由弹簧顶向另一个齿轮。两齿轮的上方是进料槽，制粒时，粉料从料槽进入旋转的齿轮间，粉体被压缩成粒。成型后两齿轮继续带动粒子转动，最后，粒子从下方排出。

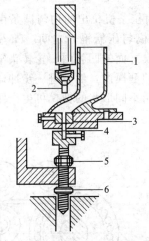
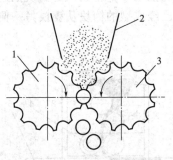

图 10-16　单冲压片机的压片机构
1—料斗；2—上冲；3—模圈；4—下冲；
5—出片调节器；6—片重调节器

图 10-17　对齿式制粒机
1,3—齿轮；2—料斗

10.2　挤模成型设备

预混合后的物料可以通过挤模成型法成型。挤模成型时，物料如同流体通过节流元件。一般塑性物料的成型比较简单，只需改变物料的形状，糕点面团的成型即属于此种情况。而干性或半干性物料的挤模成型比较复杂，它不仅引起物料的形状变化，还使得物料密度等质构也发生变化。

10.2.1　软料挤模成型设备

10.2.1.1　挤出成型原理与方法

软料糕点的面团稠度差别很大，同时根据制品品种的需要，面团内常常含有颗粒较大的花生、核桃及果脯等配料，因此既不能模仿人工挤花（又称拉花）的方式成型，也不能采用辊印、辊切或冲印等的方式成型。对于这种面团通常采用钢丝切割式成型，外形简单，表面无花纹。钢丝切割式成型机结构如图 10-18 所示。

喂料装置主要由面斗、2 个喂料辊组成。喂料辊的作用是将面料挤向下面的压力平衡腔。喂料辊可能连续运转，也可能间歇运转，这样面料就可以被连续地或间歇地挤出。

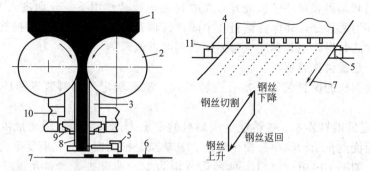

图 10-18　钢丝切割式成型机结构

1—进料斗；2—进料辊；3—填充块；4—钢丝；5—钢丝支座；6—面板；7—输送带；
8—模头；9—模板；10—模板与填充块夹紧装置；11—机械手

切断产品采用的拉紧钢丝安装在框架上，并以一定的频率做前后往复运动，在通过成型嘴下边缘时将挤出的面料切断，形成一片片的生坯，产品的厚度取决于钢丝往复运动时间间隔的长短。钢丝切割的方向可以与烤炉传送带的方向一致，但大多数情况是方向相反。不管是哪个方向，都是切割行程时钢丝靠近成型嘴，而在回程时钢丝下降。生坯可以直接落在烤盘或传送带上。

稠度较低的面团既有良好的塑性，又能在外力条件下产生适当的流动，这种面团一般采用拉花成型，其产品的形状取决于成型嘴的形状及运动方式。通常成型嘴制成花瓣形，而且根据需要做一定角度的回转，使产品形成美丽的花纹，比如曲奇饼、奶油浪花酥等。

对于那些稠度很低而且光滑、流动性较强的面料（称为面糊或浆），采用钢丝切割式成型与拉花成型显然都是不恰当的，可以采用浇注成型。用面浆浇注成型制作的糕点有蛋糕、杏元、长白糕等。这时横板应被一排成型嘴所代替，挤出嘴应该呈锥形，浇注成型时，烤盘上若带有型腔，产品的最终形状将与型腔一致。值得注意的是，在浇注成型过程中，面浆挤出嘴的卸料、停止应与烤盘运动严格同步，否则会造成大量废品。

当成型机生产连续的条状食品时，模板通常与软料挤出方向成一定角度安装，以保证条状产品尽可能平滑地落在传送带上。这时模板的开口应该左右对称，并使条状产品底部平整，表面拉花，如图 10-19（a）所示。连续的条状产品通常在火炉前被切割成一定的长度，但有时切割操作在焙烤后实现。切口断面的粗糙或光滑程度取决于面团的特性，即面团的稠度和辅料颗粒的大小。

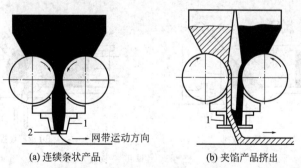

(a) 连续条状产品　　　　　(b) 夹馅产品挤出

图 10-19　成型模板安装位置示意图

1—模体；2—挤出盘

为了生产夹馅软料糕点，需要将面斗分隔开来用以同时盛装不同的面料，如图 10-19

(b) 所示。面团和馅料在料斗中被隔开，在喂料辊的旋转作用下，分别进入下面的压力腔。压力腔同样被分为两部分，并保证馅料在中间，面料在周围，通过成型嘴被挤出。馅料可以是果酱或其他食品物料，但其稠度应与面团的稠度近似。

10.2.1.2　定量供料装置

软料糕点成型机的供料装置基本有两种形式：槽形辊定量供料装置和柱塞式定量供料装置。

① 槽形辊定量供料装置　软料糕点成型机的定量大都采用槽形辊定量供料装置。这种定量供料装置的优点是结构简单、便于制造。其缺点是根据面料的黏稠度不同，需及时更换定量供料装置。如图 10-20(a)、(b) 所示，分别为生产曲奇饼类稠料及蛋糕类糕点料浆的槽形辊定量供料装置示意图。

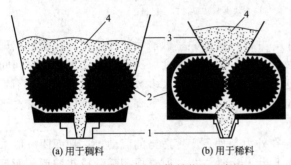

(a) 用于稠料　　　　　(b) 用于稀料

图 10-20　槽形辊定量供料装置示意图

1—填充块；2—槽形进料器；3—进料斗；4—面团

面团的稠度不同，槽形辊的结构、安装方式和旋转方向亦不同。开机以后，相对（用于较稠的软料）或相背（用于较稀的面浆）旋转的槽形辊定量供料向下送料，面料经压力平衡腔进入下面的成型嘴，然后落在下面的烤盘上。生产曲奇饼类的软料糕点时，成型嘴需设计成不同的出口形式，而且还应具备一定角度的旋转能力，以满足生产不同花色品种软料糕点食品的需要。生产蛋糕时，成型嘴的作用是将面浇注到下面烤盘的模腔里，所以成型嘴的形状通常做成简单的圆形。排料的多少是靠槽形辊正向旋转的时间长短来控制的。等排出物料达到预计定量后，槽形辊立即进行迅速反转使排料口产生瞬间负压，面料上返，避免滴落。槽形辊的正、反转应与间歇运动的烤盘同步，保证产品外观与质量的稳定。

软料糕点挤出成型的定量精确问题比冲印、辊印及辊切成型生产饼干要困难得多，经常发现成型机模向物料挤出率不一致，往往是两侧产品质量较小。而柱塞式定量供料装置在定量供料方面显示了一定的优越性。

② 柱塞式定量供料装置　目前在浇注成型机和挤出成型机中广泛采用柱塞式定量供料装置。它包括真空吸料和排料两部分，如图 10-21 所示。

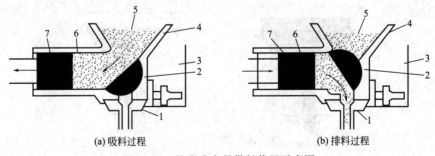

(a) 吸料过程　　　　　(b) 排料过程

图 10-21　柱塞式定量供料装置示意图

1—成型嘴；2—半缺口轴；3—成型头；4—料斗；5—面料；6—柱塞缸筒；7—柱塞

将软料投入料斗后，启动电动机。此时半缺口轴正好转至图 10-21(a) 所示位置，使料斗与柱塞缸筒形成通路。柱塞向图中箭头方向运动，造成真空，开始吸料。此时，机头向上运行，成型嘴 1 离开烤盘。吸料结束后，通过内凸轮带动齿条，使半缺口轴 2 吸料口关闭而排料口打开，此时柱塞 7 由后向前运行，把吸进柱塞缸筒 6 内的面料推出。这时机头已下降到最低点，推出的面料通过成型嘴 1 落在烤盘上。为了满足不同规格产品的需要，柱塞行程可调。

10.2.2 糕点成型机

糕点成型机由喂料机构、成型机构、传动机构、走盘机构等组成。其工作过程如图 10-22 所示。将调制好的面料放入料斗中，通过一对喂料辊的相对旋转，使喂料辊下方的腔体形成压力腔，从而将面料挤向喷花嘴，挤在上升的烤盘上。喷花嘴可通过齿轮和齿条带动旋转，使挤出的生坯呈螺旋状花纹。料斗为长方形，喂料辊的轴向尺寸与料斗长度一致，喷花嘴横向排列，一次挤花，便可生产出一排形状相同或形状各异的生坯。该机的特点是可以通过更换不同的喷花嘴、配合机器的不同动作，能够生产出多种形状的软料糕点。

10.2.3 挤模制粒设备

挤模制粒通常将待制粒的材料先制成一定含湿量的软材，然后在机械推动力作用下，迫使软材通过成型的模具，形成粒度均匀的粒子。这种粒子因含有水分，紧接着要进行干燥处理。挤模制粒法常用来生产某些固体饮料、调味料、动物饲料等。常见的挤模制粒机械有旋转式制粒机、螺旋挤压式制粒机等。

① 旋转式制粒机　一种常见的旋转式制粒机称为滚轮式旋转制粒机，因软材通过模具的推动力来自一对绕模具转动的滚轮而得名。这种滚轮式的制粒机又因模具的形状不同可分为圆盘模式和环模式两种类型，其结构原理如图 10-23 所示。

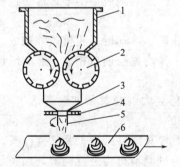

图 10-22　软料糕点成型机

1—料斗；2—喂料辊；3—齿轮；4—齿条；
5—喷花嘴；6—传送带

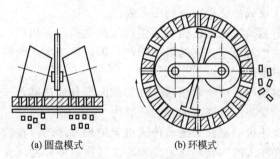

(a)圆盘模式　　(b)环模式

图 10-23　滚轮式旋转制粒机

② 齿轮啮合式制粒机　一对相互啮合、相向回转的圆柱齿轮，齿轮齿根部有许多小孔与内腔相通，两齿轮内腔均装有切刀。物料进入齿轮的啮合空间时，受轮齿挤压后经齿根部小孔进入内腔，由切刀切成一定长度的颗粒，如图 10-24 所示。

③ 螺旋挤压式制粒机　螺旋挤压式制粒机的工作原理与螺杆挤压成型的原理基本相同，只是这种形式的制粒机可先将制粒物质预制成湿料，以在较小的功率情况下获得较大的生产能力，并且这种形式的制粒机也与其他形式的制粒机一样，需在挤出模具的外侧装一以一定频率转动的切割器，以制取所需长短的粒条，如图 10-25 所示。

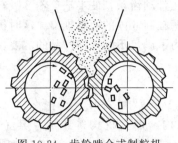

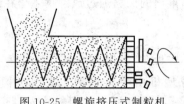

图 10-24　齿轮啮合式制粒机　　　　图 10-25　螺旋挤压式制粒机

10.3　注模成型设备

注模成型是将具有流动性的流体半成品注入一定形状的模具，并使这种流体在模具内发生相变化或化学变化，使流体变成固体的。

采用注模方式成型的食品种类很多，液体和固体原料均可用注模方式成型。常见的应用注模成型的制品有糖果制品、冷冻制品、糕点制品、果冻制品、豆制品等。这里简要介绍有代表性的巧克力注模成型设备和硬糖果注模成型设备。

10.3.1　巧克力注模成型设备

巧克力注模成型是把液态的巧克力浆料注入定量的型盘内，移去一定的热量，使物料温度下降至可可脂的熔点以下，使油脂中已经形成的晶型按严格规律排列，形成致密的质构状态，产生明显的体积收缩，变成固态的巧克力，最后从模型内顺利地脱落出来，这一过程也就是注模成型所要完成的工艺要求。

典型的巧克力注模成型生产线由烘模段、浇注机、振荡段、冷却段、脱模段等构成。巧克力生产对温度控制的要求较严，因此整条生产线的各段机件均置于前后相通、装有隔热材料的隧道内。

烘模段是一个利用热空气加热的模具输送隧道。浇注巧克力的模具须加热到适当温度，才能接受浇注机注入的液态巧克力。

浇注机的浇注头随着传输机上的模具运动，在其工作时模具能够升高，紧靠浇注头，以便接受注入的熔化巧克力或糖心。每次对模具的浇注量可通过调节机构进行调节，以满足不同大小巧克力的注模要求。

浇注机后的是振动输送段，对经过此段的刚注有巧克力浆料的型盘进行机械振动，以排除浆料中可能存在的气泡，使质构紧密，形态完整。振动器的振幅不宜超过 5mm，频率约1000 次/min。

振动整平后的型盘，随后进入冷却段，由循环冷空气迅速将巧克力凝固。在脱模前，先将模具翻转，成型的巧克力掉到传输机上，再前进至包装台。

10.3.2　糖果注模成型设备

糖果注模成型设备用于连续生产可塑性好、透明度高的软糖或硬糖。图 10-26 所示的连续浇注成型装置通常与化糖锅、真空熬糖室、香料混合室及糖浆供料泵等前置设备配套构成生产线，将传统糖果生产工艺中的混料、冷却、保温、成型、输送等工序联合完成。

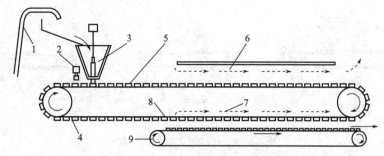

图 10-26　连续式糖果浇模成型机

1—糖浆供料管；2—润滑剂喷雾器；3—注模头；4—模盘输送带；5—模盘；6—模盘上方气流；
7—模盘下方气流；8—脱模点；9—糖块输送带

成型过程中，首先由润滑剂喷雾器向空模孔内喷涂用于脱模的润滑剂，将已经熬制并混合、仍处于流变状态的糖膏定量注入模孔，模孔为硅橡胶制成，这种材料的光洁性与伸缩性有利于凝结后糖粒脱落。所有模孔都被定位固定在链条传送线上，经过注模机头，模型内被注入定量的物料，然后向前送入冷却隧道。两台风机的气流使糖膏达到有效的冷却。模盘行经隧道尽头翻转至传送线下方，再循环至脱模区，特殊的脱模装置将模盘内的糖粒脱落于另一传送带上，继续冷却并送往包装机。

10.4　面包成型设备

10.4.1　切块机

以前面包切块多用手工，但是手工切块劳动强度大、生产效率低，且切块大小差异较大，故很多食品厂都采用切块机，它克服了手工切块的缺点，有利于大规模连续化生产。面包切块机利用切刀对面团进行相对运动，将其分割成所需要的小块。

10.4.1.1　面包切块机的基本结构

面包切割机构包括料斗、切刀、推料活塞、卸料活塞、滑块、导轨等。该机的料斗座与活塞室底座均由铸铁制成，上下连为一体，由螺栓固定安装在机架内侧前上部，料斗座的上部安有一用铝板制成的漏斗室料斗，内室装有连接推料活塞连杆的铜质活塞和与刀柄连接的不锈钢切刀，其前面装有左右对称的导轨和挡块，组成上下滑道，供铸铁制成的滑块上下滑动。

10.4.1.2　面包切块机的工作过程

该机工作时，先将调制好的面团放入料斗，在重力作用下进入下面的容腔，经容积定量后，由推料活塞将容腔内的面团推送前移至切刀处，由于切刀做周期性的往复运动，将面团切割成所需要的小块，然后由推板推送进入输送带，由出料口排出机外。面团不断地输入，切刀不停地运动，符合重量的面块便源源不断地输送出来，如图 10-27 所示。

① 吸入过程　曲柄摇杆 7 带动阀门右移使料斗与大缸体通路打开，同时曲柄摇杆 8 带动大活塞右移，缸体形成瞬时真空，面团在重力和大气压作用下吸入缸体。

② 充填过程　曲柄摇杆 7 带动阀门左移使面斗与大缸体通路断开，随后摇杆 8 带动大活塞左移，同时在摇杆 1 的作用下，小活塞也左移，大缸体内面团推入小缸体内。

③ 排出过程　摇杆 1 与小缸体小活塞同时下移，利用剪切力分离大小缸内面团。同时摇杆 1 带动小活塞右移，将面块推出，然后小缸体上移，在刮刀作用下，将面块卸到输送带上。

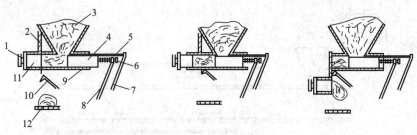

图 10-27　面包切块机分割原理

1,7,8—摇杆；2—小缸体；3—面团；4—大活塞；5—阀杆；6—调节装置；
9—大缸体；10—刮刀；11—小活塞；12—输送带

10.4.2　面包搓圆机

切块机切出的面块，其形状并不符合产品的要求，需要进行整形，使之符合预定的形状要求。圆面包是面包品种中最多的一种，故搓圆机是面包生产中常用的整形设备。

常用的搓圆机有三种形式，即伞形、锥形和桶形搓圆机。目前面包生产中使用伞形搓圆机最广泛。下面介绍伞形搓圆机。

（1）基本结构

伞形搓圆机是利用一个伞形转斗，使面块在转斗上自下而上滚动，达到搓圆的目的。该机主要由伞形转斗、螺旋导板、机体等组成。伞形转斗坐落在机体上，其上间隔分布排列了许多条状小凸起，以增加对面团的揉搓作用。伞形转斗外面有一块自下而上、围绕转斗的螺旋导板，起导向作用，并使面团在搓圆过程中不至掉落。电动机位于机体内部，它通过变速装置驱动伞形转斗旋转，其转速为 30～60r/min，如图 10-28 所示。

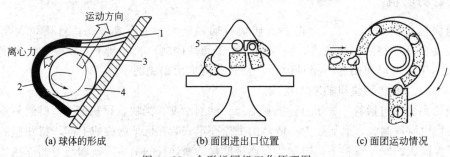

(a) 球体的形成　　　　(b) 面团进出口位置　　　　(c) 面团运动情况

图 10-28　伞形搓圆机工作原理图

1—伞形转体；2—螺旋导板；3—螺旋导槽；4,5—面团

（2）工作原理

工作时，经切块后的面团由输送带进入搓圆机螺旋导板的下部，当电动机驱动伞形转斗转动时，面团便沿着螺旋导板向上运动，面团在绕伞形转斗转动的同时，还在螺旋导板与伞形转斗中做自转运动，在转动过程中，面团便在自转和公转中被搓成圆球形，并从上面的出料口排出机外。

（3）使用注意事项

搓圆机的结构简单、操作方便、产品质量较好，在使用与维护上应注意以下几点：①面团切块后，应及时进行搓圆，以免面团发酵过分，引起面包成品裂口、组织粗糙、酸度过高。②在搓圆过程中，可在机器或面团上撒些面粉，但不能太多，否则会使产品表面粗糙，影响成品的光亮度。③搓圆操作时，要求搓得紧密、表面光滑、不能有裂缝，并使其排出部

分 CO_2，同时使酵母获得醒发时所需要的氧气。④面团是在围绕伞形转斗公转和自身自转中被搓圆的，故应调整好转斗的转速和螺旋导板的升角，有时要通过试验确定。⑤螺旋导板与伞形转斗的间距应一致，面团应间隔有序地进入搓圆机，切忌紧密进入，以免面团堆积在一起。⑥随时清除黏附在伞形转斗、螺旋导板上的余料，否则，余料会黏附在面包坯上，影响产品质量。⑦工作结束，应仔细清洁机器，不得留有余料，以免面团变质和锈蚀机器，再涂覆少量植物油。

10.4.3　面包切片机

冷却后的枕形面包有时为了食用方便，还要切片包装，经过切片出来的面包片，形状整齐、大小一致，很受市场欢迎。

切片机的结构主要包括进料口、锯齿刀、导轮、辊轴、传动系统、出料口以及机架等部分组成，结构不复杂，其工作原理如图 10-29 所示。在上下两个辊轴上，均匀间隔地交叉围绕着若干带式刀片。每个刀片被两对导轮夹持着，将刀片扭转 90°，使所有刀刃朝进口方向，一圈环形刀片成为两条刀刃，其刃部或弧形齿口，在辊轴的带动下，做快速直线运动，运动的方向，一条刀刃向上，另一条刀刃向下，故在切片时给予面包的摩擦力上下互相抵消，不影响面包在切片时的稳步行进。当面包由进料口横向进入后，即可一次切成若干片。切片厚度为 10~24mm 不等，在此范围内左右移动导轮的相互位置，就可以改变所需切片的厚度，在工作时照常可以自由调节。

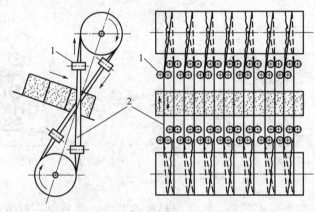

图 10-29　面包切片机
1—导轮；2—刀片

10.5　包馅机械

食品成型机械广泛应用于各种面食、糕点和糖果的制作以及颗粒饲料的加工。其种类繁多、功能各异。根据成型原理，食品成型主要有如下六种方法。

① 包馅成型　如豆包、馅饼、饺子、馄饨和春卷等的制作。其加工设备有豆包机、饺子机、馅饼机、馄饨机和春卷机等，统称为包馅机械。

② 挤压成型　如膨化食品、某些颗粒状食品以及颗粒饲料等的加工。所用设备有通心粉机、挤压膨化机、环模式压粒机、平模压粒机等，统称为挤压成型机。

③ 卷绕成型　如蛋卷和其他卷筒糕点的制作。其加工设备有卷筒式糕点成型机等。

④ 辊压切割成型　如饼干坯料压片，面条、方便面和软料糕点的加工等。其成型设备有面片辊压机和面条机、软料糕点钢丝切割成型机等。

⑤ 冲印和辊印成型　如饼干和桃酥的加工。所用设备有冲印式饼干成型机、辊印式饼干成型机和辊切式饼干成型机等。

⑥ 搓圆成型　如面包、馒头和元宵等的制作。其成型设备有面包面团搓圆机、馒头机和元宵机等。

10.5.1　包馅机

包馅机械是专门用于生产各种带馅食品的。包馅食品一般由外皮和内馅组成。外皮由面粉或米粉与水、油脂、糖及蛋液等揉成的面团压制而成。内馅有菜、肉糜、豆沙或果酱等。由于充填的物料不同以及外皮制作和成型的方法各异，包馅机械的种类甚多。

10.5.1.1　包馅原理

包馅成型的方式通常可分为回转式、灌肠式、注入式、剪切式和折叠式等几种，其基本工作原理如图 10-30 所示。

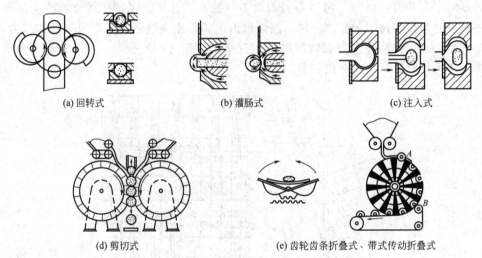

(a) 回转式　　　　(b) 灌肠式　　　　(c) 注入式

(d) 剪切式　　　　　　(e) 齿轮齿条折叠式、带式传动折叠式

图 10-30　包馅成型方式

① 回转式　先将面坯制成凹型，再将馅料放入其中，然后由一对半径逐渐增大的圆盘状回转成型器将其搓制、封口、再成型。

② 灌肠式　面坯和馅料分别从双层筒中挤出，达到一定长度时被切断，同时封口成型。

③ 注入式　馅料由喷管注入挤出的面坯，然后封口、切断。

④ 剪切式　压延后的面坯从两侧连续供送，进入一对表面有凹穴的辊式成型器，与此同时，先制成球形的馅也从中间管道掉落在两层面坯之中，然后封口、切断和成型。

⑤ 折叠式　根据传动方式，又可分为三种包馅成型方式。第一种是齿轮齿条传动折叠式包馅成型。先将压延后的面坯按照规定的形状冲切，然后放入馅料，再折叠、封口、成型。第二种是辊筒传动折叠式包馅成型。馅料落入面坯后，一对辊筒立即回转自动折叠、封口成型；第三种是带式传动折叠式包馅成型。

带式传动折叠式包馅成型的原理是：当压延后的面带经一对轧辊送到圆辊空穴 A 处时，因为空穴下方为与真空系统相连的空室，由于真空泵的吸气作用，面坯被吸成凹形，随着圆辊的转动，已制成球形的馅料从另一个馅料排料管中排出，并且正好落入 A 点处的面坯凹穴中，然后被固定的刮刀将凹穴周围的面坯刮起，封在开口处形成封口，当转到 B 点时解除真空，已包了馅料的食品便掉落在输送带上送出。

10.5.1.2 包馅机的构造

包馅机由面坯皮料成型机构、馅料充填机构、撒粉机构、封口切断装置和传动系统等组成。包馅机成型盘是包馅食品成型的关键部件之一，成型盘的外形比较复杂，见图10-31。

圆盘的表面一般有1～3条螺旋线凸起的刃口，即凸刃，螺旋线凸刃越多，制出的球状包馅食品的体积越小，反之越大。成型盘的半径是变化的，最小圆盘的半径为140mm，最大半径为160mm，半径逐渐增大，径向和轴向的螺旋也不等，整个成型盘的工作表面呈现不规则的凹坑。从图10-31可以看出，螺旋的升角也是变化的，从而使成型盘的螺旋面随包馅食品的下降而下降，同时逐渐向中心收口。此外，由于螺旋升角的变化，使推力方向也逐渐改变，使得开始时与螺旋面接触的棒状包馅食品逐渐向中间部位推移，从而把棒状包馅食品收口切断，搓擦成一个个球状食品。在成型过程中，包馅食品与成型盘之间发生多次相对回转运动，使包馅食品逐渐变形搓圆、面皮组织坚实、不易散裂，有利于下道工序的压扁、印花、烘烤等操作，最后制成各种形态的带馅食品。

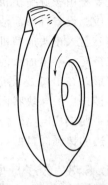

图10-31 包馅机械成型盘外形

10.5.1.3 工作过程

如图10-32所示，先将在捏面机内制得的面团盛入面坯料斗1中，面坯水平输送双螺旋2将其送出，并被切刀3切割成小块或小片，然后被面坯双压辊4压向面坯垂直螺旋9，向下推送到9的出口前端而凝集构成片状皮料。与此同时，馅料从馅料斗通过馅料水平输送双螺旋6，再经过馅料双压辊7和馅料输送双叶片泵8将其推送到面坯垂直螺旋9的中间输馅管10内，被从面坯垂直螺旋9外围的面坯在行进包裹，运行至盘12和13时，被左右成型盘上的凸刃切断，并被搓圆和封口，掉落在回转托盘15上，包馅食品16再被输送带17卸出。

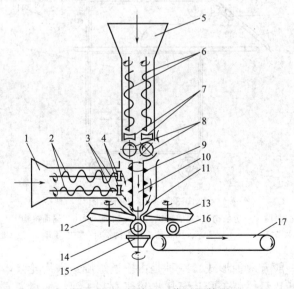

图10-32 包馅机工作过程简图

1—面坯料斗；2—面坯水平输送双螺旋；3—切刀；4—面坯双压辊；5—馅料斗；6—馅料水平输送双螺旋；
7—馅料双压辊；8—馅料输送双叶片泵；9—面坯垂直螺旋；10—中间输馅管；11—皮料转嘴；12—左成型盘；
13—右成型盘；14—正在成型的包馅食品；15—回转托盘；16—包馅食品；17—输送带

10.5.2 馒头成型机

盘式馒头成型机是一种小型的加工设备，它具有成型准确，产量适中或偏小，馒头大小可变化等特点。它主要是由螺旋挤出机构、成型机构、传动装置及机架等组成。设备外形简洁、结构小巧。

盘式馒头成型机在工作时，首先面团由螺旋挤出器推挤至锥形出面嘴的出口，从出口挤出的面团初步呈现球形，在出口处设有限位开关和与其联动的切断刀片，当被挤出的球块状面团达到预定的大小时，限位开关的触头便接通电路，使切断刀片转动将面团切断，并落入下边的搓圆圆盘的入口进行搓圆，如图10-33所示。

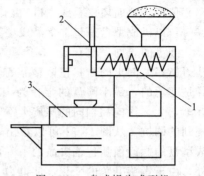

图 10-33 盘式馒头成型机
1—挤出机构；2—切断装置；3—圆盘成型

10.5.3 饺子成型机

饺子机是借机械运动完成饺子包制操作的设备。其基本工作方式为灌肠式包馅和辊切式成型。

（1）设备组成

饺子机主要由传动、馅料输送、面料输送机构和辊切成型等机构组成，其外形见图10-34。

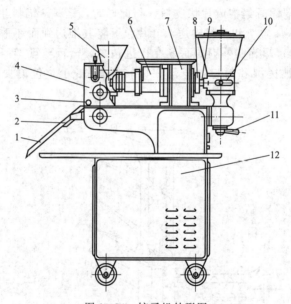

图 10-34 饺子机外形图
1—溜板；2—振杆；3—定位销；4—成型机构；5—干面斗；6—输面机构；7—传动机构；
8—调节螺母；9—输馅管；10—输馅料机构；11—离合手柄；12—机架

其馅料输送机构一般有两种形式：一种是由输送螺旋送入齿轮泵，再送入输馅管；另一种是由输送螺旋送入叶片泵。由于叶片泵比齿轮泵有利于保持馅料原有的色、香、味，而且便于清洗、维护方便、价格便宜，所以大多数饺子机采用后一种形式。

（2）饺子成型主要机构

① 输馅叶片泵 叶片泵是一种容积式泵，具有压力大、流量稳定和定量准确等特点。

它主要由转子、定子、叶片、泵体及调节手柄等组成。此外在泵的入口处，通常设有输送螺旋，以便将物料强制压向入口，使物料充满吸入腔，以弥补由于泵的吸力不足和松散物料流动性差而造成的充填能力低等缺陷。叶片泵的工作原理见图10-35。

馅料在输料螺旋的作用下，进入料口并充满吸入腔4，随着转子2的转动，叶片3既被带动回转，同时在定子1侧壁的推动下又沿自身导槽滑动，使吸入腔不断增大；当吸入腔达到最大时，叶片做纯转动，将馅料带入排压腔，此时，定子内壁迫使叶片在随转子转动的同时相对于转子产生滑动，于是排压腔逐渐减小，馅料被压向出料口，离开泵体。调节手柄6用于改变定子与馅料管通道的截面积，即可调节馅料的流量。馅料输送机构均由不锈钢制成。

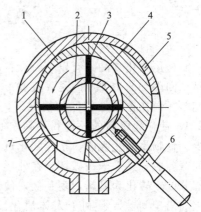

图10-35　输馅叶片泵工作原理图
1—定子；2—转子；3—叶片；4—吸入腔；
5—泵体；6—手柄；7—排压腔

② 输面机构　它主要由面团输送螺旋、面套、固定螺母、内外面嘴、面嘴套及调节螺母等组成，见图10-36。面团输送螺旋1为一个前面带有1：10锥度的单头螺旋，其作用是逐渐减小螺旋槽内的容积，增大对面团的输送压力。在靠近面团输送螺旋的输出端安置内面嘴，它的大端输面盘上开有里外两层各三个沿圆周方向对称均匀分布的腰形孔。被螺旋推送输出的面团通过内面嘴时，腰形孔既可阻止面团的旋转，又使得穿过孔的六条面团均匀交错地搭接，汇集成环状面柱（管）。面柱在后续面团的推送下，从内外面嘴的环状狭缝中挤出，从而形成所需要的面管。可以图10-34中的调节螺母8，改变面料输送螺旋与面套之间的间隙大小来调节面团的流量。此外，也可以调整图10-36中的调节螺母5改变内面嘴7与外面嘴6的间隙来调节输送面团的流量。

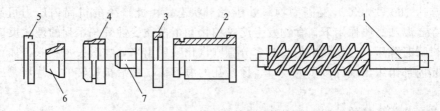

图10-36　饺子机输面机构简图
1—输面螺旋；2—面套；3—固定螺母；4—面嘴套；5—调节螺母；6—外面嘴；7—内面嘴

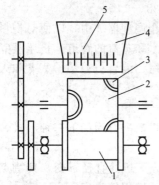

图10-37　饺子成型机构示意图
1—底辊；2—成型辊；3—饺子凹模；
4—干面粉斗；5—粉刷

（3）饺子机成型过程

饺子机上广泛采用灌肠辊切成型方式。面团经面团输送螺旋由外面嘴挤出构成中空的面管。馅料经馅料输送螺旋和叶片泵顺着馅料管进入中空面管，实现灌肠式成型操作。紧接着含馅料的面柱进入辊切成型机构，见图10-37，该机构主要由一对相对转动的辊子，即成型辊和底辊组成。成型辊上有若干个饺子凹模，其饺子捏合刃口与底辊相切。底辊是一个表面光滑的圆柱形辊。当含馅料的面柱从成型辊的凹模和底辊之间通过时，面柱内的馅料在饺子凹模的作用下，逐步被推到饺子坯的中心位置，然后在回转过程中，在成型辊圆周刃口与底辊的辊切作用下成型为质量约

14～20g 的饺子生坯。为了防止饺子生坯与成型辊和底辊之间发生粘连,干面料通过粉刷 5 从干面粉斗 4 向成型辊和底辊不断撒粉。

10.6 挤压膨化设备

挤压熟化食品具有以下特点:①不易产生"回生"现象。传统蒸煮方法制得的谷物制品易"回生"的主要原因是 α-淀粉 β 化。挤压加工中物料受高强度挤压、剪切、摩擦等作用,淀粉颗粒在含水量较低的情况下,充分溶胀、糊化和部分降解,再加上挤出模具后的"闪蒸",使糊化之后的 α-淀粉不易恢复其 β 结构,故不易产生"回生"现象。②营养成分损失少、食物易消化吸收。挤压膨化过程是高温短时的加工过程,由于原料受热时间短,食品中的营养成分几乎未被破坏。在外形发生变化的同时,也改变了内部分子结构和性质,其中一部分淀粉转化为糊精和麦芽糖,便于人体吸收。又因挤压膨化后食品的质构呈多孔状,分子之间出现间隙,有利于人体消化酶的进入。如未经膨化的粗大米,其蛋白质的消化率为 75%,经膨化处理后可提高到 83%。③口感好,食用方便;原料利用率高,无污染;能耗仅是传统生产方法的 60%～80%,生产效率高。

10.6.1 挤压膨化机的类型与特点

10.6.1.1 单螺杆膨化机

(1) 单螺杆膨化机的工作原理

食品膨化机又称食品挤压蒸煮机,它将物料置于装有螺杆的机筒内,随着螺杆的回转,推动物料向前移动,在螺杆产生的压缩力和剪切力的联合作用下,使机械能变为热能和物料的变形能,同时由于机筒外围设有预热器(电加热或蒸汽加热),更增加了机筒内物料的温度,温度高达 160～240℃,又因为物料处于密封状态,由此产生的机筒内压力可高达 6～26MPa。在高温和高压作用下,食物发生淀粉糊化和蛋白质变性等一系列的理化反应,然后通过出料口瞬时降压,使物料中的过热水分急剧汽化喷射出来,物料失水膨胀,体积增大若干倍,产品内部组织出现许多小的喷口,像多孔的海绵体,然后被旋转的刀片切割成所需的长度。

(2) 单螺杆膨化机的结构

典型的食品膨化机由料箱、螺旋送料器、混合调理器、螺杆、蒸汽注入孔(或电加热器)、压模、切刀、齿轮变速箱和电动机等部分组成,见图 10-38。

料箱 1 中的物料由螺旋式送料器 2 将其均匀连续地送入混合调理器 3 中,以便对物料先进行湿化和预热的调质处理。在混合调理器的上方装有注入热水和蒸汽的管道。挤压蒸煮系统包括机筒、螺杆、蒸汽注入孔和压模,对物料进行输送、压缩、混合、剪切、蒸煮和灭菌等作业。

(3) 螺杆与机筒的配合方式

为了使物料在机筒内承受逐渐增大的压缩力,常将螺杆与机筒配合为如下三种形式,见图 10-39。

a. 从喂料口到出料口螺杆外径不变,螺杆的内径逐渐增大,而机筒直径不变,其特点是结构简单、制造方便,这种配合方式,在单螺杆食品膨化机上,应用较为广泛;

b. 螺杆的内外直径不变,机筒直径由大变小,逐渐增加对物料的压缩力,由于机筒呈圆锥形,因此制造困难,很少采用;

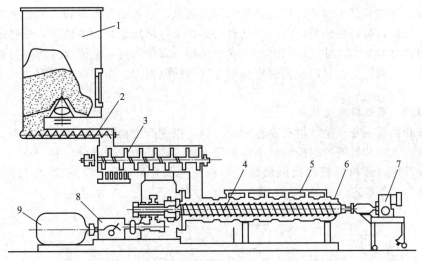

图 10-38 食品膨化机结构示意图

1—料箱；2—螺旋式送料器；3—混合调理器；4—螺杆；5—蒸汽注入孔；6—压模；7—切刀；
8—齿轮变速箱；9—电动机

c.螺杆的内外径和机筒直径不变，只由大到小改变螺杆上螺纹的螺距，以增大压缩力，由于这种螺杆制造和使用较为方便，在单螺杆食品膨化机上应用也较多。

（4）单螺杆的结构

螺杆长度和直径比一般为（1∶10）～（1∶20）。为了适应加工不同的物料，并考虑到便于制造和维修，将螺杆加工成几段，按需要加以拼接，以适应加工不同物料所需要的最佳长度选择，相应地机筒可以加工成几段，以满足最佳螺杆长度的要求。通常将螺杆分为三段，见图 10-40。A 段为输送段，此段螺杆的内外直径不变，螺距相等，螺杆上的螺纹对物料仅起推送作用，没有挤压作用，位于该段的物料为粉粒状固体物料；B 段为压缩段，此段的螺杆外径不变，螺杆内径逐渐增大，两个螺

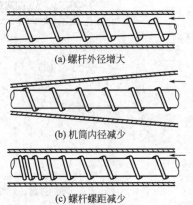

图 10-39 单螺杆膨化机螺杆形状

距之间的容积逐渐减小，物料所受压缩力逐渐增大，该段内的物料因被压缩变形而产生热量，出现部分熔融状态；C 段为蒸煮段，又称计量段，此段螺杆上两个螺距之间的容积进一步减小，物料承受很大的压缩力，并因流动阻力增大而发热，压力急剧增加，使物料全部变成熔融的黏稠状态。最后高温高压流变性大的物料由出料口 4 的压模模孔（孔口直径一般为 3～8mm）喷出机外，并降为常温常压。

单螺杆膨化机中，物料基本上是围绕在螺杆的螺旋槽上呈连续的螺旋形带状，假如物料与螺杆的摩擦力大于物料与机筒的摩擦力，则物料将和螺杆一起回转，膨化机就不能正常工作。为此，在机筒的内壁一般开设若干条沟槽以增加阻力。另外，由于在模头附近存在着高

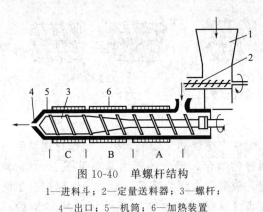

图 10-40 单螺杆结构

1—进料斗；2—定量送料器；3—螺杆；
4—出口；5—机筒；6—加热装置

温高压，容易使物料挤不出去，发生倒流和漏流现象，物料的含水量和含油量愈高，这种趋势越明显，为此，可以在单螺杆食品膨化机的螺杆上，增加螺纹的头数，一般制成 2～3 头，并降低物料的含水量和含油量，以减小其润滑作用，避免倒流、漏流以及物料与螺杆一起转动的现象发生。同时，物料的粒度也应控制在适当的范围内。由于以上原因，开发了双螺杆膨化机。

10.6.1.2 双螺杆膨化机

双螺杆膨化机其特点是：输送物料的能力强，很少产生物料回流和漏流现象；螺杆的自洁能力较强；螺杆和机筒的磨损量较小；适用于加工较低和较高水分（8%～80%）的物料，对物料适应性广，而单螺杆膨化机加工时，若物料水分超过 35%，机器就不能正常工作；生产效率高，工作稳定，如图 10-41 所示。

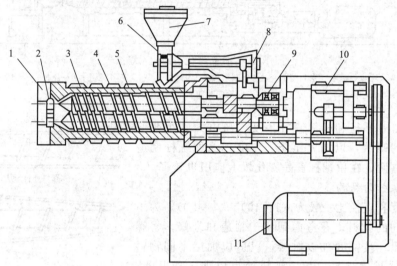

图 10-41　双螺杆膨化机结构示意图

1—机头连接器；2—模板；3—机筒；4—预热器；5—螺杆；6—下料管；7—料斗；
8—进料传动装置；9—止推轴承；10—减速箱；11—电动机

（1）双螺杆的啮合方式

两根螺杆的啮合形式可以分为非啮合型、部分啮合型和全啮合型，见图 10-42。啮合型双螺杆根据两根螺杆的旋转方向可分为同向旋转和反向旋转两种，目前大部分双螺杆食品膨化机采用同向旋转方式。

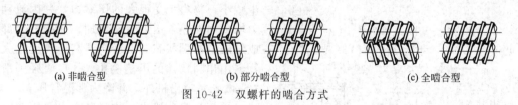

(a) 非啮合型　　　　　　　　　　(b) 部分啮合型　　　　　　　　　　(c) 全啮合型

图 10-42　双螺杆的啮合方式

（2）工作原理

双螺杆膨化机是基于螺杆泵的原理，即一根螺杆上螺纹的齿峰嵌入另一根螺杆螺纹的齿根部分，当物料进入螺杆的输送段后，在两根螺杆的啮合区形成的压力分布见图 10-43，假如每根螺杆进入啮合区时为加压，以"＋"标记，脱离啮合区为减压，以"－"标记。当两根螺杆均以顺时针方向旋转时，螺杆 I 上的螺纹齿牙从 A 点开始进入啮合区，从 B 点脱离啮合区，螺杆Ⅱ上的螺纹齿牙从 B 点开始进入啮合区，从 A 点脱离啮合区，构成了以 AB 弧为包络线，用阴影线表示的椭圆形啮合区域，并在 A、B 两点处形成了压力差。螺杆Ⅰ上的螺槽（两个螺纹之间）的空间，与机筒形成的近似闭合的 C 形空间内的物料成为 C 形扭曲状物料料柱，见图 10-44。

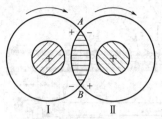

图 10-43　同向旋转双螺杆啮合区压力分布图　　　　图 10-44　C 形扭曲形物料料柱

在螺杆Ⅰ和Ⅱ啮合区形成的压力差作用下，物料从螺杆Ⅰ向螺杆Ⅱ的螺槽内转移。在螺杆Ⅱ中形成新的 C 形扭曲状料柱，接着又在螺杆Ⅱ的推动下，在啮合区内向螺杆Ⅰ转移，物料就这样围绕螺杆Ⅰ和螺杆Ⅱ变成 8 字形螺旋，并被两根螺杆上的螺纹向前推进，见图 10-45。物料在双螺杆螺槽内流动的俯视图见图 10-46。

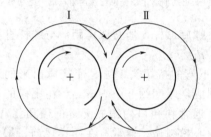

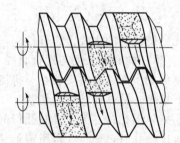

图 10-45　物料在螺杆Ⅰ和螺杆Ⅱ槽中呈 8 字流动　　　图 10-46　物料在双螺杆螺槽内流动的俯视图

物料在运动过程中，由于螺杆上螺纹的螺距逐渐减小，所以物料受到压缩。为增强对物料的剪切力，在压缩段的螺杆上通常安装有 1～3 段反向螺纹的螺杆和混捏元件。混捏元件通常为薄片状椭圆形或三角形混捏块，用以对物料进行充分的混合和搅动，然后，物料经过蒸煮段被送向模头，经模孔排出机外。

10.6.2　典型挤压膨化机

通心粉又称空心面、异形面，除了管状产品外，还有扭曲状、雀巢状、文字和鸟兽图案的面制食品。通心粉是采用螺杆挤压成型的工作原理生产的一种方便食品，特别是预熟通心粉，只要辅以佐料，用沸水浸泡 10min，即可食用，为一种新颖方便面食品。

通心粉挤压机是生产通心粉的专用设备，如图 10-47 所示。

（1）通心粉机的构造

通心粉机由配料、混合、带有真空装置的捏面、挤压成型和切断等部分组成，如图 10-47 所示。配料装置位于卧式桨叶式混合机上部的进料处，通常由一根带有无级变速器的螺旋和一个装备有无级变速装置的双联泵组成，采用无级变速的目的，在于能够任意调节面粉和水的配比。

挤压部分主要由机筒、螺杆和压模等组成。机筒又叫螺筒，采用无缝钢管制成，机筒筒壁的厚度一般为 20～35mm，它取决于机筒直径的大小。

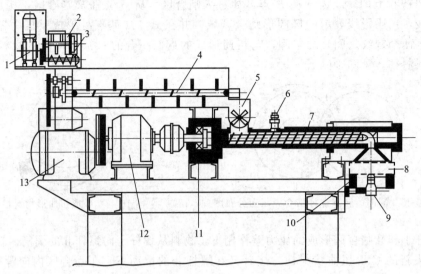

图 10-47　通心粉机结构示意图

1—变速传动装置；2—喂料器；3—水杯式加水器；4—桨叶式卧式混合机；5—带有真空装置的捏面机；
6—降压阀；7—螺杆；8—压模；9—切刀；10—风机；11—止推轴承；12—齿轮减速箱；13—电动机

螺杆是挤压机的主要工作部件。一般采用单头螺旋螺杆，通常取螺距 t 与螺杆直径 d 为 $t=0.5d$。螺杆的有效长度与螺杆直径 d 之比取 $L/d=7$。

压模是成型部件，它安装在与机筒末端呈 90°下弯的挤压头下方，使挤压出来的通心粉垂直向下排出，并立即被切刀切断。压模用黄铜制成，厚度约 30～50mm。在压模的表面有许多直孔或异形孔口。为了提高孔口的耐磨性能，通常在孔口内镶嵌无毒的硬质工程塑料，当面团通过模孔时，便可获得所需形状和大小的通心粉制品。通常，在压模之前，增设一块钢丝网，使面团在进入压模之前先经过钢丝网，以防硬杂物进入模孔损坏压模。生产中要定期卸下压模放到专用的洗压模机上用高压水冲洗干净。

小型通心粉机通常称为空心面机，其结构比较简单，它由混合叶片、螺杆、机筒、压模、减速器和电动机等部分组成，其工作原理与上述设备基本相同。

（2）通心粉机的工作过程

干面粉经喂料器 2，水由水杯式加水器 3 加入不锈钢制成的卧式桨叶式混合机 4 后进行搅拌形成面块，然后落入带有真空装置的捏面机 5 内进行充分捏和，形成面团后再进入机筒内由螺杆 7 挤压入压模 8，并从压模 8 的模孔中排出后被切刀 9 切断，同时被风机 10 吹来的冷风干燥。在捏面机 5 上安装真空装置的目的是抽除捏和机内的空气，真空度通常调节到 0.06～0.07MPa，以尽量抽除空气，减少面团的小气泡，使面团变得紧密、富有弹性、不易断裂。此外，经过抽除空气后加工的通心粉呈半透明状，吃起来有韧劲。

工作时，在机筒内能产生大约 5～9MPa 的压力，由安装在机筒头部的压力表显示出来。为防止面团在机筒内与螺杆抱在一起只做回转运动，不向前推进，通常在机筒内壁开设若干条均匀分布的沟槽，以增加面团与机筒内壁的阻力，故又称其为阻转槽。当螺杆转动挤压面团时，面团与螺杆、面团与机筒内壁表面间发生强烈的剪切和摩擦作用，使机械能转变为热能，并传给面团，从而增加了面团的温度。如果机筒内的温度超过 48°就会使面团中的面筋变得没有活性，失去弹性，因此面团的温升不能太高，最好不超过 40°。为保证摩擦产生的热尽量少地传给面团，可在机筒的外部加装冷却水隔套，从水套的一端流入冷水，以冷却机筒的外表面，热了的水从另一端排出，进水温度一般为 15℃，出水温度一般控制在 34℃以内。

第11章
杀菌机械与设备

杀菌是食品生产中的重要工序，其目的是杀死食品中的致病菌、腐败菌等有害微生物，且钝化食品中的酶而防止食品在特定环境中产生腐败变质，使之有一定的保存期。同时要求在杀菌过程中尽可能多地保护食品中的营养成分和风味。

食品工业采用的杀菌方法主要有加热杀菌和非加热杀菌两类。其中非热杀菌又分为物理和化学杀菌。加热杀菌是传统的杀菌方法，具有设备简单、易操作及杀菌可靠等优点，至今仍占据着主要的杀菌市场。但加热杀菌能引起褐变、营养物质破坏、风味变化及食品体系均匀性的破坏等热化学反应，给开发高质量食品的工作打了折扣。化学杀菌法是使用过氧化氢、环氧乙烷、次氯酸钠等杀菌剂，由于化学杀菌存在化学残留物等影响，当代食品的杀菌方法趋向于物理杀菌法。物理杀菌技术是不用热能杀死微生物，不影响食品营养、质构、色泽和风味的新型杀菌技术。与传统的热杀菌法相比，非热杀菌技术不仅能保证食品卫生安全，且能较好地保持食品固有的营养成分、质构、色泽和新鲜度，因此日益受到重视，成为近来国内外食品科学与工程领域研究的热点。

食品工业中的杀菌设备种类较多。大体归纳为五类：①根据食品杀菌与包装工序安排的关系，可划分为先包装后杀菌的杀菌设备和先杀菌后包装的杀菌设备。先包装后杀菌的杀菌设备主要应用于各类固体物料的罐头，如罐装或灌制肉制品、果蔬制品等固态或半液态食品，也用于液体饮料和酒类等液态食品，如啤酒、葡萄酒、果汁饮料等。先杀菌后包装杀菌设备主要应用在食品加工过程中或包装前进行杀菌操作，适用于牛乳、果汁等液态食品，通常包装设备后面需配备无菌包装机等设备。②根据杀菌温度的不同分为常压杀菌设备和加压杀菌设备。常压杀菌设备的杀菌温度为 100℃ 以下，用于 pH 值小于 4.5 的食品杀菌，用巴氏杀菌原理设计的罐头杀菌设备属于此类。加压杀菌一般在密封的设备中进行，温度为 120℃ 左右，压力高于 0.1MPa，用于肉类罐头的高温杀菌和乳液、果汁等食品的超高温杀菌，其杀菌温度可达 135～150℃。③根据操作方式的不同分为间歇式和连续式设备。前者有立式、卧式杀菌锅和间歇式回转杀菌锅等；后者有常压连续式、水静压连续式和水封连续式杀菌设备等。④根据杀菌设备所用的热源不同分为蒸汽加热杀菌设备、热水加热杀菌设备、微波加热杀菌设备、远红外线杀菌设备、欧姆杀菌设备和火焰连续杀菌设备等。⑤根据杀菌设备所用的结构不同有板式杀菌设备、管式杀菌设备和釜式杀菌设备。

近年来，一些新的杀菌技术设备相继发展起来，如超高压杀菌设备、电离辐射杀菌设备和欧姆杀菌设备等。食品杀菌设备主要在以下几方面进一步发展：①使杀菌设备的工作温度和工作压力能适应高温短时（HTST）杀菌工艺的要求。②充分提高传热效率，提高热能和水的利用率。③使一机多能，用于不同罐型、不同物料、品种的杀菌。④要求杀菌过程实现温度、时间、加热、冷却、反压操作的微机自动控制。

食品加热杀菌达到四个运营水平：①执行安全处理操作的设备和程序的充分性。②保持记录的充分性以证明安全操作。③证明所用时间和温度过程是否充分。④负责热处理和容器的监督人员的资格。

11.1 实罐杀菌机械设备

实罐食品加热杀菌设备属于先包装后杀菌设备。食品在包装后杀菌时，因需要通过外包装进行间接加热，传热效率低、物料中心达到杀菌温度需要的时间长，而且冷却时间长，使得物料处于高温时间比先杀菌后包装方式长得多，因此产品品质较差，营养损失较多。但因其对于包装操作要求较低，便于实施包装，故而应用极为广泛。

这种杀菌设备的加热质量与包装形式、包装内容物状态、介质状态等关系密切。同时在整个杀菌过程中包装容器内外的温度及其压力状态对于包装容器本身的状态有直接影响，在使用操作方面需要严格掌握，设备本身也有相应的配套手段来保证。

11.1.1 杀菌锅

杀菌锅分为静止式和回转式两种，静止式是指杀菌篮中罐或瓶在杀菌过程中始终处于静止状态的杀菌锅结构，回转式是指杀菌篮中罐或瓶在杀菌过程中处于不断回转状态的杀菌锅结构。

（1）立式杀菌锅

立式杀菌锅可用于常压或加压杀菌。由于在品种多、批量小的生产中较实用，因而在中小型罐头厂使用较普遍。但从机械化、自动化、连续化生产来看，不是发展方向。与立式杀菌锅配套的设备有杀菌篮、电动葫芦、空气压缩机等。为便于操作，立式杀菌锅通常以半地下形式安装。

立式杀菌锅的加热方式有蒸汽和热水两种加热方式；冷却方式分常压水冷和空气反压水冷两种。主要有底部蒸汽吹入加热-常压冷却式（简称底部蒸汽吹入式）、底部蒸汽吹入加热-空气反压冷却式、蒸汽加压-空间冷却式、空气加压-热水加热式等立式高压杀菌锅。

图 11-1 所示为具有两个杀菌篮的立式杀菌锅。其球形上锅盖 4 铰接于锅体后部上缘，上盖周边均布 6～8 个槽孔，锅体的上周边铰接于上盖槽孔相对应的螺栓 6，以密封上盖与锅体。密封垫片 7 嵌入锅口边缘凹槽内，锅盖可借助平衡锤 3 使开启轻便。锅的底部装有十字形蒸汽分布管 10 以送入蒸汽，9 为蒸汽入口，喷汽小孔开在分布管的两侧和底部，以避免蒸汽直接吹向罐头。锅内放有装罐头用的杀菌篮 2，杀菌篮与罐头一起由电动葫芦吊进与吊出。冷却水由装于上盖内的盘管 5 的小孔喷淋，此处小孔也不能直接对着罐头，以免冷却时冲击罐头。锅盖上装有排气阀、安全阀、压力表及温度计等，锅体底部装有排水管 11。

上盖与锅体的密封广泛采用如图 11-2 所示的自锁斜楔锁紧装置。这种装置密封性能好，操作省时省力。这种装置有十组自锁斜楔块 2 均布在锅盖边缘与转环 3 上，转环配有几组滚轮装置 5，使转环可沿锅体 7 转动自如。锅体上缘凹槽内装有耐热橡胶垫圈 4，锅盖关闭时，转动转环，斜楔块就互相咬紧而压紧橡胶圈，达到锁紧和密封的目的。将转环反向转动，斜楔块分开，即可开盖。

杀菌结束时若将排气阀全部打开，杀菌锅内压力就会急剧下降，而罐内的温度却不能马上下降，造成罐头内外压差急剧增加，罐头底盖和侧面就会瞬间受到强大的张力，当膨胀度超过容器铁皮的弹性极限时，罐头就会变形，以致卷边松弛、裂漏、突角、爆罐等事故。尤其大罐，冷却时就更应注意。为此需要采用反压冷却。水反压冷却就是在降温阶段向杀菌锅里注加高压冷水，以水的压力逐步代替蒸汽压力，使锅内温度急速降低而压力保持不变，既可以缩短冷却时间，又可以避免罐体在冷却阶段两端明显鼓起而引起小拉起和突角罐。反压冷却不仅可避免由于压差造成的事故，而且可增加冷却速度，因此应用非常广泛。

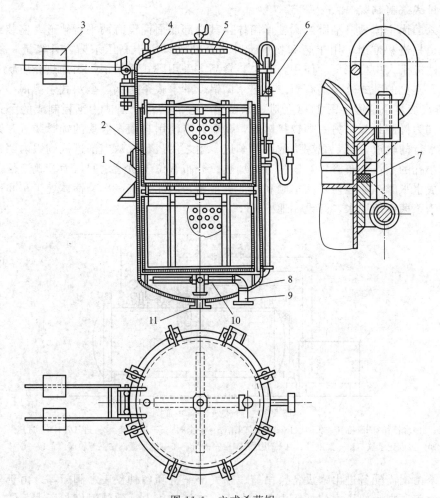

图 11-1　立式杀菌锅

1—锅体；2—杀菌篮；3—平衡锤；4—锅盖；5—盘管；6—螺栓；7—密封垫片；
8—锅底；9—蒸汽入口；10—蒸汽分布管；11—排水管

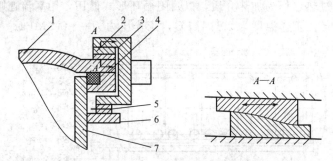

图 11-2　自锁斜楔锁紧装置

1—锅盖；2—自锁斜楔块；3—转环；4—垫圈；5—滚轮；6—托板；7—锅体

立式杀菌锅也可用于常压杀菌（100℃以下杀菌）。此时，将水注入锅内（也可预热后注入），然后由蒸汽加热到一定温度（通常高于杀菌温度），接着将杀菌篮放入（温差不宜超过60℃）。物料放进杀菌锅后，水温就会下降，杀菌时间要从水温重新升到设定温度时开始计算。此间杀菌温度应保证不变。液面应保证比顶层罐顶面高出150mm左右。

（2）卧式杀菌锅

卧式杀菌锅主体为一平卧的圆柱形筒体，其内部底面铺设有两平行轨道，盛装罐头的杀菌车沿轨道推进和推出，用于装卸物料。卧式杀菌锅只用于高压杀菌，且容量一般比立式大，因此适应于大中型工厂的使用，软包装食品多采用卧式杀菌锅。因加热介质状态或接触方式不同，常见的卧式杀菌锅有蒸汽加热杀菌锅、淋水式杀菌锅、全水式杀菌锅等。

① 蒸汽加热杀菌锅　图11-3为卧式杀菌锅装置的结构。锅体为钢板制成的卧式圆柱形筒体，一端为椭圆封头，另一端铰接锅盖，锅盖开启使用自锁楔合块的锁紧装置。锅内底部装有两根平行的轨道，供装载罐头的杀菌车进、出之用。蒸汽从底部进入到锅内两根平行的开有若干小孔的蒸汽分布管，对锅内进行加热。分布管位于轨道之间，而较轨道低。当导轨与地平面成水平时，才能使杀菌车顺利地推进推出，因此，有一部分锅体处于车间地平面以下。为便于杀菌锅的排水，开设一地槽。

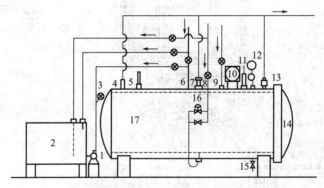

图 11-3　卧式杀菌锅装置图

1—水泵；2—水箱；3—溢流管；4、7、13—放空气管；5—安全阀；6—进水管；8—进气管；9—进压缩空气管；
10—温度记录仪；11—温度计；12—压力表；14—锅门；15—排水管；16—薄膜阀门；17—锅体

卧式杀菌锅需配备进出锅设备、吊篮、空气压缩机和各种仪表、阀门等。由于采用反压杀菌，压力表所指示的压力包括锅内蒸汽和压缩空气的压力，致使温度与压力不能对应，因此还要装设温度计。

② 淋水式杀菌锅　如图11-4所示，淋水式杀菌锅为一种大型高温短时杀菌设备，锅体呈卧式结构。采用过热水作为加热介质，以封闭循环形式使用，用高流速喷淋方式对罐头进行加热、杀菌及冷却。工作温度为20～145℃，工作压力为0～0.5MPa。

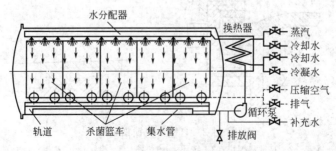

图 11-4　淋水式杀菌锅

淋水式杀菌锅分为"侧喷"和"顶喷"两种，其杀菌过程是通过设在杀菌机内两侧或顶部的众多喷嘴喷射出雾状的波浪型热水至食品表面，而且升温和冷却速度迅速，能全面、快速、稳定地对锅内产品进行杀菌，特别适合于高温蒸煮袋食品的杀菌。具有结构简单、温度分布均匀、适用范围广等特点。可用于果蔬类、肉类、鱼类、蘑菇、方便食品等的高温杀菌，其包装容器可以是马口铁罐、铝罐、玻璃罐和蒸煮袋等形式。

在整个杀菌过程中，储存在杀菌锅底部的少量水（可容纳 4 个杀菌篮时的存水量约400L）作为杀菌传热用水，通过大流量热水离心泵进行高速循环，流经板式换热器进行热交换后，进入杀菌锅内上部的水分配器，均匀喷淋在需要杀菌的产品上。为缩短热水流程，有些采用侧喷方式使罐头受热更为均匀，尤其适用于袋装食品的杀菌。在加热、杀菌、冷却过程中所使用的循环水均为同一水体，换热器也为同一换热器，只是换热器另一侧的介质在变化。在加热工序，循环水在换热器被蒸汽加热；在杀菌工序，循环水通过换热器由蒸汽获得维持锅内温度的热量；在冷却工序，循环水被冷却水降温。

该机的调压和调温控制相互完全独立，其中调压控制为向锅内注入或排出压缩空气。

淋水式杀菌机的温度、压力和时间由一程序控制器控制，操作过程完全自动化。因程序控制采用微处理器，便于根据产品要求进行调节，并易与计算机连接，实现中央集中控制。淋水式杀菌机的特点：a. 由于采用高速喷淋对产品进行加热、杀菌和冷却，温度分布均匀，提高了杀菌效果，改善了产品质量；b. 杀菌与冷却采用同一水体，产品无二次污染的危险；c. 采用同一间壁式换热器，循环水温度无突变，消除了热冲击造成的产品质量降低及包装容器的破损；d. 温度与压力为独立控制，易准确控制；e. 设备结构简单，维修方便；f. 水消耗量少，动力消耗小。

③ 全水式回转杀菌设备　全水式回转杀菌设备是一种高温短时卧式杀菌设备，采用过热水作加热介质，在杀菌过程中，罐头始终完全浸泡在水中，同时处于不断的翻转状态，以提高加热介质对杀菌罐头的传热速率，从而缩短杀菌时间、节省能源，目前是蒸汽式杀菌锅较好的替代产品。整个过程采用程序控制，杀菌过程的压力、温度、操作时间和回转速度等主要参数均可自动调节。适用于易拉罐装、瓶装、蒸煮袋装等食品的高温杀菌，但这种杀菌设备属间歇式杀菌设备，不能连续进罐与出罐。

全水式回转杀菌设备如图 11-5 所示，全机主要由储水锅（也称上锅）、杀菌锅（也称下锅）、管路系统、杀菌篮和控制箱组成。

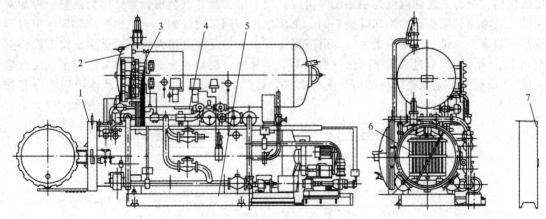

图 11-5　全水式回转杀菌机（双锅）

1—杀菌锅；2—储水锅；3—控制管路；4—水气管路；5—底盘；6—杀菌篮；7—控制箱

储水锅为一封闭卧式储罐，用于过热水的制备、供应及热水回收。采用蒸汽喷射制备过热水，为降低蒸汽加热时的噪声及使锅内水温一致，用喷射式混流器将蒸汽混入水中后再注入锅内。为减轻锅体的腐蚀，锅内采用阴极保护。

杀菌锅位于储水锅的下方，是实施杀菌操作的主要部件。包括锅体、门盖、回转架、压紧装置、托轮、传动装置等。锅体与门盖铰接，门盖开启使用自锁楔合块的锁紧装置。锅体端面处设有凹槽，内嵌入 Y 形密封圈，用于门盖处的密封。为使密封可靠，杀菌操作前，在密封圈后侧通入压缩空气保持其与门盖间足够的接触压力，起到良好的密封作用。

回转架是杀菌锅的回转部件，置于锅体内的回转架通过两个滚圈支承于锅体内的托轮上，加热及杀菌过程中由驱动装置通过传动装置驱动进行水平旋转，转速可在 $6 \sim 36 \mathrm{r/min}$ 范围内无级调节。装满罐头的杀菌篮通过轨道推入后，利用压紧装置固定于回转架内，随回转架翻转。回转架由四只滚圈和四根四角钢组成一个焊接的框架，其中一个滚圈由一对托轮支承，而托轮支承则固定在锅身下部。

为保证回转架轨道与进车轨道对正，传动装置设有定位装置，限定回转架的停止位置。

11.1.2 连续式杀菌设备简介

在连续式杀菌机内设置有连续进出罐及连续运载装置，罐装食品一般以匀速或步进运动形式连续通过，在不同位置顺序完成预热、杀菌和冷却工序。连续式杀菌机的生产能力大，一般直接配置于连续包装机之后，产品包装后直接送入杀菌机进行杀菌。连续杀菌设备一般由进罐机构、运载装置、机械传动和安全装置、加热（杀菌）装置、冷却装置、出罐机构和自控系统组成。根据产品杀菌时所处环境的压力状态划分为常压和加压两大类设备。

11.1.2.1 常压连续式杀菌设备

常压连续式杀菌设备的杀菌操作是在温度 100℃ 以内的环境中完成的，因此不需要对杀菌机的产品进出口进行严格密封，设备结构简单。在杀菌过程中，产品被进罐装置放置在连续运载链上，运载链携带着产品通过水槽或热水（蒸汽）喷头时被加热杀菌，接着以相同方式被冷却，最后由出罐装置卸出。常见的常压连续式杀菌设备按加热介质状态分为浸水式和淋水式；按罐头在运载链上的放置状态分为直立型和回转型；按运载链运行层数分为单层和多层。主要用于水果类和一些蔬菜类及圆形罐头的常压连续杀菌。

图 11-6 所示为三层常压连续杀菌机，主要由传动系统、进罐机构、刮板送罐链、槽体、出罐机构、报警系统和温度控制系统等组成。第一层为预热杀菌槽；第二层为杀菌或冷却两用槽，是考虑到罐头内容物和罐型不同、杀菌条件不同来设计的；第三层为冷却槽。由封罐机封好的罐头，进入进罐输送带后，由拨罐器将罐头定量拨进槽内，刮板送罐链携带罐头由下到上运行、依次通过杀菌槽（第一层或第一层和第二层）和冷却槽（第二层和第三层或第三层），最后由出罐机将罐头卸出完成杀菌的全过程。各层的功能设计依具体罐头的内容物及罐型而定。

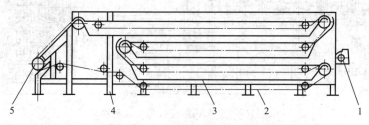

图 11-6 三层常压连续杀菌机

1—进罐输送带和拨罐系统；2—链带；3—槽体；4—机架；5—出罐机构

这种设备占地面积较小，但在转弯处易出现卡罐现象，故一般设有报警装置。因有限滚动可对内容物产生一定的搅动作用，适用于圆柱形金属容器包装、内容物流动性较差的产品。

11.1.2.2 加压连续式杀菌设备

① 水封式连续加压杀菌设备　水封式连续加压杀菌设备是一种卧式连续杀菌设备，不仅可用于罐装食品的杀菌，也能用于瓶装和袋装食品的杀菌。该设备采用了一种水封式转动阀门（俗称水封阀、鼓形阀），使罐头连续不断地进出杀菌室，又能保证杀菌室的密封，以保持杀菌室内的压力与水位的稳定。根据需要，水封式杀菌设备中的罐头可以是滚动的，因而热效率较高，对同类产品在同样杀菌温度条件下，其杀菌时间可更短些。

如图 11-7 所示，水封式连续杀菌设备由隔板 8 将锅体分成加热杀菌室与冷却室。用链式输送带携带罐头容器经水封式转动阀门（图 11-8）进入杀菌锅内。水封式传动阀门浸没在水中，借助部分水力和机械力得以完成密封的任务。罐头通过阀门时受到预热，接着向上提升，进入高压蒸汽加热室内，然后水平地往复运行，在保持稳定的压力和充满蒸汽的环境中杀菌。杀菌时间可根据产品要求调整输送带的速度进行控制。杀菌完毕，罐头经分隔板上的转移孔进入杀菌锅底的冷却水内进行加压预冷，然后再次通过水封式转动阀门送至常压冷水内或外界空气中冷却，直到罐头温度降到常温为止。

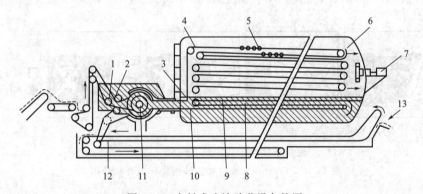

图 11-7　水封式连续杀菌设备简图

1—水封；2—输送带；3—杀菌锅内液面；4—加热杀菌室；5—罐头；6—导轨板；7—风扇；8—隔板；
9—冷却室；10—转移孔；11—水封阀；12—空气或水冷却区；13—出罐处

还可根据需要在链式输送带下面装上导轨板 6，以使罐头在传送过程中可以绕自身轴线回转。如不需要搅动式杀菌，可将导轨拆除。杀菌温度为 100～143℃（可调），也可进行高温短时杀菌。

该设备采用空气加压使容器内外的压力保持平衡。因空气导热性差，容易出现加热不均匀，并在蒸汽加热杀菌室设有风扇，使蒸汽与空气充分混合，以保证加热的均匀性。

水封式转动阀又称水封阀、鼓形阀，是一个内置回转式水压密封装置，依靠水和叶片实现密封，转动阀转动时将预冷已杀菌罐头的热水排出，和刚进入转动阀的未加热罐头进行预热，同时完成预冷和预热两个操作。

该设备的优点是在蒸汽和水的利用上比较经济；连

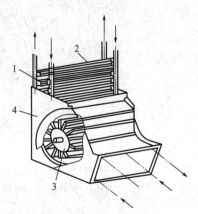

图 11-8　水封式转动阀

1—输送链；2—运送器；3—水封阀
密封部；4—外壳

续化生产，节约劳动力。缺点是供罐头进出的水封阀要保持一定的密封压力，结构复杂，维护保养要求高。

图 11-9 是 DV-Lock 水封式连续杀菌机示意图。本杀菌机采用两个相互配合的旋转阀，保持杀菌室及冷却室始终处于封闭状态。通过两旋转阀的相位配置，在旋转的过程中，可使制品不断地进入系统杀菌室和冷却室，经杀菌和冷却后连续排出。图 11-10 所示的是 DV-Lock 水封式旋转阀操作过程示意。

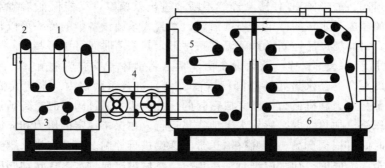

图 11-9　DV-Lock 水封式连续杀菌机示意图
1—自动卸料装置；2—自动进料装置；3—常压冷却槽；4—水封装置；5—加压冷却室；6—灭菌室

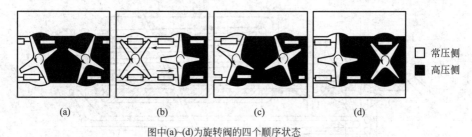

图中(a)~(d)为旋转阀的四个顺序状态
图 11-10　DV-Lock 水封式旋转阀操作过程示意图

② 回转式连续加压杀菌设备　一种搅动型连续杀菌装置，利用回转密封阀将预热锅、加压杀菌锅、冷却锅连接起来，组合成回转式连续加压杀菌设备，如图 11-11 所示。

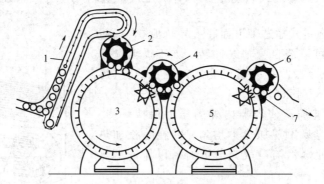

图 11-11　回转式连续加压杀菌设备剖视图
1—提升机；2—进罐回转密封圈；3—加热杀菌锅；4—中转回转密封阀；
5—冷却锅；6—出罐回转密封阀；7—回转架

这种串联组合起来的设备至少应有一只杀菌锅和一只冷却锅，其组合方式取决于产品种类和杀菌工艺条件。

③ 静压连续杀菌设备　静压连续杀菌设备是一种利用水柱产生的静压对罐头食品进行高温连续杀菌的设备，用于100℃以上高温高压罐头的连续杀菌。

11.2　流体食品杀菌处理系统

流体食品指未经包装的乳品、果汁等物料。处理这类物料的杀菌设备又有直接加热式和间接加热式之分。直热式是以蒸汽直接喷入物料或将物料注入高热环境中进行杀菌；间热式是用板、管换热器对食品进行热交换而杀菌的，其产品需要进行无菌包装。

11.2.1　管式和板式超高温瞬时杀菌（UHT）装置

11.2.1.1　管式杀菌设备

管式换热器杀菌系统是一种间接加热杀菌系统。通常由供液泵、预热器、管式加热杀菌器和回流管道等构成。关键部件就是管式换热器，可由多种管状组件构成，这些组件以串联和/或并联的方式组成一个能够完成换热功能的完整系统。组件的管型主要有单管式、多管式和套管式，参阅图7-6～图7-8。

（1）结构与工作原理

管式换热器主要由加热管、前后盖、器体、旋塞、高压泵、压力表、安全阀等部件组成，如图11-12所示。

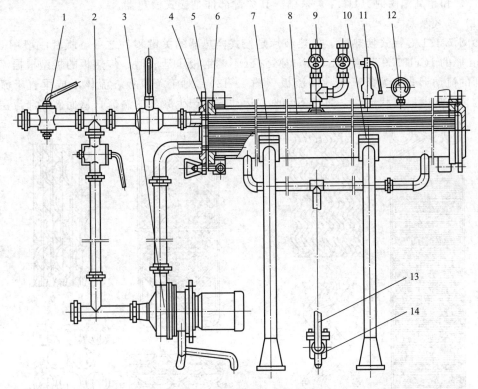

图 11-12　管式换热器的组成

1—旋塞；2—回流阀；3—离心泵；4—端盖；5—密封圈；6—管板；7—加热管；8—壳体；
9—蒸汽截止阀；10—支脚；11—安全阀；12—压力表；13—冷凝水排出管；14—疏水器

管式换热器的基本结构为：壳体内装有不锈钢加热管，形成加热管束，壳体与加热管通过管板连接。工作过程为：物料用高压泵送入不锈钢加热管内，蒸汽通入壳体空间后将管内流动的物料加热，物料在管内往返数次后达到杀菌所需的温度和保持一定时间后成产品排出。若达不到要求，则由回流管回流重新进行杀菌的操作。

管式杀菌机的结构特点：

① 加热器由无缝不锈钢环形管制造。没有密封圈和"死角"，因而可以承受较高的压力。

② 在较高的压力下可产生强烈的湍流，保证了制品的均匀性和具有较长的运行周期。

③ 在密封的情况下操作，可以减少杀菌产品受污染的可能性。

④ 其缺点为换热器内管内外温度不同，以致管束与壳体的热膨胀程度有差别，所产生的应力使管子易弯曲变形。

管式杀菌机适用于高黏度液体，如番茄、果汁、咖啡饮料、人造奶油、冰淇淋等。

(2) 管式杀菌设备的应用

目前，国内食品加工厂所用的管式杀菌设备多为国外进口或引进技术进行制造的。现以此类设备中较为典型的荷兰斯托克公司生产的管式杀菌机应用较多。近年来，我国用于鲜奶、果汁、饮料等流体的套管式超高温瞬时灭菌机亦有所发展。

11.2.1.2 板式杀菌设备

板式杀菌设备是间接式杀菌设备，具有结构紧凑、传热系数高、工作可靠、适应性强、易于自动化等优点，因此广泛用于乳品、果汁饮料、清凉饮料以及啤酒等食品的高温短时（HTST）和超高温瞬时（UHT）杀菌。其关键部件是板式换热器。

(1) 板式换热器

参阅 7.1.1.3 板式换热器。换热板片是板式换热器的关键零件之一。板片一般用 0.6～1.2mm 厚的 1Cr18Ni9Ti 或 1Cr18Ni12Mo2Ti 不锈钢板压延成型。传热板的板型根据流体通过板间的流动形式分为条流板和网流板（图 11-13）。对于条流板，流体形成垂直于流动方向的均匀条形薄层波状流动，通过不断改变运动方向产生激烈的湍流，从而破坏滞流层，提

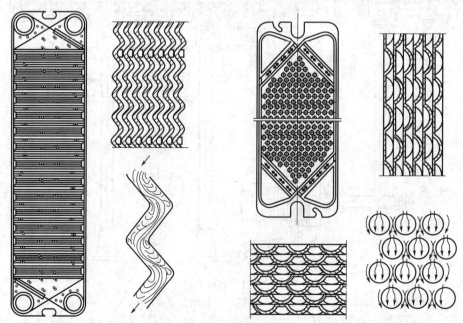

图 11-13 条流板与网流板

高传热效果。对于网流板，流体除条流板间的湍流形式外，在垂直于流动方向的横向流动更为明显，可形成急剧的湍流运动。另外，网流板的凸起及波纹在传热板组装后还起支承作用。根据流体流动路线分为"单边流"和"对角流"两种板型。

（2）板式超高温瞬时（UHT）杀菌系统

图11-14所示是英国的APV超高温瞬时板式杀菌装置。杀菌温度为130～150℃，加热时间为0.4～4s。该系统由进料罐1、均质机4、平衡容器3、六组板式换热器、泵、控制台及管道阀门等组成。

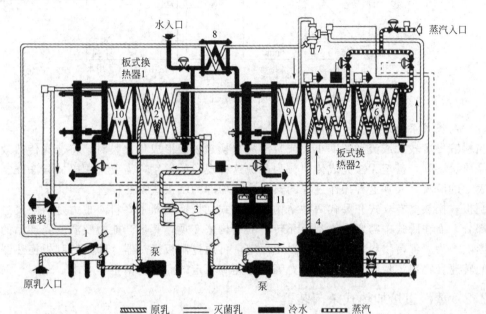

图 11-14　板式换热器杀菌系统流程图
1—进料罐；2—预热段；3—平衡容器；4—均质机；5,6—加热区；7—转向阀；
8—冷却器；9—快速板式冷却器；10—板式换热器；11—控制柜

加入进料罐1的牛乳用泵送入第一组板式换热器的预热段2加热到85℃，然后进入平衡容器3并保持6min以稳定乳蛋白，这可防止牛乳在第二组板式换热器的高温加热区段内产生过多的沉淀物。稳定后的牛乳用泵送入均质机4，经均质作用后进入第二组换热器的主要加热区段5和6加热到138～150℃，然后到达转向阀7，如果牛乳温度等于或高于杀菌温度，进入保持管保持2～4s。无菌乳继续向前流动进入快速板式冷却器9，用冷水冷却至100℃左右，然后进入第一组板式换热器的换热区段2进行热量回收，再经板式换热器10进一步冷却到灌装温度，最后送至无菌罐装机。如果由于某种原因，转向阀处的温度下降到预定的杀菌温度以下，牛乳将经过冷却器8返回到进料罐1。整个系统由控制柜11控制。

在牛乳进入系统之前，需对系统进行预杀菌。系统的预杀菌是用加压水进行的，在整个系统充满水之后，蒸汽进入主加热器将循环水迅速加热到136℃或更高的温度，在此温度下热水循环30min，对系统进行充分杀菌。然后，冷却水进入冷却器使系统冷却到70℃左右。保持水不断循环直至产品准备就绪，进入产品，开始杀菌。

图11-15所示的是牛乳的灭菌时间-温度曲线。

本装置主要通过两项控制达到杀菌工作的稳定性：第一，采用两个蒸汽加热段是为了通过调节蒸汽量，准确、稳定地控制杀菌温度；第二，设置第一冷却段是为了准确地控制进入稳定槽牛乳的温度。但是该装置设计也明显存在两个方面的不足：第一，热回收效率不高，因此增加了冷却负荷；第二，物料要在85℃时于稳定槽保持6min，将增加不良的牛乳煮焦味，并增加营养损失。

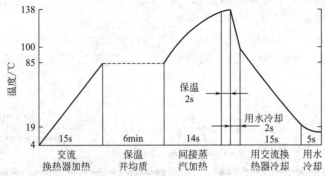

图 11-15　板式 UHT 瞬时杀菌牛乳的灭菌时间-温度曲线

（3）刮板式杀菌设备

当料液黏度较大或流动速度小，或料液易在换热表面形成焦化膜时，将造成传热效率低或产品质量下降，甚至无法完成传热。为避免这种现象的发生，需要采用机械方法强制更新换热表面的液膜，实现这种操作过程的典型换热器即为刮板式换热器。

刮板式换热器有立式和卧式两种结构。在立式刮板换热器中，料液重力是料液流过动力的一部分，而在卧式中需要依靠刮板和转子的结构来实现，其生产能力及温度受产品的物理特性影响。为了保持物料加热或冷却温度恒定，可通过刮板换热器（即旋转刮板换热器）调节轴的转速、物料流量和冷热介质压力等措施达到稳定的商业无菌生产要求。

11.2.2　蒸汽直接加热式杀菌装置

直接加热杀菌设备采用蒸汽和食品物料直接混合，使食品物料快速加热杀菌，主要有两种形式：蒸汽喷射式和被加热食品注入式直接加热杀菌。喷射式杀菌是把蒸汽喷射到被杀菌的料液中进行加热杀菌；注入式杀菌则是把食品物料注入热蒸汽中进行杀菌。

直接加热杀菌设备主要由物料泵、蒸汽（或物料）喷嘴、真空罐及各种控制仪表构成。其中关键设备是加热介质与物料混合的装置。直接加热杀菌法的优点为：加热时间短，接触面积大，高温处理在瞬间进行，最大限度地减少了对热敏性制品的影响。缺点为：蒸汽必须经过脱氧和过滤，以除去蒸汽中的凝结水和杂质。

11.2.2.1　蒸汽喷射杀菌装置

蒸汽喷射杀菌装置由预热器、蒸汽喷射杀菌器、闪蒸罐、冷凝器、保温管及泵等组成。蒸汽喷射器是主要设备，如图 11-16 所示。外形是一不对称的 T 形三通，内管管壁四周有许多直径小于 1mm 的细孔。

工作时，蒸汽通过这些细孔（与物料流动方向成直角）强制喷射到物料中去，使物料瞬间加热到杀菌温度，然后通过一定的保温时间对物料进行杀菌处理。物料与蒸汽均处于一定的压力下，以防止物料在喷射器内沸腾。蒸汽的压力在 0.48～0.5MPa 之间，且必须是高纯度的，不含任何固体颗粒。

① 蒸汽喷射杀菌装置的工作流程　图 11-17 所示的流程用于牛奶、果汁饮料等食品物料的杀菌。其工作流程为：物料由泵 1 从平衡槽中抽出，经二次蒸汽加热的管式预热器 2 和生蒸汽加热的管式预热器 3 被预热到 75～78℃，然后由供液泵 4 抽出并加压到 0.6MPa 左右通过蒸汽喷射加热器 6。同时，压力为 1MPa 的蒸汽向料液中喷射，将料液瞬间加热到

150℃，在保温管中保温 2s，然后进入处于真空状态的闪蒸罐 9，物料进入闪蒸罐后，因压力突然降低，料液中水分将急剧蒸发，蒸发量基本等于在喷射器中喷进的蒸汽量。此时料液被迅速降温到 77～78℃。闪蒸罐中蒸发出的二次蒸汽分别流进管式预热器 2 和冷凝器 14，流进预热器 2 中的二次蒸汽通过与冷料液进行热交换而被冷凝为冷凝水排出。进入冷凝器中的二次蒸汽则被冷凝器中的冷却水冷凝成冷凝水排出，其中的不凝性气体则由真空泵 15 排走，使闪蒸罐中保持一定的真空度。已经杀菌的料液收集在闪蒸罐的底部并保持一定的液位。无菌泵 10 将已杀菌料液抽走并送至无菌均质机 11 均质。均质后的物料进入冷却器 12 中进一步被冷却之后，被送入无菌罐或无菌灌装机中灌装。

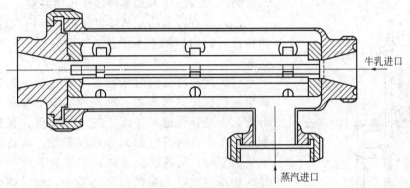

图 11-16　蒸汽喷射加热器

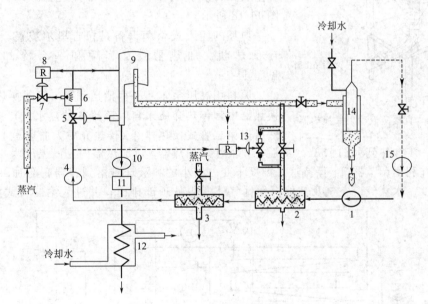

图 11-17　直接蒸汽喷射杀菌装置流程

1，4—供液泵；2，3—管式预热器；5—自动料液流量调节阀；6—蒸汽喷射加热器；7—自动蒸汽流量调节阀；8—记录仪；9—闪蒸罐；10—无菌泵；11—无菌均质机；12—冷却器；13—自动二次蒸汽流量调节阀；14—冷凝器；15—真空泵

料液（如牛乳等）中的蛋白质和脂肪在高温冲击下易形成大颗粒凝块，故而将均质机置于杀菌后。

② 蒸汽喷射杀菌装置的运行调节　调节装置包括：比例的自动调节、温度的自动调节、蒸汽的净化和装置的清洗消毒。

a. 比例的自动调节　为了使加入蒸汽喷射杀菌器中的蒸汽和从膨胀罐抽出的蒸汽保持基本平衡，应保持喷射进入和排出的蒸汽量相等。通过比例的自动调节来实现控制和记录，若超过预定偏差的数字时，装置将会发出色光或音响警报。比例的平均精度控制在±1.0%。

　　b. 温度的自动调节　为了保证原料的杀菌温度准确，必须配置高精度的温度调节器。在保持管中安装一台反应灵敏的温度自动调节器，通过控制阀改变蒸汽的流量大小，从而自动保持所需的杀菌温度，同时通过自动连锁装置，防止未杀菌原料进入灭菌系统。

　　c. 蒸汽净化　蒸汽喷射杀菌装置必须使用纯净的干饱和蒸汽。使用饮用水作为锅炉用水，并且配置过滤器和旋风分离器，以保证蒸汽的洁净和完全干燥。

11.2.2.2　注入式直接加热杀菌装置

　　注入式直接加热杀菌装置是把物料注入过热蒸汽中，由蒸汽瞬间加热到杀菌温度，保温一段时间完成的杀菌过程。

　　注入式超高温瞬时杀菌装置是一种不锈钢制造的圆筒形蒸汽直接加热容器。蒸汽在容器中部进入，料液从容器上方经一管道从上而下进入加热器，最后到达分配器，分布成自由下落的薄雾状细颗粒。加热器装有一只空气调节阀，随着液面升高，空气调节阀可让少量经过滤的加压空气进入圆筒形加热器中，通过调节蒸汽压力和空气压力准确地控制料液的加热过程。其工作原理如图 11-18 所示。

　　典型的注入式杀菌设备是拉吉奥尔装置，主要由两台预热机、加热器、闪蒸罐和一台冷却器组成，见图 11-19。

　　原料用高压泵 1 从平衡槽送到第一管式换热器 2（在换热器中，传热介质来自闪蒸罐 5 的热水汽）进行预热，然后经第二管式换热器 3（传热介质为加热器 4 排出的废

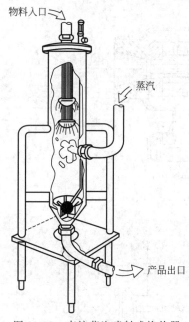

图 11-18　直接蒸汽喷射式换热器

蒸汽）进一步加热到大约 75℃。最后，料液注入加热器 4，加热器内充满温度为 140℃ 的过热蒸汽，并利用调节器 T_1 保持这一温度不变。细小的料液珠溅落到容器底部时，旋即加热到杀菌温度。水蒸气、空气及其他挥发性气体一起从顶部排出，并进入第二管式换热器 3，

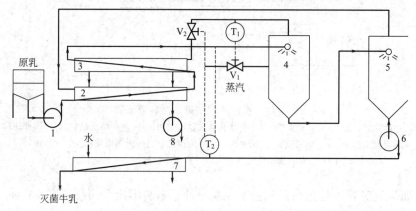

图 11-19　拉吉奥尔超高温装置流程图

1—高压泵；2—第一管式换热器（水汽）；3—第二管式换热器（蒸汽）；4—加热器；5—闪蒸罐；
6—无菌泵；7—冷却器；8—真空泵；V_1，V_2—自动阀门；T_1，T_2—调节器

预热第一管式换热器 2 来的料液。溅落入加热器 4 底部的热料液，在压力作用下强制喷入闪蒸罐 5，并在其中急剧膨胀。由于突然减压，其温度很快地降到 75℃ 左右。同时，大量水汽从闪蒸罐顶部排出，在第一管式换热器 2 处冷凝，从而在闪蒸罐内造成部分真空。用真空泵 8 将加热器和闪蒸罐的不凝性气体抽出，从而进一步降低加热器 4 和闪蒸罐 5 内的压力。

凝聚在闪蒸罐 5 底部的灭菌料液用无菌泵抽出，在进行罐装之前先在另一管式无菌冷却器 7 用冰水冷却到大约 4℃。

当料液注入装置中加热杀菌时，水分会增加，而膨胀时又把大量的水分除掉。要保持料液中的水分或总固形物含量不变，利用调节器 T_2 操纵自动阀门 V_2 对废蒸汽流速进行调节来实现。注入式杀菌设备的主要部件是注入器，它相对喷射器来说价格低廉，但设备体积大。操作时所需蒸汽压力较低，使蒸汽和物料间的温差较小，尤其适合热敏性物料。

图 11-20 所示的是直接蒸汽喷射 UHT 瞬时杀菌装置流程。其装置流程的控制装置包括在注入式加热器的底部附近和中部安装的温度传感器，用以检测加热温度，对注入的蒸汽进行控制，保持加热器内的温度。排料转向阀控制用的温度传感器安装于闪蒸罐进口前的保温管内，当此管路内的牛乳低于杀菌温度时，控制转向阀将制品返回到平衡槽。当不使用无菌储罐时，过量的制品也将通过转向阀返回平衡槽。

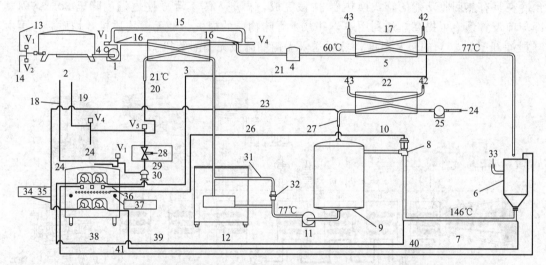

图 11-20　直接蒸汽喷射 UHT 瞬时杀菌（过热杀菌）装置流程图

1—增压泵；2—平衡槽；3—无菌片式交流换热器；4—定时泵；5—片式预热器；6—注入式加热器；7—保温管；8—注入式加热器反压阀；9—无菌闪蒸罐；10—片式蒸汽冷凝器；11—无菌泵；12—无菌均质机；13—水进口；14—牛乳进口；15—旁通管；16—流量控制阀；17—热水；18—到平衡槽过量灭菌牛乳；19—到平衡槽回流管；20—产品往无菌包装机；21—热水温控热敏元件；22—冷凝水；23—真空度调节器取压管；24—排出口；25—真空冷凝液泵；26—注入器反压阀的控制器；27—水汽出口；28—往灌装器；29—无菌压力表；30—装置反压阀；31—制品循环；32—止逆阀；33—蒸汽进口；34—切换开关；35—就地清洗消毒；36—装置反压阀控制器；37—切换开关 2# （手动—自动）；38—控制仪表屏；39—安全加热范围传感敏感元件；40—注入器温控热敏元件；41—注入器气动阀的控制器；42—进口；43—出口

本装置无菌加工的工艺过程如下：利用增压泵 1 把待处理的原乳或其他乳制品从平衡槽 2 输送到无菌片式交流换热器 3，并加热到大约 60℃。接着，由定时泵 4 抽出，送入片式预热器 5，温度升高到大约 77℃。在此温度下，制品进入注入式加热器 6，并由输入加热器的蒸汽加热到 146℃ 或更高温度，一般保持这一温度和压力 4s。通常在接近加热器底部的地方，装上控制蒸汽的传感器，另一传感器则装在保温管 7 中部。牛乳经保温管和注入式加热器反压阀 8 进入无菌闪蒸罐 9，在特定的真空度下，蒸掉加热时注入的全部蒸汽，从而保持加热前后含水量不变。同时用真空冷凝液泵 25 使牛乳或其他制品通过片式蒸汽冷凝器 10，除掉所含的牧草和饲料等异味、过量的蒸汽和不凝性气体。聚集在闪蒸罐底部的灭菌制品，由无菌泵 11 送入无菌均质机 12。进入均质机时，其温度已经再次降到适合均质作业的温度 (77℃)。均质后的灭菌制品进一步在无菌片式交流换热器 3 中冷却到 21℃。最后通过转向阀 V_5，进入无菌包装机或其他下道工序。如果需要，也可输送到无菌储槽中。转向阀的传感器安装在闪蒸罐进口的保温管中。如果因为某种原因，在此管路上的制品温度低于或降低到杀菌温度以下时，则转向阀将制品返回到平衡槽中重新处理。在没有使用无菌储槽时，过量的灭菌制品也经由阀门 V_5 返回到平衡槽。

11.2.2.3 混合式 UHT 杀菌装置及工艺过程

混合式指的是蒸汽喷射器与管式换热器混合。图 11-21 是另外一种直接喷射式 UHT 杀菌装置流程图，它是在喷射器前设置一个稳定管，所以有时也称之为混合式 UHT 系统。采用管式换热器可适用于黏度中等及较大的料液。本装置杀菌的工艺过程如下：经预杀菌并冷却至 25℃左右，4℃牛乳经 3a 和 3c 两段预热至 95℃，在 4a 段稳定蛋白后，再经 3d 段进一步加热，由蒸汽喷射器 5 迅速加热至 140～150℃，然后在保温管 4b 保持数秒后进行冷却。预冷在具有热回收功能的管式换热器 3e 段完成，再进入闪蒸罐 6 使之温度降至 80℃。闪蒸冷却前设置预冷可提高热量利用率，并减少香味物质的损失。经无菌均质机 8 均质后，再由 3f 段冷却至约 20℃的包装温度，然后送入无菌储罐或无菌灌装机。

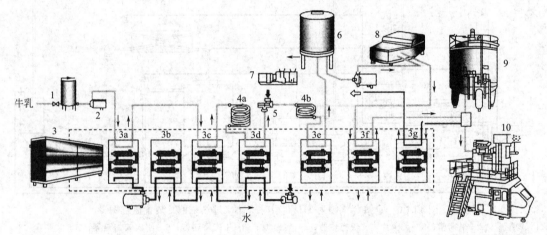

图 11-21　混合式 UHT 杀菌装置流程图

1—平衡槽；2—供液泵；3—管式换热器；3a—预热段；3b—稳定段；3c—加热段；3d—最终加热段；
3e—预冷段；3f—冷却段；3g—热回收冷却器；4a,4b—保温管；5—蒸汽喷射器；
6—闪蒸罐；7—真空泵；8—无菌均质机；9—无菌储罐；10—无菌灌装机

第12章

食品包装机械设备

包装是食品加工的一个重要工序，包装可以防止食品腐败变质，延长食品货架期，利于食品流通、提高商品价格。包装可分为内包装和外包装，按包材的不同分为木质、纸质、金属、玻璃、陶瓷和塑料等包装，按包装容器形状分为箱、桶、袋、包、筐、捆、坛、罐、缸、瓶、盒等包装，按物料性质又可分为液体、膏体、块状固体、粉体等包装，还可按包装的功能分为保鲜、抗菌、环保、真空、充气、气调等多种包装；食品包装是将食品物料按一定规格要求充入包装容器中的操作，主要包括产品的计量、充入（灌装或充填，有时还包括容器成型、清洗杀菌和空气净化等）和密封（封口或裹包）等多道工序。随着社会的发展，实现食品包装的手段，已由手工操作、半机械化、机械化不断走向自动化、数字化机械包装。

由于食品包装方法、包装材料和食品的种类繁多，因此食品包装机械也种类繁多、定型产品少，本章主要介绍食品包装机械的包装材料与包装容器供送机构、包装物料供送机构和计量机构等以及包装机的结构组成、工作原理、传动系统、控制系统和包装执行机构等，简要说明包装机的设计和传动系统、支承结构、润滑装置、操纵装置、安全保护等内容。

12.1 灌装机械与设备

根据食品物态的不同，可把包装充填技术分为固体类产品充填和液体类产品充填两大类。一般将充填液体的机械称灌装机或液体装料机。灌装机械广泛应用在罐头、饮料、酒类、乳制品等产品的加工生产中。

12.1.1 灌装机的分类及特点

灌装机类型很多，但其分类方法通常有以下两种。

① 按灌装时包装容器的主传送运动形式分为旋转型和直线移动型两种。旋转型灌装机中的包装容器在完成灌装各操作过程中绕机器主轴做旋转型运动。直线移动型灌装机中的包装容器在完成灌装操作时按直线型移动。

② 按灌装方法分为常压式、等压式、真空式、机械压力式四种。其具体方式与特点见表 12-1。

由于各类灌装设备工作原理、结构、型号、适用范围等变化较多，本章仅就最常用的常压、等压和真空灌装设备做一扼要介绍。

表 12-1　液体食品常用灌装方法与特点

名称		灌装方式	特点与适用范围
常压法	直通法	在常压下直接依靠自重通过直通灌装阀流入包装容器	灌装速度慢,适宜于低黏度、不含气的液体灌装,如白酒、酱油、醋等,机器的结构简单
	虹吸法	在常压下利用虹吸原理,料液经虹吸管流入包装容器	
真空法	压差真空法	在灌装过程中只对包装容器抽真空,而储液箱处保持常压,料液依靠两处的压差流动灌装	灌装速度较快,适用于灌装黏度低及稍大的液料,如各类罐头的糖水、盐水和清汤的灌装
	重力真空法	在储液箱保持真空,对包装容器抽真空,随之料液依靠自重流入包装容器	减少了灌装过程中料液与空气的接触,有助于延长产品保质期,适宜于含维生素等的饮料
等压法		储液箱和包装容器内均处于同样的高压环境下,料液依靠自重流入包装容器	减少了灌装过程中料液内的气体逸出,适宜于汽水、可口可乐、啤酒、香槟酒、汽酒、含气矿泉水等含气饮料的灌装
机械压力法		利用液泵的机械压力将液料强制充入包装容器内	料液通过能力强,适宜于各种液料,尤其是番茄酱、豆瓣酱、豆沙等黏度较高的物料灌装

12.1.2　灌装机定量方法与机构

液料定量多用容积式定量法,大体上有如下三种。

① 定量杯定量法　此法是将液料先注入定量杯中,然后再进行灌装。若不考虑滴液等损失,则每次灌装的液料容积应与定量杯的相应容积相等。要改变每次的灌装量,只需改变调节管在定量杯中的高度或更换定量杯。这种方法避免了瓶子本身制造误差带来的影响,故定量精度较高。但对于含气饮料,因储液箱内泡沫较多,不宜采用。

② 定量泵定量法　这是采用机械压力灌装的一种定量方法。每次灌装物料的容积与活塞往复运动的行程成正比。要改变每次的灌装量,只需设法调节活塞的行程。

③ 控制液位定量法　这种方法是通过灌装时控制被灌容器(如瓶子)的液位来达到定量值的,习惯上称作"以瓶定量法"。由连通器原理可知,当瓶内液位升至排气管口时,气体不能继续排出,随着料液的继续灌入,瓶颈部分的残留气体被压缩,当其与管口内截面上的静压力达到平衡时,则瓶内液位保持不变,而料液却沿排气管一直升到与储液箱的液位相等为止。可见,每次灌装液料的容积等于一定高度的瓶子内腔容积。要改变每次的灌装量,只需改变排气管口伸入瓶内的位置即可。这种方法设备结构简单,应用最广。

12.1.3　常压式灌装机

常压灌装机是指在大气压力下,依靠被灌料液的自重,使料液流入容器内而完成灌装操作的设备,主要用于各种不含气、黏度低的饮料灌装。

图 12-1 所示为一采用直通灌装阀的常压灌装机。该机属于旋转型灌装机,主要由储液箱、进出瓶拨轮、托瓶盘、灌装阀、主轴及传动系统组成。主轴 3 直立安装,下面装有轴承支撑,储液箱 1 位于主轴上顶端,储液箱下共配置 24 个灌装阀 2,进、出瓶拨轮 6 和 7 在同一水平面,与灌装阀对应的 24 个托瓶盘 5 分别安装在升降杆上,通过下部轨道实现升降运动。电动机和传动系统装置安装在机架内。

空瓶由进瓶拨轮 6 送入到托瓶盘 5 上(图 12-1),托瓶盘 5 和储液箱 1 固定在主轴 3 上,电动机经传动装置带动主轴 3 转动,使托瓶盘和储液箱绕主轴 3 回转。同时,托瓶盘

5 沿固定凸轮（在机架 4 内）上升，当瓶口对准灌装头并将套管顶开后，储液箱中液体流入瓶中，瓶内空气由灌装阀 2 中部的毛细管排出，并进行定量。灌装完成后，瓶子即将接近终点时在固定凸轮的作用下下降，再由出瓶拨轮 7 拨出，送至压盖工位，完成一个灌装循环。

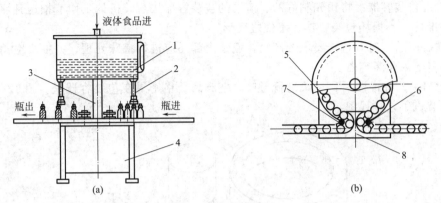

图 12-1 常压灌装机

1—储液箱；2—灌装阀；3—主轴；4—机架；5—托瓶盘；6—进瓶拨轮；7—出瓶拨轮；8—导向板

此灌装机采用的灌装阀为一用于小口径瓶的弹簧阀门式灌装阀，采用液面控制定量，如图 12-2 所示。

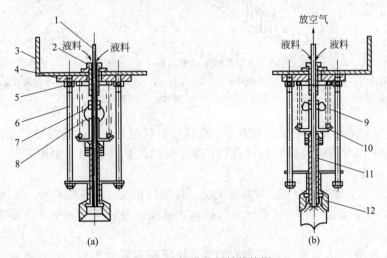

图 12-2 常压灌装阀结构简图

1—排气管；2—分装管座；3—储液箱；4—箱底铁块；5—紧固螺母；6—导柱；
7—限位器；8—弹性密封管；9—弹簧；10—浮簧支架；11—进液管；12—导瓶罩

当容器上升碰到灌装阀导瓶罩 12 并压缩弹簧 9 时，在瓶口处密封后，使进液管 11 与导瓶罩 12 间出现间隙，于是料液由于自重沿进液管 11 流入容器，容器内原有的空气由高于储液箱液面的排气管排出，完成进液排气过程。当瓶内液面上升到比排气管下端略高时，气体无法排出，但依连通器原理，排气管中的液面继续升高，容器瓶口部分剩余的气体受压缩，直到与储液槽中的液位等高时为止，料液停止进入容器内，完成液面定量。之后，瓶子下降，进液管 11 与导瓶罩 12 间的间隙自动关闭，排气管中的液体流入瓶中，于是完成灌装。改变排气管下端伸入容器中的位置就能改变容器内液面高度，灌装量与容器本身的容量有关。

12.1.4 等压式灌装机

12.1.4.1 等压灌装工艺过程与灌装机结构图

对预制好的刚性包装容器进行灌装，其一般工艺步骤如下。

① 送进包装容器　将预先制好的、清洁的包装容器按灌装机的工作节拍送到灌装工位。要求定位准确、不损坏包装容器、不使之变形。

② 灌装产品　对有特殊要求的产品，瓶子内部还应进行特殊处理，如抽真空、充气等。将产品定量灌入包装容器。

③ 封口　产品灌装后，尽快进行封口，把产品严格密封在包装容器里。图12-3为旋转型等压灌装机工艺过程图。

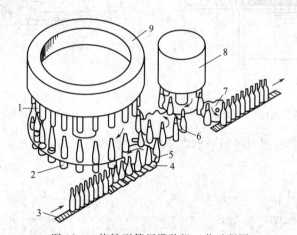

图12-3　旋转型等压灌装机工艺过程图

1—灌液阀；2—升瓶机构；3—传送带；4—供送螺杆；5—进瓶星形拨轮；6—中间星形拨轮；
7—出瓶星形拨轮；8—压盖机；9—环形液缸

目前等压灌装机都是把灌装机和封盖机制成一台机械，故可称为灌装封盖机。

图12-4为采用等压灌装的灌装封盖机，属于旋转型的，适用于中型啤酒、汽水厂的含气饮料灌装与压盖。

该灌装机主要由进瓶装置3、拨瓶星轮2、升降瓶机构1、灌装阀4、高度调节装置5、环形储液箱6、压盖装置7、出瓶星轮8和机体9组成。包装瓶经如下7个步骤完成灌装工作，如图12-5所示。

从图12-4和图12-5可看出，输送来的清洁瓶子进入灌装机后，首先被变螺距螺杆按灌装节拍进行分件送进，经匀速回转进瓶星轮将瓶拨到与灌装阀同速回转的托瓶机构上，每个灌装阀对应一个托瓶机构的瓶托板，托瓶气缸在压缩空气作用下将空瓶顶起，使灌装阀中心管伸入空瓶内，直到瓶顶到灌装阀中心定位的胶垫为止，同时顶开灌装阀碰杆，使等压灌装阀完成充气-等压-灌装-排气的顺序操作。

上述过程完成后，托瓶升降导板将托瓶机构压下，灌毕的瓶子下降到工作台平面，被拨瓶星轮拨到压盖机的回转工作台上。此时，压盖机上的下盖槽将经搅拌装置搅拌而定向排列好的皇冠形瓶盖滑送到压盖头，由压盖机构驱动压盖，最后由出瓶星轮把瓶拨出灌装机，进入下道工序。

12.1.4.2 等压灌装机工作原理与过程

等压法灌装是首先使待装容器中气体的压力达到储液箱液面上气体的压力（即液料

所溶气体达到饱和状态下的压力），然后再利用含气液料的自重而流入待装容器。等压法灌装的工艺过程为：充气等压-进液回气-停止进液及排除出气管中料液-排除进液管中余液。

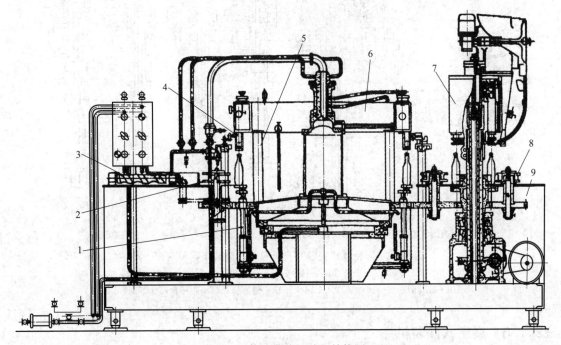

图 12-4　等压灌装压盖机结构图

1—升降瓶机构；2—拨瓶星轮；3—进瓶装置；4—灌装阀；5—高度调节装置；
6—环形储液箱；7—压盖装置；8—出瓶星轮；9—机体

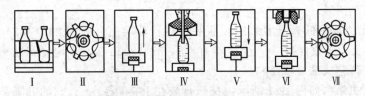

图 12-5　等压灌装压盖机包装瓶运动状态图

Ⅰ—螺杆分瓶传动；Ⅱ—星轮进瓶；Ⅲ—瓶托机构托瓶；Ⅳ—灌装阀灌液；
Ⅴ—瓶托机构下降；Ⅵ—压盖装置压盖；Ⅶ—星轮出瓶

该机型采用旋塞式等压灌装阀，其结构及灌装过程见图 12-6。

如图 12-6 所示，阀体 11 密封固定在储液箱下面，内有三条通道，分别为进气管 2、出沫管 3，中间为进液管 1。阀体下面安装的接头 5，也有与阀体相对应的三条通道，下部开有环形槽，在此处进气与排气通道相通，并与下面导瓶罩 9 内的螺旋环形通道连通。接头与导瓶罩之间用垫圈密封，导瓶罩内的橡胶圈 10 用于灌装时密封瓶口。在锥体旋塞 4 上加工有三个不同角度通孔，由弹簧压紧在阀体内。旋塞转柄 15 由安装在机架上的固定挡块拨动，使旋塞根据工艺要求的时刻及角度进行旋转。

当瓶子顶紧橡胶圈后，固定挡块拨动旋塞转柄，可完成如下工作过程：旋塞转一角度，接通进气孔道，实现充气等压过程；旋塞再转一角度，接通下液孔道和排气孔道，实现进液回气过程；再转旋塞，关闭所有孔道，停止进液；再接通进气孔道，让通道内余液流入瓶中，实现排除余液；再关闭进气孔道，完成灌装。

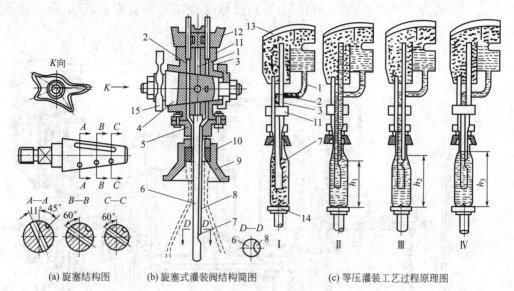

(a) 旋塞结构图　　　(b) 旋塞式灌装阀结构简图　　　(c) 等压灌装工艺过程原理图

图 12-6　旋塞式容器自身计量等压灌装工作原理图

1—进液管；2—进气管；3,8—出沫管；4—旋塞；5—下接头；6—注液管；7—管口；9—导瓶罩；
10—橡胶圈；11—阀体；12—上接头；13—储液箱；14—瓶托；15—旋塞转柄

12.1.5　真空式灌装机

真空式灌装机的工作原理是使储液箱和容器都处于负压状态，料液依靠重力流入容器内，或者只对容器内抽气，形成一定的真空度，料液依靠储液箱和容器内的压力差流入容器内。此灌装法适用于黏性稍大的料液（如油类、糖浆）、糖浆饮料、蔬菜汁、果汁、乳类饮料等不含气料液的灌装。

图 12-7 所示为双缸低真空灌装机。灌装容器：玻璃瓶（瓶高 200～320mm，瓶身外径 $<\phi 90$mm）；灌装阀头数：45 个；生产能力：8000～12000 瓶/h；电动机功率：3kW。

12.1.5.1　真空式灌装机结构

真空式灌装机结构如图 12-7 所示，托瓶盘装在下转盘 13 上，它的升降是由升降导轮 16 来驱动的。储液箱中的液位是由液位控制装置 14 控制的。灌装阀 5 固定在上转盘 9 上，上转盘的高度可由高度调节装置 15 来调节，以适应不同瓶高的要求。调节手轮 19 用于无级调节主轴转速，使之符合主机生产率的要求。

12.1.5.2　真空灌装机灌装过程

空瓶由链带 1 送入，经不等距螺杆 2 分成间距 110mm，再由拨轮 3 送到托瓶机构 4 上，瓶子随瓶托回转的同时，由升瓶导轮 16 带动上升，当瓶口顶住灌装阀密封圈时，瓶内空气被真空吸管 6、真空气缸 8 吸走，瓶内形成一定的真空度。在压差作用下，储液箱内液体被吸液管 11 吸入瓶内，进行灌装。灌装结束后，瓶子在凸轮导轮带动下第一次下降，使液管内存在的液料流入瓶内；瓶托再下降，瓶子进到水平位置，由出瓶拨轮将瓶子送到压盖机上。图 12-8 显示了真空式灌装机的灌装工艺过程。

该机采用的是双室式液料供送装置（图 12-9），低真空度的真空室与储液箱分开设置。液料经进液管 3 进入气压状态为常压的储液箱 1 中，真空室 2 内的真空度利用真空泵保持稳定。

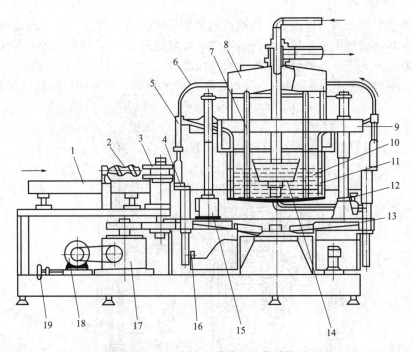

图 12-7　双缸低真空灌装机总体结构图

1—进瓶链带；2—不等距螺杆；3—进瓶拨轮；4—托瓶机构；5—灌装阀；6—吸气管；7—真空指示管；
8—真空气缸；9—上转盘；10—储液箱；11—吸液管；12—放气阀；13—下转盘；14—液位控制装置；
15—储液箱高度调节装置；16—托瓶盘升降导轮；17—涡轮减速箱；18—电动机；19—调节手轮

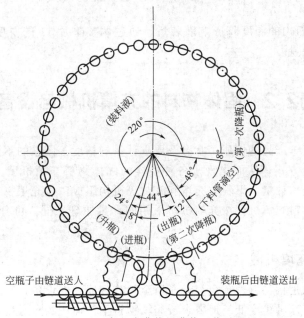

图 12-8　真空式灌装机灌装工艺过程

瓶子在机械式升降机构的作用下，被顶杆托盘抬起并贴紧橡皮碗头 7，吸气管对空瓶吸气，当瓶内达到所规定的真空度时，吸液管 9 便由处于低位、常压状态下的储液箱 1 吸液，并流经阀体 8 和输液管 12 灌入瓶内。当瓶内液面上升到吸气嘴 13 时，吸气孔内就吸入液体，一直到吸气管内液面与回流管 4 内液面高度相同时，灌入停止，瓶内出现第一次液面。当瓶子在升降机构控制下第一次下降一定高度，此时输液管 12 仍插在瓶内，吸气管 10 内的料液被吸到真空室 2 中，并通过回流管 4 回到储液箱 1 中，而阀体 8 内的存液一部分经吸液管回流，另一部分经输液管 12 又流入瓶内，瓶内将出现第二次液面，也就是灌装实际要求的液面。

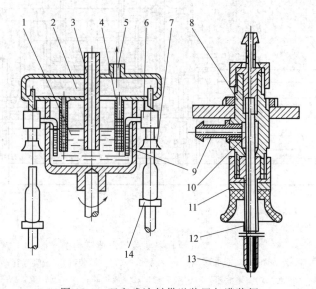

图 12-9　双室式液料供送装置与灌装阀

1—储液箱；2—真空室；3—进料管；4—回流管；5—抽气管；6—灌装阀；7—橡皮碗头；8—阀体；
9—吸液管；10—吸气管；11—调整垫片；12—输液管；13—吸气嘴；14—顶杆托盘

输液管 12 插入瓶内的深度将影响灌装量，通过调整垫片 11 的厚度或数量即可予以调节，从而可调节灌装量。

12.2　固体物料的充填机械与设备

实际生产中，由于产品的性质、状态及要求计量的精度等因素的不同，对不同的物料会采用不同的计量充填方式，从而出现了各种各样的固体物料充填机械。虽充填机械种类繁多，但多由物料供送、计量、下料、充填和密封等机构组成。按充填物料的物理状态可分为粉状、块状和膏状物料充填机；按充填机所采用的计量原理不同，可分为容积式、称重式、计数式 3 类充填机。

12.2.1　容积式充填机械

容积式充填机械是将物料按预定容量充填至包装容器内的设备，特点是结构简单、体积较小、计量速度高、计量精度低。但要求被充填物料单位体积的重量稳定，否则会产生较大的计量误差，精度一般为 $\pm(1.0\% \sim 2.0\%)$，其精度比称重式设备要低。在进行充填时多采用振动、搅拌、抽真空等方法使被充填物料压实而保持一定体积的稳定重量。容积式充填机常用于表观密度较稳定的粉末、细颗粒、膏状物料或体积比重量要求更为重要的物料，如面粉、五香粉、豆奶粉、奶粉、咖啡、砂糖、小麦、大豆、鸡精、果酱、番茄酱等产品的计量。

12.2.1.1 容积式充填机的分类与特点

容积式充填的方法很多，但从计量原理上可分为两类：①控制物料的流量和时间来实现定量充填的包装机；②用一定规格的计量筒来计量充填的包装机。

容积式充填包装机每次计量的质量取决于每次充填的体积与充填物料的表观密度，常用的充填计量装置类型有量杯、螺杆、柱塞、计量泵、插管等，特点是构造简单、造价低、计量速度快，但精度稍低。其分类、工作原理如表 12-2 所示。

表 12-2 容积式充填机的类别与特点

类别	工作原理	特点
量杯式充填包装机	采用定量的量杯将物料充填到包装容器内	工作速度高、计量精度低、结构简单
柱塞式充填包装机	采用可调节柱塞行程来量取物料容量的柱塞计量物料，再将物料充填到包装容器内	工作速度低、计量精度高、计量范围易于调节
气流式充填包装机	采用真空吸附的原理量取一定容积的物料，并采用净化压缩空气将物料充填到包装容器内	计量精度高、可减少物料的氧化
螺杆式充填包装机	采用调节螺杆转速或时间量取物料，并将其物料充填到包装容器内	结构紧凑、无粉尘飞扬、计量范围宽
计量泵式充填包装机	利用齿轮泵中齿轮齿间的容积计量物料，并将物料充填到包装容器内	结构紧凑、计量速度高

12.2.1.2 容积式充填机的充填原理与结构

（1）量杯式充填包装机

图 12-10 所示为量杯式定容计量与充填装置。该设备主要由料仓、料盘、量杯活门底盖等组成，通过调节上量杯 3 和下量杯 4 的相对位置改变计量杯的体积大小，用以补偿物料表观密度变化造成的数量差。微调时，可以手动，也可以自动，自动调整的信号可以根据对最终产品的重量或物料密度检测获得。

充填过程为：当料盘 10 转动时，料仓 1 内的物料靠自重直接灌入量杯，并由刮板 2 刮去杯顶面的物料。当转到卸料位时，由凸轮 8 打开下量杯 4 的底门 9，物料靠自重卸入容器内，完成充填作业。旋转手轮 7 可通过凸轮 8 使下量杯 4 中的连接支架在垂直轴上做上下升降运动，实现上量杯 3 与下量杯 4 相对位置的调整，即计量体积的调整。

量杯式充填机适合于小粒状、碎片状及粉末状且流动性能良好的物料充填，计量范围一般在200mL 以内为宜。生产中又因一些物料的表观密度稳定性较好，某些物料的表观密度稳定性较差，所以量杯有固定式和可调式两种。固定量杯式只有一种定量，通常适用于表观密度非常稳定的粉料充填。如果体积的大小不同，则可以更换量杯。对于表观密度变化的粉料采用可调式量杯。

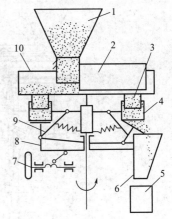

图 12-10 量杯式定容计量与充填
装置示意图

1—料仓；2—刮板；3—上量杯；4—下量杯；
5—容器；6—输送带；7—手轮；8—凸轮；
9—底门；10—料盘

（2）螺杆式充填机

螺杆式充填机的基本原理是，螺杆每圈螺旋槽都有一定的理论容积，在物料视密度恒定前提下，控制螺杆转数就能同时完成计量和充填操作。由于螺杆转数是转速与时间的函数，因此，实际控制中螺杆转数可通过控制转速与转动时间实现。充填时，物料先在搅拌器作用下进入导管，再在螺杆旋转的作用下通过阀门充填到包装容器内。螺杆可由定时器或计数器控制旋转因数，从而控制充填容量。

图 12-11 所示为螺杆式充填机的结构，物料从料仓 1 经过水平螺旋给料器 3 进入垂直料室下部，经搅拌器 5 和垂直螺旋给料器 6 的搅动，落到输出导管 9 内。当送料螺旋轴旋转时，搅拌器 5 将物料拌匀，螺旋面将物料挤实到要求的密度，每转 1 圈就能输出一定量的物料，由离合器控制螺旋转数即可达到计量的目的。如果充填小袋，可在螺旋进料器下部安装 1 个转盘用以截断密实的物料，然后将空气与之混合，形成可自由流动的物料，充填后再振动小袋以敦实松散的物料。螺旋充填法可获得较高的充填计量精度，此装置采用料位检测器 4 来控制水平进料器的进料量，由电磁离合器控制螺杆的角度，出料闸口的开放度用闸门 7 来控制。

商品螺杆式充填机又称电子包装秤，主要用于小颗粒状物料或粉料的计量，如粮食、面粉、大米、食盐、咖啡、味精等的包装，但不宜用于装填易碎的片状物料或视密度变化较大的物料。其主要优点是结构紧凑、充填速度快、无粉尘飞扬，且充填精度高，可通过改变螺杆的参数来扩大计量范围。对流动性好的物料，如各种颗粒状物料的精度为 0.2%，饮料粉的精度为 1%，奶粉的精度为 ±2%；此外还与包装容器的大小有关，每次称量的重量越大则精度越高，一般计量范围在 0.5～50kg，称量速度约 5～50 次/min。对于设备本身来说，很重要的因素是电子定时器的精度，定时器定时范围一般采用 0～1s，定时器采用集成电路。

（3）转鼓式充填机

转鼓形状有圆柱形、菱柱形等，定量容腔在转鼓外缘。容腔形状有槽形、扇形和轮叶形，容腔容积有定容和可调的两种，图 12-12 所示是一种可调容腔的槽形截面转鼓式定量装置。通过调节螺钉改变定量容腔中柱塞板的位置，可对其容量进行调整。

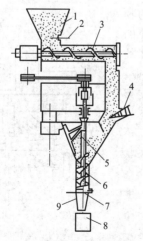

图 12-11　螺杆式充填机结构

1—料仓；2—插板；3—水平螺旋给料器；4—料位检测器；5—搅拌器；6—垂直螺旋给料器；7—闸门；8—容器；9—输出导管

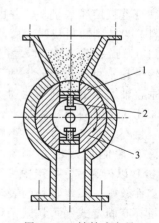

图 12-12　转鼓式定量装罐装置

1—柱塞板；2—调节螺钉；3—转鼓

（4）柱塞式充填机

柱塞式充填机通过柱塞的往复运动进行计量（图 12-13），其容量为柱塞两极限位置间形成的空间大小。

柱塞的往复运动可由连杆机构、凸轮机构或气缸实现。通过调节柱塞行程可改变单行程取料量，柱塞缸的充填系数 K 需由试验确定，一般可取 $K=0.8\sim1.0$。

柱塞式充填机的应用比较广泛，粉、粒状固体物料及稠状物料均可应用。

（5）定时充填机

定时充填机是通过控制产品流动的时间或调节进料管流量而量取产品，并将其充填到包装容器内的机械。利用振动供料机保持稳定供料的定时充填机结构如图 12-14 所示。定时器控制振动料斗 1 的启停，充填入容器 3 内的物料容积基本上与振动供料器 2 每次供料的时间长短成正比。这种充填机计量精度是很差的，可作为称重式充填机的预计量。

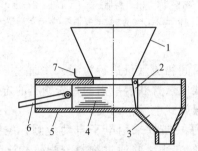

图 12-13　柱塞式充填机

1—料斗；2—活门；3—漏斗；4—柱塞；
5—柱塞缸；6—连杆机构；7—调节闸门

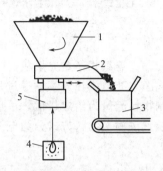

图 12-14　定时充填机

1—料斗；2—振动供料器；3—容器；
4—定时器；5—振动器

12.2.2　重量式充填机械

由于容积式充填机计量精度不高，不适于对一些流动性差、密度变化较大或易结块物料的充填包装。因此，对计量精度要求较高的各类物料的充填包装，就采用称重式或重量式定量充填机，其计量精度一般可达 0.1%。它是将产品按预定质量充填到包装容器内的机械，可分为毛重式充填机和净重式充填机。

12.2.2.1　毛重式称量充填机

毛重式称量充填机是在充填过程中，产品连同包装容器一起称重的机械，该机的结构如图 12-15 所示。毛重式充填机结构简单、价格较低，包装容器本身的质量直接影响充填物料的规定质量。它不适用于包装容器质量变化较大、物料质量占整个质量百分比很小的场合；适用于价格较低的自由流动的物料及黏性物料的充填包装。

12.2.2.2　间歇净重式充填机

净重式充填机是首先将物料称量后再充入包装容器中的机械，由于称重结果不受容器重量变化的影响，称量精确，净重式充填机可分为间歇式充填机和连续式充填机两类。

如图 12-16 所示为间歇式净重定量充填机示意图，用一个进料器 2 把物料从储料斗 1 运送到计量斗 3 中，由普通电子秤或机械电子秤 4 间歇完成物料的称量，通过落料斗 5 充填到包装容器中。进料可用旋转进料器、皮带、螺旋推料器或其他方式完成，用电子秤控制称量以达到规定的重量。为了提高充填计量精度并缩短计量时间，可采用分级进料的方法，即大部分物料高速喂料，剩余小部分物料微量喂料。在采用电脑控制的情况下，对粗加料和精加料分别称量、记录、控制，多用于奶粉、咖啡等较贵物料的称量，也可用于膨化玉米、油炸土豆片、炸虾片等的称量包装。

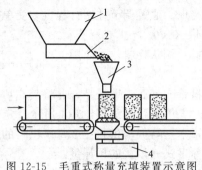

图 12-15　毛重式称量充填装置示意图

1—料斗；2—加料器；

3—漏斗；4—秤

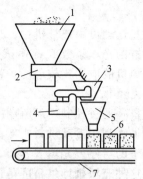

图 12-16　间歇净重式充填机工作原理示意图

1—储料斗；2—进料器；3—计量斗；4—电子秤；

5—落料斗；6—包装容器件；7—传送带

12.2.2.3　连续式净重充填机

连续式净重充填机在连续输送过程中通过对瞬间物流重量进行检测，并通过电子检控系统调节控制物料流量为给定量值，最后利用等分截取装置获得所需的每份物料的定量值。连续式称重装置按输送物料方式分为电子皮带秤和螺旋式电子秤两类。

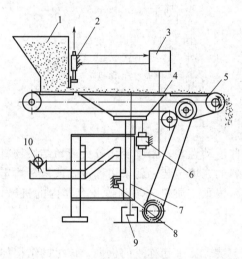

图 12-17　电子皮带秤

1—料斗；2—闸门；3—称重调节器；4—秤盘；

5—输送带；6—传感器；7—主秤体；8—限位器；

9—阻尼器；10—副秤体

电子皮带秤采用电子自动检测、控制物料流量的计量方法，并通过物料分配机构来实现等量供料。电子皮带秤的结构如图 12-17 所示。它是由供料斗 1、秤体 7 与 10、传感器 6、阻尼器 9、输送带 5、电子控制系统及物料下卸分配机构等部分组成的。秤体分主秤体 7 和副秤体 10 两部分。其中主秤体由平行板弹簧与秤架组合而成的，做近似直线运动，副秤体是围绕支点转动的杠杆，作配重用。

工作时，物料由料斗 1 经自控闸门 2 流到输送带 5 上，连续运转的输送带将物料带至秤盘 4 时，皮带秤可测出该段皮带上的物料重量，当物料重量变化时，通过传感器 6 将此重量变化转变为相应的电量变化，经放大及控制电路、输出控制信号控制可逆电动机来调节阀门的开度，控制皮带上的物料层厚度，以保持物料的重量流量为一定值。在皮带端部卸料漏斗下方，有一个做等速回转的等分格圆盘，它每次将截获重量相同的物料，经圆盘分格下部漏斗将物料装入包装袋中。因此，只要适当匹配皮带与等分圆盘配机构的运动速度，就能完成预期的计量充填任务。

12.2.3　计数式充填机

计数式充填机是按预定件数将产品充填至包装容器的充填机。按计数的方式不同，可分为单件计数充填机和多件计数充填机两类。单件计数式采用机械计数、光电计数、扫描计数方法，对产品逐件计数。多件计数式则以数件产品作为一个计数单元。多件计数充填机常采用模孔计数装置、容腔计数装置、推板式计数装置。

12.2.3.1　模孔计数装置

模孔计数法适用于长径比小的颗粒物料，如颗粒状巧克力糖的集中自动包装计量。这种方法计量准确、计数效率高，结构也较简单、应用较广泛。模孔计数装置按结构形式分为转盘式、转鼓式和履带式等。

图 12-18 所示为转盘式模孔计数装置，在计数模板 3 上开设有若干组孔眼，孔径和深度稍大于物料粒径，每个孔眼只能容纳一粒物料。计数模板 3 下方为带卸料槽的固定承托盘 4，用于承托充填于模孔中的物品。模板上方装有扇形盖板 2，刮除未落入模孔的多余物品。在计数模板 3 转动过程中，某孔组转到卸料槽处，该孔组中的物品靠自重而落入卸料漏斗 6 进而装入待装容器；卸完料的孔组转到散堆物品处，依靠转动计数模板 3 与物品之间的搓动及物品自重自动充填到孔眼中。随着计数模板的连续转动，便实现了物品的连续自动计数、卸料作业。

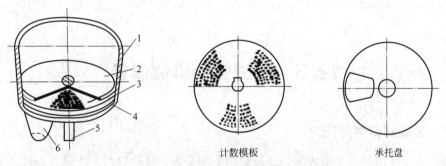

图 12-18　转盘式模孔计数装置工作原理图
1—料斗；2—盖板；3—计数模板；4—承托盘；5—轴；6—卸料漏斗

转鼓式模孔计数装置在转鼓外圆柱面上按要求等间距地开设出若干组计数模孔，随着转鼓的连续转动，实现连续自动计数作业。履带式模孔计数装置则在履带式结构的输送带上横向分组开设孔眼。

12.2.3.2　推板式计数装置

规则块状物品有基本一致的尺寸，当这些物品按一定方向顺序排列时，则在其排列方向上的长度就由单个物品的长度尺寸与物品的件数之积所决定。用一定长度的推板推送这些规则排列物品，即可实现计数给料目的。该装置常用在饼干、云片糕等包装上，或用于茶叶小盒等的二次包装场合。如图 12-19 所示，待包装的规则块状物品 5 经定向排列后由输送装置 4 送达挡板 1、2 之间，然后由计数推板 3 推送物品到裹包工位，挡板 1、2 之间的间隔尺寸 b 即是计数推板 3 所计量物品件数的总宽度。

12.2.3.3　容腔计数装置

容腔计数装置根据一定数量成件物品的容积基本为定值的特点，利用容腔实现物品定量计数。图 12-20 所示为容腔计数装置工作的原理图。物品整齐地放置于料斗 1 中，振动器 3 促使物品顺利落下充满计数容腔 4。物品充满容腔后，闸板 5 插入料斗与容腔 4 之间的接口界面，隔断料斗内物品进入计数容腔的通道。此后，柱塞式冲头 2 将计量容腔 4 内的物品推送到包装容器中。然后，冲头 2 及闸板 5 返回，开始下一个计数工作循环。这种装置结构简单、计数速度快，但精度低，适用于具有规则形状的棒状物品且计量精度要求不高场合的计数。

另外，充填机还可按产品的受力方式不同分为推入式、拾放式、重力式等。推入式充填机是用外力将产品推入包装容器内的机器；拾放式充填机是将产品拾起并从包装容器开口上方放入容器内的机器，可用机械手、真空吸力、电磁吸力等方法拾放产品；重力式充填机是靠产品自身重力落入或流入包装容器内的机器。

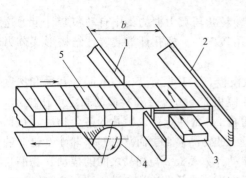

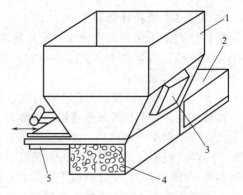

图 12-19　推板定长计数喂料装置工作原理图
1,2—挡板；3—计数推板；4—输送装置；5—物品

图 12-20　容腔计数装置工作原理图
1—料斗；2—冲头；3—振动器；4—计数容器；5—闸板

12.3　瓶罐封口机械设备

12.3.1　瓶罐封口类型简介

这类机械设备用于对充填或灌装产品后的瓶罐类容器进行封口。瓶罐有多种类型，不同类型的瓶罐采用不同的封口形式与机械设备。常见的瓶罐及其封口形式如图 12-21 所示。

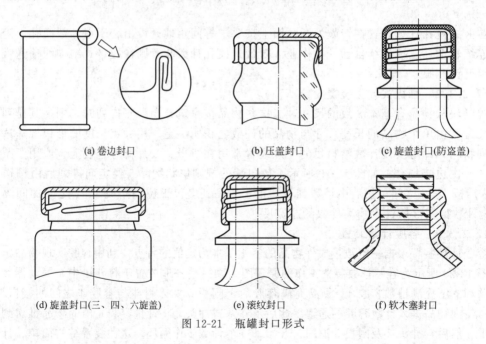

(a) 卷边封口　　　　(b) 压盖封口　　　　(c) 旋盖封口(防盗盖)

(d) 旋盖封口(三、四、六旋盖)　　(e) 滚纹封口　　　(f) 软木塞封口

图 12-21　瓶罐封口形式

卷边封口是将罐身翻边与涂有密封填料的罐盖（或罐底）内侧周边互相钩合，卷曲并压紧，实现容器密封。罐盖（或罐底）内缘充填的弹韧性密封胶起增强卷边封口气密性的作用。这种封口形式主要用于马口铁罐、铝箔罐等金属容器。

压盖封口是将内侧涂有密封填料的外盖压紧，并咬住瓶口或罐口的外侧凸缘，从而使容器密封。主要用于玻璃瓶与金属盖的组合容器，如啤酒瓶、汽水瓶、广口罐头瓶等。

旋盖封口是将螺旋盖旋紧于容器口部外缘的螺纹上，通过旋盖内与容器口部接触部分的密封垫片的弹性变形进行密封。主要用于旋盖的材料为金属或塑料，容器为玻璃、陶瓷、塑料、金属的组合容器。

滚纹封口是通过滚压使无锁纹圆形帽盖形成与瓶口外缘沟槽一致的所需锁纹（螺纹、周向沟槽）的封口形式，是一种不可复原的封口形式，具有防伪性能。一般采用铝质圆盖。

压塞封口是将内塞压入容器口内实现密封的。这种封口形式主要用于塑料塞或软木塞与玻璃瓶相组合的容器密封，如瓶装酱油、瓶装酒等封口。因为内塞要达到完全密封较难，通常还要加辅助密封方法，如塑封、蜡封、旋盖封等。

12.3.2　卷边封口机

马口铁罐、铝箔罐等金属容器的罐体与底或盖之间卷边封合密封，是在完成罐身筒端部边缘翻边、罐底或盖圆边注胶烘干后才进行的，采用的是二重卷边法，应用较为广泛。卷边封口机按操作方式来分有手动式（利用手扳动滚轮进行卷边）、半自动式（人工加盖送罐，卷边由机械完成）和全自动式。图 12-22 所示为一全自动卷边封口机示意图，图 12-23 为GT4B2 型封罐机外形简图。

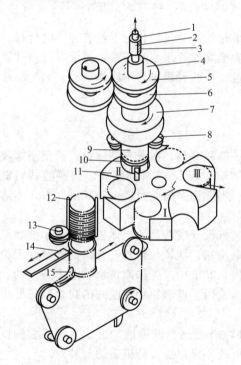

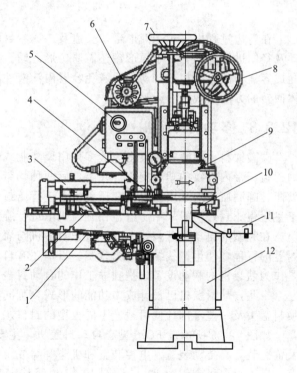

图 12-22　卷边封口机示意图
1—压盖杆；2—套筒；3—弹簧；4—上压头固定支座；
5,6—差动齿轮；7—封盘；8—卷边滚轮；9—罐体；
10—托罐盘；11—六槽转盘；12—盖仓；
13—分盖器；14—推盖板；15—推头

图 12-23　GT4B2 型封罐机外形简图
1—输罐链条；2—分罐螺杆；3—推盖机构；4—配
盖器；5—电控屏；6—离合手柄；7—机头升降
手轮；8—操纵手轮；9—卷边机头；10—星形
转盘；11—卸罐槽；12—机座

图 12-22 可见，充填物料后的罐体由推送链上的推头 15 间歇送入六槽转盘 11 的进罐工位 I。盖仓 12 内的罐盖由连续转动的分盖器 13 逐个拨出，然后由往复运动的推盖板 14 送至进罐工位处罐体的上方。罐体和罐盖一起被间歇传送到卷封工位 II。而后由托罐盘 10、

压盖杆 1 将其抬起，直至上压头完成定位后，利用两道卷边滚轮 8 依次进行卷封。托盖盘和压盖杆恢复原位，已封好的罐头降下，由六槽转盘再送至出罐工位Ⅲ。

金属罐两重卷边封口状态示意图如图 12-24 所示。

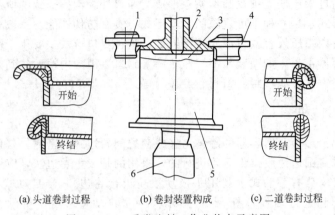

(a) 头道卷封过程　　(b) 卷封装置构成　　(c) 二道卷封过程

图 12-24　二重卷边封口作业状态示意图

1—头道卷封滚轮；2—上压头；3—罐盖；4—二道卷封滚轮；5—罐体；6—下压板

在卷边过程中，对于圆形罐，头道及二道卷封滚轮的运动包括相对于包装容器的行星运动及径向进给运动，对于异形罐还需要仿形运动。为提高作业速度及质量，可沿容器内部周向或容器与滚轮间相对转动。为避免容器内汁液外溢，一些封罐机采用罐体不动、滚轮绕罐体回转的方法实现相对运动。

12.3.3　多功能封盖机

碳酸饮料、啤酒、矿泉水等大多采用聚酯瓶或玻璃瓶灌装，瓶盖有皇冠盖、无预制螺纹的铝盖、带内螺纹的塑料旋盖等几类，后两种均带"防盗环"，俗称防盗盖。装碳酸饮料玻璃瓶、啤酒瓶一般采用皇冠盖在压盖机上进行压封。当采用聚酯瓶时，由于其刚性差，不适于皇冠盖压封，一般采用防盗盖在旋盖机上进行旋封。

在大型的自动化灌装线上，一般把封盖机与灌装机设计成联动的一体机，以减小灌装至封盖的行程，使生产线结构更为紧凑。目前还有自动洗瓶、灌装、封盖三合一的机型。无论是作为灌装机的联动设备或是独立工作的自动封盖机，其结构及工作原理都是基本一致的。

一些自动封盖机已设计成多功能的形式，可同时适用于玻璃瓶和聚酯瓶的封盖。只要更换封盖头及一些零部件便可适应不同盖型的封口。

如图 12-25 所示是 FG-6 型全自动封盖机，主要由理盖器、滑盖槽、封盖装置、主轴以及输瓶装置、传动装置、电控装置和机座等组成。可适用皇冠盖及防盗盖的封口。

压盖封口可利用图 12-26 和图 12-27 说明其压盖过程：①待封口瓶子由星形拨轮送到压盖机的回转工作台上，与压盖头钟口罩对准并一起回转。②皇冠盖由理盖器定向排列后经落盖滑道送至配盖头，当压盖头下端缺口对准配盖头时，压缩空气将瓶盖吹入，刚好置于封口模与瓶口之间。③在回转过程中，压盖头向下行进，使瓶口进入钟口罩并将瓶盖顶起，抵在中心推杆上。④压盖头继续下降，中心推杆将瓶盖紧紧压在瓶口上。同时，封口模下行，对瓶盖的周边波纹进行轧压，迫使它向瓶口凸棱下扣紧，形成机械性勾连，令瓶盖内胶垫产生弹塑性变形，形成密封。⑤完成封口后，压盖头向上运动，而中心推迫使瓶盖及瓶口与封口模分离。⑥压盖头继续上升，直至与瓶子完全分离。封口后的瓶子由出瓶星形拨轮排至输送带，从而完成整个封口作业。

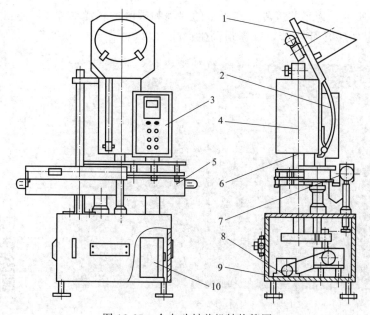

图 12-25　全自动封盖机结构简图

1—理盖器；2—滑盖槽；3—电控屏；4—封盖装置；5—输瓶链带；6—主轴；7—分瓶螺杆；

8—传动装置；9—机座；10—电柜

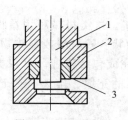

图 12-26　压盖机构

1—中心推杆；2—封口模；3—钟口罩

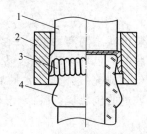

图 12-27　压盖封口示意图

1—中心推杆；2—封口模；3—瓶盖；4—瓶口

　　无预制螺纹铝盖需用滚纹式旋盖机头封合，旋合封盖过程如图 12-28 所示。①瓶盖经理盖器定向排列后滑落至配盖头，最后套于瓶口上。②瓶口托圈受支承，旋盖头下降，中心压头压紧瓶盖顶部，使顶部缩颈变形，挤压胶层密封瓶口。③螺纹滚轮绕瓶口旋转，并做径向切入运动，使瓶盖沿瓶口螺旋槽形成配合的螺纹沟。同时，折边滚轮也做旋转切入运动，迫使瓶盖底边沿瓶颈凸肩周向旋压钩合，形成"防盗环"。

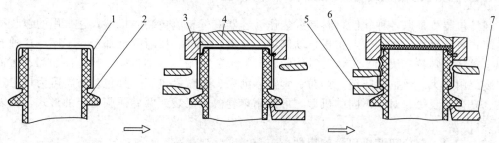

图 12-28　滚纹旋盖封口示意图

1—瓶盖；2—瓶口；3—压模；4—压板；5—折边滚轮；6—螺纹滚轮；7—支承圈

如图 12-29 所示，为目前世界最高水平的啤酒和碳酸饮料灌装系统，该 FKM 型灌装系统由日本三菱重工 2008 年生产，设备最高生产能力 2000 罐/min。

图 12-29　FKM 型灌装系统

码 12-1

12.4　袋装食品包装机械

袋装食品包装机械主要有两类。一类是制袋包装机，这类机械利用卷状（如聚乙烯薄膜、复合塑料薄膜等）包装材料制袋，然后将定量的粉状、颗粒状或液体物料充填到袋内，随后还可进行排气（或充气）作业，最后封口并切断完成包装作业。另一类是预制袋包装机，这类机械以购进的包装袋为容器，只完成食品物料的充填、排气（或充气）、封口或只完成封口操作。

12.4.1　塑料薄膜的热压封合方法

不论是制袋包装机还是预制袋包装封口机，都需要用热压封合机构对包装材料进行热封合或封口。如图 12-30 所示，常见的热压封口有平板、滚轮、带式、滑动夹和熔断等形式机构。不同热压封口形式的原理及特点后述。

各类封合机通过调节控制装置，可对热压封合机构作用的温度、压力和时间参数进行调整，以满足不同材料容器的封合要求。

12.4.2　制袋包装机的分类与主要工作部件

制袋包装机是以各种软性材料制成袋作为容器进行装填包装的机械，它常用的包装材料为卷筒式包装材料，在机械上实现自动制袋、充填、封口、切断等全部包装工序。这种方法适用于粉状、颗粒、块状、流体及胶体状物料的包装，尤其以小食品、颗粒冲剂和速溶食品的包装应用最为广泛，如味精、奶粉、食盐、糖果、果粉等包装。其包装材料可为单层塑料薄膜、复合薄膜等。对于不同的机型，可采用单卷薄膜成袋或两卷薄膜制袋的形式，但以单卷为多。

12.4.2.1　制袋包装机包装的袋型

制袋包装机可制成的袋型有多种，常见的袋型如图 12-31 所示。对于不同的袋型，包装机的结构也有所不同，但主要构件及工作原理有所相似。

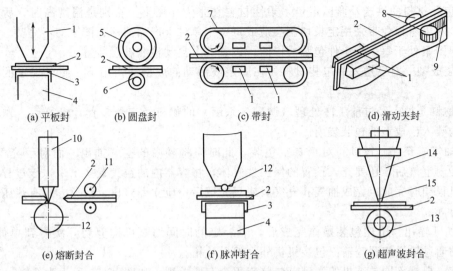

(a) 平板封 (b) 圆盘封 (c) 带封 (d) 滑动夹封

(e) 熔断封合 (f) 脉冲封合 (g) 超声波封合

图 12-30　热压封合机构

1—加热平板；2—薄膜；3—绝热层；4—橡胶缓冲层；5—热圆盘；6—耐热橡胶圆盘；7—加压带；8—加压滚轮；
9—压花；10—加热刀；11—薄膜引出轮；12—镍铬合金线；13—橡胶辊；14—振动头；15—尖端触头

(a) 三边封口式 (b) 纵缝搭接式 (c) 四边封口式 (d) 纵缝对接式 (e) 侧边折叠式 (f) 筒袋式

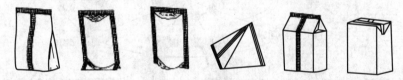

(g) 平袋楔形袋 (h) 椭圆楔形袋 (i) 底撑楔形袋 (j) 塔形袋 (k) 尖顶柱形袋 (l) 立方柱形袋

图 12-31　常见的袋型

12.4.2.2　制袋包装机包装工艺流程

制袋包装机一般采用的包装工艺流程如图 12-32 所示。

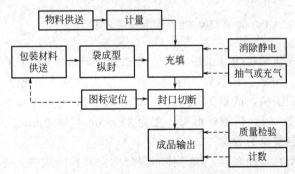

图 12-32　制袋包装机包装工艺流程图

各包装工序要点如下。

① 包装材料的供送及商标定位　柔性材料在张力作用下，特别是温度高时，所产生伸长量大，对于有标卷带采用定长切割会造成每一个单件上产品商标、图案的不完整。为了保证商标、图案处于每一个单件包装袋中间，设置一个自动检测补偿装置。

② 袋成型　对已送入的包装材料，在固定或活动的成型器作用下，制成规定的形状并封边。

③ 物料充填　经过前工序处理（调配、杀菌）的物料经定量装置计量好后，靠自重或喂料机构装入已成型的包装袋内。

④ 抽气或充气、封口　对于真空包装，此时需将袋内的空气抽出。而对于充气包装，在抽出袋内空气后，还要充入预置的保护性气体，将容器内的空气置换出来，该过程可与充填物料过程同时完成；完成抽气和充气后或只充填后，应立即封口，封口方式有热压封、粘封、缝封等。

⑤ 切断输出　上述包装操作完成后，隔一定的时间切断机构剪切一次得到单件产品。最后产品通过输送装置等输出包装机机外，然后装箱。

当然，根据不同包装机的类型，包装流程会有些差别，如图 12-33 所示为 GP-2000 型旋转式包装机包装流程图。

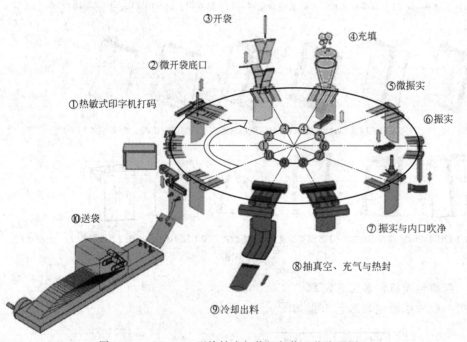

图 12-33　GP-2000 型旋转式包装机包装工艺流程图　　　　　码 12-2

GP-2000 型旋转式包装机包装工序要点：该机连续转动在 10 个工位上，可进行三边封或四边封，完成制袋、印字、开袋口、计量充填、振实、抽气与充气、热封等多道工序操作。该机使用热敏式印字机，产量为 15～60 袋/min，封袋宽度 100～230mm，长度 130～380mm，最大充填量 2000g，机械外形长、宽为 2100mm×1460mm，其外形见图 12-34。

12.4.2.3　制袋包装机的分类

制袋包装机的类型有多种多样，按总体布局分为立式和卧式两大类；按制袋的运动形式来分，有连续式和间歇式两大类；按包装方法来分如表 12-3 所示。

图 12-34　GP-2000 旋转式包装机外形图　　　　　　码 12-3

表 12-3　包装机按不同包装方法的分类

灌装机械	常压灌装机		容器封口机	卷封机械	圆形封罐机（单头）	
	等压灌装机				异形封罐机（多头）	
	真空灌装机				折封机	
	压力灌装机				一字型卷封机	
充填机械	充填机			封盖机	压盖机	
	制袋充填机				旋盖机（3、4、6 旋盖）	
	装瓶装罐机				旋盖机（防盗盖）	
	装盒机				滚纹式旋盖机	
裹包机械	扭结式包装机	两端扭结	封口机	封袋机	塞封机	
		扭结端折			蜡封机	
	端折式包装机	正端折			垫封机	
		反端折			钉封机	
	枕式包装机				扎口机	
	信封式包装机		捆扎机	捆包机	塑料袋捆扎机	
	裹封式包装机				纸袋捆扎机	
	多用包装机				铁皮捆扎机	
装盒装箱机	装盒机	推入式			台式捆扎机	
		吊入式		结扎机	普通结扎机	
		推入式			装填结扎机	
	装箱机	吊入式	特种包装机		收缩包装机	
		抛入式			拉伸包装机	
贴标机	机械接触式贴标机	转鼓式贴标机			真空包装机	
		龙门式贴标机			充气包装机	
		滚动式贴标机			贴体包装机	
		组合式贴标机		称量机		洗瓶机
		手提式贴标机		制盒制箱机		
	气动无接触式贴标机			商标印刷机		

立式制袋包装机的成型、充填及封口工序由上而下顺序布置在同一条铅垂线上，适用于流动性好的粉粒状或液体类食品的包装，可采用三边封口袋、纵缝搭接袋、纵缝对接袋、四边封口袋等袋型。水平式制袋包装机的成型、充填及封口工序顺序布置在同一条水平直线上，适用袋型主要为枕形袋，也可包装成三边封口袋、纵缝搭接袋、纵缝对接袋、四边封口袋等，适用于包装形状规则或不规则的单件或多件产品，如饼干、点心、鱼、肉类、蔬菜等食品。图 12-35、图 12-36 是立式与水平式制袋包装机的包装原理示意图。

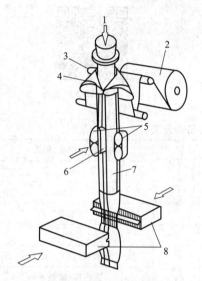

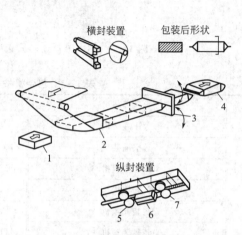

图 12-35　立式制袋包装机包装原理示意图
1—被包装物料；2—包装用薄膜材料；3—张紧辊；
4—翻领成型器；5—包装材料牵引装置；6—纵
封装置；7—圆筒导管；8—横封与切断器

图 12-36　水平式（枕式）制袋包装机包装原理示意图
1—块装物料；2—材料成型器；3—横封与切断；
4—枕式包装件；5—包装材料牵引轮副；
6—加热装置；7—纵封压轮

另外，根据是否设有相对独立的包装材料杀菌系统和无菌环境的充填与封口系统，包装机主要分类如下：

$$制袋包装机 \begin{cases} 常规包装机 \begin{cases} 包装后需继续进行工艺操作（如杀菌、蒸煮） \\ 包装后直接销售 \end{cases} \\ 无菌包装机 \begin{cases} 制袋式（如瑞士 Tetra Pak 公司的利乐无菌包装机） \\ 给袋式（德国 PKL 公司康美盒无菌包装机） \end{cases} \end{cases}$$

12.4.2.4　制袋充填包装机主要工作部件

（1）制袋成型器

在制袋包装机中，制袋成型器用来将平面状包装材料折合成所要求的形状。成型器需要具有能够满足袋型需要、结构简单、成型阻力小及成型稳定、质量好的特点。

常见的制袋成型器如下。

① 三角形成型器　如图 12-37(a) 所示，结构简单、通用性好，多用于扁平袋。

② U 形成型器　如图 12-37(b) 所示，它是在三角形成型器的基础上加以改进而成的，它在三角板上圆滑连接一圆弧导槽（U 形板）及侧向导板，成型性能优于三角形成型器，一般用于制作扁平袋。

③ 象鼻式成型器　如图 12-37(e) 所示，成型过程平缓，成型阻力较小，对塑料单膜的适应性较好，不但可制作扁平袋，还可制作枕形袋，但一个成型器只能适应一种袋宽。该成

型器多用于立式连续制袋充填封口包装机。

④ 翻领成型器　如图 12-37(d) 所示，由内外两管组成，其外管呈衣服的翻领形，内管横截面依所需袋型而呈有不同形状（圆形、方形、菱形等），并兼有物料加料管的功能。这种成型器成型阻力较大，容易造成拉伸等塑性变形，故对单层塑料薄膜的适应性较差，设计、制造和调试都较复杂，而且一只成型器只能适用于一种袋宽。这种成型器成型质量稳定，包装袋形状精确。

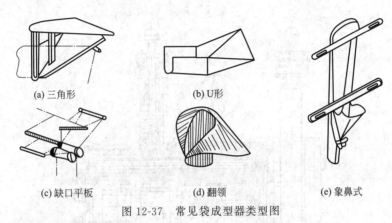

(a) 三角形　　(b) U形

(c) 缺口平板　　(d) 翻领　　(e) 象鼻式

图 12-37　常见袋成型器类型图

（2）封口装置

封口的方法通常有胶结和熔结两种。对于塑料薄膜作为包装袋的材料，要求其封缝严密、牢固，一般采用熔结，所用热封方法有接触式和非接触式两大类，其中以接触式应用最广。接触式热封就是在热封过程中加热元件与薄膜直接接触，利用塑料薄膜本身所具有的热熔性和热塑性，使其封口部位受热、受压而相互黏合在一起。这种热封，需要对封合部位加热加压，并经过一定时间才能成为牢固而密合的封口缝。封口质量受热封时的温度、压力和时间这三个参数的影响。非接触式热封的加热元件并不与薄膜直接接触，也不加压，而只是于靠近薄膜处对薄膜进行加热使之熔融焊合，因而连续作业的速度高，但封口的外观质量较差，适用于有热收缩性但却不具热分解性的薄膜（如聚氟化乙烯）。

热封装置的常见类型如下。

① 滚轮式热封器　它有两个回转运动的滚轮，加热元件置于滚轮内部，滚轮表面加工有直纹、斜纹或网纹。滚轮连续进行回转运动，对其间的薄膜加热、加压，使其热封，一般用于纵封，同时还兼有牵引薄膜前进的作用。

② 辊式热封器　属连续回转型，主要用于连续式横封。为适应不同的薄膜宽度，其辊筒较长，故而称之为辊式。图 12-38 为辊式横封器，辊筒内装有加热元件，两辊筒由弹簧保持弹性压紧。由于薄膜是匀速移动，故辊的线速度与之相等而同步移动。

③ 板式热封器　结构最为简单，使用也最为普遍，为间歇作业型。其加热元件为矩形截面的板形构件，一般采用电热丝、电热管使热板保持恒温。当被加热到预定的温度后，热板将要封合的塑料薄膜压紧在支撑板（或称工作台）的耐热橡胶垫上，即进行热封操作。这种板式热封器封合速度快，通常用于横封。所用塑料薄膜以聚乙烯类为宜，不适于遇热易收缩的聚丙烯、聚氯乙烯类薄膜。

④ 高频热封器　利用高频电流使薄膜熔合，属于"内加热"型。它有两个高频电极，相对压在薄膜上，在强高频电场的作用下，薄膜因有感应阻抗而迅速发热熔化，并在电极的压力作用下封合。这种"内加热"型热封器的加热升温快，中心温度高但不过热，所得封口

强度大，适用于聚氯乙烯等感应阻抗大的薄膜。

⑤ 超声波热封器 超声波热封器为一种非接触式热封器，它利用超声波的高频振动作用，使封口处的薄膜内部摩擦发热熔化而封口。它的主要工作部件是超声波发生器，常用压电式换能器将电磁波转变为超声波，再作用到需熔合的封口处。超声波热封也属于"内加热"，中心温度高且封口速度快，瞬间即可完成，封口质量好，特别适用于热变形较大的薄膜连续封合，但设备投资较大。

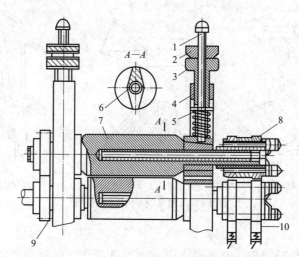

图 12-38 辊式横封器结构示意图
1—支杆；2—锁紧螺母；3—套筒；4—机架；5—加压弹簧；6—加热管；
7—横封辊；8—滑环；9—齿轮；10—炭刷

（3）传动机构

包装机正朝着连续化、高速化、自动化方向发展，同时为提高商品包装的装潢水平，往往使用有标卷带形式的包装材料。为保证独立单元等距分布商标图案的卷带图形完整，在完成产品包装的过程中必须保证准确定位切断。为此，必须排除供送过程中拉伸变形和打滑等不利因素的影响。在实际应用中，卷带需要设置有不同形式的等距色标或孔洞作为参照点，包装机用光电传感器来跟踪这些参照点，并依此实施自动补偿控制。

连续供送的定位切割补偿装置主要有随机补偿式和制动补偿式两种，其中随机补偿式是枕形包装机中应用最为广泛的一种补偿方式。间歇供送的定位切割补偿装置主要有后退补偿式、前移补偿式及直接补偿式。

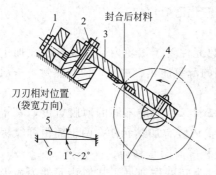

图 12-39 滚刀切断装置结构示意图
1—调节螺栓；2—固定螺栓；3—固定刀；
4—活动刀；5—活动刀刃口线；
6—固定刀刃口线

（4）切断装置

物料充填成型并封合后，由切断装置将其分割成单个的小袋。滚刀切断装置如图 12-39 所示，通过滚刀与定刀相互配合完成切断。滚刀刃与定刀刃呈 $1°\sim2°$ 的夹角，保证两刀刃工作时逐渐剪断，降低切断时的冲击力。两刀刃间留有微小间隙，避免在无薄膜时的碰撞，此间隙靠调节螺栓 1 调整固定刀来满足要求。

12.4.3 典型制袋包装机

12.4.3.1 立式袋制袋包装机

立式袋制袋包装机外形如图 12-40 所示，三面封口式制袋，主要适合于颗粒状食品的包装。

成卷包装材料薄膜 1 经张紧导辊 5、透射式光电装置 2，由鼻式成型器 3 对折成型。对折后薄膜两侧边叠在一起，纵封牵引辊 11 将两边薄膜加热加压封合成卷筒形，横封辊压住底边加热封口。经容杯式给料盘 6 计量好的颗粒状物料被充入袋子中，横封辊 9 转开，袋子被纵封牵引辊拉下，横封辊又转回加热加压封顶边，完成横向封口。然后由切断器切断成为单件产品，最后包装好的物料顺出料槽 13 被送出包装机。如果薄膜发生伸长或缩小，使包装材料上的色标错位或发生断裂等，由透射式光电头 2 检测并发出电信号，经与标准电信号比较后放大，使控制系统驱动伺服电动机相应地加快或减慢薄膜输送速度或者停机。

传动系统如图 12-41 所示，为保证各机构同步工作，主电动机 1 经皮带式无级调速机构 2、蜗轮减速器和链传动至中心轴 I 后，通过中心轴 I 将动力分配成四个部分：第一，驱动喂料盘 10 旋转，用于物料计量与喂料；第二，带动纵封牵引辊 8 回转，完成纵封及将包装薄膜拉下；第三，带动横封辊 7 转动，完成袋子顶边和底边的横封；第四，带动旋转切刀 5 转动，将封好的物料切成单件体。伺服电动机及齿轮差动机构可改变纵封辊的转速，用于补偿包装材料薄膜的伸长和缩短。

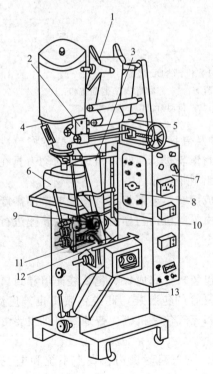

图 12-40　立式袋成型-充填-封口
包装机外形图

1—包装材料卷；2—光电装置；3—鼻式成型器；4—储
料斗；5—导辊；6—容杯式给料盘；7,8—电光控箱；
9—横封辊；10—纵封辊测温传感器；11—纵封
牵引辊；12—横封辊测温传感器；13—出料槽

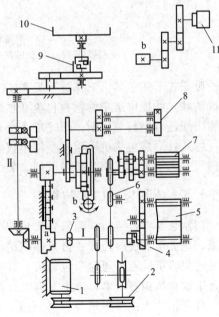

图 12-41　立式袋成型-充填-封口
包装机传动系统图

1—主电动机；2—无级调速机构；3—计数凸轮；
4,9—离合器；5—旋转切刀；6—偏心链轮
机构；7—横封辊；8—纵封牵引辊；
10—喂料盘；11—伺服电动机

为了保证一定封合时间及在封合时间内横封器与包装袋的同步运动，本机采用偏心链轮机构来驱动横封器，使之做不等速回转。

12.4.3.2 卧式制袋包装机

图12-42为一卧式枕形袋包装机，可用于包装方便面、饼干、糕点、糖果、冰棒、雪糕等块状物品。包装机连续工作，没有间歇和往返过程，生产率较高。

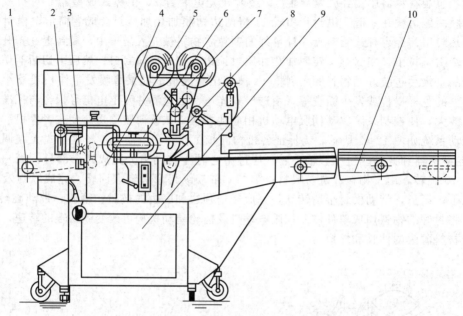

图12-42 卧式枕形袋包装机结构示意图

1—出料带；2—偏心不等速机构；3—压料面；4—控制箱；5—封切机构；
6—纵封机构；7—供纸架；8—成型器；9—传动箱；10—进料输送带

卧式枕形袋包装机工作过程见图12-36，薄膜从卷筒上抽出后，经成型器将包装材料翻折成筒状，并把供送来的物料包裹在里面，经热封滚轮进行纵封，再通过封切刀具在两个包装物中间进行横封并切断，即完成一个包装，由出料带送出。

卧式枕形袋包装机所用成型器不仅将薄膜卷成筒状，还可根据袋型调节产品高度、宽度方向尺寸。袋子宽度调节范围可调。袋子的长度由纵封机构与横封切断器的转速进行调节。

12.4.4 预制袋封口包装机

预制袋封口包装机或称给袋式包装机，是在包装机上完成外购包装袋充填和封口操作的机械，这类包装袋多为专业公司印刷精美或多层复合的包装袋，此类包装机也被广泛使用。常见的封口机械有普通封口包装机、真空包装机和充气包装机等。普通封口机主要由热封口装置组成，结构较简单，这里不再做介绍。

真空包装机主要由机身、真空室、热封机构、室盖起落机构、真空系统和电控设备组成，操作流程为：把预制的包装袋充填食品物料后，放入真空室，然后密闭真空室、抽真空，接着热封封口，破真空取出产品。充气包装机比真空包装机多了一个充气装置，操作时在抽真空后、封口之前，向真空室充入氮气或二氧化碳气体然后再封口，即完成了充气包装。也就是说，充气包装机可以进行真空包装工作。下面以充气包装机或真空充气包装机为例介绍，充气包装或真空包装可分为间歇式和连续式两种形式。

12.4.4.1　典型预制袋间歇式充气包装机

（1）间歇式真空充气包装机的类型

常见间歇式真空充气包装机形式如图 12-43 所示，有台式、双室式、单室式和输送带式（也称斜面式）等形式。双室型又可分为单盖型和双盖型两种。真空包装机最低绝对气压为 1～2kPa，机器生产能力根据热封杆数和长度及操作时间而定，每分钟操作次数为 2～4 次。包装袋的尺寸可在真空室的范围内任意变更，每次处理的包装袋数也可变，而且对于固体、颗粒、半流体及液体均适用。因其操作方便、灵活及实用，所以在食品生产厂家中得到广泛的应用。

图 12-43(a)～（d）所示包装机的真空室底面一般均是水平的。这种形式不利于多汤汁产品封口前在真空室内的放置。因此，这类产品必须适当及时地将待封包装袋的袋口枕于高出真空室底板一定水平的热封条上，否则袋内的汤汁会流出。一般而言，这种包装机不适用于多汤汁内容物大规模生产。

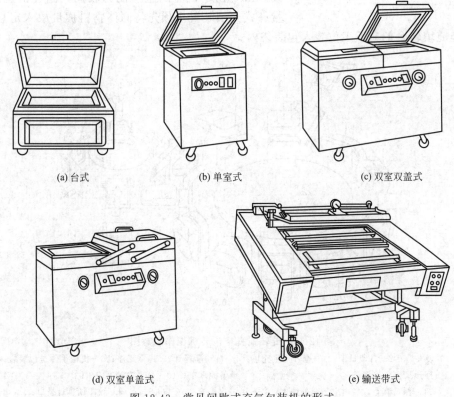

(a) 台式　　　　　(b) 单室式　　　　　(c) 双室双盖式

(d) 双室单盖式　　　　　(e) 输送带式

图 12-43　常见间歇式充气包装机的形式

输送带式真空充气包装机与上述操作台式真空充气包装机的主要区别在于：采用链带步进送料进入真空室，室盖自动闭合开启，其自动化程度和生产率均大大提高。当然，与台式操作一样，它同样需要人工排放包装袋，并合理地将包装袋排列在热封条的有效长度内，以便于顺利实现真空或充气封合。另外由图 12-43(e) 可见，输送带式包装机的主平面是斜面的，这可以避免上述多汤汁产品在封口时的汤汁外流情况。

（2）间歇式真空充气包装机的工作原理

真空室是间歇式真空充气包装机的关键部分，封口操作过程全在真空室内完成。典型的真空室如图 12-44 所示。

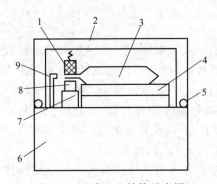

图 12-44 真空室结构示意图

1—橡胶垫板；2—真空室盖；3—包装袋；
4—垫板；5—密封垫圈；6—箱体；7—加
压装置；8—热封杆；9—充气管嘴

当包装袋充填物料后，放入真空室内，使其袋口平铺在热封部件 8 上，加盖后可见袋口处于热封部件 8 和橡胶板 1 之间。充气包装有真空抽气-充气-热封合、冷却-放气等四个步骤。

12.4.4.2　旋转式真空包装机

图 12-45 是旋转式真空包装机工作示意图，该机由充填和抽真空两个转台组成，两转台之间装有机械手将已充填物料的包装袋转移至抽真空转台的真空室。充填转台有 6 个工位，自动完成供袋、打印、张袋、充填固体物料、注射汤汁 5 个动作；抽真空转台有 12 个单独的真空室，每一包装袋沿转台一周完成抽真空、热封、冷却到卸袋的动作。该机器的生产能力达到 40 袋/min。由于机器的生产能力较高，国外机型配套定量杯式充填装置。预先将固体物料称量放入定量杯中，然后送至充填转台的充填工位装入包装袋内。

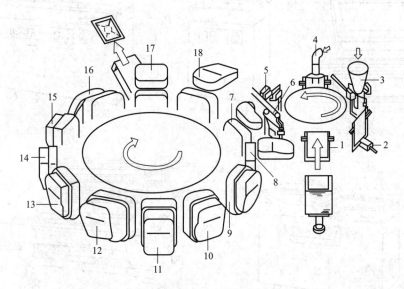

图 12-45　旋转式真空包装机工作示意图

1—吸袋夹持；2—打印日期；3—撑开定量充填；4—自动灌汤汁；5—空工序；6—机械手传送包装袋；
7—打开真空盒盖装袋；8—关闭真空盒盖；9—预备抽真空；10—第一次抽真空（93.3kPa 左右）；
11—保持真空，袋内空气充分逸出；12—第二次抽真空（100kPa）；13—脉冲加热封袋口；
14，15—袋口冷却；16—进气释放真空、打开盒盖；17—卸袋；18—准备工位

12.4.5　气调保鲜包装机

复合气调保鲜包装亦称气体置换包装，国际上称为 MAP 包装（modified atmosphere packaging）。复合气调包装机的原理是采用复合保鲜气体，对包装盒或包装袋内的空气进行置换，改变盒（袋）内食品的外部环境，达到抑制微生物的生长繁衍，减缓新鲜果蔬的新陈代谢速度，保持鲜度，从而延长食品的保鲜期或货架期。

复合气调保鲜包装设备的性能主要由两大关键的技术指标所确定，一是气体置换率要

高，二是气体混合精度误差率要低。合格与否，需要用这两个关键指标来判断。气调保鲜气体一般由 CO_2、N_2、O_2 及少量特种气体组成。CO_2 具有抑制大多数腐败细菌和霉菌生长繁殖、减缓新鲜水果蔬菜新陈代谢速度的作用，是保鲜气体中的主要抑菌成分；氧气具有抑制大多数厌氧菌生长、保持鲜肉色泽和维持新鲜果蔬需氧呼吸、保持鲜度的作用；氮气是惰性气体，与食品不起作用，作为填充气体，与 CO_2、O_2 及特种气体组成复合保鲜气体。不同的食品、果蔬，所需要的保鲜气体成分和比例也不相同。设备如图 12-46 所示。

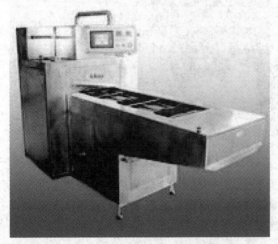

图 12-46　连续式气调包装机外形图

码 12-4

12.4.6　热成型食品包装机械

所谓热成型包装是指利用热塑性塑料片材作为原料来制造容器，在装填物料后再以薄膜或片材密封容器的一种包装形式，容器一般采用硬性透明塑料薄膜（单层或复合薄膜），厚度约 0.25~0.3mm。封口膜采用铝箔或玻璃纸、复合纸等较薄的材料，厚度约 0.02mm，印刷用的油墨必须耐热 200℃。热成型包装的形式有多种多样，较常用的形式有托盘包装、泡罩包装、贴体包装和软膜预成型包装等。各种热成型包装形式见图 12-47。

(a) 托盘包装　　　　(b) 泡罩包装　　　　(c) 贴体包装　　　　(d) 软膜预成型包装

图 12-47　热成型包装形式

热成型包装的用途很广，可包装块体、粉体、黏稠状的各种食品。食物清晰可见、美观，同时也有防潮、不渗透脂肪及油类等特性。托盘包装可用于布丁、酸乳、果冻等，在包装鲜肉、鱼类时可充填保护气体；泡罩包装常用于棒棒糖、象形巧克力等的包装；贴体包装用于鲜肉、熏鱼片的包装；软膜预成型包装用于包装香肠、火腿、面包、三明治等食品。

热成型设备已很成熟，种类型号也较多，包括手动、半自动、全自动机型。热成型工序主要包括夹持片材、加热、加压抽空、冷却、脱模等。但是，热成型设备只是制造包装容器的设备，还需要配备装填及封合等设备才能完成整个包装过程。如图 12-48 所示为塑料盒全自动封口机。

图 12-48　塑料盒全自动封口机　　　　　　　　码 12-5

全自动热成型包装机可在同一机上完成热成型、装填及热封，因此，主要采用卷筒式热塑膜，由底膜成型，上膜封合。对食品生产等使用厂家来说，无需事先制盒或向制盒厂订购包装盒，把多个工序集中在一起一次完成。这类机型的性能强、适用性广、包装形式多，可广泛应用于各种食品包装。

12.5　无菌包装机械设备

无菌包装机械是在无菌环境下，把无菌的或预杀菌的食品物料充填到无菌的容器中，并加以密封，做成在室温状态下可以储藏、运输和销售且能达到商业无菌的产品。无菌包装是一个过程，基本上由以下三部分操作构成：一是使食品物料达到商业无菌的预杀菌操作，液体物料通常由 UHT 杀菌来实现；二是包装容器的灭菌，一般用过氧化氢、蒸汽或热空气杀菌来实现；三是充填密封环境的无菌，一般用正压无菌空气来实现，有的同时用过氧化氢、蒸汽或热空气杀菌。

无菌产品的灭菌效果取决于许多因素，但是，主要有以下几个方面：①原料中的微生物污染程度；②超高温灭菌效果；③设备的清洁卫生情况；④生产时无菌条件的维持情况；⑤包装材料的卫生程度；⑥灌装机的清洁和灭菌效果（特别是无菌区）；⑦操作人员的责任心；⑧预防性维修。

无菌液体包装设备的设计基础和理论依据来自 VDMA（德国机械设备制造业联合会）文件，所应用的技术包括如下几个方面：①食品科学——对设备需求和要求的提出；②机械设计——按食品科学和微生物学原理的要求，进行图纸设计；③机械制造组装——按图纸进行机械制造和组装，并不断完善；④自动化控制——按食品科学和机械原理的要求进行自动化控制的设计与程序设计；⑤微生物科学——对无菌设备的完美性进行指导与测试。另外还包括真空技术、流体力学、膜过滤、UHT、CIP、电学、光学、空气压缩等相关技术。

我国无菌包装机主要应用在软饮料行业，常见的类型主要有：①罐型无菌包装机，例如 Lamican 无菌灌装机；②预制纸盒无菌包装设备，典型的是德国的康美无菌包装设备；③卷材成型无菌包装设备，例如瑞典 TBA 砖型、枕型无菌包装设备；④塑料袋无菌包装机，例如伊莱克斯德无菌包装机；⑤箱中衬袋无菌大包装设备。另外，还有热灌装无菌包装机、如新美星 PET 瓶热灌装无菌包装机、埃洛帕克屋顶纸盒无菌热灌装包装机、国际纸业无菌热灌装机等，下面做简要介绍。

12.5.1　乐美罐无菌包装机

乐美罐为圆柱形，光滑、没有死角，是理想的硬纸盒包装，是和常规的马口铁罐头相似的纸罐，便于存储，容易开盖和饮用，适合生产常温环境运输、销售的长货架期液体产品，如果汁、奶、水、酒、冰茶、咖啡、酸奶饮料、运动饮料和含小颗粒的产品等。乐美罐的包材分别由纸、木浆纸、聚合物、铝箔、黏合剂等复合而成，根据所包装产品种类的不同，货架期长短不同，铝箔也可以不用。不用铝箔的乐美罐可以直接微波炉加热。

12.5.2　SIG 康美盒无菌灌装机

送进灌装机的包装材料是已经印刷好的，且其中缝已经黏结好的复合材料（纸板/塑料/铝膜）折叠的纸盒筒，纸盒筒在进入机器时准确地被打开，推进到成型杆并对其底部进行封口。底部封结好的纸盒被传输进套链，对内部进行灭菌、烘干，然后灌装充入产品，进行顶部密封，最后传输到输出传送带输出。

其包装盒成型由成型杆部分、套链部分、无菌空气系统、电气部分四个主要部分组成。成型杆部分：在这一部分，纸盒的底部被折叠并封口。套链部分：在这一部分，纸盒被清理干净并被消毒，然后灌装产品并完全封口。电气部分：电气部分是机器的控制核心，包含 PLC、电源供应、操作面板及其他电气控制元件。无菌空气系统：无菌空气系统向灌装机提供无菌空气以保证机器的无菌环境。康美盒在灌装机中的送进过程如图 12-49 所示。

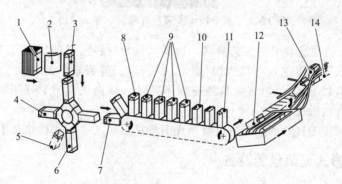

图 12-49　康美盒在灌装机中的送进过程

1—纸盒的送进；2—纸盒筒打开并送进；3—推纸盒入成型杆；4—底部活化；5—底部折叠；
6—底部加压密封；7—传输区；8—顶部预折叠；9—灭菌、干燥、灌装；10—顶部密封；
11—顶部成型；12—排包；13—传送到输出传送带，纸盒竖立；14—输出传送带

预制盒无菌包装机有以下优点：①灵活性大，可以适应不同大小的包装盒，变换时间仅需 2min；②纸盒外形较美观，且较坚实；③产品无菌性可靠；④生产速度较快，而设备外形高度低，易于实行连续化生产。它的不足之处是必须用制好的包装盒，从而会使成本有所增加。

12.5.3　利乐系列无菌灌装机

利乐无菌包装设备是进入中国最早的无菌包装设备。利乐无菌灌装机是稳定、可靠的灌

装机，而且成本低、易于操作。它可以生产品质卓越的无菌包装产品，市场上常见的产品有利乐枕和利乐砖。下面以 TBA3 型利乐无菌枕灌装机为例加以介绍。

TBA3 利乐无菌枕灌装机是枕式纸盒无菌包装的典型机型，是利乐公司于 20 世纪 80 年代推出的产品，其特点是结构简单、操作方便、生产效率高。利乐枕无菌包装采用特别研制的包装材料，能保证包装的产品在长期储存下保持良好品质。TBA3 型无菌灌装机经不断改进，成为一套可靠的系统，标准生产能力为 3600 包/h，结构更加简单。

利乐枕无菌灌装机的无菌原理和利乐砖相似，TBA3 利乐灌装机工作流程如图 12-50 所示，系统设计基于成型-填充-密封的操作，包装材料由预切割坯料或直接从卷材供料，无菌仓用过热无菌正压空气形成，卷轴型的包材经过过氧化氢水浴杀菌，进入无菌区域形成纸筒，经 UHT 杀菌后的液体饮料经管道进入无菌区域里的无菌纸筒，液面下进行封口、切割与成型。充满经消毒的无菌冷却产品，然后密封和排出，都在一个受控的无菌环境中进行。

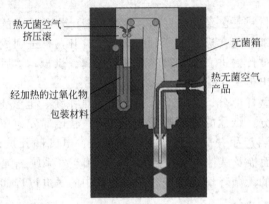

图 12-50　利乐枕无菌灌装机灌装原理示意图

TBA3 利乐无菌枕灌装机的工艺步骤：送纸（包装材料）、打印生产日期、贴纵封贴条、包装材料杀菌（双氧水浸泡）、包装材料吹干（气刀）、包装盒纵封（LS）形成纸管（此时应确保纸管底部横封可靠）、包装物料液位以下灌装、横向密封（TS）形成纸包（利乐枕）并切割分离、送出利乐枕。

利乐典型的间接 UHT 杀菌无菌包装系统图参见 7.1.1.3 板式换热器中的图 7-13。

12.5.4　其他形式无菌包装设备

除了以上介绍的采用多层复合纸（或膜）袋（盒）形式的典型无菌包装设备以外，其他包装形式的包装容器（塑料瓶、玻璃瓶、塑料盒和金属罐等）也有相应的无菌包装设备。以塑料瓶为包装容器的无菌包装设备有两种形式。第一种形式直接以塑料粒子为原料，先制成无菌瓶，再在无菌环境下进行无菌灌装和封口。第二种是预制瓶无菌包装设备，这种无菌包装设备先用无菌水对预制好的塑料瓶和盖进行冲洗（不能完全灭菌），然后在无菌条件下将热的食品液料灌装进瓶内并封口，封口后瓶子倒置一段时间，以保证料液对瓶盖的热杀菌。这种无菌包装系统只适用于酸性饮料的包装。使用玻璃瓶和金属罐的无菌包装设备工作原理相类似，均可用热处理（如蒸汽等）方法先对包装容器（及盖子）进行灭菌，然后在无菌环境下将预灭菌食品装入容器内并进行密封。另外，前述的全自动热成型包装机如果配有无菌系统，也可成为无菌包装机。

12.6　贴标、喷码与异物检出机械简介

目前许多自动包装机在完成灌装与封口的同时，能够给包装容器贴标和打码（打出生产日期），对于自己组装的生产线，往往需要单独安装产品贴标机和打码机，当然，小型工厂大多是人工贴标和打码。

12.6.1　贴标机简介

贴标机是将印有包装图案的标签粘贴在食品包装容器特定部位的机械，按包装容器的种类、标签的材质（是否不干胶标签等）、黏结剂的种类、贴标要求及贴标机原理、结构与性能等，贴标机有多种类型，如圆瓶和方瓶贴标机、马口铁罐贴标机、不干胶标签贴标机、龙门贴标机、真空贴标机等。图 12-51 为 SCYP-002 型圆瓶定位贴标机，能对圆形类产品任意的位置固定贴不干胶标签。只需简单操作触控屏即可对定位贴、圆周贴相互转换，可完成多种不同规格的圆瓶、圆周定位贴标。伺服电动机控制的转盘扶正辊机构，有效确保定位圆周贴标的精确度。贴透明标签绝无气泡。双侧链条带校正装置确保圆瓶的对中性。特殊弹性顶压装置确保瓶身的稳定性。采用毛刷预压与弹性辊扶标相结合，确保标签粘贴牢固平整。可选粘贴各式透明标签时专用的检测电眼，大大提高检测精度，有效防止可能由标签卷所引起的漏贴、错贴、重贴等（标签智能管理、预警提示功能、可选图像检测系统）。技术参数：输送带速度 30m/min，卷瓶带速度 30m/min，贴标瓶子外径 ϕ20～100mm，贴标产量 20～60 个/min（视瓶子大小和标签长度而定），1.2kW 总功率、220V 50/60Hz 电源，0～50℃使用环境温度、15%～90%使用相对湿度，1625mm×1356mm×1208mm 外形尺寸、250kg 总质量。

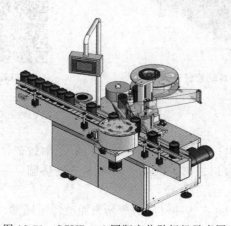

图 12-51　SCYP-002 圆瓶定位贴标机示意图

码 12-6

如图 12-52 所示，SCYY-001 型口服液瓶、安瓿瓶贴标机使用螺杆分瓶机构，效果稳定、不倒瓶，破瓶率大幅降至二十万分之一，技术参数：贴标速度 600 瓶/min，贴标精度为±0.5mm（被贴物与标签本身的误差除外），印字机用气源为 5kg/cm^2，印字机速度 450瓶/min（450 瓶/min 以上适配喷码机）；适用容器范围：长度 25～95mm、直径 12～24mm；适用标签范围：高度 20～90mm、长度 25～80mm；最大标签供应：直径 420mm、纸卷内径 76mm；耗功率：2.4kW。

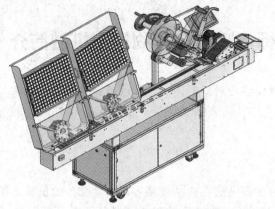

图 12-52　SCYY-001 口服液瓶、安瓿瓶贴标机　　　　　　码 12-7

如图 12-53 所示，国产 TT03 型全自动旋转式贴标机适用于塑料、金属或玻璃圆形容器上贴标，纸标签或塑料复合膜标签用热熔胶为贴标胶，只在标签两端涂胶。容器直径：55～100mm；生产能力：12000～18000 瓶/h，带有 PLC 自动控制系统。

图 12-53　TT03 型全自动旋转式贴标机　　　　　　码 12-8

12.6.2　喷码机简介

目前的打码设备有打码机和喷码机，打码机多为手动型，生产率较低，打码容易被仿制，但小厂仍广泛应用；由于喷码机造价较高，产品的喷码不易被仿制，一般小厂很少购置，大工厂以使用喷码机打生产日期为主。

喷码机是一种工业专用生产设备，可在各种材质的产品表面喷印上图案、文字、即时日期、时间、流水号、条形码及可变数码等，是集机电于一体的高科技产品。喷码机具有以下特点：①喷码机喷印符合国际标识标准，可提高产品的档次；②由于是非接触式喷印，可用于凹凸不平的表面和精密、不可触碰加压的产品；③可变、实时的喷印信息可追溯产品源头，控制产品质量；④可以适合高速的流水生产线，提高生产效率；⑤标识效果清晰干净，信息可多行按需喷印；⑥可直接喷印在不同的材质产品表面，不易伪造。

食品行业是喷码机的最大应用领域之一，主要用于饮料、啤酒、矿泉水、乳制品等生产线上，也已经在副食品、香烟生产中得到应用。喷码机既可应用在流水线生产中的个体包装物喷码，也可用于外包装的标记信息喷码。

国产 H8 系列喷码机如图 12-54 所示，产品具有全套密闭不锈钢外壳，适用于各种工业环境。特大背光式液晶显示屏配合全中文显示的菜单式指令，使操作更为简单。配有空气过滤装置和喷头正压空气供应，特别适用于潮湿多尘的使用环境。采用国际先进的负充电技术，确保喷头长期干净，稳定工作。

图 12-54　H8 系列喷码机　　　　　　　　　　码 12-9

喷码机可喷印 1～5 行信息（32 点阵），总字高达 1.8～15mm。全自动内部测控、故障讯息指示及全自动墨路清洗功能，使机器能长时间稳定地工作。

操作及控制功能：自动打通及清洗喷嘴，自动调整喷印相位，自动调节墨水黏度，自动检测机器运行状态。喷印速度达 1811 字符/s。

喷印内容：可运用中文、英文、数字、特殊图形、反字及倒字等组合喷印；生产日期、批号、徽标、图案、到期日、班次等信息。

12.6.3　X 射线异物检测机简介

如图 12-55 所示，X 射线异物检测机用于检测产品混入的微小异物，如金属、沙子、石头、贝壳、玻璃、珍珠以及高密度塑料，具有屏蔽、缺失产品检测、扎口产品检查等功能。15in 彩色触摸屏面向客户的简单操作画面，具有在生产中灵敏度调整和自动跟踪功能，新搭载信息管理和维护保养等功能，标准配置 USB 盘连接，方便信息管理。传送带装卸方便。符合 HACCP 管理要求。该设备能够检测出直径为 0.2mm×2mm 的不锈钢细丝，能够高灵敏地检测出单个包装产品中的异物，适合作为包装后的食品检验设备。

图 12-55　X 射线异物检测机

第13章

食品加工环境设备

GMP 全称 good manufacturing practices，即"生产质量管理规范"或"良好作业规范""优良制造标准"，是一套适用于制药、食品等行业的强制性标准，要求企业从原料、人员、设施设备、生产过程、包装运输、质量控制等方面按国家有关法规达到卫生质量要求，形成一套可操作的作业规范，帮助企业改善企业卫生环境，及时发现生产过程中存在的问题，并加以改善。简要地说，GMP 要求药品食品生产企业具备良好的生产设备、合理的生产过程、完善的质量管理和严格的检测系统，确保最终产品质量符合法规要求。GMP 对药品食品生产车间空气洁净度等级，空气净化系统的送风、回风、排风平面布置图，生产车间的关键工序、主要设备、制水系统及空气净化系统的验证情况均提出了要求。如奶粉、豆奶粉等粉体加工的包装间、粉碎间及某些食品的无菌包装间等，对空气的卫生要求特别高。因此，食品加工环境设备就成为食品工程中的一个重要环节。

13.1 食品车间空气调节与除菌原理

空气调节（air conditioning）是使房间或封闭空间的空气温度、湿度、洁净度和流动速度等参数达到给定要求的技术。

① 制冷制热原理 液体汽化制冷是利用液体汽化时的吸热、冷凝时的放热效应来实现制冷的。液体汽化形成蒸汽，当液体（制冷工质）处在密闭的容器中时，此容器中除了液体及液体本身所产生的蒸汽外，不存在其他任何气体，液体和蒸汽将在某一压力下达到平衡，此时的气体称为饱和蒸汽，压力称为饱和压力，温度称为饱和温度。平衡时液体不再汽化，这时如果将一部分蒸汽从容器中抽走，液体必然要继续汽化产生一部分蒸汽来维持这一平衡。液体汽化时要吸收热量，此热量称为汽化潜热。汽化潜热来自被冷却对象，使被冷却对象变冷。为了使这一过程连续进行，就必须从容器中不断地抽走蒸汽，并使其凝结成液体后再回到容器中去。从容器中抽出的蒸汽如直接冷凝成液体，则所需冷却介质的温度比液体的蒸发温度还要低，由于蒸汽的冷凝是在常温下进行，因此需要将蒸汽的压力提高到常温下的饱和压力。

制冷工质将在低温、低压下蒸发，产生冷效应；并在常温、高压下冷凝，向周围环境或冷却介质放出热量。蒸汽在常温、高压下冷凝后变为高压液体，还需要将其压力降低到蒸发压力后才能进入容器。液体汽化制冷循环由工质汽化、蒸汽升压、高压蒸汽冷凝、高压液体降压四个过程组成。

② 制热原理 压缩机吸入低压气体经过压缩变成高温高压气体，高温气体通过换热器

把水温提高，同时高温气体会冷凝变成液体。液体再进入蒸发器进行蒸发（蒸发器蒸发的同时也要有换热媒体，根据换热的媒体不同机器的型号结构也不同，常用的有风冷和地源）变成低压低温气体，低温气体再次被压缩机吸入进行压缩。就这样循环下去，空调侧循环水就变成 45～55℃ 左右的热水了。热水经过管道送到需要采暖的房间，房间安装有风机盘管把热水和空气进行热交换，实现制热目的。

③ 湿度调节原理　车间相对湿度大，粉体易吸水变潮，此时需从风管引出车间空气至冷凝器，空气温度骤降达到过饱和状态便有冷凝水析出，流出的饱和空气经升温至原温度时，流回的空气湿度就会降低到设计的水平。增湿技术一般向干空气中喷入雾化的水，使液滴水分蒸发为水蒸气完成增湿操作。

④ 空气净化技术原理　环境空气净化一般是用粗效、中效和高效过滤器三次过滤，将空气中的微粒滤除，得到洁净空气，再以均匀速度平行或垂直地送入车间，从而达到空气洁净的目的。空气净化还可以对空气加热杀菌或使用紫外线杀菌、等离子体杀菌、臭氧杀菌等多种设备。洁净室应保持正压，即高级洁净室的静压值高于低级洁净室的静压值；洁净室之间按洁净度的高低依次相连，并有相应的压差（压差≥10mmH₂O）以防止低级洁净室的空气逆流到高级洁净室；除工艺对温、湿度有特殊要求外，洁净室的温度应为 18～26℃，相对湿度为 45%～65%。

⑤ 净化空气技术参数　空调车间的温湿度要求随产品性质或工艺要求而定。现按食品厂的特点参阅国标，列出车间温、湿度要求，如表 13-1 和表 13-2 所示。

表 13-1　工厂有关车间的温度、湿度要求

工厂类型	车间或部门名称	温度/℃	相对湿度 φ/%
罐头工厂	鲜肉凉肉间	0～4	>90
	冻肉解冻间	冬天 12～15	>95
		夏天 15～18	>95
	分割肉间	<20	70～80
	腌制间	0～4	>90
	午餐肉车间	18～20	70～80
	一般肉禽、水产车间	22～25	70～80
	果蔬类罐头车间	25～28	70～80
乳制品工厂	消毒奶灌装间	22～25	70～80
	炼乳灌装间	22～25	>70
	奶粉包装间	<20	<65
	麦乳精粉碎包装间	22～25	<50
	冷饮包装间	22～25	>70
糖果工厂	软糖成型间	25～28	<75
	软糖包装间	22～25	<65
	硬糖成型间	25～28	<65
	硬糖包装间	22～25	<60
	溶糖间	<30	

工厂类型	车间或部门名称	温度/℃	相对湿度 φ/%
饮料厂	碳酸饮料最后糖浆间	夏天 22~26 冬天>14	<65
	碳酸饮料灌装间	夏天 22~26 冬天>14	<65
	加工、配料间	夏天<28 冬天>14	<70
	饮料热灌装间	夏天 22~26 冬天>14	<65
	浓缩果汁无菌灌装间	夏天<28 冬天>14	<65
	冷藏饮料灌装间	夏天 22~26 冬天>14	<65
	瓶装纯净水灌装间	夏天 22~26 冬天>14	<65
	天然纯净水灌装间	夏天 22~26 冬天>14	<50
	包装间	夏天<30 冬天>14	
	成品库	冬天>5	<60
	空罐、瓶盖库	冬天>5	
	制瓶间	夏天<28 冬天>5	<65

表 13-2 制药工业洁净厂房空气洁净度

洁净度级别	尘粒最大允许数/m³		微生物最大允许数	
	≥0.5μm	≥5μm	浮游菌/m³	沉降菌/皿
100 级 (ISO class 5)	3500	0 (29)	5	1
10000 级 (ISO class 7)	350000	2000 (2930)	100	3
100000 级 (ISO class 8)	3500000	20000 (29300)	500	10
300000 级 (ISO class 8.3)	10500000	60000 (293000)	—	15

13.2 食品车间空气调节设备计算

空调设计的计算包括夏季冷负荷计算、夏季湿负荷计算和送风量计算。

(1) 夏季空调冷负荷计算

$$Q = Q_1 + Q_2 + Q_3 + Q_4 + Q_5 + Q_6 + Q_7 + Q_8 \text{(kJ/h)} \tag{13-1}$$

式中　Q——夏季空调冷负荷，kJ/h；

　　Q_1——需要空调房间的围护结构耗冷量，kJ/h，主要取决于围护结构材料的构成和相
应的导热率 K；

　　Q_2——渗入室内的热空气的耗冷量，kJ/h，主要取决于新鲜空气量和室内外气温差；

　　Q_3——热物料在车间内的耗冷量，kJ/h；

　　Q_4——热设备的耗冷量，kJ/h；

　　Q_5——人体散热量，kJ/h；

　　Q_6——电动设备的散热量，kJ/h；

　　Q_7——人工照明散热量，kJ/h；

　　Q_8——其他散热量，kJ/h。

（2）夏季空调湿负荷计算

主要有人体散湿量、潮湿地面的散湿量和其他散湿量计算。

① 人体散湿量

$$W_1 = nW_0 (\text{g/h}) \tag{13-2}$$

式中　W_1——人体散湿量，g/h；

　　n——人数；

　　W_0——一个人散发的湿量。

② 潮湿地面的散湿量

$$W_2 = 0.006(t_n - t_s)F (\text{g/h}) \tag{13-3}$$

式中　W_2——人体散湿量，g/h；

　　t_n, t_s——室内空气的干、湿球温度，K；

　　F——潮湿地面的蒸发面积，m^2。

③ 其他散湿量

$$W_3 (\text{g/h})$$

如开口水面的散湿量，渗入空气带进的湿量等。

（3）总散湿量计算

$$W = \frac{W_1 + W_2 + W_3}{1000} (\text{kg/h}) \tag{13-4}$$

（4）送风量的确定

送风量的确定可以利用 $H\text{-}d$ 图（参见图 13-1 湿空气的 $H\text{-}d$ 图）来进行，确定送风量
的步骤如下。

① 根据总耗冷量和总散湿量计算热湿比

$$\varepsilon = Q/W (\text{kJ/kg}) \tag{13-5}$$

② 确定送风参数　空气的状态参数主要有温度 t、相对湿度 φ、含湿量 d、空气的焓 H
等。若已知任意两个参数，在 $H\text{-}d$ 图上即可确定出空气的状态点，其他参数也随之确定。
两个不同状态的空气混合后的状态点在这两个空气状态点的连线上，具体位置由杠杆定律确
定。食品工厂生产车间空调送风温差 $\Delta t_{n\text{-}k}$ 一般为 6～8℃。在 $H\text{-}d$ 图上分别标出室内外状
态点 N 及 W。由 N 点根据 ε 值及 $\Delta t_{n\text{-}k}$ 值，标出送风状态点 K（K 点相对湿度一般为
90%～95%），K 点所表示的空气参数即为送风参数。

③ 确定新风与回风的混合点 C　在 $H\text{-}d$ 图上，混合点 C 一定在室内状态点 N 与室外
状态点 W 的连线上，且

$$\frac{NC \text{ 线段长度}}{WC \text{ 线段长度}} = \frac{\text{新风量}}{\text{回风量}} \quad 即 \quad \frac{NC}{WC} = \frac{\text{新风量}}{\text{回风量}}$$

$\dfrac{\text{新风量}}{\text{回风量}}$ 应不小于 10%，并再校核新风量是否满足人的卫生要求 $30\text{m}^3/\text{h}$ 以及是否大于补偿局部排风并保持室内规定正压所需的风量。C 点表示的参数即为空气处理的初参数，H-d 图上的连接曲线 CK 即表示空气处理的过程。

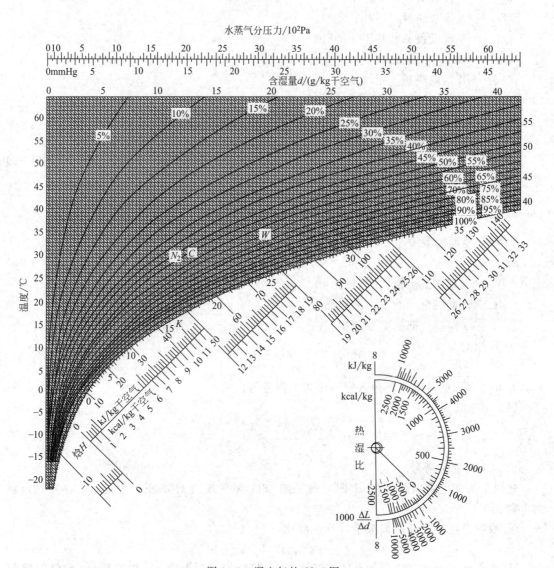

图 13-1　湿空气的 H-d 图

④ 确定全面换气送风量 $V(\text{m}^3/\text{h})$　主要由消除室内余热所需的送风量、消除室内余湿所需的送风量和稀释室内有害物质所需的通风量等组成。

消除室内余热所需的送风量

$$V_1 = Q/\rho(I_n - I_k) (\text{m}^3/\text{h}) \tag{13-6}$$

式中　V_1——消除室内余热所需的通风量，m^3/h；

　　　Q——排除的余热，kJ；

ρ——室内空气的密度，kg/m^3；

I_n，I_k——室内空气及空气处理终了的热焓，kJ。

消除室内余湿所需的送风量

$$V_2 = \frac{q_{2sh}}{(d_p - d_j)\rho}(m^3/h) \tag{13-7}$$

式中 V_2——消除室内余湿所需通风量，m^3/h；

$\quad q_{2sh}$——余湿量，g/h；

$\quad d_p$——排出空气含湿量，g/kg；

$\quad d_j$——室内气体含湿量，g/kg；

$\quad \rho$——为室内空气的密度，kg/m^3。

稀释室内有害物质所需的通风量

$$V_3 = \frac{m}{\rho_g - \rho_j}(m^3/h) \tag{13-8}$$

式中 V_3——消除室内有害气体所需的通风量，m^3/h；

$\quad m$——室内有害气体散发量，mg/h；

$\quad \rho_g$——室内气体中有害物质最高容许浓度，mg/m^3；

$\quad \rho_j$——进入空气中有害物质浓度，mg/m^3。

前面给出了三种情况下全面通风量的计算方法，对于同时释放有害物质、余热和余湿时的通风量，应按其最大的换气量计算。

当散入室内的有害物质量不能确定时，可根据类似房间或经验数据确定换气通风量，也可根据工人数量与工作空间的具体情况来估算新鲜空气量。如每名工人所占容积小于 $20m^3$ 时，应保证每人每小时不少于 $30m^3$ 的新鲜空气量，如所占容积为 $20\sim40m^3$ 时，应保证每人每小时不少于 $20m^3$ 的新鲜空气量；所占容积超过 $40m^3$ 时，允许有门窗渗入的空气来换气。办公室为每位人员提供的新鲜空气量可以按 $30\sim40m^3$ 考虑。

13.3 食品车间空气调节与除菌设备

按空调设备的特点，空调系统有集中式、局部式或混合式三类。局部式（即空调机组）的主要优点是土建工程小、易调节、上马快、使用灵活。其缺点是一次性投资较高，噪声也较大，不适于较长风道。集中式空调系统主要优点是集中管理、维修方便、寿命长、初投资和运行费较低，能有效控制室内参数。集中式空调系统常用在空调面积超过 $400\sim500m^2$ 的场合。混合式空调系统介于上述两者之间，即既有集中式的优点，又有分散式的特点。

（1）空气过滤器

空气过滤器是通过多孔过滤材料的作用从气固两相流中捕集粉尘，并使气体得以净化的设备。它把含尘量低的空气净化处理后送入室内，以保证洁净房间的工艺要求和一般空调房间内的空气洁净度。一般用于洁净车间、洁净厂房、实验室及洁净室，或者用于电子机械通信设备等的防尘。有初效过滤器、中效过滤器（图13-2）、高效过滤器及亚高效过滤器等型号，各种型号有不同的标准和使用效能。

图 13-2　中效过滤器

码 13-1

（2）加湿除湿消毒净化一体机

加湿除湿消毒净化一体机制造恒温恒湿净化小环境，使干过程中物料不变形、不开裂、不变色、不变质、不氧化、干燥彻底、干燥后复水性好、营养成分损失少、储存期长，更有效地保护干燥物的色、香、味、型和有效成分，广泛适用于中药材、果脯果干、鱼类、腊味、海珍品、茶叶、花卉、糖果、粮食、各类种子、食用菌、蔬菜、薯片、姜片、花生、水产品等的烘干，如图 13-3 所示。

图 13-3　加湿除湿消毒净化一体机

码 13-2

变频系统控制排风量，当通风主管的通风量发生变化，其压差也会发生变化，这时压差传感器检测到风管压差变化后，通过信号线传输到变频器，变频器自动调节以控制风机的电动机转速，从而达到控制排风量的目的。

（3）发酵设备及生产车间用无菌空气除菌设备

目前我国发酵工厂使用的空气过滤除菌流程各不相同，下面介绍几个典型空气过滤除菌流程。

① 空气压缩冷却过滤除菌流程（图 13-4）。这属于最为简单的空气过滤除菌流程，它由空气压缩机、空气储罐、空气冷却器和过滤器构成。这种设备无除湿功能，仅适合气候寒冷、相对湿度很低的地区或季节使用。同时，因未配置油雾分离设备，不能用于需要润滑的空气压缩机型。

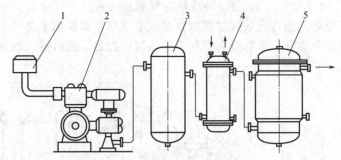

图 13-4　空气压缩冷却过滤除菌流程
1—粗过滤器；2—空气压缩机；3—储罐；4—冷却器；5—总过滤器

② 两级冷却、分离、加热空气除菌流程（图 13-5）。本流程为一个比较完善的空气除菌流程，因为流程中包括两次冷却、两次分离和一次加热。经第一次冷却，大部分油水已结成较大的雾粒，且雾粒浓度较大，故可用旋风分离器分离。第二冷却器使空气进一步冷却后析出一部分较小的雾粒，采用丝网分离器分离，然后通过加热器升温，降低空气的相对湿度。这种设备的优点是能充分分离油水，使空气达到低的相对湿度后进入过滤器，提高过滤效率，可适应各种气候条件，尤其适用于潮湿的南方地区，其他地区可根据当地的空气性质等情况，对流程的设备做适当的增减。

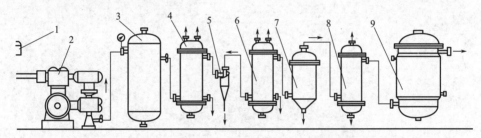

图 13-5　两级冷却、分离、加热空气除菌流程
1—粗过滤器；2—空气压缩机；3—储罐；4,6—冷却器；5—旋风分离器；
7—丝网分离器；8—加热器；9—总过滤器

③ 冷热空气直接混合式空气除菌流程（图 13-6）。压缩空气从储罐分成两部分流出，一部分进入冷却器，冷却到较低的温度并经分离器分离油、水后与另一部分未处理过的高温压缩空气混合后进入过滤器过滤。此流程省去了第二冷却分离设备和空气再加热设备，流程比较简单，冷却水用量较少，适用于中等含湿量的地区。

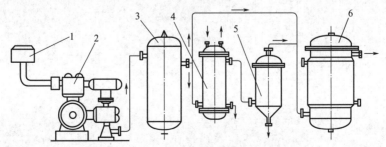

图 13-6　冷热空气直接混合式空气除菌流程
1—粗过滤器；2—压缩机；3—储罐；4—冷却器；5—丝网分离器；6—总过滤器

④ 高效前置除菌流程（图 13-7）。与冷热空气直接混合式空气除菌流程相似，但是这个装置过滤空气效果更好。经过高效过滤器过滤的压缩空气从储罐出来进入冷却器，冷却到较低的温度并经分离器分离油、水后进入空气再加热器中加热，然后流入总过滤器过滤。

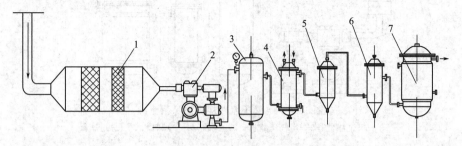

图 13-7　高效前置除菌流程

1—高效前置过滤器；2—压缩机；3—储罐；4—冷却器；5—丝网分离器；6—加热器；7—总过滤器

第14章

冷冻机械设备

随着制冷工业的发展，制冷技术已渗透到人们的生活及生产中，像空调工程、食品工程、医疗卫生事业以及核工业中都离不开制冷设备，尤其食品行业，对于易腐食品从采购、加工、储藏、运输到销售的全部流通过程中，都需要稳定的低温环境，才能延长和提高食品质量。这就需要各种制冷设施，如冷加工设备、冷藏和冻藏库、冷藏运输车或船、冷藏售货柜台等。

14.1 制冷机械设备

低温是相对于环境温度而言的，从低于环境温度的空间或物体中吸取热量，并将其转移给环境介质的过程就是制冷。制冷机械是以消耗机械功或其他能量来维持某一物料温度低于周围自然环境温度的设备，它是为适应人们对低温的需要而产生和发展起来的。

根据所获低温的温度要求，通常把冷冻分为两种：一般把制取温度高于$-120℃$的称为"普冷"，低于$-120℃$的称为"深冷"。由于低温范围的不同，制冷系统的组成也不同，因此，根据食品制冷要求，本课程只介绍普通制冷温度范围内的蒸气压缩制冷。

14.1.1 制冷基本原理

液体汽化制冷是指制冷剂液体在汽化时需要吸收大量的汽化潜热而实现制冷的方法。目前主要有液氮汽化式、蒸汽压缩式、蒸汽喷射式、吸收式和吸附式制冷，食品加工过程中主要采用液氮汽化式和蒸气压缩式制冷，而蒸汽喷射式、吸收式和吸附式制冷主要用于空调制冷中。

① 液氮汽化式制冷 液氮汽化式制冷属于开式液体汽化系统，将液氮直接喷淋到被冷却物表面，液氮吸收被冷却物的热量后汽化，或将被冷却物浸没在液氮内降温。这种操作简单、初投资较低，但液氮不能循环利用，运行费用较大。

② 蒸汽压缩式制冷 这种方法是用常温及普通低温下可以汽化的物质作为工质（氨、氟利昂及某些碳氢化合物），工质在循环过程不断发生集态变化（即液态→气态，气态→液态），这是食品工业中广泛使用的制冷方法。

制冷过程如图 14-1 所示。蒸汽压缩制冷系统由压缩机、冷凝器、节流阀和蒸发器四大部分构成。低压制冷剂在蒸发器中蒸发，在压缩机中通过消耗机械功使制冷剂蒸汽被压缩到冷凝压力，然后压缩后的蒸气在过饱和状态下进入冷凝器中，因受到冷却介质（水或空气）的冷却而凝结成饱和液体，并放出热量，由冷凝器出来的制冷剂液体，经膨胀阀进行绝热膨胀到蒸发压力，温度降到与之相应的饱和温度。此时已成为气液混合物；然后进入蒸发器，完成一个循环。因为具有制冷系数大、单位制冷量大、设备不是很庞大的优点，所以现今应用广泛。

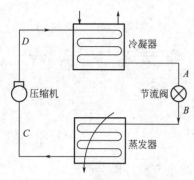

图 14-1　蒸汽压缩机工作原理图

③ 蒸汽喷射式制冷　它是利用高压水蒸气通过喷射器造成低压，并使水在此低压蒸发吸热的原理下进行制冷的，采用的制冷剂是水。具体工作原理是锅炉的高压蒸汽进入喷射器中，工作蒸汽在喷嘴中膨胀，获得很大的气流速度（800～10000m/s）。这时压力能变为动能，产生真空，使蒸发器中的水蒸发成蒸汽。当蒸发器中的水蒸发时，就从周围的水中汲取热量，使其成为低温水，供降温使用。工作蒸汽与低压蒸汽在喷射器的混合室内混合后即进入扩压器，在扩压器中速度下降，动能又变为位能，压力升高，然后混合蒸汽就进入冷凝器中冷凝成水，一部分送回锅炉，另一部分送入蒸发器，提供所需的冷量。

④ 吸收式制冷　它与压缩式不同，它是利用热能以代替机械能而工作的。吸收式制冷系统常使用两种工质，一种是产生冷效应的制冷剂；另一种是吸收制冷剂而生成溶液的吸收剂。对制冷剂的要求与压缩式的相同，而对吸收剂则必须是吸收能力强，同时在相同压力下，其沸点要远高于制冷剂的沸点。因而，当溶液受热时，蒸发出来的蒸气中，含制冷剂多，而含吸收剂很少。

通常采用的工质为氨和水的二元溶液，其中 NH_3 为制冷剂，水为吸收剂。工作过程如图 14-2 所示。低温、低压的氨蒸气，从蒸发器出来后进入吸收器。在吸收器中，氨蒸气被低压的稀溶液吸收，所产生的吸收热由冷却水带走。吸收后的氨溶液由泵升压经换热器加热后进入发生器，在发生器中，因加热而将高温、高压的氨蒸发出来，然后进入精馏塔；同时发生器内变稀的溶液经换热器和节流阀再回到吸收器中。进入精馏器的蒸气被冷却水冷却后，含制冷剂多的蒸气进入冷凝器，而含制冷剂极少的稀溶液回到发生器。由冷却水带走热量，使蒸气冷凝，冷凝后制冷剂经过节流阀进入蒸发器，并向被冷却物质吸取热量。

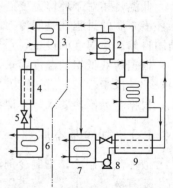

图 14-2　吸收式制冷原理图

1—发生器；2—精馏器；3—冷凝器；4—过冷器；5—膨胀阀；6—蒸发器；7—吸收器；8—升压泵；9—换热器

以上部分的系统实际上起了将低压、低温制冷剂蒸气变成高压、高温蒸气的作用，即执行了压缩式制冷系统中压缩机的任务。

其特点：无噪声、运转平稳、设备紧凑，适宜于电能缺乏而热能充足的地方。

14.1.2　制冷系统主要设备

制冷系统也称制冷机，食品工业上大部分使用蒸气压缩式制冷，是由许多设备组成的，它包括了制冷压缩机、冷凝器、膨胀阀和蒸发器等主要设备。

（1）制冷压缩机

制冷压缩机是制冷机的主要设备，它的主要功用是吸取蒸发器中的低压低温制冷剂蒸气，将其压缩成高压高温的过热蒸气。这样便可推动制冷剂在制冷系统内循环流动，并能在冷凝器内把蒸发器中吸收的热量传递给环境介质以达到制冷的目的。

① 制冷压缩机的分类　根据蒸气压缩的原理，压缩机可分为容积型和速度型两种基本类型。容积型压缩机是通过对运动机构做功，减少压缩空间容积来提高蒸气压力，以完成压缩功能。速度型压缩机则由旋转部件连续将角动量转换给蒸气，再将该动量转为压力，提高蒸气压力，达到压缩气体的目的。表14-1表示各类压缩机在制冷和空调工程中的应用范围。

从表14-1可以看出，用于工业生产的压缩机主要是活塞式制冷压缩机。活塞式压缩机按活塞的运动方式分为两种：往复式压缩机和回转式压缩机。往复式压缩机是指其活塞在气缸里做来回的直线运动；回转式压缩机是一个与气缸中心线成不同轴心的偏心活塞，活塞在气缸里做旋转运动。食品工厂和冷库多采用前者，电冰箱采用后者。也可按气缸布置方向将压缩机分为卧式压缩机（气缸中心线为水平的）和立式压缩机（气缸中心线与轴中线相垂直）。制冷压缩机通常用一定的数字和符号表示，以便于用户选用（见表14-2）。

表14-1　各类压缩机在制冷和空调工程中的应用范围

压缩机形式 ＼ 用途	家用冷藏箱、冻结箱	房间空调器	汽车空调设备	住宅用空调器和热泵	商用制冷和空调设备	大型空调设备
活塞式	100W ←				→ 200kW	
滚动活塞式	100W ←			→ 10kW		
涡旋式		5kW ←			→ 70kW	
螺杆式					150kW	1400kW
离心式						350kW 及以上

表14-2　活塞式制冷压缩机型号表示法

压缩机型号	气缸数	制冷剂	气缸排列方式	气缸直径/cm	结构形式
8AS17	8	氨（A）	S型（扇形）	17	开启式
6FW7B	6	氟利昂（F）	W型	7	半封闭式（B）
3FY5Q	3	氟利昂（F）	Y型（星型）	5	全封闭式（Q）

② 工作原理及特点　卧式压缩机一般是双用的，其工作原理如图14-3所示。当活塞向左运动时，左边气缸气体被压缩，压力增大，并将排气阀打开，进行排气；而右边气缸吸气。当活塞向右边运动时，则左边气缸吸气，而右边气缸排气。卧式压缩机的特点是产冷量大、操作稳定、机身笨重、占地面积大、转速慢、气缸（因受活塞重量作用）单面摩擦大。

立式压缩机的工作原理如图14-4所示。吸气阀门装在活塞顶部，当活塞向下运动时，吸气阀门被打开，气缸进行吸气。当活塞向上运动时，气缸内蒸气压力逐渐增大，吸气阀门自行关闭，随着活塞上移，气体压力大于冷凝压力时，即顶开样盖（安全板）上的排气阀门，并将气体压入高压管路中。它的特点是机器灵活、轻便、转速快、占地面积小、磨损小，气缸受热情况良好。生产能力

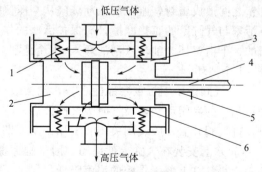

图14-3　卧式压缩机工作原理图
1—弹簧；2—气缸；3—进气阀；4—活塞杆；
5—填料；6—排气阀

为 12～35kW，一般适合工厂制冷应用。

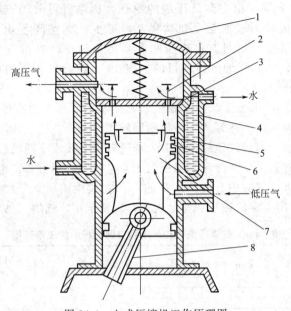

图 14-4　立式压缩机工作原理图
1—上盖；2—排气阀门；3—样盖；4—水套；5—吸气阀门；6—活塞环；7—活塞；8—连杆

③ 活塞式制冷压缩机的基本构造　活塞式制冷压缩机的主要构件有：曲轴箱、气缸、活塞、气阀、活塞环、水套、曲柄连杆机构、润滑装置等。

a.曲轴箱是立式和 V 式等压缩机的机架，承受机件所产生的力并保证各部件相对位置的精确，曲轴箱还有储存润滑油的作用，用铸铁制成。

b.气缸参与制冷剂的吸入、压缩与排出等工作过程。气缸两端有低压气体入口和高压气体出口。上部有上盖，下部与曲轴箱连通。里面有样盖（安全板），用缓冲弹簧压紧。如果气缸内吸入氨液，会产生较大的压力（液体是不可压缩的）将样盖顶起，如果将氨液放入排气腔内，压缩机发出响声，称为敲缸，发现敲缸，应及时纠正。

c.活塞组由活塞、活塞销和活塞环组成，活塞组与气缸组成一个可变的封闭工作容积，以完成吸气、压缩、排气、膨胀工作过程。活塞由铸铁或铝合金制成，其中活塞将曲轴连杆机构所传递的机械能变为气体的压力能，即直接压缩气体，并对连杆的运动起导向作用。活塞环又称胀圈，装在活塞表面上的槽内，有上下活塞环之分。上活塞环为封环，使活塞与气缸壁之间形成密封，避免制冷剂蒸气从高压侧窜入低压侧，以保证所需压缩性能。同时能防止活塞与气缸壁的直接摩擦，有保护活塞的作用。活塞磨损后修理困难，活塞环损坏可更换新的；下活塞环为油环（刮油环），用途是刮去气缸上多余的油量。每个活塞上有 3～4 个封环，1 个油环。

④ 气阀是压缩机重要部件之一，包括吸气阀和排气阀，它们根据压缩工作过程的需要进行相应的启闭动作，吸气时吸气阀开启，排气阀关闭；压缩时，吸、排气阀均关闭；排气时，排气阀开启，吸气阀关闭。工作一个周期，吸、排气阀各开启一次。

⑤ 水套安装在气缸上部周围，因气缸摩擦发热以及高压高温气体的影响，水套起冷却作用，将气缸上部工作腔的温度降低。

⑥ 曲轴连杆机构由曲轴、连杆、活塞组成，其传动机构见图 14-5。曲柄的旋转运动改变为活塞的上下往复直线运动。曲轴在单位时间内旋转的圈数，即为压缩机的转速，曲轴转

动时，带动连杆做上下左右的摆动，使与连杆小头相连接的活塞在气缸中做上下的直线运动。当活塞上移至最高位置（活塞离曲轴中心线最远点时），称为活塞上止点；当活塞下移至最低位置，称为活塞下止点。上止点和下止点之间的距离称为活塞行程。

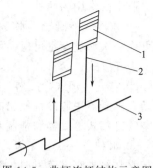

图 14-5　曲柄连杆结构示意图
1—活塞；2—连杆；3—曲轴

⑦ 润滑装置，润滑可以保证压缩机安全、长期、有效运转。主要作用就是减少运动部件的磨损，带走摩擦热和磨屑。润滑系统分为压力式和飞溅式两种，最常用的压力式是依靠齿轮油泵进行的，齿轮油泵的作用是将曲轴箱内的润滑油通过油管输送到压缩机的各运动部件。齿轮油泵吸排油压力差应在 0.6～1.5atm（1atm＝101325Pa）范围内。飞溅式是不设油泵的，它依靠曲轴连杆机构的运动把曲轴箱中的润滑油甩向需要润滑的部位，这种润滑方式目前主要用于小型制冷压缩机。

压缩机的整体构件如图 14-6 所示。

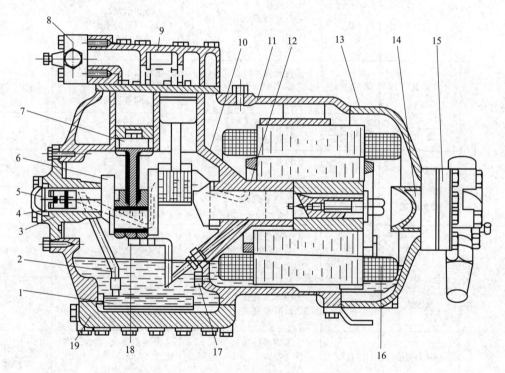

图 14-6　R22 半封闭式制冷压缩机的总体结构图
1—滤油器；2—吸油管；3—端轴承盖；4—油泵轴承；5—油泵；6—曲轴；7—活塞连杆组；8—排气截止阀；
9—气缸盖；10—曲轴箱；11—电动机室；12—主轴承；13—电动机室端盖；14—吸气过滤器；
15—吸气截止阀；16—内置电动机；17—油孔；18—油压调节阀；19—底盖

（2）冷凝器

冷凝器是制冷机的换热器，它的作用是将压缩机排出的高温、高压制冷剂过热蒸气冷却及冷凝成液体。制冷剂在冷凝器中放出的热量由冷却介质（水或空气）带走。冷凝器按其结构及冷却介质的不同，可分为水冷式、空气冷却式、水和空气联合冷却式，主要有壳管式、淋水式、双管对流式、组合式、蒸发式、空气冷却式等几种结构。其中壳管式和淋水式为食品工业中最常用的两种。

① 水冷式冷凝器　水冷式冷凝器是指冷凝器中制冷剂放出的热量被冷却水带走。冷却水可以一次流过，也可以循环使用。当循环使用时，需设置冷却塔或冷却水池。水冷式冷凝器分为壳管式、套管式、板式、螺旋板式等几种类型。

② 空气冷却式冷凝器　通常空气冷却式冷凝器也叫风冷式冷凝器。空气在冷凝器管外流动，冷凝器中制冷剂放出的热量被空气带走，制冷剂在管内冷凝。这类冷凝器中有自然对流空气冷却式冷凝器和强制对流空气冷却式冷凝器。

③ 水和空气联合冷却式冷凝器　冷凝器中制冷剂放出的热量同时由冷却水和空气带走，冷却水在管外喷淋蒸发时，吸收汽化潜热，使管内制冷剂冷却和冷凝，因此耗水量少。这类冷凝器中有淋水式冷凝器和蒸发式冷凝器两种类型。

各种类型冷凝器的特点及使用范围见表 14-3。

表 14-3　冷凝器的类型、特点及使用范围

类型	形式	制冷剂	优点	缺点	使用范围
水冷式	立式	氨	①可安装于室外 ②占地面积小 ③对水质要求低 ④易于除水垢	①冷却水量大 ②体积较卧式大 ③需经常维护、清洗	大、中型
	卧式	氨、卤代烃	①传热效果较立式好 ②易于小型化 ③易于与设备组装	①冷却水质要求高 ②泄漏不易发现 ③冷却管易腐蚀	大、中、小型
	套管式	氨、卤代烃	①传热系数高 ②结构简单、易制作	①水流动阻力大 ②清洗困难	小型
	板式	氨、卤代烃	①传热系数高 ②结构紧凑、组合灵活	①水质要求高 ②制造复杂	中、小型
	螺旋板式	氨、卤代烃	①传热系数高 ②体积小	①水侧阻力大 ②维修困难	中、小型
水和空气联合冷却式	淋水式	氨	①制造方便 ②清洗、维修方便 ③冷却水质要求低	①占地面积大 ②金属耗材多 ③传热效果差	大、中型
	蒸发式	氨、卤代烃	①冷却水耗量小 ②冷凝温度低	①价格较高 ②冷却水质要求高 ③清洗、维修困难	大、中型
空气冷却式	自然对流式	卤代烃	①不需要冷却水 ②无噪声 ③无需动力	①体积庞大、传热面积庞大 ②制冷机功耗大	小型家用电冰箱
	强制对流式	卤代烃	①不需要冷却水 ②可安装于室外，节省机房面积	①体积大、传热面积大（相对水冷却式） ②制冷机功耗大	中、小型

（3）膨胀阀

膨胀阀又称节流阀，它是制冷机的重要机件之一，设置于冷凝器之后，它的作用是降低制冷剂的压力和控制制冷剂流量。由伯努利方程知，对于不可压缩理想流体，当截面积减小，可使流速增加、动能增大，而压力减小。所以高压液体制冷剂通过膨胀阀时，经节流而降压，使氨液的压力由冷凝压力骤降为蒸发压力，同时，液体制冷剂沸腾蒸发吸热，而使其

本身的温度降低到需要的低温，然后将低压低温液体制冷剂送入蒸发器；膨胀阀还可以控制送入蒸发器的氨液量，调节蒸发器的工况。

（4）蒸发器

蒸发器是制冷系统中的另一种换热器。对制冷系统而言，它是从系统外吸热的换热器，蒸发器的作用是利用液态制冷剂在低压下沸腾，转变为蒸气并吸收被冷却物体或介质的热量，达到制冷目的的。因此蒸发器是制冷系统中制取冷量和输出冷量的设备。

常用的蒸发器根据被冷却的流体不同，可分为冷却液体载冷剂的蒸发器和冷却空气的蒸发器两大类型。

① 立管式蒸发器　如图14-7所示，它的特点是蒸发管组沉浸于淡水或盐水箱中。制冷剂在管内蒸发，水或盐水在搅拌器的作用下在箱内流动，以增强传热。这类蒸发器热稳定性好，但只能用于开式循环系统，载冷剂必须是非挥发性物质。

② 螺旋管式蒸发器　其工作原理和立管式蒸发器相同。结构上主要区别是蒸发管采用螺旋形盘管代替直立管，因此当传热面积相同时，螺旋管式蒸发器的外形尺寸比直管式小，结构紧凑，减少焊接工作量，制造方便。

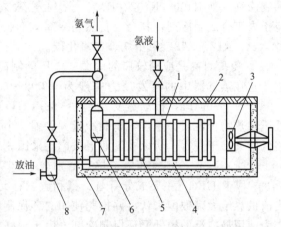

图 14-7　立管式蒸发器

1—上总管；2—木板盖；3—搅拌器；4—下总管；5—直立短管；6—氨液分离器；7—软木；8—集油器

③ 卧式壳管蒸发器　其结构形式与卧式壳管式冷凝器基本相似，图14-8同样具有圆筒形的壳体和固接于两端管板上的直管管束，管束两端加有端盖。根据制冷剂在壳体内或传热管内的流动，分为满液式壳管式蒸发器、干式壳管式蒸发器等。

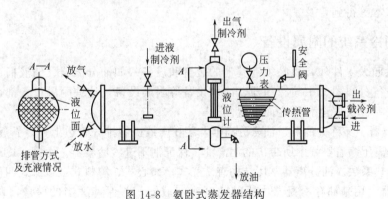

图 14-8　氨卧式蒸发器结构

14.1.3　制冷剂

制冷剂是制冷机中的工作流体，它是制冷系统中为实现制冷循环的工作介质，在蒸发器中对外输出冷量（即在低温下吸收热量），在冷凝器中放出热量，起着热量传递的媒介作用，常用的制冷剂如氨、氟利昂等。

各种制冷剂的一个共同特征是它们的临界温度较高，在常温及普通低温下能够液化。在食品加工中，由于制冷机的大小、构造、材料和工作状况与制冷剂的性质有密切关系，所以在进行压缩制冷时，必须慎重选用适合于操作条件的制冷剂。

目前用得较多的制冷剂，按其化学组成主要有六类。①无机物制冷剂。如 NH_3、CO_2 和 H_2O 等。②卤代烃制冷剂（氟利昂）。如四氟乙烷（R134a）、一氟三氯甲烷（R11）、三氟二氯乙烷（R123）等。③碳氢化合物制冷剂。如甲烷、乙烷、丙烷、异丁烷、乙烯、丙烯等。④环烷烃的卤代物、链烯烃的卤代物也可作制冷剂使用，如八氟环丁烷，二氟二氯乙烯等，但使用范围较上述的要小得多。⑤共沸制冷剂。如 R500、R502、R507 等。⑥非共沸制冷剂。如 R400、R402、R407 等。上述六类制冷剂中，卤代烃及共沸、非共沸制冷剂属于人工合成制冷剂，其余为自然制冷剂。工业上已采用的制冷剂很多，目前常用有以下几种，氨、R12、R22、氯甲烷、二氧化碳。

① 氨 目前是应用较广的中温、中压的制冷剂，在常温和普通低温范围内压力比较适中。它在蒸发器中的蒸发压力一般为 0.098～0.491MPa，在冷凝器内的冷凝压力一般为 0.981～1.570MPa，标准蒸发温度为 −33.4℃，凝固温度为 −77.9℃。氨具有较好的热力学性质和热物理性质，单位容积制冷量大、黏性小、流动阻力小、传热性能好。此外，氨的价格低廉又易于获得，所以在工业上被广泛采用。

② R134a 制冷剂（四氟乙烷） 别名 HFC-134a，四氟乙烷，化学式 CH_2FCF_3。由于 R134a 属于 HFC（主要成分有氢，氟和碳三种元素）类物质，因此完全不破坏臭氧层，是当前世界绝大多数国家认可并推荐使用的环保制冷剂，也是目前主流的环保制冷剂。R134a 作为使用最广泛的中低温环保制冷剂，由于良好的综合性能，使其成为一种非常有效和安全的 CFC-12 替代品，广泛用于新制冷空调设备的初装和维修过程中的再添加。

③ R410A 它由两种制冷剂混合而成，主要成分有氢、氟、碳三种元素（表示为 HFC），具有稳定、无毒、性能优越等特点。同时由于不含氯元素，因此不会破坏臭氧层。另外，R410A 作为当今广泛使用的中高温制冷剂，主要应用于家用空调、中小型商用空调（中小型单元式空调、户式中央空调、多联机）、移动空调、除湿机、冷冻式干燥器、船用制冷设备、工业制冷等制冷设备。R410A 是目前为止国际公认的用来替代 R22 最合适的冷媒，并在欧美、日本等得到普及。

14.1.4 制冷系统的附属设备

制冷机除四大主件外，还必须有其他的装置和设备。如油分离器、储液桶、排液桶、氨液分离器、空气分离器、中间冷却器、凉水设备等附属设备，这些附属设备都是为了提高制冷效率、保证制冷机安全和稳定而设置的。

① 油分离器 又称分油器、油氨分离器，装在压缩机的排气管边上，以靠近冷凝器为佳。它的作用是分离压缩后氨气中所带出的润滑油，保证油不进入冷凝器。否则，冷凝器壁面被油污损，降低传热系数。油分离器常用结构有洗涤式、离心式、填料式及过滤式四种形式。

② 储液器 用来储存冷凝器中凝结的制冷剂液体，并保持适当的储量，调节和补充制冷系统内各部分设备的液体循环量，以适应工况变动的需要。此外，由于储液器里有一定的液面，因此还起到液封作用，以防止高压系统的气体及混合在其中的空气等不凝性气体窜入低压系统。氨储液器均为卧式结构，在储液器上装有氨液进口、出口、压力表、安全阀、气体平衡管、液面指示器、放油阀等接头。储液器的容量可按整个制冷系统每小时制冷剂循环量的 1/3～1/2 来选取，储存液体制冷剂的容量应不超其实际容积的 70%，最少储液量不少于容积的 10%。为了便于掌握，一般用最大充注高度不超过筒体直径的 80% 来作为限值。

③ 中间冷却器 应用于双级（或多级）压缩制冷系统中，用以冷却低压压缩机压出的中压过热蒸气，以保证高压压缩机的正常工作，工作时来自低压压缩机的中压过热氨气在液

面下进入罐，经过氨液的洗涤而迅速被冷却，氨气上升遇伞形挡板，将其夹带的润滑油及氨液分离出来后，进入高压压缩机。用于洗涤的氨液从器顶部输入，底部排出，液面的高低由浮球阀维持。而中冷器盘管内的氨液被等压冷却成过冷液体，从出液管供往蒸发器使用。中冷器内的氨液吸热后汽化，成为中间压力下的干饱和蒸气，并随同低压级排出的已被冷却的蒸气一起由高压级吸入。

④ 氨液分离器　它设置在压缩机与蒸发器之间，其主要作用是分离自蒸发器进入氨压缩机的氨气中的氨液，保证压缩机工作是干冲程；分离自膨胀阀进入蒸发器的氨液中的氨气，使进入蒸发器的氨液中无氨气存在，以提高蒸发器的传热效果。

⑤ 空气分离器　制冷循环系统虽然是密闭的。但在首次加 NH_3 前，虽经抽空，但不可能将整个系统内部空气完全抽出，因而还有部分空气留在设备中。在正常工作时，若系统不够严密，也可能渗入一部分空气。另外，在压缩机排气温度过高时，常有部分润滑油或者 NH_3 分解成不能在冷凝器中液化的气体等。这些不易液化的气体往往聚集在冷凝器，降低冷凝器的传热系数，引起冷凝器压力升高，增加压缩机工作的耗油量。空气分离器的作用就是用以分离排除冷凝器中不能汽化的气体，以保证制冷系统的正常运转。

14.2　食品冷冻冷却设备

食品冻结的目的是移去食品中的显热和潜热，在规定的时间内将食品的温度降低到冻结点以下，使食品中的可冻水分全部冻结成冰。达到冻结终了温度后，送往冻结物冷藏间储藏。冻结食品中微生物的生命活动及酶的生化作用均受到抑制，水分活度下降，所以冷冻食品可长期储藏。

对于食品材料，因含有许多成分，冻结过程从最高冻结温度（或称初始冻结温度）开始，在较宽的温度范围内不断进行，一般至 $-40℃$ 才完全冻结（有的个别食品到 $-95℃$ 还没有完全冻结）。目前，国际上推荐的冻结温度一般为 $-18℃$ 或 $-40℃$。

14.2.1　空气冻结法冷冻设备

用空气作冷却介质强制循环对食品进行冻结，是目前应用最广泛的一种冻结方法。由于静止空气的表面传热系数较小，冻结的速度很慢，故工业生产中已不大采用。而增大风速，可使冻品表面传热系数增大，这样冻结速度可加快。下面介绍几种连续式空气冻结法冻结装置。

（1）钢带连续式冻结装置

钢带连续式冻结装置是在连续式隧道冻结装置的基础上发展起来的。如图 14-9 所示，它由不锈钢薄钢传送带、空气冷却器（蒸发器）、传动轮（主动轮和从动轮）、调速装置、隔热外壳等部件组成。钢带连续式冻结装置换热效果好，被冻食品的下部与钢带直接接触，进行导热换热，上部为强制空气对流换热，故冻结速度快。在空气温度为 $-30\sim-35℃$ 时，冻结时间随冻品的种类、厚度不同而异，一般在 $8\sim40min$。为了提高冻结速度，在钢带的下面加设一块铝合金平板蒸发器（与钢带相紧贴），这样换热效果比单独钢带要好，但安装时必须注意钢带与平板蒸发器的紧密接触。

（2）螺旋冻结装置

由于网带或钢带传动的连续冻结装置占地面积大，进一步研究开发出多层传送带的螺旋式冻结装置。这种传送带的运动方向不是水平的，而是沿圆周方向做螺旋式旋转运动，这就避免了水平方向传动因长度太长而造成占地面积大的缺点，如图 14-10 所示。不锈钢网带的一侧紧靠在转筒 1、2 上，靠摩擦力和转筒的传送力使网带随着转筒一起运动。网带需专门设计，它既可直线运行，也可缠绕在转筒的圆周上，在转筒的带动下做圆周运动。当网带脱离转筒后，依靠链轮带动。因此，即使网带很长，网带的张力却很小，动力消耗不大。冻结时间可在 20min～2.5h 范围内变化，故可适应多种冻品的要求，从食品原料到各种调理食品，都可在螺旋冻结装置中进行冻结，这是一种发展前途很大的连续冻结装置。

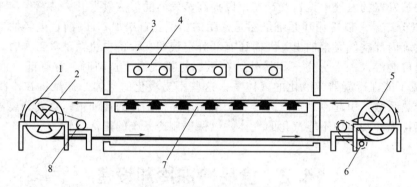

图 14-9　钢带连续式冻结装置

1—主动轮；2—不锈钢传送带；3—隔热外壳；4—空气冷却器；5—从动轮；
6—钢带清洗器；7—平板蒸发器；8—调速装置

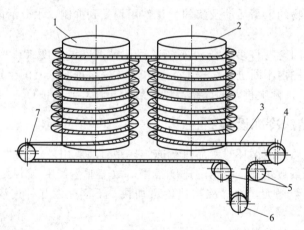

图 14-10　螺旋冻结装置

1—上升转筒；2—下降转筒；3—不锈钢网带；4,7—链轮；5—固定轮；6—张紧轮

（3）气流上下冲击式冻结装置

气流上下冲击式冻结装置如图 14-11 所示。它是连续式隧道冻结装置的一种最新形式，因其在气流组织上的特点而得名。在这种冻结装置中，由冷风机吹出的高速冷空气分别进入上、下两个静压箱。在静压箱内，气流速度降低，由动压转变为静压，并在出口处装有许多喷嘴，气流经喷嘴后，又产生高速气流（流速在 30m/s 左右）。此高速气流垂直吹向不锈钢网带上的被冻食品，使其表层很快冷却，被冻食品的上部和下部都能均匀降温，达到快速冻结。这种冻结装置是 20 世纪 90 年代美国约克公司开发出来的。我国目前也有类似产品，并且将静压箱出口处设计为条形风道，不用喷嘴，风道出口处的风速可达 15m/s。

（4）流态化冻结装置

流态化冻结的主要特点是将被冻食品放在开孔率较小的网带或多孔槽板上，高速冷空气流自下而上流过网带或槽板，将被冻食品吹起呈悬浮状态，使固态被冻食品具有类似于流体的某些表现特性。在这样的条件下进行冻结，称为流态化冻结。

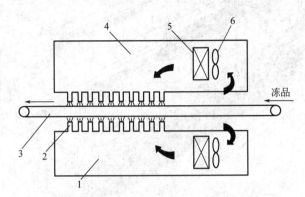

图 14-11　气流上下冲击式冻结装置
1,4—静压箱；2—喷嘴；3—不锈钢网带；5—蒸发器；6—轴流风机

流态化冻结的主要优点为：换热效果好、冻结速度快、冻结时间短；冻品脱水损失少，冻品质量高；可实现单体快速冻结，冻品相互不黏结；可进行连续化冻结生产。

流态化冻结装置按机械传送方式的不同可分为以下三种基本形式。

① 带式流态化冻结装置　该装置工作原理如图 14-12 所示，它将传送带与流态化作业结合在一起，食品在传送带输送过程中被流态化冻结。被冻食品分成两区段进行冻结，第一区段主要为食品表层冻结，使被冻食品进行快速冷却，将表层温度很快降到冻结点并冻结，使颗粒间或颗粒与传送带间呈离散状态，彼此互不黏结；第二区段为冻结段，将被冻食品冻结至热中心温度 −15～−18℃。带式流态化冻结装置具有变频调速装置，对网带的传递速度进行无级调速。蒸发器多数为铝合金管与铝翅片组成的变片距结构，风机为离心式或轴流式（风压较大，一般在490Pa 左右）。这种冻结装置还附有振动滤水器、

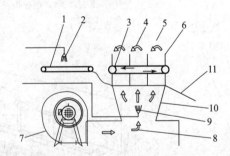

图 14-12　带式流态化工作原理图
1—进料预冷段；2—液氮喷淋头；3—流态化冷冻段；4—回风；5—围护装置；6—刮板；7—离心风机；8—送风；9—液氮喷雾头；10—风管；11—出料口

斗式提升机和布料装置、网带清洗器等设备。图 14-13 为加拿大某公司所生产的带式流态化冻结装置。冻结能力为 1～5t/h。

② 振动式流态化冻结装置　这种冻结装置的特点是被冻食品在冻品槽（底部为多孔不锈钢板）内，由连杆机构带动做水平往复式振动，以增加流化效果。图 14-14 为瑞典某公司生产的 MA 型往复振动式流态化冻结装置。它具有气流脉动机构，其结构为一旋转风门，它可按一定的角速度旋转，使通过流化床和蒸发器的气流流量时增时减，搅动被冻食品层。从而可更有效地冻结各种软嫩和易碎食品。风门的旋转速度是可调的，可调节至各种被冻食品的最佳脉动旁通气流量。该装置运行时，首先进入预冷设备，表面水分吹干，表面硬化，避免食品相互粘连，进入流化床后，冻品受钢板振动和气流脉动的双重作用，冷气流与冻品充分混合，实现了完全的流态化。这种冻结方式消除了沟流和物料跑偏现象，使冷量得到充

分利用，主要用于颗粒状、片状和块状食品的快速冻结。

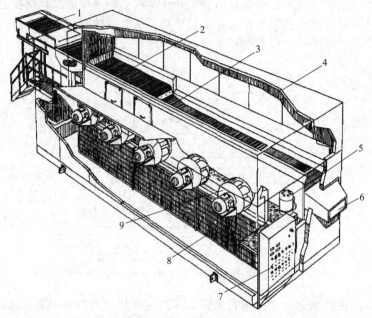

图 14-13　带式流态化冻结装置

1—振动布料口；2—表层冻结段；3—冻结段；4—隔热箱体；5—网带传动电动机；
6—出冻口；7—电控柜及显示器；8—蒸发器；9—离心式风机

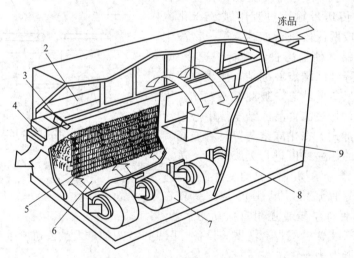

图 14-14　振动式流态化冻结装置

1—布料振动器；2—冻品槽；3—出料挡板；4—出冻口；5—蒸发器；6—静压箱；
7—离心式风机；8—隔热箱体；9—观察台

③ 斜槽式流态化冻结装置　这种冻结装置如图 14-15 所示，其特点是无传送带或振动筛等传动机构，主体部分为一块固定的多孔槽板，槽的进口稍高于出口，被冻食品在槽内依靠高速冷气流使其得到充分流化，并借助于具有一定倾斜角的槽体向出料口流动。料层高度可由出料口的导流板进行调节，以控制冻结时间和冻结能力，这种冻结装置具有构造简单、成本低、冻结速度快、流化质量好、冻品温度均匀等特点。例如在蒸发温度—40℃以下、垂

直向上风速为 6~8m/s、冻品间风速为 1.5~5m/s 时，冻结时间为 5~10min。这种冻结装置的主要缺点是：风机功率大、风压高（一般在 980~1370Pa）、冻结能力较小。

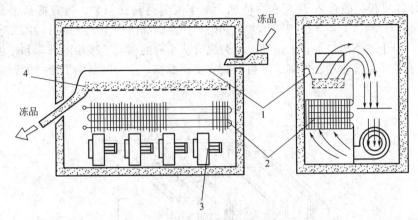

图 14-15　斜槽式流态化冻结装置
1—斜槽；2—蒸发器；3—离心式风机；4—出料挡板

14.2.2　间接接触式冻结设备

间接接触冻结法设备主要有平板式冻结装置（有卧式和立式两种）、回转式冻结装置和钢带式冻结装置。

（1）卧式平板冻结装置

卧式平板冻结装置如图 14-16 所示。食品装入货盘并自动盖上盖 2 后，随传送带向前移动，并由压紧机构 3 对货盘进行预压缩，然后货盘被升降机 4 提升到推杆 5 前面，由推杆 5 推入最上层的两平板间；当这两块平板间堆满货盘时，再推入一块，则位于最右面的货盘将由降低货盘装置 7 送到第二层平板的右边，然后被液压推杆 8 推入第二层平板之间。如此反复，直至全部平板间均装满货盘时，液压系统 6 压紧平板进行冻结，冻结完毕，液压系统松开平板，推杆 5 继续推入货盘，此时位于最低层平板间最左侧的货盘则被液压推杆推上卸货传送带，在此盖从货盘上分离，并被送到起始位置，而货盘经翻盘装置翻转后，食品从货盘中分离出来。然后经翻转装置再次翻转后，货盘由升降机送到货盘，重新装货，完成一个工作周期。卧式平板冻结装置主要用于冻结分割肉、鱼片、虾及其他小包装的快速冻结。特点是冻结快、干耗小、冻品质量高、占地面积少，但该装置不适用于冻结厚度较大的食品。

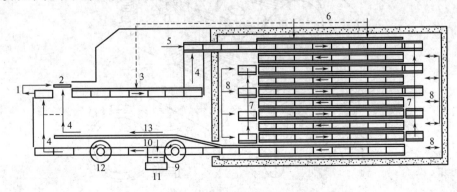

图 14-16　连续卧式平板冻结装置
1—货盘；2—盖；3—压紧机构；4—升降机；5—推杆；6—液压系统；7—降低货盘装置；8—液压推杆；
9—翻盘装置；10—卸料；11—传送带；12—翻转装置；13—盖传送带

（2）立式平板冻结装置

立式平板冻结装置的结构原理与卧式平板冻结装置相似，冻结平板垂直位置平行排列，如图 14-17 所示。平板一般有 20 块左右。待冻食品不需要装盘或包装，可直接从上部散装倒入平板间进行冻结，操作方便，适用于小杂鱼和肉类产品的冻结。冻结结束后，冻品脱离平板的方式有多种，分上进下出、上进上出和上进旁出等。平板的移动、冻块的升降和推出等动作均由压缩空气或液压系统驱动、控制。平板间装有定距螺杆，用于限制两平板间的距离。

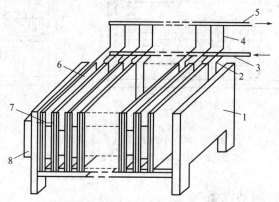

图 14-17　立式平板冻结装置

1—机架；2,3—橡胶软管；4—供液管；5—吸入管；6—冻结平板；7—定距螺杆；8—液压装置

（3）回转式冻结装置

图 14-18 所示为圆筒型回转式冻结装置，同平板式冻结装置一样，利用金属表面直接接触冻结的原理冻结产品。其主要部件为一不锈钢金属回转筒，外壁为冷却面。载冷剂由空心轴输入，待冻品由投入口排列在转筒表面上，转筒回转一周，冻品完成冻结过程，冻品转到刮刀处被刮下，刮下的冻品由传送带输送到预定位置。转筒的转速根据冻品所需的冻结时间调节。载冷剂可选用盐水、乙二醇等，最低温度可达 $-35 \sim -45℃$。据有关资料介绍，用该设备冻结产品所引起的重量损失为 0.2%。该装置适用于冻结鱼片、块肉、虾以及流态食品。

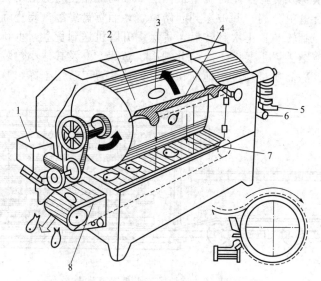

图 14-18　圆筒型回转式冻结装置

1—电动机；2—滚筒冷却器；3—进料口；4—刮刀；5—盐水入口；6—盐水出口；7—刮刀；8—出料输送带

14.2.3 直接接触冻结设备

直接接触冻结装置的特点是食品直接与冷媒接触进行冻结。所用的冷媒可以是载冷剂,如食盐溶液,也可以是低温制冷剂的液化体气体,如盐水、液氮、液态二氧化碳等。按制冷方法可将直接接触冻结装置分为载冷剂接触冻结装置、低温液体冻结装置。按冷媒与食品接触的方式可分为浸渍式和喷淋式;低温液体冻结装置又可分为液氮冻结装置和液态二氧化碳冻结装置。

（1）盐水浸渍冻结装置

盐水浸渍冻结装置如图14-19所示。该装置主要用于鱼类的冻结,与盐水接触的容器用玻璃钢制成,有压力的盐水管道用不锈钢,其他盐水管道用塑料,从而解决了盐水的腐蚀问题。鱼由进料口与盐水混合后进入进料管,进料管内盐水涡流下旋,使鱼克服浮力而到达冻结器的底部。冻结后的鱼体密度减小,浮至液面,由出料机构送至滑道,在此鱼和盐水分离由出料口排出。冷盐水被泵送到进料口,经进料管进入冻结器,与鱼体换热后盐水升温密度减小,冻结器中的盐水具有一定的温度梯度,上部温度较高的盐水溢出冻结室后,与鱼体分离进

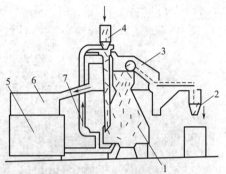

图 14-19　盐水连续浸渍冻结装置示意图
1—冻结器；2—出料口；3—滑道；4—进料口；
5—盐水冷却器；6—除鳞器；7—盐水泵

入除鳞器,经除去鳞片等杂物的盐水返回盐水箱,与盐水冷却器换热后降温,完成一次循环。其特点是冷盐水既起冻结作用又起输送鱼的作用,冻结速度快、干耗小。缺点是装置的制造材料要求较特殊。

（2）液氮喷淋冻结装置

喷淋速冻装置多为隧道式结构,隧道内有传送带、浸渍器和风机等装置。如图14-20所示,食品从一端置于传送带上,随带移动,依次通过预冷区、冻结区和均温区,最后由另一端卸出。液氮储存于隧道外,以一定压力引入冻结区进行喷淋冻结,液氮吸热后形成的氮气温度仍很低,约为-10～5℃,通过风机,将液氮送入隧道前段进行预冻。在冻结区,食品与液氮接触而迅速冻结。该装置的特点是结构简单、使用寿命长,但成本高。

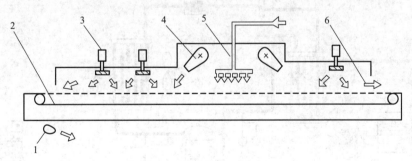

图 14-20　液氮喷淋冻结装置
1—排散风机；2—进料口；3—搅拌风机；4—风机；5—液氮喷雾器；6—出料口

14.2.4 冷水机

冷水机是一种水冷却设备,也称冰水机,能提供恒温、恒流、恒压的冷却水设备。工作

原理是先向机内水箱注入一定量的水，通过制冷系统将水冷却，然后用冷却水浸泡或喷淋的方式冷却食品。冷冻水将热量带走后温度升高再回流到水箱，达到冷却的作用。

冷水机实际上是一个完整的制冷系统，因此有时也称为冷水机组，主要由压缩机、膨胀阀、冷凝器、产生冷水（或冷冻盐水）的蒸发器和自动控制系统组成。根据制冷循环中制冷剂的冷却方式不同可分为水冷式冷水机和风冷式冷水机；根据蒸发器的形式不同可分为壳管式和水箱式两种。

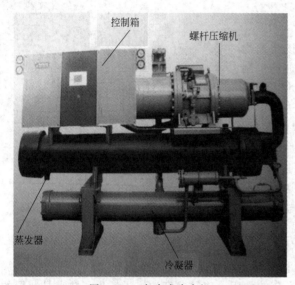

图 14-21　水冷式冷水机

（1）水冷式冷水机

水冷式冷水机的制冷量一般较大，图 14-21 所示的水冷式冷水机主要由螺杆式压缩机、卧式壳管式冷凝器和蒸发器及控制箱组成，原理与本章压缩机制冷原理相同。冷凝器和蒸发器各有两个水管接口，分别用于接冷却水循环系统和冷冻水循环系统。水冷式冷水机在提供低温冷水的同时，本身需要冷却水冷凝其制冷剂，因此也需要凉水塔之类的冷却水循环系统配套。

冷水机所提供的冷冻液体温度范围及制冷量的变化范围取决于压缩机性能，另外冷水机是一种间接制冷设备，并不一定都使用水作载冷剂，根据需要，也可以用盐或醇溶液作载冷剂。

（2）风冷式冷水机

制冷量较小的冷水机多为风冷式，它不需要专门的冷却水系统，图 14-22 为风冷式冷水机流程图。其中，水箱既是制冷系统的蒸发器，也是低温冷水储存器。可利用循环水泵提供工艺冷水，但需要及时将用去的水补上。水箱的水位可以通过水箱上的浮球阀保持相对恒定。

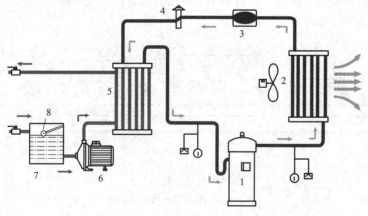

码 14-1

图 14-22　风冷式冷水机流程图

1—压缩机；2—冷凝器；3—干燥过滤器；4—膨胀阀；5—蒸发器；
6—循环水泵；7—水箱；8—浮球阀

第15章

食品加工控制系统

15.1 简介

食品加工控制的设计是指将传感器、执行器、控制器、软件和网络的设计完全兼容地集成到一个工作系统中。该加工控制系统必须为企业带来实际利益以证明成本的合理性。目前小企业、实验设备系统都通常安装有自动化控件。加工控制、自动控制和自动化是类似的通常可互换使用的术语。在本章中，自动化的定义将涵盖加工控制和自动控制。

目前欧洲食品企业大多数已达到自动化水平，只需要操作员监督和排除故障系统中出现的异常情况；但仍有一些加工设备依赖有经验的操作员手动操作控制，自动化程度极低。本章将详细介绍食品加工控制各个组成部分的基础知识，主要包括自动化的优势，计算机集成制造，自动化组件和术语，控制系统自动化（离散控制）以及控制系统、控制器、传感器和执行器的连续反馈。

15.2 自动化的优势

自动化是集成运行与调节，且无需人为干预即可控制的系统机械化。使食品加工系统自动化的原因有很多，包括以下几个方面：①可节省劳动力，在美国等发达国家，人力劳动费用昂贵。最成功的食品公司是那些可以减少制造生产成本，同时又保持安全和质量的公司。②减少成品质量的变化，客户希望他们购买的食品质量始终如一。食品自动化的目标之一是规范工艺设备，进而保持食品在加工过程中所要求的规范，尽量排除原材料之间的变化或加工设备的干扰。③减少浪费，当使用自动化来管理食品加工设备时，可减少次品。④提高生产率，生产率是生产的材料量与生产成本的比率。⑤改善食品安全，许多食品加工过程的目标是减少微生物负荷并使最终食品产品达到长期储存的目的。自动检测和控制关键变量能够在加工过程中满足这些目标，有助于确保生产食品的食用安全性。⑥延长设备寿命，自动化系统可防止设备过载运行，也可在设备或仪器即将出现故障时发出通知，这就给工厂管理人员在设备发生故障之前解决相关问题提供了机会。⑦提高工人安全，自动化系统可以监控对工人安全构成威胁的状况，并发出警报或在必要时关闭设备，以防止工人受到伤害。

15.3　计算机集成制造

食品工业中使用的自动控制系统通常归类成：①单元加工处理或材料处理；②转移和定位。计算机集成制造（CIM）是指使用计算机系统将各种单元加工和材料处理操作互联到其他相关操作。CIM 通常被描述为自动化金字塔（图 15-1）。传感器和执行器在加工层面作为金字塔的基础。控制器构成了第二个层级。监督控制系统生成加工记录和评估加工趋势，成为第三层级。更高层级包括采购、资源规划、仓储、销售和营销。信息在不同层级间传递时会从数据中被层层过滤掉。例如，用于食品容器填充器的控制系统提供填充重量数据到监督系统。监督系统计算统计平均值和装入容器食品的标准差。这些描述性统计数据用于计算所需的填充重量目标，使 99％的容器将达到或超过标签重量。计算好的填充重量目标会定期传送回自动食品容器填充器的控制系统。同时，食品材料超过标签重量的数额会被发送到运营管理办公室的计算机系统中，并被记录成表格，损失材料的成本会按月计算。这些损失的详细费用被传送到公司总部，在那里决定是否购买填充重量变化较小的新食品容器填充器。管理者拥有他们需要的所有信息，并且基于工厂自动化系统报告中当前食品容器填充器的表现，来决定他们是否需要购买新的食品容器填充器。

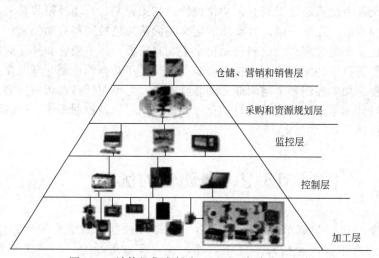

图 15-1　计算机集成制造（CIM）自动化金字塔

由于成本和复杂性，只有大型食品制造工厂才会寻求采用整套 CIM。这些系统必须保持安全、灵活和健全。近年来由于开放架构软件系统和标准的举措使得食品公司内的各种操作都可以通过使用软件和硬件来实现，极大地促进了 CIM 的发展。这种软件和硬件的供应商只需要遵循行业标准，使其系统能够与其他供应商提供的软件与硬件高效通信即可。

15.4　自动化组件和术语

自动化被称为隐形技术或隐形胶水，将各个加工步骤聚合在一起，一般人们并不知道加工设备自动调节期间所进行的决策，虽然有一定的自动化的硬件元素是有形的，但还有其他软件、电子信号和逻辑元素是无形的。正是这些无形的元素使那些不熟悉自动化的人产生了一些关于自动化的神秘感。表 15-1 列出了自动化系统中一些常见的硬件组件，表 15-2 列出了自动化系统一些常见的软件组件。

表 15-1　自动化系统中常见的硬件组件

传感器	控制器	执行器
发送器	计算机和显示器	继电器
开关	网络接口	电动机启动器
电线和电缆	报警器	螺线管

表 15-2　自动化系统中常见的软件组件

逻辑	算法	非线性
信号	扰动	增益和偏压
延时	噪声	软件
动态响应	线性	加工过程交互

开关、传感器和发射器是用于测量重要的加工变量和数据所使用的硬件设备，这些设备产生的信号（无形元件）通常可以通过电线发送到控制器。来自传感器和发射器的信号代表着一个加工过程中测量的变量，通常也称为加工变量（process variables，PV）。螺线管、继电器和电动机启动器这些硬件设备，通常称为执行器，用于操纵或更改加工过程中的变量。从控制器发送到这些设备的信号代表操纵变量或受控变量（controlled variables，CV）。控制器本身通常是基于计算机或微处理器的设备，其使用逻辑或算法来确定何时以及如何调整或改变受控变量。简单的框图可以总结传感器、执行器和控制器之间的相互作用（图 15-2）。

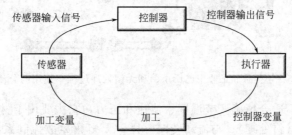

图 15-2　传感器、执行器和控制器与加工过程之间的相互作用

15.5　控制系统目标

所有自动化系统都有直接与整体流程目标相关的一个或多个具体且可衡量的目标。每个自动化目标称为一组点（set point，SP）。自动化的唯一目的是实现这些特定目标（组点）而无需人为干预。自动化程度通常是衡量不需要人类干预所能达到的制造目标的程度。

自动化设计成功的关键在于自动化目标的实现程度（SP）与加工目标的相关程度。通常，食品加工过程的目标是生产一种安全、优质的食品，具有合理的保质期，并且以尽可能高效的方式生产。由于没有直接测量安全性、质量、保质期和效率的传感器，这些目标必须根据加工变量重新制定，从而可以通过控制变量进行测量和调节。食品科学家和工程师在单元操作阶段和材料处理系统的设计阶段的作用是选择那些可测量的加工变量、控制变量和操作条件，使得它们最能满足整体流程的目标。

（1）离散控制

离散控制是涉及离散设备的逻辑和顺序控制的自动化。逻辑运算和离散设备是没有动态行为的设备。最简单的操作或设备是正确或错误、打开或关闭。离散控制通常也称为开关或逻辑控制。双态设备包括仅显示两种输入状态（例如高/低、开/关、热/冷、高压/低压等）的传感器和仅显示两种输出状态（例如打开/关闭、开/关）的控制元件。

图 15-3 显示了食品加工业中离散控制的一个例子：巴氏杀菌和无菌处理过程中使用的分流阀。在启动期间，导流阀通常会打开，以将未经高温消毒的产品从填充器转移开。此外，如果脱离巴氏灭菌器的产品温度在处理过程中的任何时间下降到最小预定阈值以下，则打开导流阀将产品送回，进行再处理。只有当温度上升到阈值以上时才会关闭，表明产品已经过充分的巴氏杀菌处理并准备好进行包装。注意，阀门一次只能处于两种状态中的一种状态，即流动转向（常开）或前进流动（闭合）。

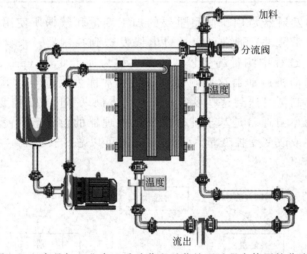

图 15-3　食品加工业中巴氏杀菌和无菌处理过程中使用的分流阀

通常，离散控制不适合精确调节温度、流速和压力，它主要用于材料处理操作（流动转向可以被认为是一种材料处理）。与流动转向一样，大多数离散控制系统可以通过逻辑语句来解释，例如："如果开关 A 闭合则打开电动机 2。"然而，由于早期的逻辑控制系统依赖于硬连线电路，如同在图 15-4 中左边所示，"逻辑接线图"被用于一次性解释许多电路的控制逻辑。这些逻辑图称为继电器梯形逻辑（RLL），代表电气开关和设备的连接，允许电流流过电路为负载供电，如电动机、电磁阀、灯等。

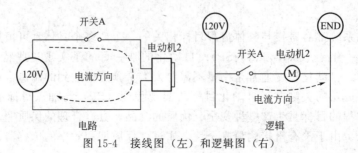

图 15-4　接线图（左）和逻辑图（右）

目前，可编程逻辑控制器（PLC）已在大多数应用中取代了硬连线控制电路。出于这个原因，梯形逻辑图已被采用作为最常用于记录和实现离散控制操作的符号语言。PLC 通常使用模拟梯形逻辑图的软件接口进行编程。在梯形逻辑的软件版本中，真/假功能通常取代电气开关，逻辑状态真类似于关闭电气开关。图 15-5 显示了可编程到 PLC 中、用于控制巴氏灭菌过程中导流阀的梯形图逻辑图示例。

图 15-5 中的逻辑假定换向阀常开，将流体从填料器中转移出来，除非满足适当的温度和流量条件。一旦达到规定的温度和流量条件，换向阀关闭，使产品流到填料器，指示灯亮，表示产品流向填料。

在梯形逻辑中，指令放在两个垂直柱之间的梯级上，因此将逻辑引用为梯形图。虽然上面的例子只显示了一个逻辑梯级，但梯形图通常包含数百个梯级。逻辑总是从左侧开始，然后移到右侧来进行，通过从左向右移动来评估所有梯级。首先检测放置在每个梯级左侧的逻辑输入元素，如果发现所有元素都为真，则执行该梯级的输出元素。如果任何或所有输入元素都不为真，则不执行该梯级的输出元素（图 15-6）。

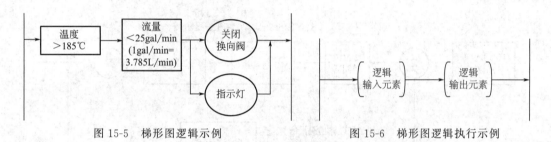

图 15-5　梯形图逻辑示例　　　　　图 15-6　梯形图逻辑执行示例

当 PLC 用于实现梯形逻辑时，每个梯级从梯形图的顶部到底部一次执行一个。在大多数情况下，PLC 扫描所有梯级所需的时间很短（大约 100ms），并且在功能上等同于同时执行的所有梯级。

（2）连续控制

连续控制是一种涉及设备的感测和调整的自动化，这些设备可以在其限制之间逐渐变化。在使用微处理器和 PLC 之前，由于使用了模拟信号和控制器，因此将其称为模拟控制。模拟设备包括测量一系列值（例如 32～300℉、0～100gal/min、0～50lb/in）的加工变量的传感器和可以定位在 0% 和 100% 之间的控制元件。例如，连续控制用于调节在巴氏杀菌过程中离开换热器的产品温度。为了同时使用这些模拟设备与基于微处理器的数字控制器（如PLC），必须将来自这些设备的模拟信号转换为数字形式。大多数基于 PLC 或微处理器的控制器都具有可执行此任务的模数转换器（ADC）。

（3）方框图

方框图用于说明在硬件设备之间传递的不可见信号流路径。方框图由块、箭头和算术结点组成。块表示具有一个或多个输入和/或输出的设备。箭头表示携带信息的信号。算术结点用于表示对信号的数学运算。方框图与制造流程图的不同之处在于，箭头描绘了信号的路径，而不一定是描绘了食物材料的路径。例如，图 15-7 中的通用框图。

在该示例中，阀门、电动机和泵被识别为用于某些加工过程的控制元件。控制变量（例如泵速）被认为是由控制元件操纵的信号，因此会对加工过程产生特定的影响。温度、压力和位置被识别为加工变量。每个加工变量（例如温度）的数值被认为是信号并且代表过程状态的某些方面。

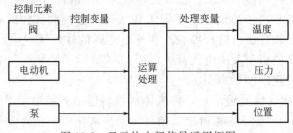

图 15-7　显示块之间信号通用框图

（4）闭环系统

闭环系统意味着一种结构，该结构把由加工过程输出产生的 PV 信号最终用于确定调节加工过程输入的控制变量（CV）。常用的闭环自动化技术是负反馈控制。负反馈控制系统包括：①加工设置信号；②反馈控制器；③控制元素；④控制过程；⑤传感元素；⑥加工处理输出测量信号。描述闭环系统（包含负反馈控制策略）的框图如图 15-8 所示。

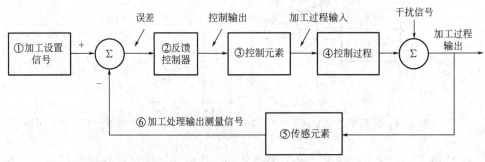

图 15-8　闭环系统框图

传感元件是反馈回路中用于监控加工过程输出的测量装置。在负反馈控制中，从加工过程 SP 中以数学计算方式减去该 PV。SP 表示加工过程输出的期望操作值，通常由操作员输入。设定点减去 PV 的结果，是误差信号。控制器的目的是消除误差。如果 PV 大于 SP，则误差为负。如果 PV 小于 SP，则误差为正。控制器使用此误差信号来调整 CV。如果误差为负，则 CV 将减少。如果误差为正，则 CV 将增加。CV 变化的幅度取决于控制器算法和误差信号的幅度。

负反馈控制系统中的控制元件是用于改变加工过程的机械装置。这些机构因系统而异，并且包括诸如电动机、阀门、电磁开关、活塞缸、齿轮、动力螺钉、滑轮系统、链传动装置以及其他机械和电气部件的装置。因此，通过调节测量加工过程输出和 SP 之间的误差来处理干扰，负反馈控制能够维持一些指定的加工过程行为。

术语"闭环"和"反馈控制"之间的差异在于反馈控制是将系统调节到某个期望值的一些目标。术语"闭环"简单地定义了一个系统结构，没有隐含的系统响应规范。因此，负反馈控制可以被认为是闭环系统结构的一个示例或子集。作为使用负反馈控制的食品加工过程的一个例子，考虑在巴氏灭菌过程中控制产品温度（图 15-9）。

在这种情况下，目标是调节产品温度以将微生物种群减少到某个可接受的最低水平。这被称为温度目标 SP。使用温度传感器（例如 RTD 或热电偶）不断测量产品温度（PV）。如果产品温度等于 SP，则不需要调节进入换热器的蒸汽流量。但是，如果 PV 大于 SP，则应该降低蒸汽流量。如果 PV 低于 SP，则应增加蒸汽流量。

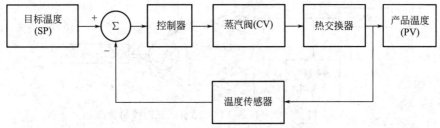

图 15-9　负反馈控制食品加工示例

控制器通过从 SP 中减去 PV 来不断计算误差。如果产品温度（PV）高于 SP，则误差为负，并且控制器对蒸汽阀（CV）进行节流以减少进入换热器的蒸汽量，从而降低产品温度。如果产品温度低于 SP，则误差为正，控制器打开阀门（CV）以增加进入换热器的蒸汽量，从而提高产品温度。

（5）PID 控制

最常见的反馈控制方法是 PID 算法。PID 是在误差信号上进行的比例（proportional）＋积分（integral）＋微分（derivative）作用的首字母缩写，用于计算加工过程输入信号。为了获得所需的控制特性，必须在这些动作中的每一个之间进行适当的平衡。

① 比例控制动作　比例控制是最简单的反馈控制形式。比例控制器的输出与 SP 和加工过程输出之间的误差成比例。在数学上，控制器输出"$\mu(t)$"计算为

$$\mu(t)=K_{\mathrm{p}}e(t)$$

式中，K_{P} 是控制器的增益；$e(t)$ 是误差信号。K_{P} 也称为控制器的建议灵敏度，它表示误差中每单位变化的 CV 变化。比例增益可视为操作员可调节的用于控制加工过程输入的误差放大（图 15-10）。误差越大，加工过程输入的变化越大。同样，误差越小，加工过程输入的变化越小。如果误差为零，则不会对加工过程输入进行任何更改。在反馈控制中使用的术语比例（P）也称为增益、比例增益或灵敏度。在许多工业控制器中，比例控制用比例带（proportional band，PB）表示。比例带定义为产生 100％变化所需的输入百分比变化。PB 与 K_{P} 之间关系：

$$\mathrm{PB}=1/K_{\mathrm{p}}\times100$$

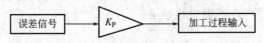

图 15-10　比例增益将误差信号放大为加工过程输入

比例反馈控制的一个缺点是，对于非积分过程可能存在持久的残余误差。

② 积分控制动作　术语"积分"意味着相加。积分控制与误差信号"$e(t)$"的积分成比例。因此，控制器输出"$u(t)$"的值以与误差"$e(t)$"成比例的速率变化。这意味着如果误差比前一个值加倍，则控制器输出增加两倍，以补偿快速增加的误差。当加工过程变量位于 SP（无误差）时，积分控制动作保持不变。同样，只要存在误差，积分控制动作就会改变（增加或减少）以消除误差。

积分控制动作通常与比例控制动作相结合（图 15-11）。该组合称为比例加积分作用，称为 PI 控制。PI 反馈控制器的输出与误差加上误差随时间的总和成正比。因此，积分动作通过积分"消除"随时间持续存在的误差，来校正在控制器中发生的仅具有比例增益的偏移。

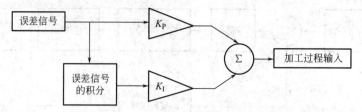

图 15-11　与比例控制动作相结合积分的控制动作

积分增益 K_I，是一个可调参数，用于"控制"控制器的积分作用量。在某些工业控制器上，积分模式的可调参数为 T_I 和积分时间常数。K_I 和 T_I 是彼此的倒数。将积分作用与比例作用相结合的优点是积分消除了偏移。通常，由于存在积分作用，响应的稳定性有所降低（更多振荡）。

③ 微分控制行动　微分控制动作改变控制器输出，与误差信号 "$e(t)$" 的变化率成比例。微分计算误差变化并向控制器提供预测动作。基本的思想是，如果误差以较快的速率发生变化，则需要采取额外的控制措施来防止 SP 的过冲或下冲。微分控制的数量由比例常数 K_D（微分增益）确定（图 15-12）。

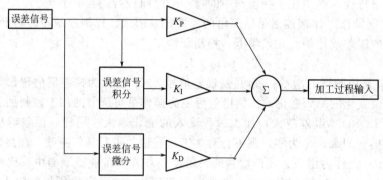

图 15-12　微分控制量由一个比例常数和微分增益 K_D 决定

对于表现出一阶动态的加工过程，微分作用通常不是必需的。此外，对于具有明显测量噪声的加工过程，不建议使用微分作用。如果加工过程输出的测量包含明显的噪声，那么微分动作将放大噪声信号并产生不理想的结果。

（6）开 环 控 制 系 统

开环控制系统是一种控制结构，其中加工过程变量的测量不用于调节加工过程的输入（图 15-13）。在开环系统中，没有 SP 且没有反馈控制器。在以下情况中，加工过程可以在开环中运行：一是加工过程稳定；二是几乎没有干扰；三是流程响应时间充足。

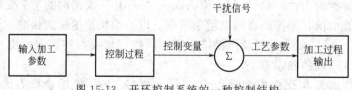

图 15-13　开环控制系统的一种控制结构

通常在开环控制系统中操作的一些食品加工实例是带式输送机、混合器、泵、干燥器和面团切片机。例如，在滚筒干燥过程中，操作者将滚筒速度和蒸汽压力设定为某些预定常数。如果滚筒速度、蒸汽供应压力或原料水分没有受到干扰，干燥器输出的产品质量应保持不变（图 15-14）。因此，不需要测量过程输出（产品水分或质量）以控制加工过程。

在以下情况中，必须以开环方式操作加工流程：一是无法检测加工过程变量（例如干馏）；二是过程动态过于复杂，无法实施反馈控制（发酵、挤压）。例如，在大多数烘焙、挤压、蒸煮和干馏操作中，不能测量食品材料内的温度，因此烘箱、挤压机或蒸馏器温度曲线和烹饪时间不能以测量的产品温度为基础。开环控制的两个例子是预测控制和前馈控制。

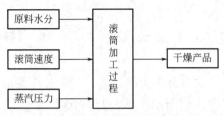

图 15-14　滚筒干燥的开环控制过程

① 预测控制　在无法测量所涉及加工过程变量的情况下，可以使用工程模型进行估算。然后使用模型预测值而不是测量值执行反馈控制（图 15-15）。该技术通常用于食品工业中，在加工过程中难以或不可能测量食品性质的情况。用于在蒸馏器中对罐头食品进行灭菌的处理时间和温度基于工程模型，该模型预测罐内食物将如何加热及食品中微生物如何因加热而死亡。

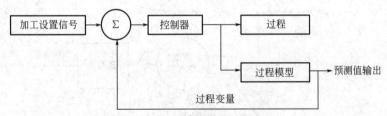

图 15-15　使用预测值执行反馈控制

② 前馈控制　如果可以测量干扰并且已知它们对加工过程的影响，则可以使用前馈控制来减少这些干扰对加工过程的影响。在前馈控制中，测量的干扰变量用于改变受控变量。只有在可以准确预测干扰对加工过程输出的影响时，才能成功进行前馈控制。

例如，考虑具有长停留时间的干燥过程。使用反馈控制，湿度传感器将放置在干燥单元的输出端，其信号将用于调节干燥时间和/或干燥温度。但是，如果停留时间为 3h，则需要将近 3h 才能确定是否进行了正确的调整。与此同时，生产中的产品可能不符合水分的质量标准，需要进行再处理或处置。这两种替代方案在制造过程中都会产生不可接受的成本。更好的解决方案是测量进料的水分，并将进料水分含量与标称值的偏差视为干扰变量，并将其用于前馈型控制器（图 15-16）。通过测量进入干燥器的进料水分含量，可以采用质量平衡计算来确定该原料所需的干燥温度或干燥时间的变化，从而在没有反馈控制的情况下应用正确的过程。

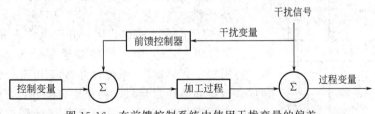

图 15-16　在前馈控制系统中使用干扰变量的偏差

前馈和预测控制都是开环控制策略，并且经常彼此混淆。在前馈控制中，基于干扰变量的实际测量来计算控制变量信号，而在预测控制中，控制变量信号是基于计算模型对过程变量的预测来确定的。

========= 15.6 控制器 =========

在食品工业中，基本上有三种类型基于微处理器的控制系统，单回路控制器、PLC 和分布式控制系统（distributed control systems，DCS）。最小和最便宜的是单回路控制器，大多数单回路控制器专用于一个单元操作或单个设备的连续反馈控制。

单回路加工过程控制器最常使用 PID 算法来控制反馈回路。但是，有些过程控制器使用基于模糊逻辑的控制算法。图 15-17 显示了典型的加工过程控制器和液位控制系统。在此示例中，控制器（LIC）接受来自液位变送器（level transmitter，LT）的模拟输出信号 4～20mA，并控制流量控制阀（FCV）的位置以调节油箱中的液位。

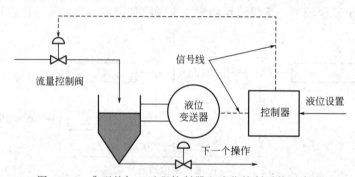

图 15-17　典型的加工过程控制器和液位控制系统示意图

可编程逻辑控制器基本上是专为工业用途设计的专用计算机系统。PLC 不具备用于输入和输出（I/O）设备的键盘、鼠标和显示器，而是具有用于连接按钮、开关、电动机启动器和螺线管等设备的输入和输出接口或端子。为感测和控制机器，系统或过程的所有设备都可以连接到 PLC。PLC 的主要组件如图 15-18 所示，这些组件包括处理器、内存、I/O 端子和某些类型机箱内的电源。

（1）处理器

处理器或中央处理单元（CPU）是 PLC 的核心，类似于任何计算机中的处理器。CPU 组织和控制 PLC 的功能，它跟踪连接到 PLC 的任何输入和输出的状态，运行程序，并为用户提供通信端口以连接到 PLC，并输入或更改程序和监视运行状态。CPU 还执行复制传统定时器、控制继电器、计数器和更复杂电子电路的功能。处理器执行 PLC 中的逻辑。

（2）存储器

CPU 使用内存来存储程序，并记录输入和输出的状态，即它们是打开还是关闭。存储器通常分为"系统存储器"和"应用程序存储器"。系统存储器使用 PLC 的操作软件预编程。该存储器通常是只读存储器（ROM），用户不能轻易更改。应用程序存储器由随机存取存储器（RAM）组成，用于存储梯形逻辑程序和输入/输出数据。连接到 PLC 的每个离散输入或输出设备的状态可以由单个存储位指定，当

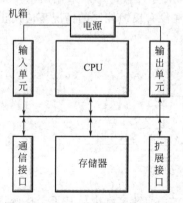

图 15-18　PLC 的主要组件示意图

设备为 FALSE 或 TRUE 时，其值为 0 或 1。例如，如果开关打开（假），则离散接近开关的状态将作为 0 存储在 PLC 存储器中；如果开关闭合（真），则将其存储为 1。

（3）电源

交流和直流供电模式均可提供从低至 12V 到高达 240V 的所需电压。无论 PLC 设计的电源类型如何，电源模块都必须将电源转换为低电压 DC，供 CPU 和相关电子设备使用。PLC 的电源通常是可靠的，并且能够耐受环境条件，例如湿度、温度、振动等。

大多数 PLC 没有不间断电源（UPS），如果电力中断，可能导致加工过程中的危险情况，则可能需要安装。某些 PLC 具有可编程的紧急关闭功能，借助电容器存储电能，PLC 在检测到电源故障时执行紧急关闭程序。所有 PLC 都具有某种电池备份功能，可在断电或计划停机时间内将程序保存在内存中。

（4）输入/输出端子（I/O）

如果处理器负责 PLC 中的逻辑，则可以将 I/O 端子视为将控制信号置于 PLC 中。这些 I/O 端子允许 PLC "感知"和 "控制"在机器、系统或加工过程中发生的事件。小型 PLC 具有固定数量的输入和输出端子。较大的 PLC 具有 I/O 模块，可根据所控制过程的大小、需要添加到 PLC 机架中。基本类型的 I/O 模块包括：①交流输入模块——典型的 120V AC 离散信号；②交流输出模块——典型的 120V AC 离散信号；③直流输入模块——典型的 0～24V DC 的离散信号；④直流输出模块——典型的 0～24V DC 的离散信号；⑤模拟输入模块——信号范围为 0～10V DC 或 4～20mA；⑥模拟输出模块——信号范围为 0～10V DC 或 4～20mA；⑦热电偶输入模块——来自热电偶的信号；⑧RTD 输入模块——来自电阻温度设备的信号；⑨通信模块——许多协议，包括 TCP/IP、Modbus、Data Highway、Fieldbus、Devicenet 等。

所有输入和输出端子都在 PLC 和外部信号之间提供了电气隔离，这种隔离可防止任何杂散信号、短路或接地故障损坏处理器。大多数 I/O 模块都使用光隔离来实现此目的。在光学隔离中，电信号被转换成光信号，然后转换回电信号并传输到 PLC 中。

（5）机箱

PLC 的机箱通常是图 15-19 中两种类型之一。对于小型 PLC，所有组件都包含在一个机箱中，形状可以变化，但被称为 "箱"是因为它们的外形与方块或箱子相似。在这些小型 PLC 中，可以连接外部设备的输入和输出端子数量是固定的。较大的 PLC 内置模块保存在称为机架的大型机箱内。这些箱体式 PLC 的输入和输出端子在数量上以及可以连接的 I/O 设备的类型方面是灵活的。机箱中的每个插槽都可以包含一个不同的 I/O 模块，用于 PLC 的输入或输出。每个模块的插槽号用作地址的一部分，用于识别组件连接到 PLC 的位置，如后面所述。

图 15-19　典型的箱体和模块式 PLC　　　　　　　　码 15-1

(6) 编程设备

编程设备的范围包括从内置于 PLC 本身的键盘到手持编程终端以及运行专用软件的计算机。键盘和手持终端的优点在于它们具有便携性和坚固性，足以在工厂中安装 PLC 的地方进行更改。使用计算机和软件进行编程的好处是程序的副本可以存储在 PLC 外部，以便进行脱机修改或升级、紧急备份或单纯的文档编制。在通信模块的帮助下，大多数 PLC 可以通过网络（图 15-20）与计算机进行通信，以进行编程和监控。

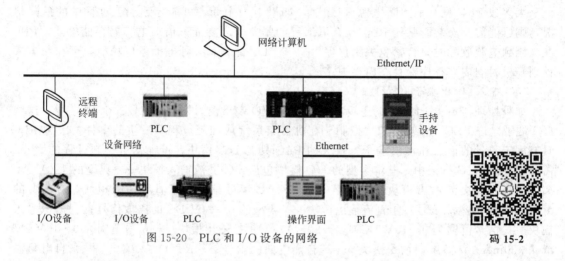

图 15-20　PLC 和 I/O 设备的网络

码 15-2

(7) 控制器编程

目前市场上的大多数控制系统都是基于微处理器的，并且在用于自动化过程之前需要用户进行编程。小型加工过程控制系统只需要用户从预定义列表中选择配置参数，其他更复杂的系统，如 PLC 需要使用复杂的软件进行编程。编程的指令集形成确定系统自动完成动作的算法。该程序指定了自动化系统将执行的操作以及必须如何控制各种加工过程信号以实现所需结果。用于 PLC 上离散控制的最简单的梯形逻辑编程指令列于表 15-3 中。

表 15-3　最简单的用于 PLC 上的离散控制的梯形逻辑编程指令

指令	I/O	符号	含义
打开	输入	┤├	如果该位设置为1,则为真;如果该位设置为0,则为假
关闭	输入	┤\├	如果该位设置为0,则为真;如果该位设置为1,则为假
启动	输出	─( )─	如果输入条件逻辑组合为真,则将指定的输出位设置为1,否则将指定的输出位设置为0
锁上	输出	─(L)─	如果输入条件逻辑组合为真,则将指定的输出位设置为1
解锁	输出	─(U)─	如果输入条件逻辑组合为真,则将指定的输出位设置为0

为了满足控制的实时性，PLC 采用了循环扫描的工作方式。当 PLC 运行时，是通过执行反馈控制要求的用户程序来完成控制任务的，需要执行多个操作，但 CPU 不可能同时执行众多操作，因此采用串行操作方式，即每次执行一个操作，按照顺序逐个执行。由于 CPU 运算速度很快，所以从宏观上看 PLC 执行的结果似乎是并行的。串行的过程是 PLC 扫描工作方式。当程序运行时，扫描从第一个程序开始，在无中断或跳转控制的情况下，按程序存储顺序的先后，逐条执行用户程序，直到程序结束。然后再从头开始扫描执行，周而复始重复运行。PLC 的运行周期经过五个阶段，分别为：①内部处理——CPU 检测器硬件、用户程序存储器和所用 I/O 模块的状态；②通信服务——扫描周期的信息处理阶段，CPU

处理从通信端口接收到的信息；③输入采样——CPU 以顺序扫描的方式对所用输入端子的输入状态进行采样，将采样结果存入输入映像寄存器中；④程序执行——PLC 对程序按照顺序进行扫描执行；⑤输出刷新——当所有程序执行完毕后，进入输出处理阶段。在这一阶段里，PLC 将输出映像寄存器中的数据写入输出锁存器，更新输出状态，并通过一定方式输出，驱动外部负载。然后 PLC 进入下一个循环周期，重新执行上述五个阶段，周而复始。如用户程序中存在对输出结果多次赋值的情况，则只有最后一条结果有效。

以实现电动机正向启动和反向启动为例，假设按下 SB_1，电动机正向启动（保持运行状态）；按下 SB_2，电动机反向运行；按下 SB_3，电动机停止。若要实现正反转，应该使用两个接触器 KM_1 和 KM_2，对应的输出点可选择 Q0.1 和 Q0.2。根据输入输出点分配 I/O 地址如表 15-4 所示。

表 15-4　I/O 地址分配表

输入元件	地址	输出元件	地址
正转启动按钮 SB_1	I0.1	电动机前进 KM_1	Q0.1
反转启动按钮 SB_2	I0.2	电动机后退 KM_2	Q0.2
停止按钮 SB_3	I0.3		

因为在正反转电路中，若同时接通则会造成短路，因此每次只能接通其一。一种方法是使用带互锁的按钮，另一种方法是将接触器的常闭辅助点接到对方电路中。本例中采用双重互锁。为保持某一运行状态，应使用自锁触点。为使电动机停下来，因此将停止按钮的常闭触点串联到对方电路中。图 15-21 为该例的控制程序梯形图。

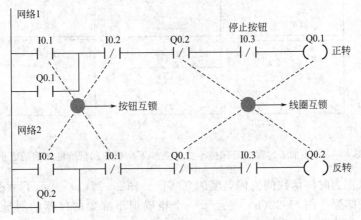

图 15-21　电动机正反转控制程序的梯形图

以上示例详细说明了如何将简单的离散控制示例编程到 PLC 的梯形逻辑软件中。由于目前使用的大多数箱体式模块化 PLC 也可以执行连续控制，因此创建了梯形逻辑指令来执行模拟控制任务。

（8）HMI-人机界面

由于大多数控制器需要人工输入或监控，因此通常需要人机界面（HMI）。HMI 包括用于允许自动化系统与人类操作员交互的任何设备。HMI 可以像面板上的指示灯和按钮一样简单，也可以像计算机显示器上显示的一组图形显示窗口一样复杂。指示灯和按钮最常用于材料处理操作。例如，当输送机或电动机运行时指示灯点亮，停止时指示灯熄灭。按钮用于启动和停止这些设备。对于单元操作，通常的做法是使用计算机监视器显示过程的彩色动画，其中重要的过程变量描述为文本、条形图或折线图。颜色通常用于区分加工过程的各个组件或传达过程状态。

15.7　传感器基础

传感器的作用是对加工过程变量提供准确和可重复的测量，用以指示、监视、记录或控制生产环境中的特定过程。本节目的是描述适用于所有传感器的基本概念，例如准确度和精度；还讨论了通常用于测量食品加工操作中的位置、温度、压力、液位和流量的传感器。

（1）范围和分辨率

范围描述了仪器设计运行的最大值和最小值。分辨率定义为可由仪器检测的加工过程变量的最小变化。这对加工过程控制具有重要影响，因为自动化系统不能更精确地调节比传感器分辨率还小的过程变量。

（2）准确性和精确度

传感器必须提供过程变量和电特性之间的唯一关系，从而使得电特性的后续测量合理地关联过程变量的对应值。精度是一个术语，用于描述一系列测量的平均值与过程变量真实值的匹配程度。精度和可重复性是可互换的术语，用于描述关于其平均值的一系列测量的统计方差。在过程变量保持不变的条件下，这两种测量属性之间的区别如图 15-22 所示。

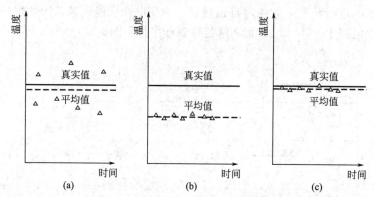

图 15-22　在加工过程变量保持不变的条件下准确度和精确度之间的区别

实曲线表示作为时间函数的流体温度的真实值。图 15-22（a）显示了由不精确但准确的仪器给出的测量结果。图 15-22（b）显示了一个精确但不准确的仪器的测量结果。图 15-22（c）显示了准确而精确的仪器的测量结果。准确性可以通过多种方式定义。最常见的是相对读数（relative-to-reading，RR）和相对满量程（relative-to-full-scale，RFS）。通过 RR 定义精度的传感器在某些范围内更准确，而在其他范围内则准确性相对较差。

（3）传感器动力学

没有一种传感器可以立即响应过程变量的变化，所有传感器都有一定的响应时间。这个特性很重要，因为自动化系统的响应时间不能小于所用传感器的响应时间。例如将环境温度下的裸灯泡型玻璃温度计突然浸入较高温度的加工工艺流中，温度计内的液体不会瞬间膨胀。相反，该过程的能量将根据对流传热速率转移到玻璃灯泡。然后，该能量根据玻璃的传导传热性质通过玻璃传递。最后，能量根据一些其他对流传热速率转移到温度计流体中，于是温度计流体在加热时膨胀。因为工艺流和温度计之间的温度差异是控制能量流动的驱动力，所以在温度计最初浸入工艺时发生最大的能量流动。结果是温度计流体的温度首先迅速变化，然后随着温度接近过程而减慢。

因为温差的变化与实际温差成比例，所以响应可以表征为时间的指数函数，即加工过程温度和温度计流体之间的温度差值随时间呈指数下降。得到的响应的特征用"时间常数"来表示，并且定义为温度差异减少一个自然对数周期所需的时间。当响应按百分比变化表示时，时间常数是响应达到其总变化值的 63.2% 所需的时间。具有时间常数的温度传感器的典型响应曲线如图 15-23 所示。

在闭环反馈控制中，传感器施加的时间常数会增加整个环路响应时间的滞后（或时间延迟）。因此，总是期望能够最小化传感器和其他环路部件的时间常数。具有小时间常数的传感器使控制器可以提供更好的闭环性能；具有大时间常数的传感器会降低反馈回路的整体操作，大小都是相对的术语。根据经验，传感器的时间常数应比加工过程本身的时间常数小约 5～10 倍。因此，使温度在 10min 之内从一个稳态变为另一个的热过程，应使用时间常数约为 1min 或更短的温度传感器。

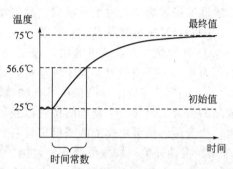

图 15-23　具有时间常数的温度传感器的典型响应曲线

（4）量程比和调节比

量程比将仪器的有效操作范围转换为其与最大值的百分比。例如，流量计的可调范围为 5%～100%，则对于设计最大流量为 1000gal/min 的，可以测量低至 50gal/min 的流速。仪器的调节比定义为其工作范围的最大值与其工作范围的最小值之比。对于上面的流量计，调节比为 200:1。

（5）灵敏度/增益

灵敏度和增益是可互换的术语，定义为输出信号的变化与加工过程变量的变化之比。给定输入变化的输出变化越大，灵敏度越高。

（6）线性

线性度衡量仪器灵敏度在其工作范围内的恒定程度。在线性仪器中，电输出的变化与加工过程输入变化的比率在仪器的整个范围是恒定的。从视觉角度来看，线性度定义了线在横坐标上绘制的加工过程变量图与纵坐标上绘制的电信号输出图的拟合程度。线性度对准确度和加工过程控制具有重要影响。假设非线性仪器的线性行为类似于试图用直线拟合曲线，拟合线在曲线的某些部分可能是准确的。

（7）维护

元件随着时间的推移而磨损消耗，其准确度、精确度、灵敏度和可靠性都会受到影响。因此，传感器需要定期校准和维护。

（8）传感器规范

指定传感器时需要考虑的一些注意事项包括以下内容。

①加工过程变量的范围：通常，传感器的范围越大，其分辨率和精度越低。应选择传感器以覆盖加工过程预期工作范围的 ±10%。②精度和灵敏度：传感器的成本随着准确度、精确度和灵敏度的要求而提高。因此，应选择其规格略超过控制系统性能目标的传感器。③传感器在正常工作范围内的变化规律：应尽可能使用线性传感器。如果不能使用线性传感器，则应使用非线性可以表征的传感器。现代计算机技术能够使用这种表征来线性化其他非线性

传感器，以实现更精确的控制。④响应时间：设备大小、用途和生产限制将决定给定过程所需的响应时间。应选择响应时间至少比加工过程本身的响应时间快十倍的传感器。⑤可靠性：通常，重要的是选择在恶劣的制造环境中仍旧稳健工作并且在长时间内可靠地执行指令的传感器。传感器故障可导致昂贵的机器关闭。一些换能器具有多个（备用）传感元件，以避免由于传感器故障而关闭机器。⑥硬件、安装和运营成本：复杂的传感器，例如在线光谱仪和视觉系统的价格昂贵，需要特殊的安装资源，并且需要经过培训的人员进行操作和维护。使用此类技术的利益须超过其运营所需的成本。⑦卫生和安全要求：与食品直接接触的传感器不得影响工艺卫生要求或食品安全。

（9）通用传感器技术

① 开关输入　最简单的输入设备是离散的双位开关输入。开关的结构由刀和掷组成，如单刀双掷。开关的刀类似于可动杆，掷类似于固定触点。

② 位置　感应位置信息在所有制造环境中都有广泛的应用。应用包括沿传送带检测制成品的位置、包装线中盒子的位置以及更复杂的传感器的一部分，例如压力计内波登管的位置。位置传感器可用作离散或模拟设备。

③ 拨动开关　机械拨动开关是用于感应位置的最古老的技术。这些开关是简单的分立器件，当它们与加工过程接触时会改变状态。

④ 接近开关　接近开关的独特之处在于开关不需要与物体物理接触。常见的接近开关类型是基于电感原理工作的。该开关在其表面下方嵌入一个小线圈，线圈由产生波动磁场的振荡器驱动。当导电物体进入磁场时，由于金属中的涡流，能量从磁场中提取出来。这种能量损失会改变线圈的电感和振荡器的场强。传感器的检测电路监控振荡器的强度，并在振荡器降至足够的水平时触发输出（图 15-24）。

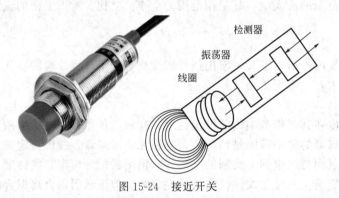

图 15-24　接近开关　　　　　　　　　　　　码 15-3

⑤ 光电池　它是一种非接触式设备，它是使光源和光敏探测器（光眼）间隔一定距离放置的，可以通过测量从光电眼输出的电压或电流来检测由光源产生的光路的部分或全部中断。因此，根据应用，光电池可用作离散或模拟装置。

⑥ 编码器/可编程限位开关　它是一种模拟设备，可提供位置测量的精确数字表示。可编程并用于在精确角度位置启动开关输出的旋转编码器称为可编程限位开关。旋转编码器中常见的其他选项包括位置随时间的变化（角速度）和速度随时间的变化（角加速度）。

⑦ 线性可变差动变压器　LVDT（linear variable differential transformer，线性可变差动变压器）是一种模拟设备，可提供精确的线性位置测量。当以数字形式提供测量时，结果是线性编码器。

⑧ 雷达　RDAR 是 radio detection and ranging 的首字母缩写。雷达位置检测器的操作

方式与执法官员用来监控汽车速度的设备类似。原理是脉冲无线电波发射后并从目标反射回其源的往返时间与源和目标之间的距离成比例。

⑨ 超声波　除了使用高频声波代替电磁无线电波之外，超声波位置检测器使用与雷达检测器类似的原理操作。超声波位置检测主要用于近距离，因为超声波在某些材料和长距离下会衰减。其使用原理是声波从目标反射回其源的往返时间与源和目标之间的距离成比例。

⑩ 温度　温度测量科学或高温测量法是加工过程工业中最古老的技术之一。温度无疑是食品行业中最常见的加工过程变量之一。表 15-5 列出了最常用的感温技术。温度是材料中平均动能的量度。温度的常用单位包括开尔文（K）、摄氏度（℃）和华氏度（℉）。

表 15-5　检测温度常用技术

器件	技术	输出	模拟/离散
双金属带	热膨胀	机械	离散
热电偶（TC）	热电效应	电压（mV）	模拟
电阻		电阻	模拟
温度装置（RTD）	热膨胀	电阻	模拟
热敏电阻	热敏电阻	电压	模拟
集成电路	数字	电压/电流	模拟
红外	电磁场	电流	模拟

⑪ 双金属片　它是用于感测自动化系统中使用的温度最古老的机械方法之一，它在廉价的家用恒温器中仍然常见。双金属片是一种小的长矩形夹层，由两种具有不同热膨胀系数的金属组成。随着环境温度的变化，片材中的每种金属以不同的速率膨胀或收缩，导致片材向内或向外卷绕。当温度超过给定阈值时，连接到金属片的瞬时开关提供离散信号。

⑫ 热电偶　Thomas Seeback 发现当两根不同金属的导线连接在一起并且被加热时，形成的电位（热电电压）与接点温度的增加成正比（图 15-25）。所有不同的金属都表现出这种效果，然而，对于不同的金属，温度与电压相关的功能是不同的。

不能使用电压表直接测量热电电压，因为在将电压表连接到热电偶时，在电压表连接点处会产生另一个新的热电电路。这个新的接点将根据其温度产生自己的热电电压，产生的电压是加热结和电压表结之间的差值。因此，在不同环境温度下进行的测量将得到不同的结果。

⑬ 电阻温度装置（resistance temperature device, RTD）　在现代 RTD 结构中，将铂或铂玻璃浆料薄膜沉积在小的扁平陶瓷基板上，用激光修整系统蚀刻并密封。这种"金属膜"RTD 可以很容易地进行制造生产。RTD元件的小尺寸特性使得完成的 RTD 能够快速响应温度的变化。

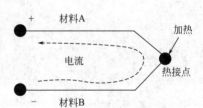

图 15-25　通过加热两种不同金属的
连接结产生热电电压

⑭ 热敏电阻　它主要由半导体材料组成，其电阻随着温度的升高而降低（负温度系数），不过也有一些热敏电阻表现出正温度系数。因此，与 RTD 一样，热敏电阻是温度敏感电阻器。可用其作为温度的非线性函数的电阻值和用特殊的信号处理技术来改善器件的线性度。

⑮ 集成电路　高温测定的最新创新是开发集成电路温度传感器。这些器件可以提供与绝对温度成线性比例的输出电压或电流。然而，这些装置易于自加热、易碎并且要在相对有限的温度范围内操作。它们通常用于热电偶的电子零参考电路。

⑯ 红外辐射　热量在红外光谱中以电磁辐射的形式传播。所有物体都发出这样的辐射，并且可以使用传感器来检测这种辐射并估计光源的温度。通常，这种装置使用红外检测来估计表面温度而无需直接接触。在每个温度下发射的红外辐射量受材料发射率的影响。这些设备的精度有限，并且易受到周围环境的热噪声干扰。

⑰ 压力　几乎所有的压力测量技术都使用隔膜，隔膜由于隔膜上的压差而弯曲。隔膜弯曲或膨胀的程度是加工过程压力相对于隔膜另一侧参考压力的函数。从这个意义上讲，所有使用隔膜的压力测量都是压差测量。

（10）变送器和换能器

变送器是将一个电信号转换为另一个电信号的设备。换能器是将一种信号转换成另一种信号形式的装置。例如，压力传感器是换能器，因为它将气动信号转换成电信号。前面描述的大多数传感器可以被认为是换能器。

① 传感器变送器　假设关于加工过程变量的测量"信息"从工厂车间传送到另一个相当长距离的位置，一种方法是将传感器提供的电子信号，例如低毫伏、欧姆电阻、电容等转换为标准电压或电流。以热电偶为例，热电偶产生与热电偶结温度相对应的低毫伏（千分之一伏特）信号。由于电阻，这些低压信号没有足够的能量通过超过 10～20ft（1ft＝0.3048m）的电缆。即使是最好的导体也具有足够的电阻来限制低电压下的小电流，因此，需要放大这种低压传感器信号并将它们转换成适合在合理长度导线上传输的适当电平。

② 智能传感器　智能传感器指的是连接到由微处理器控制的数字发射器的传感器。由测量装置检测到的信号被带入变送器并立即转换成数字信号，所有内部信号调理和处理都是以数字方式完成的，在准确性、线性度和多功能性方面取得了巨大的进步。数字格式的智能变送器的输出将始终符合一些指定的电流或电压电气标准。

第16章

基于人工神经网络的过程建模

16.1 基本背景

由于需要数值迭代计算和特殊的模拟或编程软件，因此利用基于数学模型的计算机模拟来预测食品加工过程中的水分和温度分布是一项耗时的工作。基于仿真数据进行人工神经网络开发的验证模型是实践中应用结果和过程控制的有效工具。如果为了更好地过程控制而加入神经干扰控制，需要经过训练的神经网络。

神经网络是一种基于生物神经系统结构的数据处理系统。用人工神经网络进行预测不像建模和模拟，而是通过从试验产生的数据中学习或使用验证过的模型。人工神经网络有根据新数据重新学习的能力。与其他建模技术，如同时传热传质、动力学模型和回归分析不同，人工神经网络可以容纳两个以上的变量来预测两个或多个参数。人工神经网络与传统的程序不同之处在于，它们能够在不事先了解过程变量关系的情况下了解要建模的系统。目前人工神经网络被用来解决与食品加工相关的问题。Park 等开发了一种前馈反向传播神经网络模型，以超声光谱特征为描述参数，对牛肉适口性属性进行预测和分类。Arteaga 和 Nakai 利用 11 种与食物相关的蛋白质的物理化学性质，开发了一种人工神经网络来预测泡沫容量和稳定性以及乳化活性指数。Greeraerd 等人在 1997 年利用复杂度较低的黑盒人工神经网络模型，结合温度、pH 值和水分活动的影响，预测微生物的生长。Ruan 等在 1997 年采用快速傅立叶变换和功率谱密度两种光谱分析技术进行数据预处理，作为人工神经网络开发的一部分，用于预测曲奇的流变特性。

① 隐藏层数和节点数　对于隐藏层节点数量的决定是复杂的，因为它取决于使用人工神经网络解决的特定问题。如果节点太少，网络可能不足以完成给定的学习任务。如果有大量的节点（和连接），则会导致计算时间过长。有时，人工神经网络可以"记住"输入的训练样本；这样的网络往往在新的测试样本上表现不佳，被认为没有成功完成学习。只有当系统在测试数据上表现良好而系统没有接受过训练时，神经学习才能被认为是成功的。人工神经网络应该有能力从输入训练集合中归纳，而不是记住它们。

② 学习速率和动量　反向传播中的权向量变化与误差的负梯度成正比。这决定了在人工神经网络中呈现训练集时，在不同权重中必须发生的相对变化，但不能确定所需权重变化的大小。幅度的变化取决于学习速率的选择。高的学习率能加快学习，但权重可能随之波动。正确学习率的值同样取决于应用程序。在反向传播的权值更新规则中添加动量项是为了避免在训练中陷入局部极小值。如学习速率一样，动量的值可以自适应地获得。动量的良好

选择值可以显著减少迭代次数，以实现收敛。

16.2 人工神经网络应用实例

Mittal 和 Zhang 在 2000 年开发了一种人工神经网络来预测熏蒸室烹饪时法兰克福香肠的温度和水分含量。脂肪蛋白比（FP）、初始含水率、初始温度、法兰克福半径、环境温度、相对湿度和工艺时间是输入变量。结果表明：法兰克福香肠中心温度、法兰克福香肠平均温度、法兰克福香肠平均含水率均为产量。通过模拟法兰克福香肠的温度和湿度分布和验证传热传质模型获得网络训练数据。采用一种反向传播法进行神经网络训练，发现隐藏节点的选择、学习率、动量和输入变量的范围对神经网络预测具有重要意义。PF 在预测中并不是一个重要的因素。

Mittal 和 Zhang 在 2000 年用 8 个人工神经网络的输入值成功预测了任意形状食品的食品冷冻时间，其中 95% 以上的情况相对误差小于 5%。Pham 的模型利用生成的冻结时间数据，基于 Wardnets 系统对人工神经网络进行训练。产品厚度（a）、宽度（b）、长度（c）、对流传热系数（h_c）、冷冻产品的热导率（K）、产品密度（ρ）、解冻产品的比热容（C_{pu}）、产品的水分含量（m）、初始产品温度（T_i）、环境温度（T_N）作为人工神经网络的输入变量来预测冻结时间。分析了隐含层节点数、学习率和动量对预测精度的影响。实验数据验证了神经网络的性能。利用神经网络进行冻结时间预测是一种简便、准确的方法。隐藏节点的选择、学习率和动量对人工神经网络的预测非常重要。

Mittal 和 Zhang 在 2000 年开发了一种人工神经网络来预测涂有可食性薄膜的无限片状食品在油炸过程中的传热和传质。油炸时间、板坯半厚、薄膜厚度、食品初始温度、油温、食品与薄膜的水分扩散系数、食品与薄膜的脂肪扩散系数、食品的热扩散系数、传热系数、食品的初始水分含量、食品的初始脂肪含量（m_{fo}）均为输入。输出食品中心温度（T_1）、平均温度（T_{ave}）、平均脂肪含量（m_{fave}）、平均水分含量（m_{ave}）。4 个具有 50 个节点的人工神经网络，分别位于两个隐含层中，当学习速率为 0.7、学习动量为 0.7 时，提供了最精确的输出，即 T_1 和 T_{ave} 的最大绝对误差小于 1.2℃，m_{ave} 小于 0.004 并且 m_{fave} 小于 0.003。可以看到，m_{fo} 与 m_{fave} 的预测呈线性变化。

在 2002 年，Mittal 和 Zhang 开发出来两个基于人工神经网络的系统，并用于预测热过程评价参数（g）和 fh/U（加热速率指数与灭菌值之比）。热破坏曲线经过一个对数周期（z）所需的温度变化，冷却滞后系数（j_c）和 fh/U 是预测 g 的输入变量；z、j_c 和 g 是预测 fh/U 的输入。用于训练和验证人工神经网络的数据是从报告的值中获得的。使用自然对数函数缩小输入和输出变量，提高了预测精度。在每个平板上使用 3 块由 14 个节点组成的挡板，学习速率为 0.7，动量为 0.9，这就提供了最好的预测。预测 g（未收缩值），平均相对误差为 1.25±1.77%，平均绝对误差为 0.11±0.16f。预测的 fh/U 平均相对误差为 1.41±3.40%，平均绝对误差为 2.43±15.97，每个平板有 10 个节点。使用人工神经网络模型的 g 计算的过程时间与公式计算的时间非常接近。

16.3 肉圆烹煮实例分析

在 2001 年，Mittal 和 Zhang 开发出来一款基于人工神经网络的系统，系统用来预测肉丸油炸过程中的热量和质量转移。油炸时间、肉丸半径、脂肪扩散率、水分扩散率、传热系数、脂肪传导率、初始含水率、热扩散率、初始肉丸温度、油温都是输入变量。以肉丸几何中心温度（T_0）、平均温度（T_{ave}）、平均脂肪含量（m_{fave}）、平均水分含量（m_{ave}）为输出，通过验证数学模型，得到了用于训练和验证神经网络的数据。这是基于 Ateba 和 Mittal 在 1994 年做的相关工作。

表 16-1　输入变量和其人工神经网络的输出值

输入值	输出值
油炸时间 t/s	240,360,480,600
肉丸半径 R/m	0.01,0.02,0.03
脂肪扩散率 $D_f/(10^{-7} m^2/s)$	0.15,0.45
水分扩散率 $D_m/(10^{-9} m^2/s)$	0.1,0.45,0.80
传热系数 $h/[W/(m^2 \cdot K)]$	250,350
脂肪传导率 $K_L/(10^{-4} m/s)$	0.2,0.4
初始含水率 m_i/db	2.00,2.75,3.50
热扩散率 $\alpha/(10^{-6} m^2/s)$	0.05,0.15,0.25
初始肉丸温度 $T_i/℃$	5,25
油温 $T_a/℃$	140,160,180

在数据生成方面，输入使用 10 个参数（表 16-1），输出使用 4 个参数，根据参数变化的组合生成 15552 组数据。根据肉制品的物理性质和深脂肪煎炸工艺条件，选择输入参数的范围和区间。恒定的模拟输入为：肉类比热容（C_p）为 3.428kJ/(kg·K)，肉丸密度为 1058kg/m^3，m_{ave} 为 0.0，m_{ave} 为 0.58，初始脂肪含量（m_o）为 13.7% 湿重（不含水和脂肪的干重为 0.6532）。所考虑的肉类的平均化学成分为 65.30% 的水、16.54% 的蛋白质、13.71% 的脂肪、2.83% 的碳水化合物和 1.61% 的灰分。

① 神经网络模型　一个三层的人工神经网络被开发用来预测肉丸深度油炸（图 16-1）。输入层 10 个节点代表 10 个输入参数，输出层 4 个节点代表肉丸中心温度 T_0（℃）、肉丸平均温度 T_{ave}（℃）、肉丸平均脂肪含量 m_{fave}、平均水分含量 m_{ave}。根据神经网络的性能选择隐藏层节点数。采用反向传播算法进行神经网络训练，以最小测试误差作为停止训练的标准。

② 网络的训练和测试　从生成的数据（15552 组）中，分别随机选取 3110 和 3110 组数据作为测试集和生产集（约占总数的 20%），其余 9332 个数据集用于人工神经网络训练。在神经网络的训练、测试和验证中，数据集的输入在 0～1 范围内进行规范化。对每个数据集进行训练后，调整人工神经网络的权重。在训练了 500 个时期后，将测试数据输入训练后

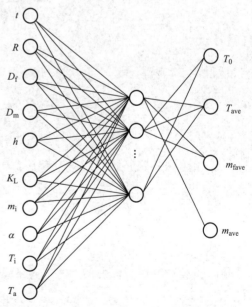

图 16-1　用于肉丸油炸过程预测的人工
神经网络计算图

的人工神经网络，记录测试误差（人工神经网络预测值与训练数据集之间的偏差）。在训练开始时，训练误差随着训练过程的进行而减小，因此需要持续训练，直到测试错误没有减少为止。如果测试误差大于之前的最小测试误差，则继续测试，直到达到100000个周期训练为止。经过训练，使用3110台生产机组验证人工神经网络的性能。

③ 隐含层数和节点　选择不同的隐藏层节点和隐藏层排列来选择最佳的生产结果（人工神经网络预测值与生产数据集之间的偏差）。首先，学习速率和动量都设定在0.3。在一个隐含层人工神经网络中，随着节点从40增加到60，R_2略有提高；T_0和T_{ave}均降低了均方误差（MSE）；T_0、T_{ave}和m_{ave}均降低了平均绝对误差（MAE）；降低了所有输出的最大相对误差；除T_{ave}和m_{ave}外，所有输出均降低了平均相对误差。除m_{fave}和m_{ave}外，所有输出的最大相对误差都减小了，当节点从50增加到60时，其他误差变化不大。随着节点数从60增加到70，各种误差都增加了。

对于两个隐藏层，对于节点的不同组合（1020、2020、3040和4040），除3040和4040组合外，所有输出的误差一般都较高，m_{fave}和T_{ave}的误差略低，但T_0和m_{ave}预测没有改善。因此，比较生产结果，60个隐藏节点的人工神经网络提供了最小的误差。选择了60个隐节点人工神经网络进行进一步改进。

④ 学习速率和动量　学习速率和动量的一些组合试图减少预测误差。随着学习速率和动量的变化，对R_2、相关系数、最小绝对误差和相对误差没有影响。然而，学习率等于0.5和动量等于0.3提供了所有输出最小和最大相对误差的最小值。在这种组合下，其他错误都是最小的或接近最小的。因此，学习率等于0.5和动量等于0.3的人工神经网络取得了最好的预测结果。

⑤ 表现　对于最好的预测结果，预测T_0和T_{ave}的最大绝对误差为1.894℃和1.895℃，平均相对误差仅为0.542%和0.145%。对m_{fave}、m_{ave}的预测精度较高，因此，人工神经网络在预测各种类型的输出时存在的误差较小。

第17章

典型食品生产线

17.1 果蔬制品生产线

虽然果蔬原料不同，加工的产品也不同，但加工中所用的机械设备基本上可以分为原料清洗、分级分选、切割、分离、杀菌以及果汁脱气等机械与设备。其主要流程是：物料清洗、果蔬分选、果蔬切片、真空封罐、罐头杀菌。

17.1.1 糖水橘子罐头生产线

我国地跨温带、亚热带和热带，气候多样，农副产品资源品种繁多，为罐头食品生产提供了有利条件，因此，我国罐头食品的种类也是比较多的。

为了适应不同罐头食品品种、适用不同罐型规格以及适用不同材料的罐藏容器，生产罐头食品的设备种类很多，形式繁杂。

实罐生产的工艺流程多种多样。工艺流程的选择应优先采用机械化连续作业。对尚未实现机械化连续生产的品种，其工艺流程应尽可能按流水线排布，使制品和半成品在生产过程中停留的时间最短，以避免半成品的变色、变味、变质。为进一步提高罐头产品质量，应尽可能采用最先进的加工技术。

（1）糖水橘子罐头设备流程

糖水橘子罐头生产设备流程如图 17-1 所示。

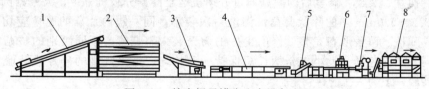

图 17-1　糖水橘子罐头生产设备流程

1—升运网带；2—酸碱漂洗滚槽；3—选择去籽输送带；4—整理输送带；
5—装罐称量输送带；6—加汁机；7—真空封罐机；8—常压连续杀菌机

（2）生产操作要点

① 清洗　经分级的橘子放入水槽中洗净表面尘污后，再放入 0.1% 的高锰酸钾溶液或 600×10^{-6} 的漂白粉溶液中浸渍 3～5min，以减少其表面微生物的污染。

② 烫橘　为了便于剥落柑橘的果皮，常采用烫橘处理，将清洗过的橘子于 95～100℃ 水

中浸烫 30~90s，趁热剥去橘皮、橘络，并按大小瓣分放。目前，该工序尚无理想的设备，大都采用手工操作。

③ 酸碱处理　分瓣后的橘子浸入盐酸处理机中常温浸泡 20min 左右，其盐酸浓度为 0.09%~0.12%，清水洗涤后，再进行碱处理，碱液浓度为 0.07%~0.09%，温度为 40~44℃，时间 5min 左右，以大部分囊衣脱落，橘肉不软烂、不破裂、不粗糙为准，然后放入漂洗槽流水清洗 30min 左右，再置于去籽、整理机上进一步分选、装罐、称量。

④ 装罐加汁　主要指糖液的灌注，常采用加汁机进行，加汁时的温度一般在 80℃ 左右。

⑤ 真空封罐　为保证罐内真空度，加入糖汁后应趁热封罐。

⑥ 常压连续杀菌冷却　封罐后应及时杀菌，密封与杀菌之间的间隔时间不能超过 20min。

17.1.2　蘑菇罐头生产线

蘑菇罐头是典型的非酸性蔬菜类原料的罐头制品。工业生产中，一般以鲜蘑菇为原料，加工工程涉及原料清洗、预煮、分级、切片、装罐、封口、杀菌、包装成为成品，如图 17-2 所示。

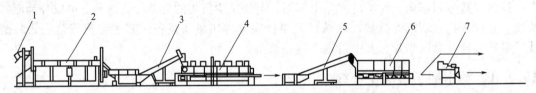

图 17-2　蘑菇罐头生产线
1—斗式升运机；2—连续预煮机；3—冷却升运机；4—带式检验台；5—升运机；6—蘑菇分级机；7—定向切片机

原料蘑菇首先经过清水清洗，一般用流送槽流送至带孔的斗式提升机进料口，一方面把水漏排，一方面把洗净的原料蘑菇提升至连续预煮机的进料口。

连续预煮机预煮：蘑菇预煮要快速升温煮沸，时间以煮透为准。一般预煮时加入 0.07%~0.1% 柠檬酸液，沸透 5~8min，蘑菇与溶液之比为 1:1.5。采取这些工艺措施的目的是为了防止蘑菇褐变、稳定蘑菇色泽。

及时冷却：蘑菇预煮后，要快速及时冷却。一般用冷水加入冷却升运机中进行。

修整：将预煮冷却后的蘑菇升运至带式检验台，在检验台上将泥根、菇柄过长或起毛、有病虫害的蘑菇、斑点菇等检出来进行修整。

分级、切片、装罐：修整后的蘑菇通过升运机运至蘑菇分级机分级，大号菇倒入定向切片机切成 3.5~5.0mm 厚的片状蘑菇，淘洗一次装罐，同一罐内片菇的厚薄应均匀。把颜色淡黄、具弹性、菌盖形态完整、修削良好的蘑菇装入整菇罐。不同级别的整菇需分开装罐，要求同一罐内色泽、大小、菇柄长短保持一致均匀，把不规则的碎片块装罐成碎片菇罐。蘑菇装罐一般为人工。

加汁、封罐、杀菌：蘑菇装罐后，用 2.3%~2.5% 的沸盐水配入 0.05% 柠檬酸过滤成汤水，用加汁机加入或用高位罐自流加入均可。同时也应保证汤水的温度，及时封罐。封罐机真空度保持在 45~55kPa。最后采用杀菌锅反压杀菌和反压冷却。采用高温短时杀菌，开罐食用时汤汁色泽较浅，菇色较稳定，组织也较好，空罐腐蚀轻。

17.1.3　浓缩果蔬汁生产线

浓缩果蔬汁生产工艺流程：原料→果槽→洗果→提升→分级→破碎→榨汁→澄清→粗

滤→超滤→杀菌→蒸发浓缩→无菌灌装→封口→贴标签→成品。

浓缩果蔬汁生产工艺设备流程如图17-3所示：原料→水流输送果槽→洗果机→螺旋提升机→滚杠检果机→板式提升机→锤式破碎机→榨汁机→带推进器单螺杆泵→振动式过滤机→储罐→饮料泵→双联过滤器→板式灭酶换热器→三效蒸发浓缩→单螺杆泵→酶解脱胶储罐→单螺杆泵→超滤机→瞬时杀菌机→无菌灌装→封口→贴标签→成品。

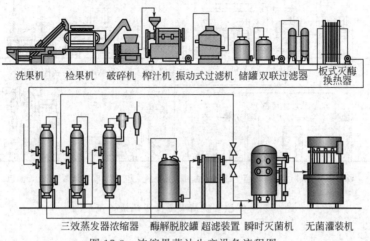

洗果机　检果机　破碎机　榨汁机　振动式过滤机　储罐　双联过滤器　板式灭酶换热器

三效蒸发器浓缩器　酶解脱胶罐　超滤装置　瞬时灭菌机　无菌灌装机

图17-3　浓缩果蔬汁生产设备流程图

外国厂商主要榨汁设备有：瑞士布赫（Bucher）HPX系列榨汁机，韦斯伐里亚（GEA Westfalia Separator GmbH）的卧式螺旋榨汁机，福乐伟（Flottweg）、贝尔杜齐（Bertuzzi）、阿姆斯的履带式榨汁机。超滤有布赫公司、乌尼贝丁公司、英国APV、利乐、阿姆斯等公司利用美国高科、英国PCI公司的管式超滤膜块制造的超滤器。德国GEA的管式、板式蒸发器，利乐、Bertuzzi、施密特、阿姆斯的板式蒸发器；阿法拉伐（Alfa Laval）公司的CT-9单效离心薄膜蒸发器等。

17.1.4　浑浊和澄清果蔬汁生产线

浑浊果蔬汁生产工艺流程：原料→清洗→挑选→分级→破碎→榨汁→分离→灭酶→冷却→调和→均质→脱气→杀菌→无菌灌装→封口→贴标签→成品。

澄清果蔬汁生产工艺流程：原料→清洗→挑选→分级→破碎→榨汁→分离→灭酶→冷却→离心分离→酶法澄清→过滤→调和→脱气→杀菌→无菌灌装→封口→贴标签→成品。

浑浊和澄清果蔬汁生产设备流程如图17-4所示。

17.1.5　果蔬脆片生产线

果蔬脆片生产工艺流程：原料→浸泡→清洗去皮→修整→切片（段）→灭酶杀青→真空浸渍→脱水→速冻→真空油炸→真空脱油→冷却→称量包装。

果蔬脆片生产设备流程如图17-5所示。

17.1.6　果酱生产线

果酱是一种深受人们喜爱的水果加工产品，特别是低糖或无糖果酱，销量更是日益增长。果实经去皮、去核、加热软化、磨碎或切块，加入砂糖熬煮，浓缩成可溶性固形物，再经装瓶可制成果酱。

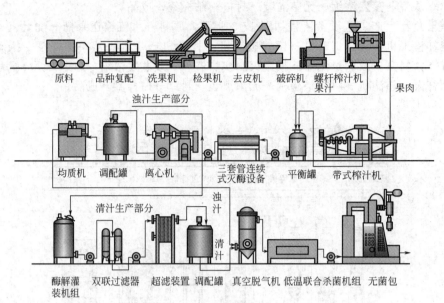

图 17-4　浑浊和澄清果蔬汁生产设备流程图

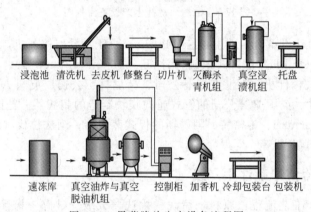

图 17-5　果蔬脆片生产设备流程图

根据生产流程，果酱生产线可分为三大部分：煮制果酱、灌装封口、CIP 清洗系统。

（1）煮制果酱部分

煮制果酱部分主要用到的设备有化糖罐、平衡罐、混合预热罐、真空浓缩设备、刮板式换热设备等。

① 水果打浆机　将煮软的水果打碎成浆，并使液、渣分离。打浆机分立式和卧式两种，目前使用较多的是卧式打浆机。打浆机有单道、双道、三道打浆机之分，一般果酱生产使用的打浆机为单道或双道打浆机。

② 螺旋式连续预煮机　其是水果处理的关键设备。原料自料斗落入筛筒内，筛筒中心有螺旋推进器，在螺旋推力下向前移动，筛筒浸在热水中，水果被加热至软化。预煮后由出料槽排出机外。

③ 化糖罐、平衡罐及混合预热罐　化糖罐是一有夹层，可通入蒸汽加热罐体。化糖时，可依据所制果酱的类型来确定糖液浓度及化糖量，并以一定的比例将糖液送入混合预热罐。平衡罐则将水果原浆、糖等按规定比例送入混合预热罐中。各原辅料在混合预热罐中得到混

匀，并通过该罐夹层的蒸汽使混合料预热到 90℃ 左右，而后由浓浆泵送至真空浓缩设备浓缩，如果混合预热罐中的混合料不需要高度浓缩，或是由灌装线返回的料，可直接经刮板式换热器杀菌后，再泵入灌装线灌装密封。

④ 果酱浓缩设备　打浆后的浆状物经加糖、加热、除去部分水分后，其固形物达 66% 以上，含糖量不低于 57%，就成为果酱产品了。浓缩设备有常压式和真空式两种。常压式浓缩设备采用夹层锅装置，真空式浓缩采用真空系统浓缩装置，一般选用带搅拌的夹套或盘管式真空浓缩设备。

（2）灌装封口部分

灌装封口主要由四大部分组成，其中有金属罐的灌装作业线、玻璃瓶灌装作业线。

① 回转式酱料灌装机　整个灌装线上可根据实际情况配备金属罐或玻璃罐用的回转灌装机，灌装时可采用双活塞定量装料机。要求其定量准确、大小可调、装料效果好。

② 封罐、封瓶机　封罐时采用真空自动封罐机，封瓶时采用真空自动旋盖封瓶机。封罐、封瓶要求封口质量高，以保证产品在常温条件下长期保藏。

③ 高压灭菌锅　用于罐头和瓶装果酱的杀菌作业，可采用间歇式杀菌锅，如卧式或回转式杀菌锅，也可采用连续加压杀菌设备。对于酸性果酱，也可使用常压杀菌设备，如喷淋式杀菌设备。

（3）CIP 清洗系统

CIP 清洗系统主要由碱液罐、热水罐、卫生泵、管道、转向阀及连接阀等组成。它的主要目的是利用果酱生产线及灌装作业线的原有设备及管路等进行不拆机清洗，清洗程序可自行设计。如果清洗后的碱液或热水还想回收利用，以节约碱液和能源，可通过转向阀将整个生产线和 CIP 系统连成一封闭的环形通路，当然此时也可视具体情况增设热水罐，以备储放回收液。

17.2　肉制品生产线

我国工业化程度较高的肉制品主要为西式肉制品，从 20 世纪 80 年代开始，随着大量引进国外的肉类加工设备，也带来和引进了肉制品加工技术。目前结合中国的传统肉制品加工，进行"西式肉制品中式化"的改进，改进产品与我国传统的肉食制品相比，其主要特点是自动化程度高、制造周期短、工艺标准化、产品标准化、可以大规模生产。

西式肉制品的主要生产设备有盐水注射机、滚揉机、绞肉机、斩拌机、搅拌机、灌装机、扭结打卡机、烟熏蒸煮炉、成型机、裹涂设备、连续式油炸机、连续式烘烤炉、连续式速冻机以及各种包装设备等，这些设备自动化程度高、操作方便，适合大规模生产的要求。

目前我国制造的主要肉制品种有：火腿类（如盐水火腿、熏制火腿）、灌肠类、发酵产品类（如色拉米、帕尔玛火腿）、罐头类（如午餐肉、火腿肠）、成型产品类（如肉饼、鸡块）等。

17.2.1　灌肠类产品生产线

灌肠是以鲜猪肉、牛肉、鸡肉等各种畜禽肉及其他材料，经腌制、绞碎、斩拌后，灌装到可食用或者不可食用的肠衣中，经过烘烤、蒸煮、烟熏、冷却等工艺加工而成的。灌肠的种类有很多，按加工方法可分为生香肠、熟熏肠、干制香肠、高温杀菌的火腿肠等。我国主要制造的是熟灌肠，根据产品其工艺各不相同，基本工艺流程如图 17-6 所示，即原料经修整、绞肉、搅拌腌制、斩拌乳化、真空灌装、扭结/打卡、烘烤、蒸煮、烟熏、冷却、包装、二次杀菌和冷藏等工艺过程制成产品。

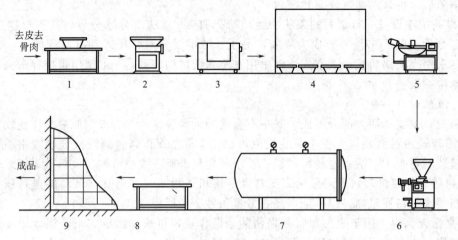

图 17-6　生产灌肠类产品的设备流程图

1—工作台；2—绞肉机；3—搅拌机；4—腌制间；5—斩拌机；6—真空灌肠机；

7—杀菌锅；8—贴标包装台；9—成品库

17.2.2　火腿类产品生产线

西式火腿大都是用大块肉经整形修割、盐水注射腌制、嫩化、滚揉、充填、蒸煮、烟熏（或不烟熏）、冷却等工艺制成的熟肉制品。由于其选料精良、加工工艺科学合理、采用低温巴氏杀菌，保持了原料肉的鲜香味，产品组织细嫩、色泽均匀鲜艳、口感良好。西式火腿的生产工艺流程如图 17-7 所示。

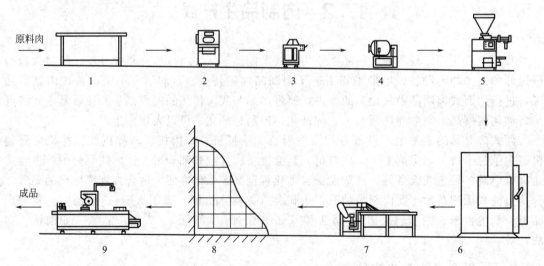

图 17-7　西式火腿的生产工艺流程图

1—选料操作台；2—盐水注射机；3—嫩化机；4—滚揉机；5—充填机；

6—熏蒸机；7—冷却池；8—冷藏间；9—包装机

西式火腿经选料及修整、盐水配制、盐水注射与嫩化、滚揉按摩、充填、打卡、蒸煮、冷却、切片、小包装、大包装、冷藏等工序加工成品。主要操作方法如下。

① 原料肉的选择及修整　用于生产火腿的原料肉原则上仅选猪的腿肉和背脊肉。无论使用热鲜肉作原料还是冷冻肉作原料，最佳的加工温度为 0~4℃。

选好的原料肉经修整，去除皮、骨、结缔组织膜、脂肪和筋腱，使其成为纯精肉，按肌纤维方向将原料肉切成肉块，并尽量保持肌肉的自然块型。

② 盐水配制　注射腌制所用的盐水，主要成分为食盐、亚硝酸钠、糖、磷酸盐、抗坏血酸钠及防腐剂、香辛料、调味料等。按照配方要求将上述添加剂用 0~4℃ 的软化水充分溶解，配制成注射盐水，过滤后尽快使用，防止静置后盐水的成分发生分离或离析。

③ 注射及嫩化　先进的注射机只需一次即可将盐水完全注入肉块中。根据出品率的要求，可以多次注射。有些产品在注射后要接着嫩化，以增加肉的表面积，使肌肉组织中的盐溶性蛋白在滚揉按摩时提取更充分，从而可吸收更多的水分及使肉块间的结合更紧密。

④ 滚揉按摩　滚揉和按摩从原理上讲是一样的。将经过盐水注射的肌肉放置在一个旋转的鼓状容器中，或者放置在带有垂直搅拌桨的容器内进行处理的过程称之为滚揉或按摩。

滚揉的方式一般分为间歇滚揉和连续滚揉两种，一般在滚揉时抽真空，以便更好地提取蛋白质成分。

滚揉的温度 0~4℃ 为最佳，因此最好在专用的恒温库中滚揉，否则就要使用带冷却夹层和制冷系统的滚揉机。

滚揉的时间根据肉块的大小而定，有些产品要连续滚揉数十个小时才能灌装。

瑞士舒娜（Suhner）公司是一家著名的、专门制造盐水注射机和滚揉按摩机的公司，其机器享有很多的专利。

⑤ 装模、充填与打卡　滚揉以后的肉，通过真空火腿压模机将肉料压入模具中成型。一般充填压模成型要抽真空，其目的在于避免肉料内有气泡，造成蒸煮时损失或产品切片时出现气孔现象。火腿压模成型，一般包括塑料膜压膜成型和人造肠衣成型两类。人造肠衣成型是将肉料用充填机灌入人造肠衣内，用手工或机器封口，再经熟制成型。塑料膜压模成型是将肉料充入塑料膜内再装入模具内，压上盖蒸煮成型，冷却后脱膜再包装而成的。

需要打卡的火腿在灌装后，必须拉紧才能打卡。

⑥ 蒸煮　火腿的加热方式一般有水煮和蒸汽加热两种方式。金属模具火腿多用水煮办法加热，充入肠衣内的火腿多使用全自动烟熏炉完成。

为了保持火腿的颜色、风味、组织形态和切片性能，火腿的熟制和热杀菌过程一般采用低温巴氏杀菌法，即火腿中心温度达到 70℃ 即可，不宜超过 80℃。

⑦ 冷却　蒸煮后的火腿应立即进行冷却，采用水浴蒸煮法加热的产品是将蒸煮篮重新吊起放置于冷却槽中用流动水冷却的，冷却到中心温度 40℃ 以下。用全自动烟熏室进行煮制后，可用喷淋冷却水冷却，直至产品中心温度到 4℃ 左右再脱模。

⑧ 切片　随着国内冷藏链的健全、连锁超市的发展，切片产品在火腿中的比例越来越大。切片使用专用的高速切片机，将剥皮后的火腿切割成厚度均匀的薄皮。

⑨ 包装和冷藏　与灌肠类产品相同。

17.2.3　肉类罐头产品生产线

国内对肉类罐头分为 PVDC 塑料薄膜包装的软罐头（俗称的火腿肠）、铁听包装的硬罐头（俗称午餐肉）两种，均使用高压釜经过 120℃ 杀菌成熟而成。其基本生产设备流程如图 17-8 所示。

对于午餐肉罐头而言，基本的操作步骤为：原料修整、绞肉、真空斩拌、真空装罐、封罐、实罐杀菌、冷却、日期打印、包装和冷藏。

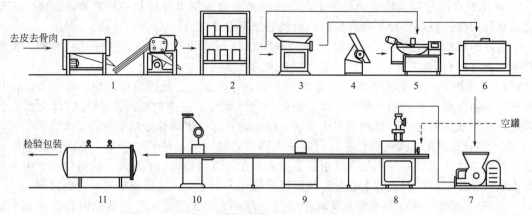

图 17-8 午餐肉罐头生产工艺流程图

1—切肉机；2—腌制室；3—绞肉机；4—碎冰机；5—斩拌机；6—真空搅拌机；7—肉糜输送机；
8—装罐机；9—刮平机；10—封罐机；11—杀菌锅

火腿肠的基本操作步骤为：原料修整、绞肉、搅拌、斩拌/乳化、灌装、打铝卡、高温杀菌、冷却、包装和冷藏。

午餐肉作为高温肉制品因使用铁听包装，因此包装成本较高。但是无论是午餐肉还是火腿肠，由于采用了高温高压的成熟方式，因此对肉的成分破坏很大，肉类几乎失去了其鲜香的特有香味，因此大量使用香辛料调味。

17.3　乳制品生产线

17.3.1　巴氏乳生产线

巴氏杀菌乳又称市乳，它是以合格的新鲜牛乳为原料，经离心净乳、标准化、均质、巴氏杀菌、冷却和灌装，直接供给消费者饮用的商品乳。

国际乳品联合会（IDF）将巴氏杀菌定义为：适合于一种制品的加工过程，目的是通过热处理尽可能地将来自于牛乳中的病原性微生物的危害降至最低，同时保证制品中化学、物理和感官的变化最小。

图 17-9 为一种巴氏杀菌乳生产线示意图。原料乳先通过平衡槽 1，然后经泵 2 送至板式换热器 4，预热后，通过流量控制器 3 至分离机 5，以生产脱脂乳和稀奶油。其中稀奶油的脂肪含量可通过流量传感器 7、密度传感器 8 和调节阀 9 确定和保持稳定，而且为了在保证均质效果的条件下节省投资和能源，仅使稀奶油通过一个较小的均质机。实际上，该图中稀奶油的去向有两个分支，一是通过阀 10、11 与均质机 12 相连，以确保巴氏杀菌乳的脂肪含量；二是多余的稀奶油进入稀奶油处理线。此外，进入均质机的稀奶油脂肪含量不能高于10%，所以一方面要精确地计算均质机的工作能力，另一方面应使脱脂乳混入稀奶油进入均质机，并保证其流速稳定。随后均质的稀奶油与多余的脱脂乳混合，使物料的脂肪含量稳定在 3%，并送至巴氏杀菌机和保温管 14 进行杀菌，然后通过转向阀 15 和动力泵 13 使杀菌后的巴氏杀菌乳在杀菌机内保证正压。这样就可避免由于杀菌机的渗漏，导致冷却介质或未杀菌的物料污染杀菌后的巴氏杀菌乳。当杀菌温度低于设定值时，温感器将指示转向阀 15，使物料回到平衡槽。巴氏杀菌后，杀菌乳继续通过杀菌机热交换段与流入的未经处理的乳进

行热交换，而本身被降温，然后继续通过冷却段，用冷水和冰水冷却，冷却后先通过缓冲罐，再进行灌装。

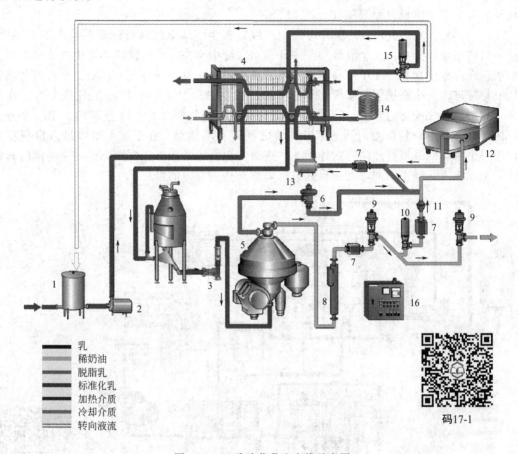

图 17-9　巴氏杀菌乳生产线示意图

1—平衡槽；2—进料泵；3—流量控制器；4—板式换热器；5—分离机；6—稳压阀；

7—流量传感器；8—密度传感器；9—调节阀；10—截止阀；11—检查阀；12—均质机；13—增压泵；14—保温管；15—转向阀；16—控制盘

　　巴氏杀菌乳的加工工艺因不同的法规而有所差别，而且不同的乳品厂也有不同的规定。

　　例如：脂肪的标准化可采用前标准化、后标准化或直接标准化；均质可采用全部均质或部分均质；最简单的全脂巴氏杀菌乳加工生产线应配备巴氏杀菌机、缓冲罐和包装机等主要设备；复杂的生产线可同时生产全脂乳、脱脂乳、部分脱脂乳和含脂率不同的稀奶油。

　　需要指出的是，在部分均质后，稀奶油中的脂肪球被破坏，游离脂肪与外界相接触很容易受到脂肪酶的侵袭。因此，均质后的稀奶油应立即与脱脂乳混合并进行巴氏杀菌。图 17-9 所示的工艺流程不会造成这一问题，因为重新混合巴氏杀菌过程全部在同一封闭系统中迅速而连续地进行。但如果采用前标准化则存在这样的问题，这时必须重新设计工艺流程。

17.3.2　再制乳生产线

　　牛乳是一种易腐败商品，在许多国家也缺乏牛奶。鲜奶货架期很短，在直接光照下和被细菌酶作用下也易被破坏。在热带以及在消费者与生产商距离很远的地区分送尤其困难。在这些地方鲜奶往往被耐存的奶制品所取代，如炼乳或 UHT 灭菌奶。再制乳是一个在没有真正鲜乳的地方提供最近似乳品的方法，在全世界，再制奶和其乳制品生产进行得很好。

再制奶中的非脂干固物通常以脱脂奶粉的方式提供。脱脂奶粉由全乳在分离机中脱去脂肪后通过蒸发和干燥去掉脱脂乳中的水分获得。这种奶粉可储存数月甚至数年而不会变败，并且易溶解于水中形成复原脱脂乳。

图17-10所示为一个大型再制乳连续生产线，在生产线上乳脂被计量泵泵入混料罐中。良好质量的水经计量加入一个混合罐7中，在泵送途中水在一个板式换热器中被加热，因为脱脂奶粉在温水中比在冷水中更易溶解。当罐被灌满一半时，循环泵5启动，水流过旁通管道从混料罐进入一个高速混料系统，干物料通过漏斗按高达每分钟45kg的比例分散，在循环泵5和增压泵之间通过形成一个真空，使混料器将干物料吸入桨叶空隙中。用一个分散管，保证液体和干物料在他们到达桨叶孔隙之间时互不接触，在干物料最终进入混料室之前，用一个手动的或遥控蝶阀密封住漏斗的进口。混料罐的搅拌器在启动循环泵的同时开始启动，水连续流入罐中，同时加工也在进行，直至达到特定的量。

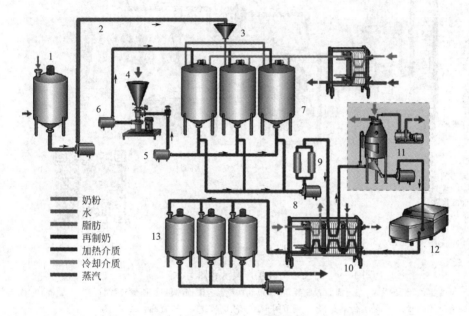

奶粉
水
脂肪
再制奶
加热介质
冷却介质
蒸汽

图 17-10　再制乳生产线示意图

码 17-2

1—脂肪缸；2—脂肪保温管；3—脂肪称重漏斗；4—带有高速混料器的漏斗；5—循环泵；
6—增压泵；7—混料缸；8—排料泵；9—过滤器；10—板式换热器；
11—真空脱气器（可选）；12—均质机；13—储缸

当所有的奶粉已被加入后，搅拌器和循环旁路被关闭，同时罐中物被静置，直至所有的脱脂粉完全溶解。在水温为35～45℃的条件下，这一过程需约20min。随后搅拌器再次启动，同时混料器与下一批罐连接进行再制奶生产。这时无水乳脂从脂肪储罐1中加入，其加入量经计量斗3进行计量。搅拌器是为最佳分散乳脂进行设计的。搅拌器开始运转12min，并良好地将脂肪分散在脱脂乳中，输运热脂肪的管线通常以防止脂肪的温度低于其熔点进行安装。当所有的物料已被混合加入一个罐中时，加工过程将在下一罐中重复进行。

脱脂奶/脂肪混合物由泵8从满载的混料罐中送往一个双联过滤器9，滤去所有外来物质，如绳子或毛发。在板式换热器10中被预热后，产品泵入均质机12，在此脂肪球被完全分散。

在混粉操作过程中，产品吸入大量的空气，这些空气会导致在巴氏消毒器上产生糊片以及均质问题，可在均质前的生产线上加上一个真空脱气罐11以减少这些问题，产品被预热到比均质温度高7～8℃的温度，然后在脱气罐中闪蒸，在此真空度可调整，以使产品出口具有正确的均质所需温度如 65℃。

在板式换热器 10 中均质奶被巴氏杀菌并冷却，随后泵入罐 13 或直接包装。

再制乳通常直接从生产线到包装，为了防止在生产线或包装线上的突然停机，生产线上需要缓冲罐，如果是灭菌乳，这一缓冲罐必须是无菌罐，以避免二次污染。一旦无菌乳已包装，如果包装无损伤则可储于任何条件下。巴氏杀菌乳必须储于冷藏室中，在市场冷链不完善或不具备的情况下最好使用 UHT 处理的乳或二次灭菌乳。

17.3.3 搅拌型酸奶生产线

发酵乳制品是一个综合名称。包括诸如：酸奶、欧默（Ymer）、开菲尔、发酵酪乳、斯堪的纳维亚酸奶、酸奶油、奶酪、乳酒（以马奶为主）等。发酵乳的名称是由于牛奶中添加了发酵剂，使部分乳糖转化成乳酸而来的。在发酵过程中还形成 CO_2、醋酸、丁二酮、乙醛和其他物质，从而使产品具有独特的滋味和香味。用于开菲尔和乳酒制作的微生物还能产生乙醇。

发酵前牛奶要先经过预处理，任何添加剂，如稳定剂、维生素等在热处理前都能定量地加入进牛乳中。如图 17-11 所示，牛乳从平衡罐出来，被泵送到换热器 2 进行第一次热回收并被预热至 70℃ 左右，然后在第二段加热至 90℃。从换热器中出来的热牛奶送到真空浓缩罐 3，在此牛奶中有 10%～20% 的水分被蒸发，蒸发比例根据牛奶中所需的 DM 含量确定，如果水分被蒸发 10%～20%，总 DM 含量将增加 1.5%～3.0%。蒸发程度决定于进入真空容器的牛奶温度，通过容器的循环速度和容器中的真空度，蒸发出的一些水分被用于预热进入系统的牛奶，这样节约了工厂的热能，提高了热效率。为了获得所需要的浓度，一定量的乳必须在真空浓缩罐中循环，每一次循环蒸发掉 3%～4% 的水，所以为了蒸发 15% 的水分，循环乳流量必须是巴氏杀菌器容量的 4～5 倍。在蒸发阶段，牛乳温度从 85～90℃ 下降到 70℃ 左右。当要求生产能力要求高达 30000L/h 以上时，要使用降膜式蒸发器。蒸发后，牛奶被送到均质机 4，然后再进行巴氏杀菌。预处理的牛奶冷却到培养温度，然后连续地与所需体积的生产发酵剂一并泵入发酵罐 7，灌满后，开动搅拌数分钟，保证发酵剂均匀分散。

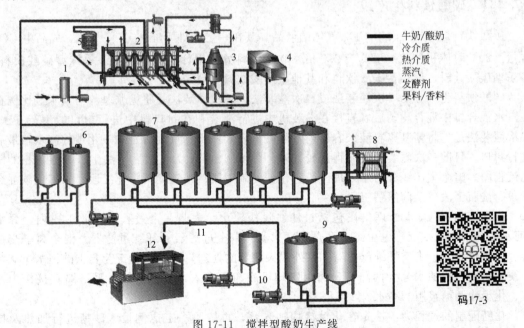

图 17-11 搅拌型酸奶生产线

1—平衡罐；2—片式换热器；3—真空浓缩罐；4—均质机；5—保温管；6—生产发酵剂罐；
7—发酵罐；8—片式冷却器；9—缓冲罐；10—果料/香料；11—混合器；12—包装

发酵罐是隔热的，以保证在整个培养期间的恒温。为了能对罐内酸度发展进行检查，可在罐上安装 pH 计。典型的搅拌型酸奶生产培养时间为 2.5～3h，42～43℃，使用的是普通型生产发酵剂（接种量 2.5％～3％），培养时间短说明增殖速度快。典型的酸奶菌种继代时间在 20～30min 之间。为了获得最佳产品，当 pH 值达到理想的值时，必须终止细菌发酵，产品的温度应在 30min 内从 42～43℃冷却至 15～22℃；当浓缩、冷冻和冻干菌种直接加入酸奶培养罐时，培养时间在 43℃，4～6h（考虑到其迟滞期较长）。

在培养的最后阶段，已达到所需的酸度时（pH4.2～4.5），酸奶必须迅速降温至 15～22℃，这样可以暂时阻止酸度的进一步增加。同时为确保成品具有理想的黏稠度，对凝块的机械处理必须柔和。冷却在具有特殊板片的冷却器中进行，这样可以保证产品不受强烈的机械扰动。为了确保产品质量均匀一致，泵和冷却器的容量应恰好能在 20～30min 内排空发酵罐。如果发酵剂使用的是其他类型并对发酵时间有影响，那么冷却时间也应相应变化。冷却的酸奶在进入包装机 12 以前一般先打入到缓冲罐 9 中，冷却到 15～22℃以后，酸奶就准备包装。果料和香料 10 可在酸奶从缓冲罐到包装机的输送过程中加入。

17.4　软饮料生产线

据统计，软饮料在人们生活中占有的比例逐年在增加，软饮料指的是经过包装的、乙醇含量低于 0.5％的饮料制品。根据原料和产品形态的不同，软饮料可分为碳酸饮料、果蔬菜汁饮料、含乳饮料、植物蛋白饮料、固体饮料、天然矿泉水以及其他饮料，如苹果汁、橙汁、茶饮料等。软饮料可用不同形状的瓶、罐、袋和盒等包装。大多数软饮料，其最主要的成分应为符合饮用标准的净化水。因此，不同来源的原料水，在配制软饮料前均需要进行不同方式和程度的净化和杀菌处理。

17.4.1　碳酸饮料生产线

碳酸饮料是饮料中含有 CO_2 气体的产品。其在一定条件下充入 CO_2 气体，成品中 CO_2 含量（20℃时体积倍数）不低于 2.0 倍。碳酸饮料分为果汁型碳酸饮料、果味型碳酸饮料、可乐型碳酸饮料、低热量碳酸饮料和其他型碳酸饮料。

碳酸饮料生产分为一次灌装法或二次灌装法。一次灌装法是将糖浆基料与汽水按比例在在汽水混合机中混合均匀后，直接在灌装机中进行灌装和在封口机中进行封口的生产方法。二次灌装法是先将糖基浆料灌入容器内，然后再灌入按比例量的溶有二氧化碳的汽水，最后进行封口。目前一次灌装法使用得比较普遍。图 17-12 所示为一次灌装法生产碳酸饮料的工艺流程图。整个生产线分为水处理工段、化糖配制工段、二氧化碳净化工段、二氧化碳混合工段、洗瓶工段、杀菌灌装工段。

在图 17-12 中，水处理工段包括过滤、除盐软化、杀菌三个过程。在此工段内，源水（河水、井水、泉水等）先后经过多介质过滤器、精密过滤器、纤维过滤器、混合离子交换器、精密过滤器、中空纤维超滤器和紫外线灭菌器的处理，得到符合工艺要求的纯水。从紫外线灭菌器出来的水分为两路，一路由冷却机冷却后进入饮料混合机，另一路直接作为冲瓶、化糖和调糖浆用的净水。

化糖配制的过程为：首先在化糖罐内加入水，再按照一定比例投入砂糖进行加热及搅拌，制得浓糖液，经过滤后，在化糖罐内按顺序加入用少量水溶化的糖精、防腐剂、柠檬酸等物料，料液冷却后通过离心泵泵入调配罐中，在调配罐中加入在高温下容易破坏的香精、色素，搅拌调配得到调和糖浆。

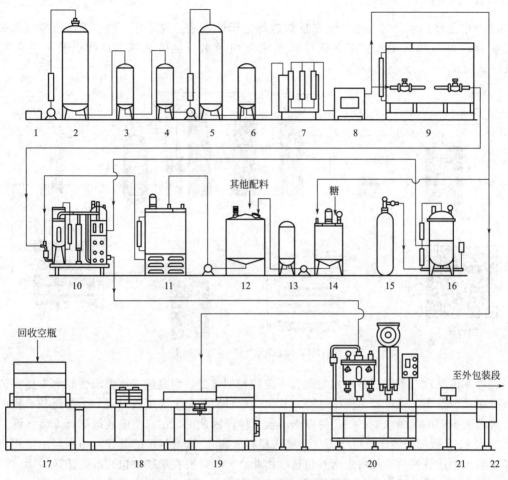

图 17-12　碳酸饮料生产工艺流程图

1—源水；2—多介质过滤器；3,6—精密过滤器；4—纤维过滤器；5—混合离子交换器；7—中空纤维超滤器；
8—紫外线杀菌器；9—冷却机组；10—饮料混合机；11—糖浆冷却器；12—调配罐；13—膜过滤器；
14—溶糖罐；15—CO_2 钢瓶；16—CO_2 净化器；17—浸泡器；18—外刷除标机；
19—刷瓶主机；20—等压灌装封口机；21—喷码机；22—输瓶机

二氧化碳净化工段将装在高压钢瓶中碳酸饮料用的二氧化碳净化，除去其中的不纯成分。

二氧化碳混合工段是将经过冷却的净化水首先按比例与配制好的糖浆基料液混合，得到的混合液再在汽水混合罐与经过净化的二氧化碳混合成为汽水，可供灌装。

碳酸饮料可用两种形式的瓶灌装，一种是回收使用的玻璃瓶，另一种是一次性使用的PET 瓶（即聚酯瓶）。本工艺流程使用的是回收玻璃瓶。回收瓶经过浸泡、外标刷除、瓶内刷洗，最后用净化水冲洗后，送至灌装机接受灌装。需要指出的是，这种洗瓶线的生产能力不太大，产量大的，可用本书相关章节中介绍的整体式自动洗瓶机进行清洗。

灌装工段指在饮料混合机混合得到的汽水由等压灌装机灌入经过清洗的空瓶，随后进行压盖，完成灌装封口的过程。此灌装封口的碳酸饮料半成品经由喷码机在瓶盖上喷出生产日期后便可送至外包装段作业。但在送往外包装段的输送线上，一般要设检视工段，以剔除不合格的瓶子。产品经检查合格后装箱，便成为可库存或出厂的成品。

17.4.2　纯净水生产线

纯净水是将源水经过多层过滤和反渗透等处理后，除去主要悬浮物、固体杂质及杀灭水中微生物后得到的饮用水。工业化生产的成品纯净水分桶装和瓶装两类。其工艺流程如图 17-13 所示。

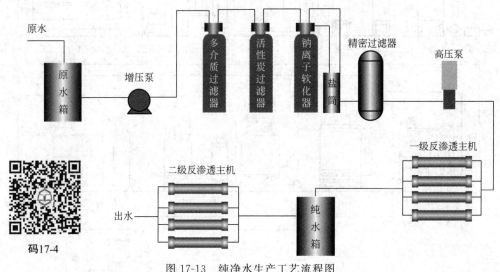

图 17-13　纯净水生产工艺流程图

纯净水的处理与碳酸饮料的水处理有一定的相似之处，但是纯净水要求去除水中更多的非水成分杂质。整个工艺流程由机械过滤、软化、膜过滤和包装等工段组成，根据设备投资的多少，可组装不同的纯净水生产线。纯净水不含气体，因此可以用真空灌装机进行灌装。灌装后的纯净水 PET 瓶随即经压盖机压盖（防盗式塑料瓶盖）。压盖封口的瓶装纯净水经由喷码机在瓶盖上喷出生产日期后，便可送至外包装段作业。另外，要在送往外包装段的输送线上将不合格的瓶子剔除。经检查合格的产品装箱（或热收缩成束）后便可作为成品库存或出厂。

17.4.3　茶饮料生产线

茶饮料生产线有间接利用速溶茶粉作为原料配制的茶饮料，也有直接用水浸泡茶叶得到茶汤，经过滤、杀菌、超滤及灌装封口制成的软饮料。如在茶汤中加入糖、酸味剂、食用香精、果汁或植物抽提液等，则可加工制成多种口味的茶饮料制品。茶饮料有茉莉花茶饮料、绿茶饮料、花茶饮料和其他茶饮料。直接利用茶叶生产的茶饮料生产线工艺流程如图 17-14 所示。

用于泡茶的源水处理与纯净水的处理基本相同，所使用的处理设备包括卫生泵 2、多介质过滤器 3、精密过滤器 4、活性炭过滤器 5、紫外线杀菌机 6。由于水中不能含有金属离子，防止发生沉淀，源水首先经过多介质过滤、精密过滤和活性炭过滤，再经过紫外线杀菌处理，然后用于浸泡茶叶。

加热提取槽利用水处理工段得到的纯净水对茶叶进行浸泡。这一过程为茶叶浸泡萃取过程，因此可以利用固-液浸提的理论和成熟实践经验来指导具体提取槽结构的设计和工艺条件的确定。

提取到的原茶汁随后经过由 8～10 串联而成的三级精密过滤器过滤，目的是除去原茶汁中的大部分沉淀。随后经过板式换热器进行杀菌和冷却，并经过超滤处理，最大限度地除去原茶汁中的可沉淀物。

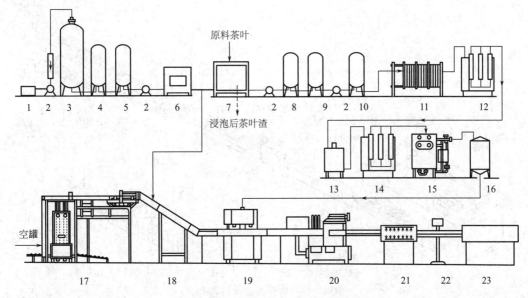

图 17-14 茶饮料生产工艺流程图

1—源水；2—卫生泵；3—多介质过滤器；4,8~10—精密过滤器；5—活性炭过滤器；6—紫外线杀菌机；

7—加热提取槽；11—板式换热器；12,14—超滤机组；13—酸碱平衡罐；15—超高温瞬时灭菌机；

16—无菌储罐；17—半自动卸垛机；18—斜槽洗罐机；19—灌装机；

20—封口机；21—翻转喷淋机；22—喷码机；23—烘干机

经过超滤器 12 超滤得到的茶汁送往酸碱平衡罐将 pH 调整至酸性，再经过超滤器 14 超滤处理，随后在超高温瞬时灭菌机 15 中进行灭菌，灭菌后可作为符合要求的茶汁饮料供灌装用。

本工艺流程采用的是热灌装法灭菌，因此，超高温瞬时灭菌的冷却段只将茶汁冷却到 90℃以上。另外，用于储存茶汁的无菌罐也需具有保温作用。流程中所用的茶饮料容器为易拉盖金属罐。成垛的马口铁空罐利用半自动卸垛机卸垛后，在该机上方由输送机构送入斜槽式洗罐机，空罐在此受到经过紫外线杀菌处理的水的冲洗。

储于无菌储罐中的热茶汤（85~95℃）通过灌装机 19 趁热灌入冲洗后的空罐内，然后封口。封口以后，饮料金属罐要在倒罐喷淋机上进行倒罐，以利用茶汁热量 90℃以上的高温将罐底的微生物杀灭。

喷淋降温后的罐头经过喷码机喷码，再进入烘干机烘干，随后可以送往外包装工段装箱或用热收缩方式包装成束。

17.5 烘焙与方便食品生产线

17.5.1 方便面生产线

（1）生产工艺

面粉、盐、碱水→和面→熟化→复合压延→切条→折花→蒸煮→定量切块折叠→入模→油炸或热风干燥→脱模→冷却→包装→成品。

方便面生产工艺流程见图 17-15。

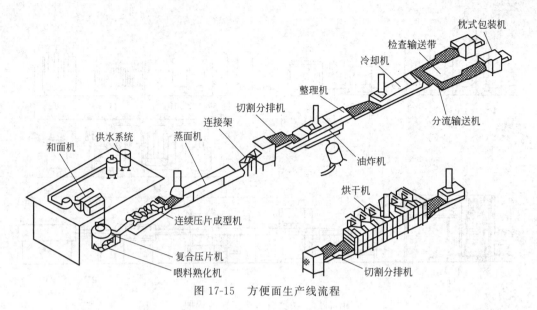

图 17-15　方便面生产线流程

（2）方便面生产线主要设备

① 盐水装置　1 套，含 2 个盐水搅拌缸，1 个定量缸，全部为不锈钢制作、气动件控制。

② 双轴和面机　2 台，每次和面粉 250kg，动力 11kW 电动机带摆线针轮减速器，气动、手动开门，桶体、搅拌轴、封板用不锈钢制造。

③ 圆盘式熟化机　1 台，圆盘直径 1800mm，高 400mm，储粉量大于等于 750kg，动力 2.2kW，桶体、搅拌叶用不锈钢制造。

④ 复合压片机　1 台，由 3 组合金压辊组成，宽度 530mm，直径为 ϕ239mm×2 组，ϕ299mm×1 组，动力 7.5kW，变频调速电动机，安全罩用不锈钢制造。

⑤ 连续压片机　1 台，由 6 组合金压辊组成，宽度 530mm，直径为 ϕ240mm×1 组，ϕ200mm×2 组，ϕ161mm×2 组，ϕ139mm×12 组，面片切条后分成 5 列，面刀直径 ϕ80mm，动力 11kW 带摆线针轮减速器的变频调速电动机，安全罩用不锈钢制造。

⑥ 多层蒸面机　1 台，由长约 7m 长方形不锈钢箱式蒸锅组成，网宽 600mm，往复 3 层，网带、链条、排潮管均用不锈钢制造，蒸面时间 100～110s，动力由切割分排机分配。

⑦ 切割分排机　1 台，将面带切断折叠成双层，每分钟切断面块大于或等于 250 块（无级可调），每小时 15000 块，切刀长 600mm，动力 2 台 1.5kW 带摆线针轮减速器变频调速电动机，并同时带动蒸面网。分排架长约 2500mm。外封板用不锈钢制造。

⑧ 油炸机　1 台，油锅长约 6.8m，整机长约 12.3m，每排链盒成 10 格，每格尺寸 124mm×100mm×25mm（长×宽×高），油锅设有 4 个进油口，油炸时间 70s，传送动力 2.2kW 带摆线针轮减速器变频调速电动机，升降动力 2.2kW，管道泵 15kW。含油加热循环系统，储油箱、滤油器、外封板及排潮系统用不锈钢制造。换热器最大压力 1MPa，设有自动控温装置保持油温在 150℃ 以上，切割分排机与油炸机之间采用电气联动同步控制。

⑨ 整理输送机　1 台，长约 1.35m 的直轴拨杆输送机将面块一排一排地整齐拨送到风冷机。

⑩ 风冷机　1 台，长约 10m 的不锈钢网式输送机，网宽 1.29m，装有 16 台 0.3kW 冷

却风扇。传送动力 1.5kW，变频调速电动机，外封板用不锈钢。

17.5.2　膨化谷物片生产线

食品挤压膨化加工技术属于高温高压加工技术，特指利用螺杆挤压方式，通过压力、剪切力、摩擦力、加温等作用对固体食品原料进行破碎、捏合、混炼、熟化、杀菌、预干燥、成型等加工处理，完成高温高压的物理变化及生化反应，最后食品物料在机械作用下强制通过一个专门设计的孔口（模具），便制得一定形状和组织状态的产品。这种技术可以生产膨化、组织化或不膨化的产品。

膨化食品生产一般分为一次膨化和二次膨化，膨化谷物片是一种新兴大众化食品，既符合我国人们的传统饮食观，又适应现代化生活快节奏的需求，越来越受到消费者的欢迎。

（1）生产工艺

膨化谷物片一般以大米、玉米、高粱米、黑米为主要原料，可添加 60%～70%的小麦、荞麦或 40%～50%的大豆、绿豆、红小豆，也可添加营养品、调味品等生产各种口味的产品。其生产工艺如下：拌粉→挤压蒸煮→振动冷却→压片→烘干→包装。

根据以上工艺流程进行的设备配套如图 17-16 所示。

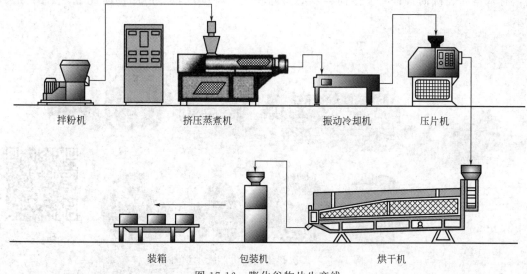

图 17-16　膨化谷物片生产线

（2）操作要点说明

① 拌粉　将原料按照比例混合，搅拌均匀。

② 挤压蒸煮　完成挤压蒸煮的机械包括单螺杆挤压机和双螺杆挤压机。在螺杆挤压机中，物料被继续加压加热形成了蒸煮过程，其间将发生脂肪和蛋白质变性、淀粉糊化及化学变性、微生物被悉数杀灭、酶被抑制或失活等一系列复杂的生化反应。熔融的物料组织被进一步均化，最终从机头末端的模头被定量、定压地挤出，由于温度和压力突然降至常温、常压状态，致使物料内水分急剧汽化蒸发，体积速胀，用安装在模头前端的旋转切刀切成小块。

③ 振动冷却　进一步冷却，除去汽化的水分。

④ 压片　通过压片机将膨化的小块食品压成一定厚度的片状结构。

⑤ 烘干　进一步通过烘干除去水分，使成品的水分达到安全储存水平要求。

17.5.3 二次膨化食品生产线

二次膨化食品生产线是目前国内外市场使用的高端生产线，双螺杆膨化设备，其操作性能、产品质量、工艺口感均属行业先进水平。生产线操作简单、易学易懂，是从事鱿鱼卷、上好佳膨化食品、锅巴、妙脆角等生产的理想设备，有生产口感酥脆、油而不腻、食后留有余香、促进肠道消化的特点。

二次膨化食品生产线设备工艺流程：原料配制→拌粉机→上料机→膨化机→切断机→干燥机（室）→油炸锅→调味机→包装机→成品。

二次膨化食品生产线设备主要有以下几种。

①拌粉机：根据生产线产量的不同选用不同型号的拌粉机，一般有三种机型选择。②上料机：利用电动机为动力螺旋式输送，确保上料方便快捷。③膨化机：根据生产线产量的不同选用不同型号的 DXY 型膨化主机，产量可从 200～260kg/h 不等，可以玉米粉、谷粉、骨粉、肉粉等为原料，具体产品形状可更换模具。④切断机：锅巴切断机和妙脆角切断机，锅巴、妙脆角大小可根据客户要求调节。⑤干燥机（室）：把半成品干制到一定的水分含量，以便于油炸膨化。⑥油炸锅：分为电动式油炸锅和燃气式油炸锅，可根据要求配置。⑦调味机：有八角筒、圆筒、提升单滚筒、双滚筒调味线，根据产量、产品性质配置，如图 17-17 所示。

码17-5

图 17-17　二次膨化食品生产线示意图

17.5.4 面包生产线

面包是以小麦面粉为主要原料，与酵母和其他辅料一起加水调制成面团，再经发酵、整形、成型、烘烤等工序加工制成的发酵食品。

面包工艺流程可分为三个基本工序：和面（面团调制）、发酵及烘烤。最简单的面包制作方法是一次发酵法，该方法将所有原辅料一次混合成面团，然后进行发酵（在发酵期间翻揉面团一次或数次），再将发酵好的面团分块、揉圆、成型，放入烤盘中醒发，达到所要求的尺寸后，置于烤炉中烘烤。通常一次发酵法生产面包的品质比二次发酵法要差。

我国最流行的面包烘焙工艺是二次发酵法。该方法是先将部分面粉（30%～70%）、部分水和全部酵母调成的中种面团，在 28～30℃ 下发酵 3～5h，然后与剩下的配方原辅料相混合，调制成成熟面团后，静置醒发 30min，使面团松弛，再分块、成型和醒发。二次发酵法生产的面包柔软、蜂窝壁薄、体积大、老化速度慢，其最大的优点是不大受时间及其他条件的影响，缺点是生产所需时间较长。

二次发酵法的生产工艺如下：

面粉、酵母、水、其他辅料　　　　　剩余的原辅料

第一次调制面团→第一次发酵→第二次调制面团→第二次发酵→定量切块→搓圆→中间醒发→成型→醒发→焙烤→冷却→包装→成品。

根据以上工艺流程进行的设备配套如图 17-18 所示。

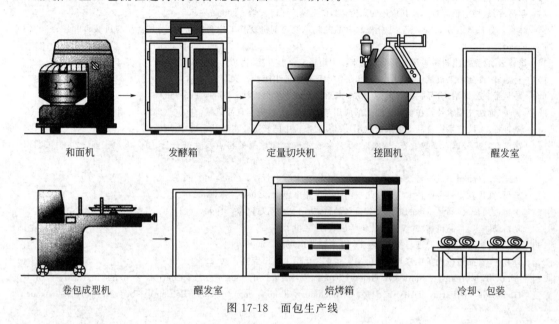

图 17-18　面包生产线

参 考 文 献

[1] 马海乐.食品机械与设备 [M].北京：中国农业出版社，2011.

[2] 房组成，李冬生，汪超.食品工厂机械装备 [M].北京：中国质检出版社，中国标准出版社，2017.

[3] 许学勤.食品工厂机械与设备 [M].北京：中国轻工业出版社，2008：191-456.

[4] 杨公明，程玉来.食品机械与设备 [M].北京：中国农业大学出版社，2015.

[5] 顾林，陶玉贵.食品机械与设备 [M].北京：中国纺织出版社，2016.

[6] 刘晓杰.食品加工机械与设备 [M].北京：高等教育出版社，2004.

[7] 赵浩.高速切割粉碎技术及其应用的研究 [D].无锡：江南大学，2008.

[8] 林雪，陈长卿，侯长安，等.切分松软食品的超声波切割机及其工作台的研制 [J].食品与机械，2013，30（3）：
     98-101.

[9] 崔建云.食品加工机械与设备 [M].北京：中国轻工业出版社，2005：303-506.

[10] 肖旭霖.食品加工机械与设备 [M].北京：中国轻工业出版社，2000：149-193.

[11] 陈从贵，张国治.食品机械与设备 [M].南京：东南大学出版社，2009：235-268.

[12] 杨华.远红外技术及其在食品工业上的应用与展望 [J].包装与食品机械，2006（24），3：46-49.

[13] 刘钟栋.微波技术在食品工业中的应用 [M].北京：中国轻工业出版社，1998：10-80.

[14] 高曙红，庞爱国，高鹤，等.SYZH-400 型水滤式连续油炸机的特点及性能分析 [J].肉类工业，2009，341（9）
     6-7.

[15] 崔建云.食品加工机械与设备 [M].北京：中国轻工业出版社，2005：303-506.

[16] 李勇.现代软饮料生产技术 [M].北京：化学工业出版社，2006：554-568.

[17] 李勇，周长久.高频解冻的原理及其设备的特点 [J].食品与机械，1996，（24）6：7-8.

[18] 刘协舫，等.食品机械.武汉：湖北科学出版社，2002.

[19] 谢晶.食品冷冻冷藏原理与技术.北京：化学工业出版社，2005.

[20] 邱礼平.食品机械设备维修与保养 [M].北京：化学工业出版社，2011.

[21] Mark T. Morgan，Timothy A. Haley. Chapter 19-Design of Food Process Controls Systems. In K. Myer（Ed.），
     Handbook of Farm，Dairy and Food Machinery Engineering（Second Edition）[M]. New York：Academic
     Press，2013.